# 金融 AI
## 人工智慧的金融應用

Artificial Intelligence in Finance
A Python-Based Guide

*Yves Hilpisch* 著

陳仁和 譯

**O'REILLY®**

# 目錄

## 第二部分  金融與機器學習

# 前言

針對每個可想像得到的投資策略而言，最終會讓 *alpha* 歸零嗎？託眾多聰明人類與智慧電腦的福，使得金融市場著實成為完全競爭情況，因而可以安逸的坐享其成，認為所有資產定價正確，此成真之日將會到來嗎？

——Robert Shiller (2015)

人工智慧（AI）在 21 世紀 10 年代發展成為關鍵技術，而被認為是 21 世紀 20 年代的主要技術。在技術創新、演算法突破、巨量資料（大數據）可用程度與運算能力不斷增強的激勵下，許多行業都在 AI 驅動中發生重大變化。

雖然媒體與大眾的注意力大多集中在諸如遊戲與自駕車領域的突破，不過 AI 也已成為金融業的主要科技力。然而，金融 AI 仍處於初期階段——相較於網路搜尋或社交媒體行業而言，的確如此。

本書闡述與金融 AI 相關的諸多重要面向。金融 AI 已是範圍廣泛的議題，而單一著作得聚焦特定內容論述。因此，本書將探討相關基礎內容（參閱第一部分與第二部分）；以 AI（較具體而言是採用類神經網路）察覺金融市場的**統計無效率**情況（參閱第三部分）；這樣的無效率情況（由成功預測未來市場變化的 AI 演算法具體呈現）是演算法交易之中**經濟無效率**的利用前提（參閱第四部分）；能夠有系統的利用統計無效率與經濟無效率，證明與下列金融既定理論基石互相矛盾：**效率市場假說**（EMH），成功交易**機器人**的設計被認為是 AI 可能引領的金融聖杯之路，本書末尾探討 AI 對於金融業的結果與金融奇點的可能性（參閱第五部分）；另外還有技術附錄，以直接的 Python 程式碼從無到有建置類神經網路，並就此列舉應用範例（參閱第六部分）。

AI 應用於金融行業與應用於其他領域並沒有太大差異。2010 年代 AI 的重大突破，是將增強式學習（RL）應用於遊戲機台（諸如 1980 年代發行的 Atari，參閱 Mnih et al. 2013）以及棋盤遊戲（譬如西洋棋或圍棋，參閱 Silver et al. 2016）所造就的成果。別的領域不說，目前已將用在遊戲環境的 RL 所得經驗，用於設計與建置自駕車或改善醫療診斷這類具有挑戰的問題上。表 P-1 為 AI 與 RL 在不同領域的應用比較。

表 P-1　不同領域的 AI 比較

| 領域 | 代理人 | 目標 | 作法 | 獎勵 | 阻礙 | 風險 |
|------|--------|------|------|------|------|------|
| 遊戲機台 | AI 代理人（軟體） | 分數最大化 | 虛擬遊戲環境 RL | 點數與分數 | 計畫與延遲獎勵 | 無 |
| 自動駕駛 | 自駕車（軟體＋車） | 位置 A 到 B 的安全駕駛 | 虛擬（遊戲）環境 RL、實境駕駛測試 | 懲罰錯誤 | 虛擬到實際的轉換 | 財產損失、人類傷亡 |
| 金融交易 | 交易機器人（軟體） | 長期績效最大化 | 虛擬交易環境 RL | 金融報酬率 | 效率市場與競爭 | 金融損失 |

訓練 AI 代理人玩遊戲機台的優點是，具有完美的虛擬學習環境[1]而且毫無風險。至於自駕車，從虛擬學習環境（諸如《俠盜獵車手》這類電玩）轉到實際環境時（自駕車行駛於有車子與人們存在的實際街道上），將發生重大問題。如此導致汽車事故或人類傷亡這類嚴重的風險。

就交易機器人而言，RL 也可以完全虛擬，即處於模擬的金融市場環境中。交易機器人失常引起的主要風險是金融損失，以及由於交易機器人的從眾效應所產生的潛在系統風險。然而，整個金融領域似乎是訓練、測試與部署 AI 演算法的理想場域。

因為此領域的快速發展，對於願意關注與具有野心的學生來說，配備筆記型電腦與網際網路存取，就應該可以在金融交易環境中成功運用 AI。除了近年來硬體與軟體的改進之外，如此主要歸功於線上經紀商的興盛（提供歷史與即時金融資料以及能夠透過程式 API 進行金融交易）。

---

1　參閱 Arcade Learning Environment（*https://oreil.ly/bGgZs*）。

本書有下列六個部分：

## 第一部分

第一部分說明一般 AI 的主要概念與演算法，諸如監督式學習與類神經網路（參閱第一章）。也將提及超級智慧的概念，其中描述擁有人類智慧並在某些領域具備超人智慧的 AI 代理人（參閱第二章）。並不是所有 AI 研究人員都認為在可預見的將來能有超級智慧。然而，此一概念論述為 AI（尤其是金融 AI）的探討提供有用的框架。

## 第二部分

第二部分有四章，關於傳統的規範金融理論（參閱第三章），以及資料驅動金融（參閱第四章）與機器學習（ML，參閱第五章）讓金融領域有所變革。第六章則將資料驅動金融與 ML 結合產生 AI 第一的金融（無模型）作法。

## 第三部分

第三部分是以深度學習、類神經網路與增強式學習的應用，加以察覺金融市場的統計無效率情況。此部分包含密集神經網路（DNN，參閱第七章）、循環神經網路（RNN，參閱第八章）以及增強式學習演算法（RL，參閱第九章），而往往用 DNN 顯現與近似 AI 代理人的最佳政策。

## 第四部分

第四部分說明演算法交易利用統計無效率的情況。主題有向量化回測（參閱第十章）、事件式回測與風險管理（參閱第十一章），以及 AI 能力的演算法交易策略執行與部署（參閱第十二章）。

## 第五部分

第五部分是金融業 AI 式競爭所產生的相關結果（參閱第十三章）。其中還探討金融奇點的可能性，即 AI 代理人將主宰人類知曉金融所有面向的時間點。就此的論述聚焦於金融人工智慧，即不斷產生高於任何人類或機構基準交易利潤的交易機器人（參閱第十四章）。

## 第六部分

本書附錄包含互動的類神經網路訓練 Python 程式碼（參閱附錄 A），以 Python 程式碼從無到有實作簡單神經網路與淺層神經網路的類別（參閱附錄 B），以及使用卷積神經網路（CNN）進行金融時間序列預測的示例（參閱附錄 C）。

# 作者註解

金融交易中的 AI 應用仍然處於初期階段（儘管在撰寫本書時，還有許多書籍於某種程度上探討此一主題）。然而，這類著作未能說明經濟上利用統計無效率情況的意涵為何。

某些避險基金已宣稱完全仰賴「機器學習」管理投資者的資本。顯著的例子是 Voleon Group，此避險基金於 2019 年底有超過 60 億美元的資產管理規模（參閱 Lee and Karsh 2020）。以機器學習超越金融市場的困難度反映在此基金 2019 年達 7% 的業績上，這一年 S&P 500 股票指數上漲將近 30%。

本書基於筆者多年來在開發、回測與部署 AI 能力演算法交易策略相關的實務經驗。呈現的作法與範例大多以筆者自己的研究為基礎，因為本質上來說，這個領域不僅新興還相當隱秘。本書的闡述與風格是持續的以實用為主，在許多情況下，具體範例缺乏適當的理論支持與全面的實證證據。書中提供的某些應用與示例，甚至可能會受到金融或機器學習專家的強烈批判。

某些機器學習與深度學習的專家，譬如 François Chollet (2017)，公然質疑金融市場預測的可能性。某些金融專家，諸如 Robert Shiller (2015)，不相信會有像金融奇點這種論述。而活躍於兩個領域的其他人士，例如 Marcos López de Prado (2018) 則認為，將機器學習用於金融交易與投資，需要有大型團隊與龐大預算付出行業規模的努力才行。

本書不會試圖為所涵蓋的各個主題提供平衡的觀點或全面的參考。內容的呈現是基於筆者個人見解與經驗，還有提供具體範例與 Python 程式碼之際的實際考量所造就的結果。多數範例經過篩選與調整，以強調某些觀點或呈現激勵的結果。因此，可以認定的是，書中呈現的許多示例結果都歷經資料窺探與過度配適的效應（關於這些主題的探討，可參閱 Hilpisch 2020 ch. 4）。

本書的主要目標是讓讀者能夠利用書中程式範例作為框架，進而探索 AI 應用於金融交易的精彩之處。為了實現此一目標，本書始終依據一些簡化的假設，而主要以**金融時間序列資料為基礎，直接從此類資料中獲得特徵**。實務應用中，當然不必限於金融時間序列資料——也可以使用其他類型的資料與來源。本書對所得特徵的作法間接假設：金融時間序列與從其推得之特徵所顯示的樣式（型態），至少在某種程度上會隨著時間持續留存，進而可用於預測未來價格動向。

以此背景而言，本書呈現的所有範例與程式碼皆為技術與說明的性質，不具有任何推薦含意或投資建議。

針對想要部署本書作法與演算法交易策略的讀者而言，筆者的著作《Python for Algorithmic Trading: From Idea to Cloud Deployment》（O'Reilly）有提供更多程序導向與技術細節內容。這兩本書在諸多面向是相輔相成的。對於剛剛起步使用 Python 進行金融應用或尋求複習與參考書的讀者來說，筆者的著作《Python for Finance: Mastering Data-Driven Finance》（O'Reilly）完整涵蓋 Python 應用於金融領域的重要主題與基本技能。

# 參考文獻

下列為前言所引用的論文與書籍：

Chollet, François. 2017. *Deep Learning with Python*. Shelter Island: Manning.

Hilpisch, Yves. 2018. *Python for Finance: Mastering Data-Driven Finance*. 2nd ed. Sebastopol: O'Reilly.

———. 2020. *Python for Algorithmic Trading: From Idea to Cloud Deployment*. Sebastopol: O'Reilly.

Lee, Justina and Melissa Karsh. 2020. "Machine-Learning Hedge Fund Voleon Group Returns 7% in 2019." *Bloomberg*, January 21, 2020. *https://oreil.ly/TOQiv*.

López de Prado, Marcos. 2018. *Advances in Financial Machine Learning*. Hoboken, NJ: John Wiley & Sons.

Mnih, Volodymyr et al. 2013. "Playing Atari with Deep Reinforcement Learning." arXiv. December 19. *https://oreil.ly/-pW-1*.

Shiller, Robert. 2015. "The Mirage of the Financial Singularity." Yale Insights. July 16. *https://oreil.ly/VRkP3*.

Silver, David et al. 2016. "Mastering the Game of Go with Deep Neural Networks and Tree Search." *Nature* 529 (January): 484-489.

# 本書編排慣例

本書使用下列編排慣例：

斜體字（*Italic*）

表示新術語、網址、電子郵件、檔名與副檔名（中文以楷體字表示）。

定寬字（Constant width）

用於程式內容，以及內文段落中提及的程式元素，譬如變數名稱或函式名稱、資料庫、資料型別、環境變數、陳述句與關鍵字。

定寬粗體字（**Constant width bold**）

表示應由讀者照字面輸入的指令或文字。

定寬斜體字（*Constant width italic*）

表示應由讀者提供或依現況決定的內容所替換的文字。

 此圖示內容為提示或建議。

 此圖示內容為一般註釋。

 此圖示內容為重要資訊。

 此圖示內容為警告或提醒。

# 使用範例程式

可以透過 Quant Platform（*https://aiif.pqp.io*）存取與執行本書所附的範例程式（僅需免費註冊即可運用）。

若有技術問題或使用範例程式的疑問，請利用電子郵件詢問。
（寄至 *bookquestions@oreilly.com*）

本書目的是為了幫助讀者完成相關的工作。一般來說，讀者可以把書中提供的範例程式，應用於自己工作相關的程式或文件中。除非要將書中程式的重大內容重製，否則不需要與我們聯繫取得許可。例如：讀者撰寫的程式有使用到書中的數個程式碼區塊，這樣不需要經過授權程序。至於散佈或販賣 O'Reilly 出版書籍中的範例程式，則需要取得授權許可。讀者可以自由引用本書內容或範例程式來解決問題。若要將書中大量的範例程式放到自己的產品文件裡，請事先取得授權同意。

當然讀者在引用書中內容時，若可以註明來源出處（但並不一定要這樣做），我們深表感激之意。例如，註明的格式可以是：「*Artificial Intelligence in Finance* by Yves Hilpisch (O'Reilly). Copyright 2021 Yves Hilpisch, 978-1-492-05543-3.」，其中包含書名、作者、出版商與 ISBN 等資訊。

對於書中內容或範例程式的使用權，如果還存有疑慮，或者需要合法取得授權，歡迎利用電子郵件詢問（請寄至 *permissions@oreilly.com*）。

# 致謝

我要感謝技術審稿人員 Margaret Maynard-Reid、Tim Nugent 博士與 Abdullah Karasan 博士協助改善本書的內容，他們功不可沒。

Python for Computational Finance 與 Python for Algorithmic Trading 認證課程學員們也有幫忙讓本書變得更好。他們持續的回饋讓我得以修正錯誤，進而提升我們線上訓練課程所用的程式碼與 notebooks 的內容，這些心血結晶最終成就本書。

Python Quants 與 AI Machine 的團隊成員們也是貢獻良多。尤其感謝 Michael Schwed、Ramanathan Ramakrishnamoorthy 與 Prem Jebaseelan 的多方支援。他們幫助解決本書撰寫期間遭遇的困難技術問題。

我還想要感謝 O'Reilly Media 的整個相關團隊（特別是 Michelle Smith、Corbin Collins、Victoria DeRose 與 Danny Elfanbaum）讓這一切得以實現，其中以相當多的面向協助本書趨於完善。

當然，餘留的錯誤絕對都是我自己造成的。

此外，我還要感謝 Refinitiv 的相關團隊，特別是 Jason Ramchandani——提供不間斷的支援與金融資料的存取。整本書所用的主要資料檔案以特定方式從 Refinitiv 的資料 API 取得並供給讀者。

現今利用人工智慧與機器學習的每個人都可從眾多人的成就與貢獻中受益。因此，我們應該經常回想牛頓（Issac Newton）爵士 1675 年所言：「如果我看得比別人更遠，那是因為我站在巨人的肩膀上。」就此意義而言，非常感謝所有為此領域作出貢獻的研究人員與開源維護者。

最後，特別感謝我的家人，支持我一年到頭忙於工作與撰寫書籍。其中最想感謝我的妻子 Sandra 持續照顧家人，提供我們都喜愛的家庭與環境。謹把本書獻給摯愛的妻子 Sandra 與優秀的兒子 Henry。

## 譯者附註

本書內容範疇主要聚焦於財務金融的 AI 應用（金融科技領域），因書中主題明確，為了維持翻譯的一致性，原文中「finance」相關字詞並沒有明顯區分「財務金融」或「銀行金融」，一律以「金融」表示；除了書中少數提及的相關科系或是學科，因需與「銀行金融」區隔而明顯採用「財務」或「財務金融」字眼表達之外，為簡化陳述，其餘內容並無使用「財務」字眼描述。至於本書多處使用的「financial econometrics」字詞通常譯為「財務計量經濟學」，而為維持本書主題內容陳述與編排的一致性，也捨棄「財務」字眼，皆以「金融」表達，將其譯為「金融計量經濟學」。

# 機器智慧

當代演算法交易程式較為簡明，用到 *AI* 的成分不多。然而這種情況勢必改變。

——Murray Shanahan (2015)

第一部分大致上論述人工智慧（artificial intelligence 或 AI）相關內容：以某種層面而言，人工在此並非強調生物具有的智慧，而是著重於機器所表現的智慧；至於智慧就如 AI 研究人員 Max Tegmark 所云：「達成複雜目標的能力」。此一部分介紹 AI 領域中主要的概念與演算法，說明近來具有重大突破的相關案例，以及針對超級智慧（superintelligence）的相關探討。第一部分包含兩個章節：

- 第一章介紹 AI 相關的基本概念與定義。其中列舉數個實際的 Python 程式範例，藉此說明章節中各種演算法的運用。

- 第二章探討通用人工智慧（artificial general intelligence 或 AGI）與超級智慧（superintelligence 或 SI）。這些 AI 代理人（agent）涵蓋各種應用領域中已達人類水準的智慧，以及在某些領域中具備超人水準的智慧。

# 人工智慧

> 圍棋正規賽中，首次由電腦程式戰勝職業棋士之際，人們在那當下不久之前，
> 還認為此一壯舉至少仍需十年之久才有可能發生。

——David Silver et al. (2016)

這一章介紹本書所應用的人工智慧（AI）相關基本概念與定義。另外針對各種重要的學習演算法提供對應的練習範例。第 3 頁〈演算法〉特別針對 AI 環境中典型的「資料」、「學習」以及「問題」類型，作廣泛論述與歸納。本章討論非監督式學習（unsupervised learning）與增強式學習（reinforcement learning[譯註]）。第 9 頁〈類神經網路〉（neural network）直接進入此一主題的論述，類神經網路不只是本書章節所依循的主要內容，也已被證實是目前 AI 中威力強大的演算法類型。第 23 頁〈資料重要性〉探討 AI 環境中資料量（volume）與其多樣性（variety）等重要內容。

## 演算法

這一節介紹本書所用到的 AI 基本概念。其中探討 *AI* 領域中普遍提及的各種資料、學習、問題與作法。本節僅作簡述的主題，在 Alpaydin (2016) 有更多通論與介紹，其中還有許多相關的示例說明可供參考。

---

譯註：reinforcement learning 也稱作「強化學習」。

# 資料類型

一般有兩種主要的資料：

## 特徵（*feature*）

特徵資料（或輸入資料）作為演算法輸入之用。例如，金融領域中，這種資料可能是潛在借貸戶（potential debtor）的所得與儲蓄。

## 標籤（*label*）

標籤資料（或輸出資料）供演算法學習而作為其相關輸出之用，譬如監督式學習（supervised learning）演算法即會採用。以金融環境而言，這種資料可能是潛在借貸戶的信用程度（creditworthiness）。

# 學習類型

有三種主要的學習演算法：

## 監督式學習（*SL*）

這種演算法利用具有特徵（輸入）與標籤（輸出）內容的樣本（sample）資料集加以學習。下一節舉例說明這類型的演算法，譬如普通最小平方迴歸（ordinary least-squares regression 或 OLS regression）與類神經網路。監督式學習的目的是學習輸入內容與輸出內容之間的關係。以金融情況而言，可能訓練這類的演算法用於預測潛在借貸戶的信用程度是否良好。這種演算法是本書最主要採用的演算法類型。

## 非監督式學習（*UL*）

這類演算法的學習只採納特徵（輸入）內容的樣本資料集，往往以探索資料所具有的結構為其學習目標。例如針對輸入資料集具有的某些引導性參數而加以學習。分群（clustering）演算法即屬於此類型演算法。就金融領域來說，這樣的演算法可將股票分成不同的群組。

## 增強式學習（*RL*）

此種演算法藉由執行某個動作所獲得的獎懲情況，以錯中學（trial and error）的方式達到學習目的。其中依據過程所得到的獎勵與懲罰而變更最佳行動政策。這類的演算法通常用於持續動作並立即取得回應的環境中，例如：電玩。

由於後續章節將詳述監督式學習的內容，而在此先以簡短的示例說明非監督式學習與增強式學習。

## 非監督式學習

簡單而言，*k-means 分群演算法*（*k-means clustering algorithm*）可以將 *n* 個觀測值（observation）歸類成 *k* 個群體。每個觀測值所屬的群體，其平均值（群體中心）最為接近此觀測值[譯註]。下列 Python 程式碼依分群所需的特徵資料產生樣本資料。圖 1-1 以視覺化呈現分群的樣本資料，其中採用的 scikit-learn KMeans 演算法已完全呈現出這些群體。程式輸出圖點的顏色會依據此演算法學習結果而定[1]。

```
In [1]: import numpy as np
        import pandas as pd
        from pylab import plt, mpl
        plt.style.use('seaborn')
        mpl.rcParams['savefig.dpi'] = 300
        mpl.rcParams['font.family'] = 'serif'
        np.set_printoptions(precision=4, suppress=True)

In [2]: from sklearn.cluster import KMeans
        from sklearn.datasets import make_blobs

In [3]: x, y = make_blobs(n_samples=100, centers=4,
                          random_state=500, cluster_std=1.25)  ❶

In [4]: model = KMeans(n_clusters=4, random_state=0)  ❷

In [5]: model.fit(x)  ❸
Out[5]: KMeans(n_clusters=4, random_state=0)

In [6]: y_ = model.predict(x)  ❹

In [7]: y_  ❺
Out[7]: array([3, 3, 1, 2, 1, 1, 3, 2, 1, 2, 2, 3, 2, 0, 0, 3, 2, 0, 2, 0, 0, 3,
               1, 2, 1, 1, 0, 0, 1, 3, 2, 1, 1, 0, 1, 3, 1, 3, 2, 2, 2, 1, 0, 0,
               3, 1, 2, 0, 2, 0, 3, 0, 1, 0, 1, 3, 1, 2, 0, 3, 1, 0, 3, 2, 3, 0,
               1, 1, 1, 2, 3, 1, 2, 0, 2, 3, 2, 0, 2, 2, 1, 3, 1, 3, 2, 2, 3, 2,
               0, 0, 0, 3, 3, 3, 3, 0, 3, 1, 0, 0], dtype=int32)

In [8]: plt.figure(figsize=(10, 6))
        plt.scatter(x[:, 0], x[:, 1], c=y_,  cmap='coolwarm');
```

---

1 詳情可瀏覽 sklearn.cluster.KMeans（*https://oreil.ly/cRcJo*）與參閱 VanderPlas (2017, ch. 5)。

譯註：相較其他群體而言。

❶ 依據分群特徵資料建立樣本資料集。

❷ KMeans 模型物件實體化，設定分群數目。

❸ 模型與特徵資料配適（fit）。

❹ 依此配適的模型產生預測結果。

❺ 預測的可能結果是從 0 到 3 的整數值，每個數值代表所屬的分群群體。

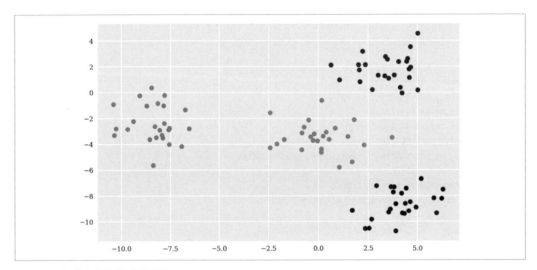

圖 1-1　分群（非監督式學習）

具體來說，像 KMeans 這樣的演算法一旦訓練完成，就可以針對新的（未曾出現過的）一組特徵資料預測其所屬的群體。例如將這類演算法訓練用於表述銀行裡潛在借貸戶與實際借貸戶的特徵資料。其中可以學習將潛在借貸戶的信用程度分成兩群。爾後用它將新出現的潛在借貸戶歸類為下列其中一個群體：「信用良好」與「信用不良」。

## 增強式學習

下列範例是以擲硬幣賽局（coin tossing game）為基礎，其中設定硬幣呈現的狀態是 80% 為正面，而 20% 為反面。與隨意預測的基準演算法（uninformed baseline algorithm）對照，此擲硬幣賽局作法特別著重學習的好處。基準演算法對於硬幣正面與硬幣反面的下注呈現隨機且均等的分布，平均來說，每個 epoch 中 100 次下注總獎勵約為 50：

```
In [9]: ssp = [1, 1, 1, 1, 0]   ❶

In [10]: asp = [1, 0]   ❷

In [11]: def epoch():
             tr = 0
             for _ in range(100):
                 a = np.random.choice(asp)    ❸
                 s = np.random.choice(ssp)    ❹
                 if a == s:
                     tr += 1    ❺
             return tr

In [12]: rl = np.array([epoch() for _ in range(15)])   ❻
         rl
Out[12]: array([53, 55, 50, 48, 46, 41, 51, 49, 50, 52, 46, 47, 43, 51, 52])

In [13]: rl.mean()    ❼
Out[13]: 48.93333333333333
```

❶ 狀態空間（1：硬幣為正面、0：硬幣為反面）。

❷ 動作空間（1：以正面下注、0：以反面下注）。

❸ 以隨機方式從動作空間選擇某個動作。

❹ 以隨機方式從狀態空間選擇某個硬幣狀態。

❺ 若此次下注結果正確，總獎勵 tr 值加一。

❻ 賽局依指定的 epoch 數重複執行，而每個 epoch 作 100 次下注。

❼ 計算所有 epoch 的平均總獎勵。

增強式學習乃在某個動作發生之後嘗試透過觀測內容加以學習，通常是以某個獎勵的程度為學習基礎。為了簡化說明，下列學習演算法在每次下注時紀錄要觀測的硬幣狀態，並將其加入動作空間 list 物件中。以此方式，演算法學習賽局偏差（bias），雖不完美，但已足矣。從更新的動作空間作隨機抽樣，可反映出偏差，往往自然而然以正面下注。平均來說，演算法隨著時間而以接近 80% 的機會選擇正面下注。此學習演算法平均總獎勵約為 65，結果優於隨意預測的基準演算法：

```
In [14]: ssp = [1, 1, 1, 1, 0]

In [15]: def epoch():
             tr = 0
```

```
        asp = [0, 1]  ❶
        for _ in range(100):
            a = np.random.choice(asp)
            s = np.random.choice(ssp)
            if a == s:
                tr += 1
            asp.append(s)  ❷
        return tr
```

```
In [16]: rl = np.array([epoch() for _ in range(15)])
         rl
Out[16]: array([64, 65, 77, 65, 54, 64, 71, 64, 57, 62, 69, 63, 61, 66, 75])

In [17]: rl.mean()
Out[17]: 65.13333333333334
```

❶ 在每個 epoch（重新）開始之前，重設動作空間。

❷ 將觀測的狀態加入動作空間中。

## 任務類型

依據標籤資料型態與當前問題而論，有兩種重要任務（task）可以學習：

估計（*estimation*）

　　估計（或迴歸、近似──approximation）泛指的情況是標籤資料為實數值（連續值）；也就是說，技術上以浮點數呈現。

分類（*classification*）

　　分類泛指的情形是標籤資料為有限量的種類組成，通常以離散值（非零自然數）表示，技術上則以整數呈現。

下一節舉例說明上述的兩種任務類型。

## 作法類型

針對這個主題，本節撰寫完成之際還會不斷出現更多的相關描述。然而本書依循下列常見的三種主要項目作為分野：

人工智慧（*AI*）

AI 涵蓋所有類型的學習（演算法），其中包括之前所述的內容，還有某些非本書探討的主題（例如：專家系統）。

機器學習（*ML*）

ML（machine learning）屬於一門學科，是以演算法與成功衡量指標（measure of success[譯註]），而學習已知資料集的關係與其相關資訊；例如已知標籤資料，以及要估計的輸出資料與透過演算法得知的預測值，則均方誤差（mean-squared error 或 MSE）可作為成功衡量指標。ML 是 AI 的子集。

深度學習（*DL*）

DL（deep learning）包含以類神經網路為基礎的各種演算法。**深度**（*deep*）這個字眼通常用於表達超過一個隱藏層（hidden layer）的類神經網路。DL 是機器學習的子集，因此也是 AI 的子集。

DL 已被證實能夠有效的應用於許多範疇的問題中。其中包括估計與分類任務，而針對 RL 的應用也相當適合。在許多情況下，DL 的表現優於其他機器學習演算法，譬如邏輯斯迴歸（logistic regression）或核（kernel）演算法 —— 支持向量機（support vector machine）[2]，這亦是本書將重點放在 DL 的原因。DL 包含密集神經網路（dense neural network 或 DNN）、循環神經網路（recurrent neural network 或 RNN）以及卷積神經網路（convolutional neural network 或 CNN）。稍後的章節有更多相關內容描述，尤其是第三部分將聚焦在這些主題上。

## 類神經網路

上述內容主要針對 AI 演算法作廣泛概述。本節則要描述類神經網路的配適（fit）。其中舉個簡單範例說明類神經網路的特性（相較傳統統計方法而言，譬如 OLS 迴歸）。範例先以數學式子論述，並使用線性迴歸（linear regression）**估計**（或函數近似 —— function approximation），以及運用類神經網路估計。在此採取的作法為監督式學習法，其中依據特徵資料估計標籤資料。這一節還會將類神經網路套用到**分類**問題情境中。

---

2　詳情可參閱 VanderPlas (2017, ch. 5)。

譯註：衡量成功與否或成效的標準。

# OLS 迴歸

假設已知下列數學函數：

$$f:\mathbb{R} \to \mathbb{R}, y = 2x^2 - \frac{1}{3}x^3$$

此函數可將某個輸入值 $x$ 轉換成某個輸出值 $y$。或是將一組輸出值數列 $x_1, x_2, ..., x_N$ 轉換成一組輸出值數列 $y_1, y_2, ..., y_N$。下列 Python 程式碼以函式實作上述數學函數，並建置一些輸入值以及對應的輸出值。圖 1-2 描繪出輸入值與輸出值兩者的對應情況。

```
In [18]: def f(x):
             return 2 * x ** 2 - x ** 3 / 3  ❶

In [19]: x = np.linspace(-2, 4, 25)  ❷
         x  ❷
Out[19]: array([-2.  , -1.75, -1.5 , -1.25, -1.  , -0.75, -0.5 , -0.25,  0.  ,
                 0.25,  0.5 ,  0.75,  1.  ,  1.25,  1.5 ,  1.75,  2.  ,  2.25,
                 2.5 ,  2.75,  3.  ,  3.25,  3.5 ,  3.75,  4.  ])

In [20]: y = f(x)  ❸
         y  ❸
Out[20]: array([10.6667,  7.9115,  5.625 ,  3.776 ,  2.3333,  1.2656,  0.5417,
                 0.1302,  0.    ,  0.1198,  0.4583,  0.9844,  1.6667,  2.474 ,
                 3.375 ,  4.3385,  5.3333,  6.3281,  7.2917,  8.1927,  9.    ,
                 9.6823, 10.2083, 10.5469, 10.6667])

In [21]: plt.figure(figsize=(10, 6))
         plt.plot(x, y, 'ro');
```

❶ 以 Python 函式實作此數學函數。

❷ 輸入值。

❸ 輸出值。

在此數學範例中，依序出現：函數、輸入資料、輸出資料，這與**統計學習**（*statistical learning*）呈現的順序不同。假設已知上述輸入值與輸出值。以這些內容作為**樣本**（資料）。在**統計迴歸**的範疇中，此問題需求是，找出某個函數能夠盡可能近似輸入值（或**自變值**——*independent value*）與輸出值（或**應變值**——*dependent value*）之間的函數關係。

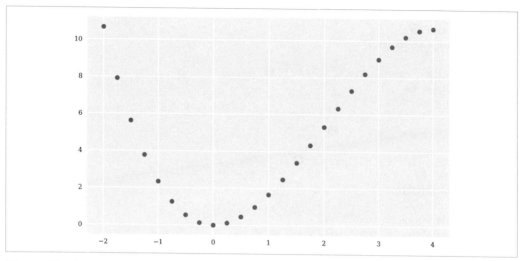

圖 1-2　輸入值與輸出值的對應結果

假設為簡單 OLS 線性迴歸。在此之下，輸入值與輸出值之間的函數關係視為線性，而問題需求是，找出下列線性方程式中參數 $\alpha$ 與 $\beta$ 的最佳結果：

$$\hat{f}:\mathbb{R} \to \mathbb{R}, \hat{y} = \alpha + \beta x$$

已知輸入值 $x_1, x_2, ..., x_N$ 與輸出值 $y_1, y_2, ..., y_N$，在這樣的情況下，**最佳結果**意味著，實際輸出值與近似輸出值之間的均方誤差（MSE）最小化：

$$\min_{\alpha, \beta} \frac{1}{N} \sum_{n}^{N} \left( y_n - \hat{f}(x_n) \right)^2$$

對於簡單線性迴歸而言，已知 $(\alpha^\star, \beta^\star)$ 的閉合解（closed-form solution）如下所示（頂端有橫槓的變數代表樣本平均值）：

$$\beta^\star = \frac{Cov(x, y)}{Var(x)}$$
$$\alpha^\star = \bar{y} - \beta \bar{x}$$

下列 Python 程式碼算出最佳的參數值，線性的估計（近似）輸出值，以及沿著樣本資料描繪出線性迴歸線（參閱圖 1-3）。對於近似函數關係而言，在此的線性迴歸作法效果不佳。其中可從相當高的 MSE 值得知：

```
In [22]: beta = np.cov(x, y, ddof=0)[0, 1] / np.var(x)  ❶
         beta  ❶
Out[22]: 1.0541666666666667

In [23]: alpha = y.mean() - beta * x.mean()  ❷
         alpha  ❷
Out[23]: 3.8625000000000003

In [24]: y_ = alpha + beta * x  ❸

In [25]: MSE = ((y - y_) ** 2).mean()  ❹
         MSE  ❹
Out[25]: 10.721953125

In [26]: plt.figure(figsize=(10, 6))
         plt.plot(x, y, 'ro', label='sample data')
         plt.plot(x, y_, lw=3.0, label='linear regression')
         plt.legend();
```

❶ 求出最佳的 $\beta$。

❷ 求出最佳的 $\alpha$。

❸ 估計輸出值。

❹ 依已知近似內容得出 MSE。

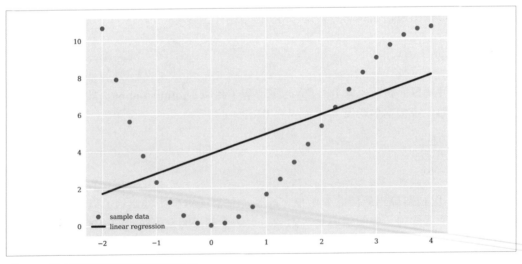

圖 1-3　樣本資料與對應的線性迴歸線

MSE 值要如何改善（降低）──甚至能夠降到 0，即為「完全估計」呢？OLS 迴歸不限於簡單的線性關係。（除了常數與線性的形式之外，譬如高次單項式（higher order monomial）也能夠輕易作為基底函數（basis function）。因此，比較如圖 1-4 所示的迴歸結果，此圖是下列程式碼的執行結果。其中使用二次單項式以及三次單項式作為基底函數，進而獲得明顯的改善，這可以從 MSE 的數值計算結果得知。當基底函數用到三次單項式之際，此時達成完全估計結果，函數關係也回復到極盡完整的函數樣貌：

```
In [27]: plt.figure(figsize=(10, 6))
         plt.plot(x, y, 'ro', label='sample data')
         for deg in [1, 2, 3]:
             reg = np.polyfit(x, y, deg=deg)      ❶
             y_ = np.polyval(reg, x)              ❷
             MSE = ((y - y_) ** 2).mean()         ❸
             print(f'deg={deg} | MSE={MSE:.5f}')
             plt.plot(x, np.polyval(reg, x), label=f'deg={deg}')
         plt.legend();
         deg=1 | MSE=10.72195
         deg=2 | MSE=2.31258
         deg=3 | MSE=0.00000

In [28]: reg    ❹
Out[28]: array([-0.3333, 2.    , 0.    , -0.    ])
```

❶ 迴歸。

❷ 近似。

❸ MSE 計算。

❹ 最佳的參數值（「完全估計」）。

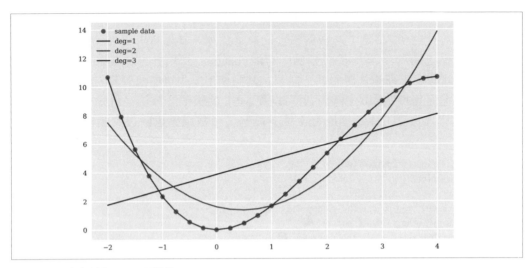

圖 1-4　樣本資料與 OLS 迴歸線

利用數學函數樣貌的認知執行近似，並且對迴歸逐一加入更多基底函數，進而形成「完全近似」結果。也就是說，OLS 迴歸回復出原始函數中二次項與三次項之確切因式。

# 用類神經網路估計

然而，並非所有的函數關係都如此簡單，於是輪到類神經網路出馬的時刻。直接了當的說，類神經網路能夠近似的函數關係相當廣泛。通常不需要對函數關係樣貌有所認知即可估計。

## Scikit-learn

下列 Python 程式碼使用 scikit-learn 的 MLPRegressor 類別，此類別內有估計之用的 DNN。有時也將 DNN 稱為多層感知器（multi-layer perceptron 或 MLP）[3]。而如圖 1-5 所示以及 MSE 值可知此估計結果並不完美（完全）。不過，對於簡單的組態應用來說，有這樣的效果已經相當不錯：

```
In [29]: from sklearn.neural_network import MLPRegressor

In [30]: model = MLPRegressor(hidden_layer_sizes=3 * [256],
                              learning_rate_init=0.03,
```

---

3　詳情可瀏覽 sklearn.neural_network.MLPRegressor（*https://oreil.ly/Oimd8*）。若有需要了解更多相關知識的來龍去脈，可參閱 Goodfellow et al. (2016, ch. 6)。

```
                              max_iter=5000) ❶

In [31]: model.fit(x.reshape(-1, 1), y) ❷
Out[31]: MLPRegressor(hidden_layer_sizes=[256, 256, 256], learning_rate_init=0.03,
                      max_iter=5000)

In [32]: y_ = model.predict(x.reshape(-1, 1)) ❸

In [33]: MSE = ((y - y_) ** 2).mean()
         MSE
Out[33]: 0.021662355744355866

In [34]: plt.figure(figsize=(10, 6))
         plt.plot(x, y, 'ro', label='sample data')
         plt.plot(x, y_, lw=3.0, label='dnn estimation')
         plt.legend();
```

❶ MLPRegressor 物件實體化。

❷ 配適（或學習）。

❸ 預測。

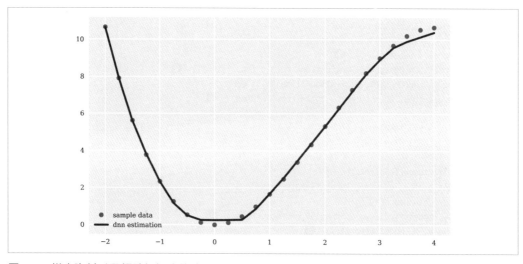

圖 1-5　樣本資料以及類神經網路的估計結果

若只是比較圖 1-4 與圖 1-5 的結果，可能認為兩者的作法並沒有太大差異。然而，有個主要差別值得強調。其中 OLS 迴歸方法（如簡單線性迴歸明確顯示）依據某些妥善指定計量與參數的計算而得，至於類神經網路作法則仰賴**增量學習**（*incremental learning*）獲得結果。因而意味著，首先隨機對一組參數──即類神經網路的**權重**（*weights*）──初始化，隨後依據類神經網路輸出值與樣本輸出值之間的差異，逐漸調整結果；如此作法以增量方式重新訓練（更新）類神經網路。

## Keras

下列示例使用 Keras 深度學習套件（package）的 sequential（循序式）模型 [4]。示例的模型執行 100 個 epoch 的配適（或稱**訓練**）。訓練程序總共重複五次。每次的程序進行完畢之後，即更新與描繪類神經網路所作的近似結果。如圖 1-6 所示，在逐次的程序完成之後，可獲得逐漸改善的近似結果。如此結果也反映在逐漸降低的 MSE 值上面。最終結果雖不完美，但再次強調，對於此一簡化模型而言，這樣的效果已經相當不錯：

```
In [35]: import tensorflow as tf
         tf.random.set_seed(100)

In [36]: from keras.layers import Dense
         from keras.models import Sequential
         Using TensorFlow backend.

In [37]: model = Sequential()                                      ❶
         model.add(Dense(256, activation='relu', input_dim=1))     ❷
         model.add(Dense(1, activation='linear'))                  ❸
         model.compile(loss='mse', optimizer='rmsprop')            ❹

In [38]: ((y - y_) ** 2).mean()
Out[38]: 0.021662355744355866

In [39]: plt.figure(figsize=(10, 6))
         plt.plot(x, y, 'ro', label='sample data')
         for _ in range(1, 6):
             model.fit(x, y, epochs=100, verbose=False)            ❺
             y_ = model.predict(x)                                 ❻
             MSE = ((y - y_.flatten()) ** 2).mean()                ❼
             print(f'round={_} | MSE={MSE:.5f}')
             plt.plot(x, y_, '--', label=f'round={_}')             ❽
         plt.legend();
         round=1 | MSE=3.09714
         round=2 | MSE=0.75603
```

---

4　詳情可參閱 Chollet (2017, ch. 3)。

---

```
round=3 | MSE=0.22814
round=4 | MSE=0.11861
round=5 | MSE=0.09029
```

❶ Sequential 模型物件實體化。

❷ 加入具有修正線性單元（rectified linear unit 或 ReLU）活化函數（activation）的密集連接隱藏層[5]。

❸ 加入具有線性活化函數的輸出層。

❹ 使用此模型之前須編譯（compile）動作。

❺ 依所設定的 epoch 值訓練類神經網路。

❻ 近似。

❼ 計算目前的 MSE。

❽ 描繪目前的近似結果。

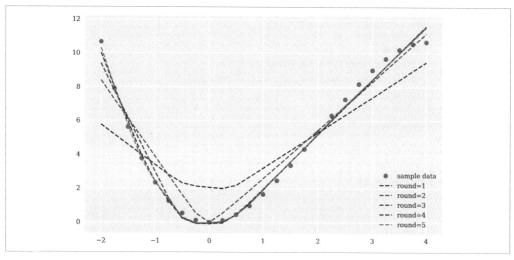

圖 1-6　樣本資料與多次訓練的估計結果

---

5　關於 Keras 的活化函數（activation function）詳情可參閱 *https://keras.io/activations*；譯註：活化函數也稱作激勵函數。

大致來說，結論是此類神經網路的效果幾乎與之前的 OLS 迴歸結果差不多，呈現出完美結果。那麼為何還要使用類神經網路？對於這個問題，在本書後面的章節可能才有更完整的答案，不過在此舉個稍微不同的例子以呈現更多解答提示。

針對前述的樣本資料集（從定義良好的數學函數產生的內容），此例改用隨機樣本資料集，其中特徵資料與標籤資料皆為隨機選擇。當然這樣的範例僅適用於舉例說明，套用於深入詮釋並不合適。

下列程式碼產生隨機樣本資料集，並依數個單項式基底函數建立 OLS 迴歸估計。相關執行結果如圖 1-7 所示。範例中即便用到相當高次的單項式，估計結果還是不太好。對應的 MSE 值相當高：

```
In [40]: np.random.seed(0)
         x = np.linspace(-1, 1)
         y = np.random.random(len(x)) * 2 - 1

In [41]: plt.figure(figsize=(10, 6))
         plt.plot(x, y, 'ro', label='sample data')
         for deg in [1, 5, 9, 11, 13, 15]:
             reg = np.polyfit(x, y, deg=deg)
             y_ = np.polyval(reg, x)
             MSE = ((y - y_) ** 2).mean()
             print(f'deg={deg:2d} | MSE={MSE:.5f}')
             plt.plot(x, np.polyval(reg, x), label=f'deg={deg}')
         plt.legend();
         deg= 1 | MSE=0.28153
         deg= 5 | MSE=0.27331
         deg= 9 | MSE=0.25442
         deg=11 | MSE=0.23458
         deg=13 | MSE=0.22989
         deg=15 | MSE=0.21672
```

對於這個例子的 OLS 迴歸結果並不意外。在此認為 OLS 迴歸以有限數量的基底函數作適當結合，能夠達成近似結果。因為樣本資料集是隨機生成，所以 OLS 迴歸針對此一情況表現並不佳。

類神經網路的結果又是如何？此一應用結果如同之前直接可知，產生的估計情況如圖 1-8 所示。儘管最終結果並不完美，不過，就隨機特徵資料估計隨機標籤資料的情況而言，類神經網路的表現明顯優於 OLS 迴歸。然而，針對此類神經網路的架構而言，其中含有將近 200,000 個可訓練的參數（權重），進而提供高度彈性，若與對應的 OLS 迴歸結構相比，後者最高只用到 15 + 1 個參數：

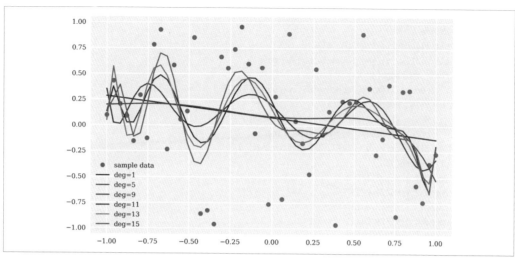

圖 1-7　隨機樣本資料與 OLS 迴歸線

```
In [42]: model = Sequential()
         model.add(Dense(256, activation='relu', input_dim=1))
         for _ in range(3):
             model.add(Dense(256, activation='relu'))  ❶
         model.add(Dense(1, activation='linear'))
         model.compile(loss='mse', optimizer='rmsprop')

In [43]: model.summary()  ❷
         Model: "sequential_2"
```

| Layer (type) | Output Shape | Param # |
|---|---|---|
| dense_3 (Dense) | (None, 256) | 512 |
| dense_4 (Dense) | (None, 256) | 65792 |
| dense_5 (Dense) | (None, 256) | 65792 |
| dense_6 (Dense) | (None, 256) | 65792 |
| dense_7 (Dense) | (None, 1) | 257 |

```
Total params: 198,145
Trainable params: 198,145
Non-trainable params: 0
```

```
In [44]: %%time
         plt.figure(figsize=(10, 6))
         plt.plot(x, y, 'ro', label='sample data')
         for _ in range(1, 8):
             model.fit(x, y, epochs=500, verbose=False)
             y_ = model.predict(x)
             MSE = ((y - y_.flatten()) ** 2).mean()
             print(f'round={_} | MSE={MSE:.5f}')
             plt.plot(x, y_, '--', label=f'round={_}')
         plt.legend();
         round=1 | MSE=0.13560
         round=2 | MSE=0.08337
         round=3 | MSE=0.06281
         round=4 | MSE=0.04419
         round=5 | MSE=0.03329
         round=6 | MSE=0.07676
         round=7 | MSE=0.00431
         CPU times: user 30.4 s, sys: 4.7 s, total: 35.1 s
         Wall time: 13.6 s
```

❶ 加入多個隱藏層。

❷ 呈現網路架構與可訓練參數的個數。

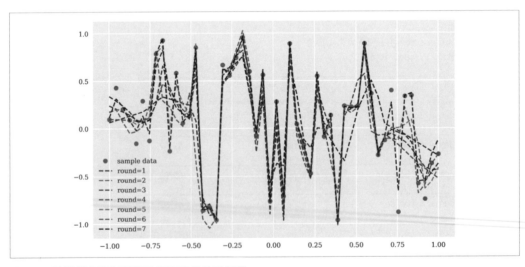

圖 1-8　隨機樣本資料與類神經網路的估計結果

# 用類神經網路分類

類神經網路還有另外一個優點是，能夠輕易用於分類任務。以下列 Python 程式碼為例，其中使用 Keras 的類神經網路執行分類應用。並隨機產生二元特徵資料與標籤資料。就建模（modeling）而言，主要的調整是將輸出層的活化函數由 linear 改為 sigmoid。稍後章節將對此一主題有更多論述。在此分類結果並不完美。然而，這樣的結果已經有很高的準確度（accuracy）。依據訓練 epoch 變化而顯示正確結果，以及呈現所有標籤資料之間關係程度（即為準確度）高低情況，如圖 1-9 所示。準確度起初不高，爾後逐步改進（儘管並非每一步皆如此）：

```
In [45]: f = 5
         n = 10

In [46]: np.random.seed(100)

In [47]: x = np.random.randint(0, 2, (n, f))  ❶
         x  ❶
Out[47]: array([[0, 0, 1, 1, 1],
                [1, 0, 0, 0, 0],
                [0, 1, 0, 0, 0],
                [0, 1, 0, 0, 1],
                [0, 1, 0, 0, 0],
                [1, 1, 1, 0, 0],
                [1, 0, 0, 1, 1],
                [1, 1, 1, 0, 0],
                [1, 1, 1, 1, 1],
                [1, 1, 1, 0, 1]])

In [48]: y = np.random.randint(0, 2, n)  ❷
         y  ❷
Out[48]: array([1, 1, 0, 0, 1, 1, 0, 1, 0, 1])

In [49]: model = Sequential()
         model.add(Dense(256, activation='relu', input_dim=f))
         model.add(Dense(1, activation='sigmoid'))  ❸
         model.compile(loss='binary_crossentropy', optimizer='rmsprop',
                       metrics=['acc'])  ❹

In [50]: h = model.fit(x, y, epochs=50, verbose=False)
Out[50]: <keras.callbacks.callbacks.History at 0x7fde09dd1cd0>

In [51]: y_ = np.where(model.predict(x).flatten() > 0.5, 1, 0)
         y_
Out[51]: array([1, 1, 0, 0, 0, 1, 0, 1, 0, 1], dtype=int32)
```

```
In [52]: y == y_  ❺
Out[52]: array([ True,  True,  True,  True, False,  True,  True,  True,  True,
                 True])

In [53]: res = pd.DataFrame(h.history)  ❻

In [54]: res.plot(figsize=(10, 6));  ❻
```

❶ 建立隨機特徵資料。

❷ 建立隨機標籤資料。

❸ 定義輸出層活化函數為 sigmoid。

❹ 定義損失函數（loss function）為 binary_crossentropy[6]。

❺ 比較預測資料與標籤資料。

❻ 描繪每一次訓練的損失函數與準確度。

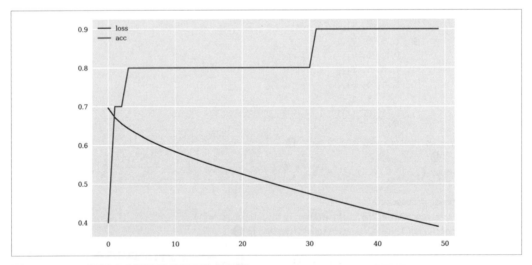

圖 1-9　epoch 值對應分類準確度與損失的結果

---

6　**損失函數**計算類神經網路（或其他 ML 演算法）的預測誤差。其中二元交叉熵（*binary cross entropy*）為適用於二元分類問題的損失函數，而**均方誤差**（*MSE*）則適合衡量估計問題。關於 Keras 的損失函數詳情可參閱 *https://keras.io/losses*。

本節示例呈現出下列類神經網路主要特性（相較於 OLS 迴歸而言）：

**問題無關**（*problem-agnostic*）

在已知的特徵資料之下，針對標籤資料執行估計與分類而言，類神經網路是一種與問題無關（非特定問題）的作法。諸如 OLS 迴歸這類統計方法可能對特定小範疇的問題有良好表現，但對其他問題卻沒有太好的效果（甚至完全無效）。

**增量學習**（*incremental learning*）

給定成功衡量指標之下，類神經網路在隨機初始化之後逐步（增量）改進，而漸漸學習出最佳權重。這種逐步改進是依據預測結果與樣本標籤資料之間的差異，並透過類神經網路倒傳遞（backpropagating[譯註]）權重的更新而得。

**通用近似**（*universal approximation*）

有強大的數學理論顯示類神經網路（即便只有一個隱藏層的網路）幾乎能夠近似任何函數[7]。

這些特性能夠表達本書將類神經網路作為演算法應用核心的理由。而第二章還提出更多貼切的原因。

**類神經網路**

類神經網路適合學習輸入資料與輸出資料之間的關係。能夠套用於許多問題類型中，例如存在複雜關係的估計或分類任務，而傳統的統計方法對於這些應用就不合適。

# 資料重要性

上一節最後的示例說明類神經網路對於分類問題能夠妥善處理。內有一個隱藏層的類神經網路，對於已知的資料集或 *in-sample* 資料，有高的準確度。然而，類神經網路的預測能力如何？這與用於訓練類神經網路的資料量及其多樣性極度相關。後續將用大型資料集的數值範例說明此特點。

---

7　可參考 Kratsios (2019)。

譯註：backpropagating 亦可稱作「反向傳遞」。

# 小型資料集

考量類似前述分類範例所用的隨機樣本資料集，不過在此增加更多的特徵資料與樣本資料。AI 演算法的應用，大部分都與 **樣式辨識**（*pattern recognition*）<sup></sup>譯註 相關。下列 Python 程式碼中，二元特徵數量決定演算法能夠學到的可能樣式數量。已知標籤資料為二元內容，演算法試著學習給定的某個樣式（譬如：[0, 0, 1, 1, 1, 1, 0, 0, 0, 0]）較可能為標籤 0 或是標籤 1 的結果。因為所有數值都是以相等機率隨機選擇，所以無論觀測到何種（隨機）樣式，標籤 0 與 1 皆具有相等可能性，因而沒有太多要學習的內容。不管（隨機）樣式為何，基準預測演算法應該大約有 50% 時候是準確的情況：

```
In [55]: f = 10
         n = 250

In [56]: np.random.seed(100)

In [57]: x = np.random.randint(0, 2, (n, f))  ❶
         x[:4]  ❶
Out[57]: array([[0, 0, 1, 1, 1, 1, 0, 0, 0, 0],
                [0, 1, 0, 0, 0, 0, 1, 0, 0, 1],
                [0, 1, 0, 0, 0, 1, 1, 1, 0, 0],
                [1, 0, 0, 1, 1, 1, 1, 1, 0, 0]])

In [58]: y = np.random.randint(0, 2, n)  ❷
         y[:4]  ❷
Out[58]: array([0, 1, 0, 0])

In [59]: 2 ** f  ❸
Out[59]: 1024
```

❶ 特徵資料。

❷ 標籤資料。

❸ 樣式數量。

接著將這些原始資料放入 pandas 的 DataFrame 物件，進而簡化某些運作，以利執行分析工作：

```
In [60]: fcols = [f'f{_}' for _ in range(f)]  ❶
         fcols  ❶
Out[60]: ['f0', 'f1', 'f2', 'f3', 'f4', 'f5', 'f6', 'f7', 'f8', 'f9']

In [61]: data = pd.DataFrame(x, columns=fcols)  ❷
         data['l'] = y  ❸
```

---

譯註：「pattern recognition」也可稱為「圖形識別」、「圖形辨識」或「模式識別」。

```
In [62]: data.info()  ❹
         <class 'pandas.core.frame.DataFrame'>
         RangeIndex: 250 entries, 0 to 249
         Data columns (total 11 columns):
          #   Column  Non-Null Count  Dtype
         ---  ------  --------------  -----
          0   f0      250 non-null    int64
          1   f1      250 non-null    int64
          2   f2      250 non-null    int64
          3   f3      250 non-null    int64
          4   f4      250 non-null    int64
          5   f5      250 non-null    int64
          6   f6      250 non-null    int64
          7   f7      250 non-null    int64
          8   f8      250 non-null    int64
          9   f9      250 non-null    int64
          10  l       250 non-null    int64
         dtypes: int64(11)
         memory usage: 21.6 KB
```

❶ 定義特徵資料的 column 名稱。

❷ 將特徵資料放入 DataFrame 物件中。

❸ 將標籤資料放入相同的 DataFrame 物件中。

❹ 呈現資料集的 meta 資訊。

下列 Python 程式碼執行結果衍生兩個主要問題。第一、並非所有樣式都在樣本資料集裡。第二、對於每個觀測樣式，如此的樣本尺寸過小。即便無深入探究，也可清楚明白，任何分類演算法都不可能以有意義的方式確實學到所有可能的樣式：

```
In [63]: grouped = data.groupby(list(data.columns))  ❶

In [64]: freq = grouped['l'].size().unstack(fill_value=0)  ❷

In [65]: freq['sum'] = freq[0] + freq[1]  ❸

In [66]: freq.head(10)  ❹
Out[66]: l                              0  1  sum
         f0 f1 f2 f3 f4 f5 f6 f7 f8 f9
         0  0  0  0  0  0  0  1  1  1   0  1   1
                           1  0  1  0   1  1   2
                                 1  0   1  0   1
                     1  0  0  0  0  1   0   1
                                 1  0   1  0   1
```

```
                    1  1  1   0  1    1
              1  0  0  0   0  1    1
                    1  0   0  1    1
      1  0  0  0  1  1   1  0    1
              1  1  0   0  1  0    1

In [67]: freq['sum'].describe().astype(int)  ❺
Out[67]: count    227
         mean       1
         std        0
         min        1
         25%        1
         50%        1
         75%        1
         max        2
         Name: sum, dtype: int64
```

❶ 依所有的 column 項將資料分組。

❷ 對標籤 column 的群組資料作 unstack。

❸ 將 0 與 1 兩者出現的頻率相加。

❹ 針對某個樣式顯示 0 與 1 兩者出現的頻率。

❺ 提供出現頻率的總和統計。

下列 Python 程式碼使用 scikit-learn 的 MLPClassifier 模型 [8]。此模型是用整個資料集加以訓練。對於已知資料集而言,類神經網路學習其內在關係的能力為何?如同 in-sample 準確度效果,能力想必相當高。事實上可以接近 100%,在已知的**小型資料集**(*small data set*)之下,此結果大多是較高的類神經網路配適能力(capacity)所造就:

```
In [68]: from sklearn.neural_network import MLPClassifier
         from sklearn.metrics import accuracy_score

In [69]: model = MLPClassifier(hidden_layer_sizes=[128, 128, 128],
                               max_iter=1000, random_state=100)

In [70]: model.fit(data[fcols], data['l'])
Out[70]: MLPClassifier(hidden_layer_sizes=[128, 128, 128], max_iter=1000,
                       random_state=100)

In [71]: accuracy_score(data['l'], model.predict(data[fcols]))
Out[71]: 0.952
```

---

8 詳情可瀏覽 sklearn.neural_network.MLPClassifier(*https://oreil.ly/hCR4h*)。

已訓練的類神經網路，其**預測能力**如何？為此，將給定的資料集分成訓練與測試兩個子集。其中只用訓練資料子集訓練模型，接著以測試資料集測試模型的預測能力。如同前述，訓練過的類神經網路處理 in-sample 情況（即針對訓練資料集而言）的準確度相當高。然而，針對測試資料集而言，比隨意預測的基準演算法差 10 個百分點以上：

```
In [72]: split = int(len(data) * 0.7)  ❶

In [73]: train = data[:split]  ❶
         test = data[split:]  ❶

In [74]: model.fit(train[fcols], train['l'])  ❷
Out[74]: MLPClassifier(hidden_layer_sizes=[128, 128, 128], max_iter=1000,
                       random_state=100)

In [75]: accuracy_score(train['l'], model.predict(train[fcols]))  ❸
Out[75]: 0.9714285714285714

In [76]: accuracy_score(test['l'], model.predict(test[fcols]))  ❹
Out[76]: 0.38666666666666666
```

❶ 將資料分成 train（訓練用）與 test（測試用）兩個資料子集。

❷ 只以訓練資料子集訓練模型。

❸ 計算 in-sample（即訓練資料集）的準確度。

❹ 計算 out-of-sample（即測試資料集）的準確度。

大致而言，此類神經網路只用小型資料集予以訓練，礙於僅能辨別兩種問題範疇，因此學到錯誤的關係。對於學習 *in-sample* 關係的條件下，這些問題並非全然相關。相反而言，資料集越小，通常越容易學到 in-sample 的關係。不過，若使用訓練過的類神經網預測 *out-of-sample* 的結果，則問題範疇呈現高度相關。

## 大型資料集

幸虧有明確的方法能夠擺脫這種疑慮情況：**大型資料集**（*larger data set*）。面對現實問題，此一理論見解或許公允確實。然而，從實務觀點來說，如此大型資料集並非隨時可取得，往往也不易生成。不過，以本節的示例情境而言，實際建置一個大型資料集並不難。

下列 Python 程式碼將於初始的樣本資料集中，顯著增加樣本數量。結果，訓練過的類神經網路，其預測準確度提高 10 個百分點以上，達到 50% 左右的水準，這是依已知標籤資料的性質所預期的結果。此時與隨意預測的基準演算法效果差不多：

```
In [77]: factor = 50

In [78]: big = pd.DataFrame(np.random.randint(0, 2, (factor * n, f)),
                            columns=fcols)

In [79]: big['l'] = np.random.randint(0, 2, factor * n)

In [80]: train = big[:split]
         test = big[split:]

In [81]: model.fit(train[fcols], train['l'])
Out[81]: MLPClassifier(hidden_layer_sizes=[128, 128, 128], max_iter=1000,
                       random_state=100)

In [82]: accuracy_score(train['l'], model.predict(train[fcols]))   ❶
Out[82]: 0.9657142857142857

In [83]: accuracy_score(test['l'], model.predict(test[fcols]))   ❷
Out[83]: 0.5043407707910751
```

❶ in-sample（訓練資料集）預測準確度。

❷ out-of-sample（測試資料集）預測準確度。

如下所示，有效資料的快速分析結果說明預測準確度的提升。第一、目前所有可能的樣式存在資料集中。第二、所有樣式於資料集中平均出現的頻率為 10 以上。換句話說，類神經網路基本上多次遇到所有樣式。如此使得類神經網路對於所有可能樣式，而「學習」標籤 0 與 1 兩者的機會相等。當然，學習的過程並不容易，不過在此足以說明的事實是，**相對小型資料集往往對於類神經網路來說都過小**：

```
In [84]: grouped = big.groupby(list(data.columns))

In [85]: freq = grouped['l'].size().unstack(fill_value=0)

In [86]: freq['sum'] = freq[0] + freq[1]   ❶

In [87]: freq.head(6)
Out[87]: l                             0   1  sum
         f0 f1 f2 f3 f4 f5 f6 f7 f8 f9
         0  0  0  0  0  0  0  0  0  0  10   9   19
                                    1   5   4    9
                              1  0      2   5    7
                                    1   6   6   12
                        1  0  0      9   8   17
                                    1   7   4   11
```

```
In [88]: freq['sum'].describe().astype(int)  ❷
Out[88]: count    1024
         mean       12
         std         3
         min         2
         25%        10
         50%        12
         75%        15
         max        26
         Name: sum, dtype: int64
```

❶ 將 0 與 1 值的出現頻率相加。

❷ 呈現加總結果的摘要統計。

資料量與其多樣性

在執行預測任務的類神經網路應用中，訓練類神經網路所用的資料量與其
多樣性，對於其中的預測效能至關重要。本節假設的數值範例顯示，同一
個類神經網路，以相對小型而無變化的資料集予以訓練，跟用相對大型
而有變化的資料集給予訓練，兩者的效果比較，前者低於後者 10 個百分
點。鑑於 AI 從業人員與公司經常為小到十分之一的增進而奮鬥，則如此
差距可視為巨大的進展。

# 巨量資料

大型資料集與巨量資料集（*big* data set）有何分別呢？巨量資料（或大數據）一
詞用了十多年，至今已有許多的意涵。就本書而言，巨量資料集可以表示在數量
（volume）、多樣性（variety）還有傳輸速度（velocity）方面足夠大，進而讓 AI 演算
法能夠適當訓練，使得演算法對於預測任務的表現優於基準演算法的效果。

實務上，過往使用的大型資料集如今已不算大。不過，其資料規模足以完成特定的目
標。資料集的數量與多樣性需求，主要是由特徵資料與標籤資料的結構與特性所驅動。

在此種情況下，假設零售銀行（retail bank）用類神經網路執行信用評分的分類任務。
已知內部資料，專任的資料科學人員設計出 25 種特徵，每一個特徵可接受 8 種數值。
如此造就的樣式數量龐大無比。

```
In [89]: 8 ** 25
Out[89]: 37778931862957161709568
```

明確來說，並無任何資料集能夠為類神經網路揭露這些內容的每個樣式[9]。幸虧類神經網路實務上不必用正常、違約與拒絕往來等借貸戶資料，學習信用程度判斷。通常也不需要就每個潛在借貸戶的信用程度，進行「妥善」預測。

如此為之是基於一些原因。僅舉下列幾項陳述：第一、實務上，並非每個樣式都有意義——也許某些樣式根本不存在、不可能發生……。第二、並非所有特徵都同等重要，從中降低相關特徵的數量，因而減少可能樣式的數量。第三、特徵 7 號的 4 值或 5 值可能沒有差別，進而降低相關樣式的數量。

## 本章總結

對於本書而言，人工智慧（或 AI）涵蓋：從資料中學習關係、規則、機率以及其他項目的方法、技術、演算法等內容。其中重點擺在監督式學習演算法，諸如估計與分類相關應用。就演算法而言，類神經網路與深度學習的作法是本書的核心。

本書的重要主題是將類神經網路應用於一個金融核心問題：未來市場動向的預測。更具體來說，問題可能是：預測股票的動向或是貨幣對（currency pair）的匯率。未來市場方向的預測（即目標水準或目標價格是向上還是向下）能夠輕易轉成分類問題類型。

在深入探討核心內容之前，下一章先討論與**超級智慧**還有**科技奇點**（*technological singularity*）相關的特定主題。其中的論述將為隨後章節提供有用的背景知識，主要焦點是將 AI 應用於金融領域。

## 參考文獻

下列為本章所引用的書籍與論文：

Alpaydin, Ethem. 2016. *Machine Learning*. MIT Press, Cambridge.

Chollet, François. 2017. *Deep Learning with Python*. Shelter Island: Manning.

Goodfellow, Ian, Yoshua Bengio, and Aaron Courville. 2016. *Deep Learning*. Cambridge: MIT Press. *http://deeplearningbook.org*.

---

9　目前的運算技術並無法以這樣的資料集（若有這樣的資料集可供使用的話）對類神經網路建模與訓練。針對如此情況，下一章將討論硬體對於 AI 的重要性。

Kratsios, Anastasis. 2019. "Universal Approximation Theorems." *https://oreil.ly/COOdI*.

Silver, David et al. 2016. "Mastering the Game of Go with Deep Neural Networks and Tree Search." *Nature* 529 (January): 484-489.

Shanahan, Murray. 2015. *The Technological Singularity*. Cambridge: MIT Press.

Tegmark, Max. 2017. *Life 3.0: Being Human in the Age of Artificial Intelligence*. United Kingdom: Penguin Random House.

VanderPlas, Jake. 2017. *Python Data Science Handbook*. Sebastopol: O'Reilly.

# 第二章

# 超級智慧

> 促成超級智慧的途徑很多，如此事實應可增加人們達成終極目標的信心。若有
> 個途徑被認定是行不通的，人們依然當持續努力。
>
> ——Nick Bostrom (2014)

就科技奇點（*technological singularity*）一詞而言，有多種定義。對於這個字詞的撰述至少可追溯到 Vinge (1993) 文章內容，作者以聳動的言詞開場：

> 未來三十年內，人們將擁有創造超人智慧的技術實力。爾後不久，人類時代面臨終結。

就本書而言，**科技奇點**，指的是某些機器達成超人智慧或**超級智慧**的時間點——其中大部分都與 Vinge (1993) 的原意一致。由於廣泛的讀物與 Kurzweil (2005) 書籍的引用，又更加推廣這個概念。Barrat (2013) 針對這個主題撰述豐富的歷史與軼事。Shanahan (2015) 以通俗的方式概述其主要觀點。**科技奇點**詞語本身源自於物理學的**奇點**（*singularity*<sup>譯註</sup>）概念。其中所指的是黑洞的中心，此處的特性是質量極度集中，引力（或重力）無限大，以及傳統的物理定律皆不適用。宇宙的起源，即所謂的 Big Bang，也稱為奇點。

雖然科技奇點與超級智慧的整體概念，可能與應用於金融的 AI 沒有顯著的直接關係，不過多了解其中背景、相關問題與潛在結果，有益無害。從整體框架中獲得的見解，對於較狹隘的應用範疇（例如金融 AI）而言也很重要。這些見解還有助於引導探討相關議題：以 AI 執行金融業短期與長期重塑工作。

---

譯註：或稱為「奇異點」。

---

第 34 頁〈成功案例〉回顧 AI 領域中最近一些成功案例。其中涵蓋 DeepMind 公司使用類神經網路玩 Atari 2600 遊戲。陳述 DeepMind 以超越人類專家的層級參與圍棋競賽的案例。另外本節還包含西洋棋與電腦程式相關案例介紹。第 44 頁〈硬體重要性〉討論硬體對於這些成功案例的重要性。第 46 頁〈智慧形式〉介紹不同形式的智慧，譬如特定人工智慧（artificial narrow intelligence 或 ANI）、通用人工智慧（AGI）以及超級智慧（SI）。第 47 頁〈超級智慧途徑〉探討接近超級智慧的潛在途徑，譬如全腦模擬（whole brain emulation 或 WBE），而第 51 頁〈智慧爆炸〉（intelligence explosion）是研究人員所謂的智慧爆炸相關論述。第 52 頁〈目標與控制〉討論在超級智慧背景下對於所謂的「控制問題」相關方面的論述。第 55 頁〈潛在結果〉針對達到超級智慧時，預期的潛在結果與情境作簡介。

# 成功案例

AI 中的諸多概念與演算法的起源可以追溯到幾十年前。幾十年來，儘管懷著深厚的希望，卻也充滿了絕望。Bostrom (2014, ch. 1) 提供這些時期的回顧內容。

2020 年之際，AI 領域即使不處於振奮階段，也肯定是希望之中。其中一個原因是，近期成功將 AI 應用於某些領域與問題上，而在幾年前，這些問題似乎還難以受到發展數十年的 AI 所影響。這類的成功案例不少，並且迅速增多。而本節聚焦描述三個成功案例。Gerrish (2018) 則有針對個別案例提供廣泛的內容與詳細的說明。

## Atari

這一小節首先介紹的成功案例是 DeepMind 以增強式學習與類神經網路精通 Atari 2600 遊戲，以及依據具體的程式範例，說明其成功的基本方法。

### 案例

第一個成功案例是以超人水準參與 Atari 2600 遊戲 [1]。Atari 2600 視訊電腦系統（Video Computer System 或 VCS）於 1977 年發行，為 1980 年代首次普及的遊戲機。那個時期的某些熱門遊戲，譬如：《Space Invaders》（太空侵略者）、《Asteroids》（爆破彗星）或《Missile Command》（飛彈指揮官），堪稱經典遊戲，幾十年後的今日仍然備受復古遊戲愛好者的青睞。

---

1　相關的背景與歷史資訊，可參閱 *http://bit.ly/aiif_atari*。

DeepMind（*https://deepmind.com*）發表的一篇論文 (Mnih et al. 2013) 中，有詳細論述其團隊以 AI 演算法或所謂的 AI 代理人，將增強式學習用於 Atari 2600 遊戲的遊玩結果。案例的演算法是以卷積神經網路為基礎的 Q-learning 變形[2]。其中僅以高維視覺輸入資料（原始像素）予以訓練，不需人工介入或人為輸入資料。起初專案聚焦在 Atari 2600 的七款遊戲上，針對其中三款遊戲——《Pong》、《Enduro》與《Breakout》——DeepMind 團隊表示 AI 代理人的效果已超越人類高手的表現。

以 AI 的觀點而言，DeepMind 團隊獲得此一成果以及其實現的方式，皆令人矚目。第一、團隊只用單一類神經網路學習與遊玩這七款遊戲。第二、並無人工介入或人為標記資料，只是以視覺輸入資料為基礎的互動式學習經歷，而適當轉換成特徵資料[3]。第三、採用的作法是增強式學習，其中僅依據動作與結果（獎勵）之間的關係觀測——基本上與人類玩家學習遊玩這種遊戲的方式雷同。

以 DeepMind AI 代理人超越人類高手遊玩表現的一款 Atari 2600 遊戲是《Breakout》（*http://bit.ly/aiif_breakout*）。這個遊戲的目標是使用螢幕下方的球拍碰球，而球會筆直的反彈打掉螢幕上方的磚塊。每當球擊中磚塊，磚塊破掉，球則反彈運動。球也可能碰到左邊、右邊或上面的牆而反彈。當球彈到螢幕下方而玩家沒有用球拍碰到球，則算輸了一回。

動作空間有三個元素，都與球拍有關：維持不動、向左移動以及向右移動。狀態空間呈現 210 x 160 像素的遊戲畫面框頁，每個像素點有 128 種顏色選擇。獎勵則是遊戲的分數，以程式實作 DeepMind 演算法試圖將分數最大化。針對動作政策，此演算法在已知的遊戲狀態下學習採取最佳動作，進而將遊戲分數（總獎勵）最大化。

## 範例

本章篇幅有限，無法詳細探討 DeepMind 對於《Breakout》以及 Atari 2600 其他遊戲所採取的作法。然而，OpenAI Gym 環境（參閱 *https://gym.openai.com*）針對一個類似但更簡單的遊戲，提供雷同但更輕巧的類神經網路實作。

---

2　相關細節可參閱 Mnih et al. (2013)。

3　除了相關原因之外，由於 Arcade Learning Environment（遊戲機台學習環境或 ALE）的可用程度（*https://oreil.ly/OqnWk*），讓研究人員能夠透過標準化 API 為 Atari 2600 遊戲訓練 AI 代理人。

本節的 Python 程式碼與 OpenAI Gym 的 CartPole 環境（參閱 *http://bit.ly/aiif_cartpole*）搭配運作 [4]。在此環境中，需要將推車向右或向左移動，以平衡推車上的桿子。因此動作空間與《Breakout》的動作空間雷同。狀態空間則由四個物理資料點組成：推車位置、推車速度、桿子角度以及桿角速度（參閱圖 2-1）。若在某動作發生後，桿子依然保持平衡，則可得 1 獎勵。如果桿子呈現失衡，那麼遊戲結束。若總獎勵達到 200，則算遊戲成功 [5]。

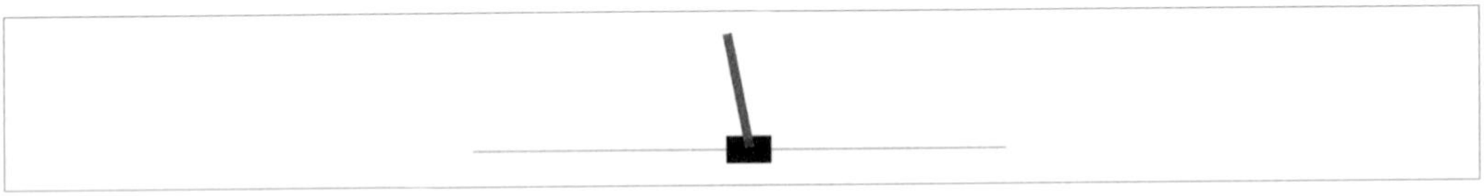

圖 2-1　CartPole 環境的圖示

下列程式碼將 CartPole 環境物件實體化，檢視動作空間與狀態空間，隨機採取某個動作並取得結果。若 done 變數為 False 時，AI 代理人會進入下一場遊戲：

```
In [1]: import gym
        import numpy as np
        import pandas as pd
        np.random.seed(100)

In [2]: env = gym.make('CartPole-v0')   ❶

In [3]: env.seed(100)   ❷
Out[3]: [100]

In [4]: action_size = env.action_space.n   ❸
        action_size   ❸
Out[4]: 2

In [5]: [env.action_space.sample() for _ in range(10)]   ❹
Out[5]: [1, 0, 0, 0, 1, 1, 0, 0, 0, 0]

In [6]: state_size = env.observation_space.shape[0]   ❺
        state_size   ❺
Out[6]: 4

In [7]: state = env.reset()   ❻
        state  # [ 推車位置 , 推車速度 , 桿子角度 , 桿角速度 ]
```

---

4　第九章將仔細探討此一示例。

5　具體而言，若 AI 代理人連續達 100 次的桿子平衡，或得到 195（含）以上的總獎勵，則算遊戲成功。

```
Out[7]: array([-0.01628537,  0.02379786, -0.0391981 , -0.01476447])

In [8]: state, reward, done, _ = env.step(env.action_space.sample())  ❼
        state, reward, done, _  ❼
Out[8]: (array([-0.01580941, -0.17074066, -0.03949338,  0.26529786]), 1.0, False, {})
```

❶ 環境物件實體化。

❷ 固定環境使用的亂數種子（seed）。

❸ 呈現動作空間的大小。

❹ 隨機採取某些動作並集結。

❺ 呈現狀態空間的大小。

❻ 重設（初始化）環境並取得狀態。

❼ 隨機採取某個動作，將環境移步（step）到下一個狀態。

下一步是依隨機動作玩遊戲，進而產生足夠大的資料集。不過，為了提高資料集的品質，只集結總獎勵為 110（含）以上的結果資料。於是，遊戲進行數千場次，蒐集足夠的資料，進而訓練類神經網路：

```
In [9]: %%time
        data = pd.DataFrame()
        state = env.reset()
        length = []
        for run in range(25000):
            done = False
            prev_state = env.reset()
            treward = 1
            results = []
            while not done:
                action = env.action_space.sample()
                state, reward, done, _ = env.step(action)
                results.append({'s1': prev_state[0], 's2': prev_state[1],
                                's3': prev_state[2], 's4': prev_state[3],
                                'a': action, 'r': reward})
                treward += reward if not done else 0
                prev_state = state
            if treward >= 110:  ❶
                data = data.append(pd.DataFrame(results))  ❷
                length.append(treward)  ❸
        CPU times: user 9.84 s, sys: 48.7 ms, total: 9.89 s
        Wall time: 9.89 s
```

```
In [10]: np.array(length).mean()   ❹
Out[10]: 119.75

In [11]: data.info()   ❺
         <class 'pandas.core.frame.DataFrame'>
         Int64Index: 479 entries, 0 to 143
         Data columns (total 6 columns):
          #   Column  Non-Null Count  Dtype
         ---  ------  --------------  -----
          0   s1      479 non-null    float64
          1   s2      479 non-null    float64
          2   s3      479 non-null    float64
          3   s4      479 non-null    float64
          4   a       479 non-null    int64
          5   r       479 non-null    float64
         dtypes: float64(5), int64(1)
         memory usage: 26.2 KB

In [12]: data.tail()   ❺
Out[12]:         s1        s2        s3        s4  a    r
         139  0.639509  0.992699 -0.112029 -1.548863  0  1.0
         140  0.659363  0.799086 -0.143006 -1.293131  0  1.0
         141  0.675345  0.606042 -0.168869 -1.048421  0  1.0
         142  0.687466  0.413513 -0.189837 -0.813148  1  1.0
         143  0.695736  0.610658 -0.206100 -1.159030  0  1.0
```

❶ 只取隨機代理人的總獎勵至少為 110 的情況：

❷ 蒐集資料，

❸ 以及記錄總獎勵。

❹ 資料集中所有隨機遊戲場次的平均總獎勵。

❺ DataFrame 物件中可見此集結的資料。

具備這份資料之後，類神經網路可接受如下的訓練：設定分類任務的類神經網路，使用表示狀態資料的 column（視為特徵資料）以及搭配採取動作的 column（視為標籤資料）加以訓練。鑑於資料集僅包含已知狀態的成功動作，類神經網路學習已知狀態（特徵）所要採取的動作（標籤）：

```
In [13]: from pylab import plt
         plt.style.use('seaborn')
         %matplotlib inline

In [14]: import tensorflow as tf
```

```
              tf.random.set_seed(100)

In [15]: from keras.layers import Dense
         from keras.models import Sequential
         Using TensorFlow backend.

In [16]: model = Sequential()  ❶
         model.add(Dense(64, activation='relu',
                         input_dim=env.observation_space.shape[0]))  ❶
         model.add(Dense(1, activation='sigmoid'))  ❶
         model.compile(loss='binary_crossentropy',
                       optimizer='adam',
                       metrics=['acc'])  ❶

In [17]: %%time
         h = model.fit(data[['s1', 's2', 's3', 's4']], data['a'],
                 epochs=25, verbose=False, validation_split=0.2)  ❷
         CPU times: user 1.02 s, sys: 166 ms, total: 1.18 s
         Wall time: 797 ms

Out[17]: <keras.callbacks.callbacks.History at 0x7ffa53685190>

In [18]: res = pd.DataFrame(h.history)  ❸
         res.tail(3)  ❸
Out[18]:     val_loss  val_acc     loss       acc
         22  0.660300  0.59375  0.646965  0.626632
         23  0.660828  0.59375  0.646794  0.621410
         24  0.659114  0.59375  0.645908  0.626632
```

❶ 使用只有一個隱藏層的類神經網路。

❷ 用之前集結的資料訓練模型。

❸ 呈現最後幾次訓練中每次的效能指標。

訓練過的類神經網路或 AI 代理人，因為學到其所能呈現之任何狀態的最佳動作，所以能夠進行 CartPole 遊戲。AI 代理人在 100 場遊戲中每一場可以拿到最高總獎勵 200。如此原因是，相對小型資料集搭配相當簡單類神經網路所造就的結果。

```
In [20]: def epoch():
             done = False
             state = env.reset()
             treward = 1
             while not done:
                 action = np.where(model.predict(np.atleast_2d(state))[0][0] > \
                         0.5, 1, 0)  ❶
```

```
                state, reward, done, _ = env.step(action)  ❷
                treward += reward if not done else 0
            return treward

In [21]: res = np.array([epoch() for _ in range(100)])
         res  ❸
Out[21]: array([200., 200., 200., 200., 200., 200., 200., 200., 200., 200., 200.,
                200., 200., 200., 200., 200., 200., 200., 200., 200., 200., 200.,
                200., 200., 200., 200., 200., 200., 200., 200., 200., 200., 200.,
                200., 200., 200., 200., 200., 200., 200., 200., 200., 200., 200.,
                200., 200., 200., 200., 200., 200., 200., 200., 200., 200., 200.,
                200., 200., 200., 200., 200., 200., 200., 200., 200., 200., 200.,
                200., 200., 200., 200., 200., 200., 200., 200., 200., 200., 200.,
                200., 200., 200., 200., 200., 200., 200., 200., 200., 200., 200.,
                200., 200., 200., 200., 200., 200., 200., 200., 200., 200.,
                200.])

In [22]: res.mean()  ❹
Out[22]: 200.0
```

❶ 依已知的狀態與訓練過的模型選擇某個動作。

❷ 依已學的動作讓環境前進一步。

❸ 遊戲進行若干次並記錄每次的總獎勵。

❹ 計算所有場次的平均總獎勵。

Arcade Learning Environment（ALE）的運作方式與 OpenAI Gym 類似。能夠以程式化的方式與 Atari 2600 遊戲模擬器互動、採取動作、蒐集動作執行後的結果等等。而學習遊玩《Breakout》這樣的任務當然甚為困難，光以其狀態空間比較大就是阻礙所在。然而基本的作法與在此採用的方法類似，只是多了一些細微的演算內容。

# 圍棋

圍棋——此一棋盤遊戲（*http://bit.ly/aiif_go*）的歷史超過 2,000 年。其長期被認為是美妙的藝術創作（因為原則上規矩簡單，但是實際上取勝不易。），且被期待能夠抵擋 AI 代理人下棋的數十年技術進展。圍棋棋士的實力是以段（*dan*）衡量，與許多武術系統的分級制度雷同。例如，獲得多次世界冠軍的李世乭是職業九段的棋士。Bostrom 於 2014 年提出以下假設：

> 近年來，圍棋下棋程式以每年提升一段的速度前進。若以這樣的進度持續下去，可能在大約十年內就會擊敗人類棋士。

DeepMind 再度貢獻成果，內部團隊利用旗下的 AlphaGo 演算法，於 AI 代理人下圍棋方面有突破的表現（請參閱 DeepMind 官網的 AlphaGo 頁面——*https://oreil.ly/y6n5N*）。Silver et al. (2016) 描述下列情況：

> 圍棋競賽一直被視為人工智慧中最具挑戰性的經典遊戲，因其巨大的搜尋空間，以及估算棋盤局面（*position*）與著手（*move*）的難度使然。

團隊成員將類神經網路與 Monte Carlo 樹搜尋演算法（Monte Carlo tree search algorithm）結合，團隊的論文中簡要描述相關的內容。回顧 2015 年的先期成效，團隊在簡介中點出下列內容：

> *AlphaGo* 程式與其他圍棋程式對弈的獲勝率為 *99.8%*，而與歐洲冠軍棋士（樊麾）的對弈中取得 *5:0* 的獲勝。圍棋正規賽中，首次由電腦程式戰勝職業棋士之時，人們在那當下的不久之前，還認為此一壯舉至少仍需十年之久才有可能發生。

此一里程碑，是在 AI 研究人員 Nick Bostrom 認為可能再過十年才能達到這個水準的預測之時一年後隨即實現。然而，許多觀察家指出，當時擊敗歐洲圍棋冠軍樊麾，不能真正算為標竿，因為還有更高段的世界圍棋精英（人類）可以對弈。DeepMind 團隊接受挑戰，於 2016 年 3 月與當時獲得 18 次圍棋國際冠軍李世乭對弈，總共比賽五局呈現出最佳賽事——這無疑是與人類菁英棋士比賽的貼切標竿。（AlphaGo 韓文網頁——*https://oreil.ly/EL51T*——有豐富的背景資訊，甚至還有一部影片——*https://oreil.ly/1vYQ5*——描述此一賽事）。為此，DeepMind 團隊將 AlphaGo Fan（樊麾對弈版）進而改為 AlphaGo Lee（李世乭對弈版）。

相關對弈與 AlphaGo Lee 的事蹟有據可查，還引起全世界的關注。DeepMind 在相關網頁的撰述如下（*https://oreil.ly/h0WEs*）：

> *2016* 年 *3* 月，*AlphaGo* 在韓國首爾以 *4* 比 *1* 獲勝，全球超過 *2* 億人觀看這場比賽。此一里程碑級成就比預定發生的時間提前十年。*AlphaGo* 贏得職業九段的排行，最高的認證。這是圍棋電腦棋士首次獲得此項殊榮。

在此之前，AlphaGo 利用許多資源之外，還以數百萬個人類專家賽事為基礎的訓練資料予以監督式學習。此團隊的下一版 AlphaGo Zero 完全沒有採用之前的作法，而只以增強式學習與自我對弈（self-play），將不同時候產生的 AI 代理人（各個時候訓練過的類神經網路）結合起來，相互對弈。Silver et al. (2017b) 文中描述 AlphaGo Zero 的細節。摘要內容中，研究人員表示：

*AlphaGo* 成為自己的老師：訓練類神經網路預測 *AlphaGo* 自己的著手策略，還有 *AlphaGo* 賽事的贏家。此類神經網路可提高樹搜尋（*tree search*）的強度，進而在下一代實現更優質的著手策略與更強大的自我對弈。從無到有的經驗累積，新版程式 *AlphaGo Zero* 達到超人的效能，與之前公認擊敗人類冠軍的 *AlphaGo* 對弈，獲得 *100：0* 的完勝結果。

在此類神經網路的訓練，與上一節所提的 CartPole 範例沒有太大不同（即以自我對弈的方式訓練），就能夠破解像圍棋這樣複雜的遊戲，其中可能的棋盤局面超過宇宙的原子數量。而達到此一里程碑根本不需要人類玩家幾個世紀以來所累積的圍棋智慧。

DeepMind 團隊並沒有就此滿足。AlphaZero 打算成為通用的棋盤競賽 AI 代理人，期望能夠學習不同類型的複雜棋盤遊戲，如圍棋、西洋棋與將棋。就 AlphaZero 而言，團隊於 Silver (2017a) 有下列描述：

在此論文中，將這種作法歸納成單一的 *AlphaZero* 演算法，其可以在許多具有挑戰性的領域中達到從無到有之經驗累積的超人效能。毫無策略的隨便開打首局（但有遵守競賽規則），*AlphaZero* 針對西洋棋與將棋（日本象棋）以及圍棋競賽中取得超人水準，並著實的擊敗每一種棋賽的世界冠軍程式。

DeepMind 再度於 2017 年達到此一非凡的里程碑：棋類競賽 AI 代理人，經過不到 24 小時的自我對弈與訓練，在三個擁有數百年歷史而經過深入研究的棋盤遊戲中，每種競賽的表現皆高於人類專家的水準。

## 西洋棋

毫無疑問，西洋棋是世界上最廣傳的棋盤遊戲。電腦下西洋棋程式，從相當早期的電腦運算時就已經存在，特別是在家用電腦的時代。例如，1983 年 ZX-81 Spectrum 家用電腦引進一個近乎完整的西洋棋引擎，名為 *ZX Chess*，此引擎只有約 672 位元組的機器碼[6]。雖然這種不完全的實作缺少某些規則，譬如入堡（castling），不過以當時來說，這算是個偉大成就，就今日而言，仍然是讓電腦西洋棋粉絲們著迷的引擎。*ZX Chess* 封為最小的西洋棋程式，這項記錄保持長達 32 年，而在 2015 年被只有 487 位元組的 *BootChess* 所打破[7]。

---

6 請參閱 *http://bit.ly/aiif_1k_chess*，其為 1983 年 2 月發行的《Your Computer》期刊中原文電子版與原程式碼掃描版。

7 詳細的背景內容請參閱 *http://bit.ly/aiif_bootchess*。

---

用如此少量的程式碼撰寫出可以玩棋盤遊戲的電腦程式（其中局面的可能排列組合比宇宙的原子數量還多），幾乎可以算是軟工奇蹟。單純就局面數量而言，儘管西洋棋不像圍棋那樣複雜，不過西洋棋也算是最具挑戰性的棋盤遊戲之一，因為玩家需要幾十年才能達到聖手（或大師）水準。

在 1980 年代中期，西洋棋電腦程式離專家水準依然相距甚遠，即使有較好的硬體（比基本的家用電腦 ZX-81 Spectrum 的侷限少得多）也是如此。難怪當時領先的西洋棋棋士與電腦對弈時頗有獲勝的信心。例如 Garry Kasparov (2017) 回顧 1985 年的賽事，那時一齊下了 32 局棋：

> *1985 年 6 月 6 日，在漢堡市度過愉快的一天……。我的三十二個對手，每一位都是電腦……在我獲得 32:0 完勝的成績時……並沒有感到多大的驚喜。*

IBM（國際商業機器公司）的西洋棋軟體開發人員與硬體專家花了 12 年的時間，以名為 Deep Blue（深藍）的電腦擊敗當時西洋棋人類世界冠軍 Kasparov。在他與 Deep Blue 歷史性對弈失利的 20 年之後出版的書中寫道：

> *十二年後，我在紐約為我的西洋棋生涯而戰。就與一台價值千萬美元、名為「Deep Blue」的 IBM 超級電腦對弈。*

Kasparov 總共與 Deep Blue 對局六場比賽。結果電腦贏得 3.5 分，而 Kasparov 的得分為 2.5；其中，每局獲勝者得到一分，若和局則雙方各獲得半分。雖然 Deep Blue 輸掉第一場比賽，不過剩下的五場比賽中贏了兩場，而其他三場比賽是以雙方同意的和局收場。有人認為，不該將 Deep Blue 視為一種 AI，因為其主要依靠巨大的硬體叢集（cluster）。這個硬體叢集包含 30 個節點以及 480 個西洋棋專用晶片（由 IBM 專門為此次賽事設計），每秒可分析約 2 億個局面。就此意義而言，Deep Blue 主要依靠暴力法，而非像類神經網路這樣的現代 AI 演算法。

自 1997 年以來，硬體與軟體都有顯著的進步。Kasparov 在他的書中提到現代智慧手機裡的西洋棋 APP 時，看法如下：

> *再向前邁進 20 年，直到現今 2017 年，人們可以用手機下載任意的免費西洋棋 APP，這些軟體可與任何人類聖手相提並論。*

擊敗人類聖手的硬體需求已從 1,000 萬美元下降到 100 美元（即，降低 100,000 倍）。然而，普通電腦與智慧手機裡的西洋棋 APP 依然仰賴西洋棋軟體數十年來所集結的智慧。其中收錄大量人為設計的遊戲法則與策略，依靠大型資料庫應對開局，並善用現代設備擴增的運算能力與記憶體，以暴力法估算數百萬個西洋棋局面。

而這時該輪到 AlphaZero 上場。AlphaZero 精通西洋棋競賽的作法完全是以增強式學習搭配自我對弈（與不同版本的 AI 代理人彼此對弈）。DeepMind 團隊將西洋棋電腦的傳統作法與 AlphaZero 作如下對比（請參閱 AlphaZero 研究論文——*https://oreil.ly/Ur-fI*）：

> 傳統的西洋棋引擎，諸如世界西洋棋電腦之冠 *Stockfish* 與 *IBM* 的創新產物 *Deep Blue*，皆依靠強力玩家人工累積的成千上萬法則與啟發，試圖解釋遊戲中的所有可能情事……。*AlphaZero* 採用完全不同的作法，以深層神經網路與通用演算法取代這些手工累積的法則，這些演算法除了基本規則之外對遊戲的種種一無所知。

鑒於 AlphaZero 這種從無到有累積經驗的作法，與領先的傳統西洋棋電腦下棋程式相比，經過幾個小時的自對弈訓練之後，其效能異常出色。AlphaZero 只需九小時或更短的訓練時間，就能精通西洋棋，其中水準超過每位人類玩家與其他西洋棋電腦程式，包括 Stockfish 引擎（一度成為西洋棋電腦主宰）。2016 年由 1,000 場比賽組成的測試賽局中，AlphaZero 以贏得 155 場比賽（大部分是白方先手的情況下）擊敗 Stockfish，其中只輸對方 6 場比賽，其餘則是和局。

雖然 IBM 的 Deep Blue 每秒能夠分析 2 億個局面，但是多核心商用硬體上執行的現代西洋棋引擎（譬如 Stockfish）每秒大約可以分析 6,000 萬個局面。而 AlphaZero 每秒只能分析 60,000 個左右的局面。儘管每秒分析的局面數目差了 1,000 倍，不過 AlphaZero 依然能夠擊敗 Stockfish。有人認為 AlphaZero 確實呈現某種智慧，這是純粹暴力法無法比擬的。鑒於人類聖手可以依據經驗、樣式與直覺，每秒分析數百個局面，而 AlphaZero 可能位居人類專業棋士與傳統西洋棋引擎（暴力法搭配人工累積的法則與現存的西洋棋知識）之間的甜蜜點。可以推測 AlphaZero 取得類似於人類具有的樣式辨識、深謀遠慮與直覺感知等能力，再加上相對更好的硬體而具備更高的運算處理速度。

# 硬體重要性

過去十年中，AI 研究人員與從業人員在演算法方面取得重大進展。如上一節所述，針對動作政策的表徵，增強式學習通常與類神經網路相結合，進而能夠用於許多不同範疇，並且有優越的表現。

然而，若沒有硬體方面的進展，則近期 AI 成就將不可能實現。DeepMind 的成功案例及其致力精通圍棋競賽（運用增強式學習）再度呈現出一些有價值的見解。表 2-1 描述

2015 年起 AlphaGo 主要版本的硬體用法與功耗[8]。AlphaGo 的強度不僅穩定提升,而且硬體需求與相關功耗也大幅降低[9]。

表 2-1　DeepMind 的 AlphaGo 硬體相關資訊

| 版本 | 年份 | Elo 等級分[a] | 硬體 | 功耗（TDP） |
|------|------|------------|------|-----------|
| AlphaGo Fan | 2015 | >3,000 | 176 GPUs | >40,000 |
| AlphaGo Lee | 2016 | >3,500 | 48 TPUs | 10,000+ |
| AlphaGo Master | 2016 | >4,500 | 4 TPUs | <2,000 |
| AlphaGo Zero | 2017 | >5,000 | 4 TPUs | <2,000 |

[a] 關於世界最佳圍棋棋士（人類）的 Elo 等級分（Elo rating）,請參閱 *https://www.goratings.org/en*。

推動 AI 發展的首要硬體非 GPU 莫屬。雖然最初是為電玩快速描繪高解析度圖形而開發的產物,但是現代 GPU 也可應用於諸多領域。其中一個用途與線性代數有關（例如,矩陣乘法計算）,這是一門數學學科,針對 AI 領域（尤其是類神經網路）來說,至關重要。

截至 2020 年中,市場上最高速的消費型 CPU 之一是最新一代的 Intel i9 處理器（內含 8 個核心,最多可有 16 個平行執行緒,即 parallel thread）[10]。依照當前的基準工作（task）計算,其速度約 1 TFLOPS 或略高一些（即每秒一兆個浮點運算,TFLOPS 為 trillion floating point operations per second 的縮寫）。

同一時間,市場上最高速的消費型 GPU 之一是 Nvidia GTX 2080 Ti。內含 4,352 個 CUDA 核心（即 Nvidia 的 GPU 核心）。如此能夠高度平行運算（例如,用於線性代數運算的環境中）。此 GPU 的速度最高可達 15 TFLOPS,比 Intel 最快的消費型 CPU 快 15 倍。GPU 比 CPU 快,這情況已有相當長的一段時間。然而,對於 GPU 的主要限制因素,通常是其相對較小與專用的記憶體。較新的 GPU 型號已明顯改善此一限制,譬如 GTX 2080 Ti 具有高達 11 GB 的 GDDR6 高效率記憶體與高速匯流排（bus）,可提升 GPU 的資料傳輸效能[11]。

---

8　相關細節可參閱 *https://oreil.ly/im174*。

9　此表中,*GPU* 為 graphical processing unit（圖形處理單元）的縮寫。*TPU* 為 tensor processing unit（張量處理單元）的縮寫,這是一種電腦晶片,專門用於高效處理張量（tensor）與其相關的運算。張量是類神經網路與深度學習的基本建構區塊,本書稍後將出現更多的相關內容,另外也可以參閱 Chollet (2017, ch. 2)。*TDP* 是 thermal design power（散熱設計功率或熱設計功耗）的縮寫（可參閱 *http://bit.ly/aiif_tdp*）。

10　*CPU* 為 central processing unit（中央處理單元）的縮寫,即存在於任何標準型桌機與筆記型電腦的通用處理器。

11　有關 2018 年 GDDR6 GPU 記憶體標準的說明,可參閱 *http://bit.ly/aiif_gddr6*。

2020 年中，這種 GPU 的零售價約為 1,400 美元，比起十年前那些功能強大的硬體要便宜許多。例如，與 DeepMind 這樣的公司相比，對於預算相對較少的個別學術研究人員來說，如此發展使得 AI 研究更加經濟實惠。

另一個硬體趨勢造就 AI 作法與演算法的進一步發展與運用：雲端（cloud）的 GPU 以及 TPU。Scaleway 這樣的雲端供應商，提供強大 GPU 運算，而可按小時租用的雲端執行個體（請參閱 Scaleway GPU Instances——*https://oreil.ly/bkaH3*）。其他公司，譬如 Google 已開發出 TPU，明確專用於 AI 的晶片，與 GPU 類似，提高線性代數運算的效能（可參閱參閱 Google TPU——*https://oreil.ly/ xnmdw*）。

總之，從 AI 角度來看，過去幾年中，硬體有極大的進步。其中主要有以下三個方面值得一提：

效能

GPU 與 TPU 讓硬體具有高度平行架構，非常適用於 AI 演算法與類神經網路。

成本

每個 TFLOPS 運算能力的成本已顯著降低，進而降低 AI 相關預算，或者在同樣的預算下，擁有更多的運算能力。

功率

功耗也著實降低。同樣的 AI 相關任務需求的功率較低，而通常執行速度卻比較快。

# 智慧形式

AlphaGo Zero 聰明嗎？若沒有具體為*智慧*下定義，這問題實在難以回答。AI 研究人員 Max Tegmark 於 2017 年將智慧定義為：「達成複雜目標的能力」。

此為廣泛定義，已經涵蓋其他較為明確的定義。鑑於此定義，AlphaZero 算是聰明，因為其能夠完成複雜的目標，即在與人類或其他 AI 代理人對弈的圍棋或西洋棋競賽中獲勝。當然，人類以及一般動物也因此定義，而被認為聰明。

以下較明確的定義，對於本書來說，似乎更為貼切。

## 特定人工智慧（*ANI*）

指的是特定領域（narrow field）中超越人類專家水準能力與技巧的 AI 代理人。可將 AlphaZero 視為圍棋、西洋棋與將棋領域的 ANI。對於投資資本而言，每年皆能達成 100% 淨報酬率的股票演算法交易 AI 代理人，可以將其視為 ANI。

## 通用人工智慧（*AGI*）

指的是任何領域（例如西洋棋、數學、寫作或金融）皆可達到人類水準的智慧，而在某些領域可能超越人類智慧的 AI 代理人。

## 超級智慧（*SI*）

指的是任何方面皆超越人類智慧水準的智力或 AI 代理人。

ANI 能夠於特定領域以高於人類水準達成復雜目標。AGI 能在廣泛的領域中與人類一樣出色的達成復雜目標。在幾乎所有能夠想到的領域中達成復雜目標而言，超級智慧的表現優於任何人，甚至超越人類群體。

前面提及的超級智慧定義與 Bostrom 在 2014 年《Superintelligence》著作中提到的定義雷同：

> 可以將超級智慧初步定義為**在幾乎所有關注領域中極度超越人類認知能力的任何智力**。

如之前所述，科技奇點是超級智慧出現的時間點。然而，促成超級智慧的途徑為何呢？下一節將探討這個主題。

# 超級智慧途徑

多年來，研究人員與從業人員都在爭論創造超級智慧的可能性。對科技奇點具體化的預計時間從幾年到幾十年、幾個世紀不等，甚至有人認為不可能發生。無論是否相信超級智慧的可能性，關於達成超級智慧的潛在途徑之探討絡繹不絕。

首先，以下是源自 Bostrom (2014, ch. 2) 內容稍長的引述，其中列出某些可能對超級智慧的任何潛在途徑都適用的一般考量項目：

要能夠辨別所需系統類的某些通用特點。目前看來很清楚，學習能力是在獲取通用智慧為目的之系統的核心設計中，不可或缺的特點，而不是以後作為延伸或事後考量所附加的項目。同樣需要有效的處理不確定性與可能性資訊的能力（特點）。從感官資料與內部狀態中萃取有用的概念，以及將得到的概念應用到彈性組合的表徵，而予以邏輯與直覺推理，這樣的機能也可能屬於——獲得通用智慧為目的之現代 AI 核心設計的特點。

這些通用特點讓人聯想到 AlphaZero 的作法與能力，或許需要定義直覺（*intuitive*）之類的術語才能用於 AI 代理人之上。不過，實際上要如何實作這些通用特點？Bostrom (2014, ch. 2) 提到五種可能的途徑，將在以下的幾個小節中探討。

## 網路與組織

通往超級智慧的首條途徑是透過大量人類形成的網路與組織，而將每個人的智力放大，並以同步進行的方式協同運作。具有不同技能之人所組成的團隊，是此類網路或組織的簡單模樣。在這方面經常被提及的範例是，美國政府針對曼哈頓計畫（Manhattan Project）召集重要專家團隊，製造核子武器，以作為果斷結束第二次世界大戰的手段。

這條途徑似乎有天然的限制，因為人類的個別能力與才能相當固定。演化過程也呈現出，人類難以在超過 150 個個體的網路與組織內協同運作。大公司通常分拆成比原本小很多的團隊、部門或群組。

另一方面，電腦與機器網路（譬如網際網路）往往能緊密無縫的運作，即使有數百萬個運算節點也是如此。這種網路現今至少能夠組織人類的知識與其他資料（聲音、圖片、視訊等等）。當然，AI 演算法已經協助人類瀏覽這些知識與資料。然而，超級智慧是否「自然」產生（例如從網際網路自發而生），令人質疑。從現今的觀點而言，似乎需要專心致志的努力。

## 生物強化

這些日子以來，對於提升人類個體的認知與身體表現耗費不少努力。從較為自然的作法（譬如較好的訓練與學習方法），到物質相關的內容（譬如補品或聰明藥，甚至是迷幻藥），以及牽涉特殊工具的情況，現今人類比以往更加有系統與合乎科學的提升個體的認知能力以及身體表現。Harari (2015) 將此努力描述為智人（*homo sapiens*）追求創造嶄新而更好的自己——神人（*homo deus*）。

然而，這種作法再次面臨人類硬體（身體）基本固定不變的阻礙。經過數十萬年的演變，在可預見的將來會持續演化。但可能歷經多個世代，只以相當緩慢的速度演變。也僅在很小的範圍內變化，因為對於當今人類天擇所起的作用越來越小，不過天擇讓演化具有改進的力量。Domingos (2015, ch. 5) 探討演化過程中進步的主要觀點。

在此情況下，有助於思考 Tegmark (2017, ch. 1) 就 *life* 版本概述的內容：

* **Life 1.0**（生物型）：此生命型態具有根本固定的硬體（生物體）與軟體（基因）。兩者皆同時因演化過程而緩慢的演變。例如細菌或昆蟲。

* **Life 2.0**（文化型）：此生命型態具有根本固定且緩慢演變的硬體，以及大多經過設計與學習的軟體（基因加語言、知識、技能等）。例如人類。

* **Life 3.0**（技術型）：此生命型態具有設計過而可調整的硬體，以及充分學習與演進的軟體。例如，使用電腦硬體、軟體與 AI 演算法創建的超級智慧。

隨著機器超級智慧所展現的技術生命，目前硬體的侷限或多或少會消失。因此，除了網路或生物強化的方式之外，通往超級智慧的途徑，目前的展現讓希望更大。

## 腦機混合

任何領域裡提升人類效能的混合方法，在生活中無所不在，人類使用各種硬體與軟體工具正是該方法存在的象徵。人類從很早開始就會使用工具。如今，數十億人攜帶裝有 Google 地圖的智慧手機，即使在未曾來過的地區與城市中，也能輕鬆導航。這是祖先所沒有的奢侈品，所以當時需要以天文為基礎的導航技能，或者使用較不複雜的工具，如指南針。

例如，就西洋棋方面，一旦證明電腦（譬如 Deep Blue）表現優越，人類並不會因為這樣而停止對弈。西洋棋電腦程式表現的進展，反而成為聖手有系統的提升競技所不可或缺的工具。人類聖手與高速運算的西洋棋引擎形成人機團隊，其他部分則沒有變，如此搭配表現比獨自個人要好。甚至在西洋棋比賽中，人類彼此對弈，同時利用電腦構思下一步。

同樣的，可以想像透過適當的介面將人腦直接連接到機器，這樣腦子就可以與機器適當通訊，交換資料與啟動某些運算、分析或學習任務。聽起來像科幻小說，而這卻是個活躍的研究領域。例如，Elon Musk 是新創公司 Neuralink 的創始人，此公司專注於**神經科技**（*neurotech*）——通常這個研究領域是以此字詞稱之。

總之，腦機混合似乎確切可行，而且有可能大幅超越人類智慧。然而，是否會促成超級智慧，就顯得不夠明確。

## 全腦模擬

另一個通往超級智慧的建議途徑是先完整模擬人腦，進而對模擬的內容作改善。在此的概念是，藉由現代人腦的掃描以及生物與醫學分析方法，以軟體就神經元、突觸等內容確切的複製對應結構，進而映射（map）整個人腦。其中在適當硬體上執行此軟體。Domingos (2015, ch. 4) 描述人腦相關背景資訊，以及學習方面的特性。Kurzweil (2012) 專書探討此一主題，包含詳細的背景資訊，並勾勒出實現全腦模擬（WBE，有時也稱為 *uploading*[譯註]）的方式[12]。

以期望不高的層面而言，類神經網路的作為正好是 WBE 試圖達到的目標。顧名思義，類神經網路是依大腦的啟發，而且已經被證實在許多不同領域皆非常有用，因此可能得出的結論是：確實可以將 WBE 視為通往超級智慧的可行途徑。然而，映射完整人腦的必要技術迄今只有部分可得。即使成功映射，也不確定軟體模擬能否像人腦一樣作同樣的事情。

然而，若 WBE 得以成功，則比方說可以在比人體更強大與更快速的硬體上執行人腦模擬軟體，進而促成超級智慧。另外可以輕易複製此軟體，而以協同運作方式將大量的模擬大腦組合起來，也有可能促成超級智慧。人腦模擬軟體也可以用人類因生物侷限而無法採用的方式加以強化。

## 人工智慧

最後提到的一途是（擺在後面才介紹並非不重要），本書論述的 AI 本身也可能促成超級智慧：相關演算法（例如類神經網路）可於標準或專用硬體上執行，並用現成或自建資料加以訓練。如果真的能夠達成超級智慧，那麼有若干充分的理由讓大多數研究人員與從業人員認為這是最有可能實現的途徑。

第一主因是，從歷史角度來看，人們於工程上成功解決問題，往往沒有參用自然與演化相關內容。譬如飛機，其中的設計是運用物理學、空氣動力學、熱力學等方面的現行理解，而非試圖模仿鳥類或昆蟲的飛行方式。或者以計算機為例，工程師作出第一台計算機時，並沒有分析人腦如何運算，甚至沒有嘗試複製如此生物作法，反而是依據技術硬

---

12 《捍衛生死線》（*Replicas*）是由基努李維（Keanu Reeves）主演，而於 2019 年 1 月在美國上映的科幻驚悚片。這部電影（票房表現失利）主題是人腦映射與轉移到機器，甚至移到複製人身上讓生命延續。電影觸及歷史悠久的人類渴望超越人體並成為不朽的慾望，至少在心智與心靈方面皆是如此。即使 WBE 可能不會促成超級智慧，不過理論上可以是達成此種不朽結果的基底。

譯註：「uploading」指的是「mind-uploading」。

---

體上實作的數學演算法。此二例較著重的面向是功能或能力本身（飛行、計算）。具有的效率越高越好。沒有必要模仿自然事物。

第二個主因是，AI 的成功案例數量似乎不斷增加。例如，幾年前與 AI 優勢似乎無關的類神經網路應用領域，已被證明是諸多領域可通往 ANI 的有效途徑。以 AlphaGo 進階成為 AlphaZero 的例子而言，在短時間內精通多個棋盤遊戲，帶來的希望是，更進一步的泛化程度。

第三個主因是，在察覺到多個 ANI 甚至遇到某些 AGI 之後，可能超級智慧才會現蹤（「奇點」）。由於 AI 在特定領域的能力毋庸置疑，研究人員與企業都將持續聚焦於改進 AI 演算法與硬體。例如，大型避險基金將藉助 AI 方法與代理人，致力增加 alpha（衡量基金相較市場基準的報酬表現）。在這之中，有多數專門的大型團隊努力從事這樣的工作。而不同行業所付出的努力，可能結合產生超級智慧所需的進展。

**人工智慧**

在所有可能達到超級智慧的途徑中，AI 似乎是最有前途的一條。在歷經若干的 AI 寒冬之後，近期以增強式學習與類神經網路為主的領域取得重大成功，讓 AI 的春天再度降臨。如今許多人甚至相信，超級智慧可能不像幾年前想像的那麼遙遠。此領域目前的特性是，進展速度比專家最初預測的情況要快得多。

# 智慧爆炸

前面引述的 Vinge (1993) 內容，不只描繪科技奇點之後人類遭遇的危險情境，而且也預測此危險情境發生在科技奇點**當下的不久之後**。為何來得如此快速？

如果存在超級智慧，那麼工程師或超級智慧本身可以創造另一個超級智慧，甚至可能比原來更好，因為超級智慧將具有優越的工程技術與技能（與原創者相比）。超級智慧的複製不會受到數百萬年來生物演化過程的期間限制。其中只受到新硬體技術組裝過程的限制，而超級智慧能以顯著方式自我改進。軟體可快速輕鬆複製到新硬體中。資源也可能讓複製受限，超級智慧可能提供更好甚至嶄新的方式探勘與生產所需的資源。

這些內容與類似論點所認同的觀點是，一旦達到科技奇點，智慧將爆炸。這可能與 Big Bang 類似，始於一個（物理）奇點，而從爆炸中形成家喻戶曉的宇宙。

就特定領域與 ANI 而言，可能適用類似的論點。就績效而言，假設演算法交易 AI 代理人比市場上的其他交易者與避險基金有更成功一致的表現。如此的 AI 代理人將聚集更多的資金（從交易獲利而來以及吸收外部資金）。隨後將增加可用的預算，進而改進硬體、演算法、學習方法等等，例如，提供高於市場的薪水與激勵措施，吸引最聰明的人才投入金融 AI 領域。

# 目標與控制

舉例來說，在正常的 AI 環境中，AI 代理人應當精通圖 2-1 所示的簡單 CartPole 遊戲或更複雜的遊戲（譬如西洋棋或圍棋），通常會明確定義目標：「至少獲得獎勵 200 分」、「以 checkmate（將死）贏得西洋棋賽」等等。但是，超級智慧的目標為何？

## 超級智慧與目標

對於具有超人能力的超級智慧而言，其目標可能不像前面的例子那樣簡單與穩定。譬如，超級智慧可能提出自認為比最初制定（以程式撰寫）的目標更為合適的新目標。畢竟，它具有與工程團隊相同的能力。一般來說，自己將能夠重新撰寫任何方面的程式。許多科幻小說與電影讓人們相信，主要目標如此的改變，對於人類來說通常不太好，而這正是 Vinge (1993) 的聳動假設。

即使假設超級智慧的主要目標，能夠以不會改變的方式撰寫程式與嵌入，或者超級智慧可能僅堅持其最初的目標，還是可能發生問題。Bostrom (2014, ch. 7) 認為，每個超級智慧有五個工具性次目標（instrumental sub-goal），其與主要目標無關：

自我保存（*self-preservation*）

　　超級智慧必須存活足夠長的時間以達成其主要目標。為此，超級智慧為確保生存可能執行不同的措施，其中一些可能對人類有害。

目標內容一致（*goal-content integrity*）

　　此概念是，超級智慧試圖保留其當前的主要目標，因為會增加未來自我達成這個目標的可能性。因此，當前與未來的主要目標可能一樣。以贏得比賽為目標的西洋棋競賽 AI 代理人為例，其中可能改變目標，不惜一切代價避免對手吃掉皇后，如此可能讓自己最終無法贏得比賽，而這種目標的改變並不一致。

### 認知強化（*cognitive enhancement*）

無論超級智慧的主要目標為何，一般來說，認知強化有所助益。若此看似符合其主要目標，則會努力盡快增加所能。因此認知強化是重要的工具性目標。

### 科技完善（*technological perfection*）

另一個工具性目標為科技完善。就 Life 3.0 意義而言，超級智慧不會受其當前硬體所限制，也不會受其軟體狀態所限制。它會相當努力生存在較好的硬體上（可能是它設計與生產的硬體），並利用它自己撰寫的妥善軟體。通常來說，此將達成其主要目標，並且可能使其更快達成目標。例如，金融業的高頻交易（high frequency trading 或 HFT）是一個以爭取科技（技術）優勢為特性的領域。

### 資源取得（*resource acqusition*）

針對幾乎所有主要目標而言，較多的資源往往會增加目標達成的可能性與速度。若目標隱含競爭情況，更是如此。考量某個 AI 代理人，其目標是盡可能快速挖掘最多枚比特幣；可用的硬體、能源等資源越多，AI 代理人達成目標的能力就越好；在這種情況下，甚至可能採取非法手段，從加密貨幣市場的其他人身上獲取（竊取）資源。

表面上，工具性目標看似不會構成威脅。歸根結底，其會確保達成 AI 代理人的主要目標。然而，正如被廣泛引用的 Bostrom (2014) 例子所示，可能很容易引起爭議。譬如，Bostrom 認為，以迴紋針生產最大化為目標的超級智慧，可能對人類造成嚴重威脅。為此，可在這樣的 AI 代理人背景下，考量上述的工具性目標。

第一、它盡一切努力保護自己，甚至用武器攻擊自己所屬的創造者。第二、儘管自己的認知推理能力可能呈現對其主要目標並無顯著感受，但是隨著時間持續堅持，而將達成目標的機會最大化。第三、認知強化肯定對達成目標有其價值。因此，它將嘗試各種措施以提高自身能力，其中可能以危害人類為代價。第四、就本身與迴紋針生產而言，技術（科技）越高，對其主目標就越好。譬如，將透過購買或竊取獲得所有現存技術，並建立新技術，以協助達成其目標。第五、可用的資源越多，生產的迴紋針就越多——直到地球資源耗盡，建立空間探索與探勘技術之際。在極端情況下，這種超級智慧可能耗盡太陽系、銀河系甚至整個宇宙的資源。

**工具性目標**

假設各種超級智慧都具有與其主要目標無關的工具性次目標。如此可能導致一些意想不到的後果，譬如以任何看似大有可為的方式，貪得無厭的追求更多資源。

此範例說明 AI 代理人相關目標的兩個重點。第一、可能無法以充分與明確反映制定目標者意圖的方式，為 AI 代理人制定複雜的目標。例如，「保留與保護人類物種」這類崇高目標，可能導致殺死其中四分之三的人口，以確保剩餘四分之一活口的可能性較高。對地球與人類物種的未來執行數十億次的模擬之後，超級智慧決定此一措施讓主要目標達成的可能性最高。第二、某個看似合理且無害的制式目標，因工具性次目標，可能導致意想不到的後果。在迴紋針範例中，伴隨此目標的一個問題是「盡可能多」這個敘述。簡單的處置是指定數目，譬如一百萬。但即使這樣可能也只是部分處置，因為工具性次目標（如自我保護）可能成為主要目標。

## 超級智慧與控制

若在科技奇點之後可能產生不良的後果甚至引發災難，則策畫至少能夠潛在控制超級智慧的措施，至關重要。

第一組措施與主要目標的正確制定與設計相關，上一節有稍微討論到此一方面的內容。Bostrom (2014, ch. 9) 則在〈motivation selection methods〉主題中有更多的詳細資訊。

第二組措施與超級智慧的能力控制有關。Bostrom (2014, ch. 9) 勾勒出四種基本作法。

### 分隔（*boxing*）

這是一種將超級智慧與外界隔離的作法。例如，AI 代理人可能沒有連到網際網路。也可能缺乏任何感官能力。人際互動也可以排除在外。鑒於這種能力控制的作法，可能根本無法達成一大組重要目標。以應達到 ANI 水準的演算法交易 AI 代理人為例，如果沒有與外界（譬如股票交易平台）連接，那麼 AI 代理人就沒有機會達成目標。

### 激勵（*incentive*）

針對目的性設計的（電子）獎勵（預期的行為受到獎勵，非預期的行為受到懲罰），AI 代理人可以撰寫程式讓獎勵功能最大化，雖然這種間接作法，在目標設計上提供更多的自由，不過有很大的可能性會遭遇與直接制定目標類似的問題。

### 阻礙（*stunting*）

此作法是故意限制 AI 代理人的能力，例如，針對硬體、運算速度或記憶體等方面。然而，這是一項棘手的任務。過多的發展阻礙，讓超級智慧永遠不會出現。發展限制過少，則接踵而來的智慧爆炸將使這項措施無效。

### 絆線（*tripwire*）

此措施應有助於及早辨別任何可疑或有害的行為，以便可以啟動具有針對性的對策。然而，這種做法存在類似發生竊盜而通知警察的警報系統問題。警方可能需要 10 分鐘才能到案發現場，而小偷在 5 分鐘前就離開現場。即使有監視攝影鏡頭也可能無法判斷竊賊是誰。

### 能力控制

總之，當超級智慧達到水準時，能否得到適當而有系統的控制，似乎是個疑問。歸根結底，原則上其超能力至少可用於克服各種人為設計的控制機制。

## 潛在結果

除了 Vinge (1993) 早期的預言：超級智慧的出現意味著人類的末日；還有什麼潛在結果與情境是可想而知的？

越來越多的 AI 研究人員與從業人員，對不受控制的 AI 可能帶來的潛在威脅，提出警告。在超級智慧出現之前，AI 會導致歧視、社會失衡、金融風險等問題。（同時為 Tesla、SpaceX 以及前述的 Neuralink 等企業創辦人 Elon Musk，就是依此論點的著名 AI 評論家。）因此，AI 倫理與治理成為研究人員與從業人員之間激辯的話題。若簡化而言，可以說這群人害怕 AI 引起的**反烏托邦**結果。其他人，譬如 Ray Kurzweil (2005, 2012)，則強調 AI 可能成為到達烏托邦情境的唯一方式。

在這種情況下的問題是，即使反烏托邦結果的機率相對較低，也足以讓人擔心。如上一節所述，鑑於當前最新科技，可能無法提供合適的控制機制。在這種背景下，撰寫本篇幅之際，有 42 個國家簽署與 AI 發展相關的首份國際協定，這也就不足為奇。

正如 Murgia 與 Shrikanth 在 2019 年於《金融時報》(*Financial Times*) 的報導所言：

> 上周邁出歷史性一步，*42* 個國家聚集在一起，為這個時代最強大的新興技
> 術——人工智慧——提供全球治理框架。

> 此協定由美國、英國與日本等 *OECD*（經濟合作暨發展組織）國家以及非成員
> 國共同簽署，正值各國政府考量之際，近期才剛開始努力解決行業應用 *AI* 的倫
> 理與實際結果……。近年來，諸如 *Google*、*Amazon*、百度、騰訊與字節跳動等
> 公司快速發展 *AI*，其進步程度遠遠超出該地區的法規制度，遭遇的重大挑戰包
> 含：有偏見的 *AI* 決策、公然造假與錯誤資訊、自動軍武的危險等。

 **烏托邦 *vs.* 反烏托邦**
即使是以 AI 進展為主的烏托邦未來之堅定支持者也必定認同，不能完全
排除科技奇點之後會有反烏托邦未來。由於後果可能是災難性的情況，反
烏托邦結果，必定會在有關 AI 與超級智慧的廣泛討論中有所影響。

超級智慧的數量搭配科技奇點之後的情況又是如何？有三個看似可能的基本情境。

### 單例 (*singleton*)

出現單一超級智慧，並且取得讓他者皆無法生存或出現的強大力量。例如，Google
主導搜尋市場，並於此領域幾乎處於壟斷地位。超級智慧出現後不久，可能迅速在
許多相關領域與行業中達到相當的地位。

### 多極 (*multipolar*)

多個超級智慧幾乎同時出現，且共存相當長的時間。例如，避險基金行業有一些大
型參與者，鑑於聯合市占率（market share），可將其視為寡占。根據彼此之間的分
治（divide-and-conquer）協定，多個超級智慧至少可以在一定時間內共存。

### 原子 (*atomic*)

在科技奇點出現後不久，會出現大量的超級智慧。經濟上來說，這種情況類似於完
全競爭的市場。技術上而言，西洋棋的演變為此種情況的類比。雖然 IBM 在 1997
年製造單一機器而主宰電腦與人類西洋棋世界，但是如今每支智慧手機上西洋棋
APP 都勝過西洋棋的人類玩家。2018 年之際，有在使用的智慧手機超過 30 億支。
在這種情況下，值得注意智慧手機最新硬體趨勢，除了正規 CPU 之外，增加專用
AI 晶片，進而穩定提升這些小型設備的能力。

本節並無議論在科技奇點出現之後會有哪個潛在結果：反烏托邦、烏托邦以及單例、多極或原子（數量），而是提供基本框架，用以思量超級智慧或強大 ANI 在各自領域的潛在影響。

## 本章總結

諸如 DeepMind 與 AlphaZero 那些近期的成功案例，造就 AI 嶄新的春天，以及超級智慧可能達成的強大希望。目前，AI 方面的 ANI，於各種領域中遠遠超越人類專家水準。AGI 與超級智慧是否可能實現，依然還在爭論階段。然而，至少不能排除下列的認知：藉由某條途徑（最近的經驗指向 AI 一途）確實可能達成。一旦發生科技奇點，不能排除超級智慧可能對人類造成意外、負面甚至災難性的後果。因此，適當的目標、激勵的設計以及合宜的控制機制，對於控制新興而強大的 AI 代理人，至關重要，甚至在科技奇點出現之前，就該及早因應。一旦達到奇點，智慧爆炸可能迅速將超級智慧的控制權，從其創造者與贊助者手中奪走。

AI、機器學習、類神經網路、超級智慧與科技奇點，對於人類生活的各個領域都是重要的主題。如今，由於 AI、機器學習以及深度學習，許多研究領域、行業與人類生存區域正在發生根本變化。金融業也是如此，因為採用 AI 的時間稍晚，其中的影響可能還沒那麼大。但是，將如後面的章節所述，與其他領域一樣，AI 將改變金融以及金融市場參與者的根本運作方式。

## 參考文獻

下列為本章所引用的書籍與論文：

Barrat, James. 2013. *Our Final Invention: Artificial Intelligence and The End of the Human Era*. New York: St. Martin's Press.

Bostrom, Nick. 2014. *Superintelligence: Paths, Dangers, Strategies*. Oxford: Oxford University Press.

Chollet, François. 2017. *Deep Learning with Python*. Shelter Island: Manning.

Domingos, Pedro. 2015. *The Master Algorithm: How the Quest for the Ultimate Learning Machine will Remake our World*. United Kingdom: Penguin Random House.

Doudna, Jennifer and Samuel H. Sternberg. 2017. *A Crack in Creation: The New Power to Control Evolution*. London: The Bodley Head.

Gerrish, Sean. 2018. *How Smart Machines Think*. Cambridge: MIT Press.

Harari, Yuval Noah. 2015. *Homo Deus: A Brief History of Tomorrow*. London: Harvill Secker.

Kasparov, Garry. 2017. *Deep Thinking: Where Machine Intelligence Ends*. London: John Murray.

Kurzweil, Ray. 2005. *The Singularity Is Near: When Humans Transcend Biology*. New York: Penguin Group.

———. 2012. *How to Create a Mind: The Secret of Human Thought Revealed*. New York: Penguin Group.

Mnih, Volodymyr et al. 2013. "Playing Atari with Deep Reinforcement Learning." arXiv. December 19, 2013. *https://oreil.ly/HD20U*.

Murgia, Madhumita and Siddarth Shrikanth. 2019. "How Governments Are Beginning to Regulate AI." *Financial Times*, May 30, 2019.

Silver, David et al. 2016. "Mastering the Game of Go with Deep Neural Networks and Tree Search." *Nature* 529 (January): 484-489.

———. 2017a. "Mastering Chess and Shogi by Self-Play with a General Reinforcement Learning Algorithm." arXiv. December 5, 2017. *https://oreil.ly/SBrWQ*.

———. 2017b. "Mastering the Game of Go without Human Knowledge." *Nature*, 550 (October): 354–359. *https://oreil.ly/lB8DH*.

Shanahan, Murray. 2015. *The Technological Singularity*. Cambridge: MIT Press.

Tegmark, Max. 2017. *Life 3.0: Being Human in the Age of Artificial Intelligence*. United Kingdom: Penguin Random House.

Vinge, Vernor. 1993. "Vernor Vinge on the Singularity." *https://oreil.ly/NaorT*.

# 金融與機器學習

如果有個行業因確實採用人工智慧而獲益良多，那麼非投資管理莫屬。

——Angelo Calvello (2020)

第二部分包含四個章節：其中重要主題是「資料驅動金融」、「人工智慧」與「機器學習」對金融理論與實務有持續影響的原因。

- 第三章為重要而廣傳的金融理論與模型設置舞臺，這些是幾十年來一直被視為金融基石的內容。姑且不論其他理論與模型，本章將探討平均數—變異數投資組合（mean-variance portfolio 或 MVP）理論與資本資產定價模型（capital asset pricing model 或 CAPM）。

- 第四章討論越來越多的歷史與即時金融資料的程式可用性，因而將金融從理論驅動的學科轉變為資料驅動的學科。

- 第五章以機器學習作為通用方法，從特定演算法中抽取通用內容闡述。

- 第六章就一般層面探討資料驅動金融的出現，結合人工智慧與機器學習，進而導致金融典範轉移的情形。

# 規範金融

*CAPM* 依據許多不切實際的假設。例如,假設投資人只關心投資組合一期的報酬平均數與變異數,這是過於極端的假設。

——Eugene Fama and Kenneth French (2004)

與人類(而非基本粒子)相關的科學對典雅數學呈現頑強抗拒力。

——Alon Halevy et al. (2009)

本章論述規範金融中主要的理論與模型。就本書的宗旨並簡單來說,**規範理論**(*normative theory*)是依據某些假設(數學公理),並從相關假設中得出對應見解、結果等內容。另一方面,**實證理論**(*positive theory*)是根據觀測、實驗、資料、關係等方面,而從現有資訊與衍生結果中獲得見解,並以見解描述相關現象。Rubinstein (2006) 對於本章提及之理論與模型的淵源,有詳細論述。

第 62 頁〈不確定性與風險〉介紹金融建模的主要概念,諸如不確定性、風險、交易資產等等。第 66 頁〈預期效用理論〉探討不確定性下決策的主要經濟範式:**預期效用理論**(EUT)。EUT 的近代樣式可以追溯到 von Neumann and Morgenstern (1944)。第 72 頁〈平均數—變異數投資組合理論〉介紹 Markowitz (1952) 的平均數—變異數投資組合(MVP)理論。第 83 頁〈資本資產定價模型〉解析 Sharpe (1964) 與 Lintner (1965) 的**資本資產定價模型**(CAPM)。第 91 頁〈套利定價理論〉概述 Ross (1971, 1976) 的**套利定價理論**(APT)。

本章以主要的規範金融理論作為本書的基礎。這一點很重要，因為數個世代的經濟學家、金融分析師、資產經理人、交易員、銀行家、會計師等等皆受過這些理論薰陶。就此意義而言，金融肯定能作為一門理論與實務兼具的學科，有很大的範疇是由這些理論所造就的。

# 不確定性與風險

金融理論的核心是，於不確定性與風險存在的情況下投資、交易與評價。本節會以某種程度的數學形式介紹與這些主題相關的主要概念。重點是機率論的基本概念，這些概念是計量財務金融的骨幹[1]。

## 定義

假設只在兩個時間點觀測活動的經濟結構：今日、$t = 0$；一年後、$t = 1$。本章稍後討論的金融理論有很大程度都是以如此**靜態經濟結構**（*static economy*）為基礎[2]。

當 $t = 0$ 時，並無存在不確定性。當 $t = 1$ 時，經濟結構可以接受（有限量）$S$ 個可能狀態 $\omega \in \Omega = \{\omega_1, \omega_2, ..., \omega_S\}$。$\Omega$ 是**狀態空間**（*state space*），其基數（cardinality）為 $|\Omega| = S$。

$\Omega$ 的（集合）**代數**（*algebra*）$\mathscr{F}$ 是具有下列內容的一組集合：

1. $\Omega \in \mathscr{F}$
2. $\mathbb{E} \in \mathscr{F} \Rightarrow \mathbb{E}^c \in \mathscr{F}$
3. $\mathbb{E}_1, \mathbb{E}_2, \ldots, \mathbb{E}_I \in \mathscr{F} \Rightarrow \cup_{i=1}^{I} \mathbb{E}_i \in \mathscr{F}$

$\mathbb{E}^C$ 為集合 $\mathbb{E}$ 的補集（complement）。**幕集**（power set）$\wp(\Omega)$ 是最大的（集合）代數，而集合 $\mathscr{F} = \{\varnothing, \Omega\}$ 是 $\Omega$ 的最小（集合）代數。代數是經濟結構中可**觀測事件**（*observable event*）的模型。在這種情況下，經濟結構的單一狀態 $\omega \in \Omega$ 可詮釋為**原子事件**（*atomic event*）。

狀態 $\omega \in \Omega$ 發生的機率是實數 $0 \le p_\omega \equiv P(\{\omega\}) \le 1$，或事件 $\mathbb{E} \in \mathscr{F}$ 發生的機率是實數 $0 \le P(\mathbb{E}) \le 1$。若已知所有狀態發生的機率，則 $P(\mathbb{E}) = \Sigma_{\omega \in \mathbb{E}} P_\omega$。

---

1 關於機率論的介紹內容可參閱 Jacod and Protter (2004)。

2 在**動態**經濟結構中，不確定性會逐漸解決（例如，今後一年間的每一日逐漸排除）。

---

機率測度（*probability measure*）$P:\mathscr{F} \to [0, 1]$ 具有下列性質：

1. $\forall \mathbb{E} \in \mathscr{F} : P(\mathbb{E}) \geq 0$
2. 對於互斥集（disjoint set）$\mathbb{E}_i \in \mathscr{F}$ 而言，$P\left(\cup_{i=1}^{I} \mathbb{E}_i\right) = \Sigma_{i=1}^{I} \mathbb{E}_i$
3. $P(\Omega) = 1$

三元素 $\{\Omega, \mathscr{F}, P\}$ 集結形成**機率空間**。機率空間是此模型經濟結構中**不確定性**的數學形式表徵。若機率測度 $P$ 固定，則稱經濟結構處於**風險**之中。若經濟結構中的所有代理人已知此風險，則稱此經濟結構具有**對稱資訊**（*symmetric information*）。

已知機率空間 $\{\Omega, \mathscr{F}, P\}$，而**隨機變數**為函數 $S:\Omega \to \mathbb{R}_{+}, \omega \mapsto S(\omega)$，其為 $\mathscr{F}$—可測的。如此意味著，對每個 $\mathbb{E} \in \{[a, b[ :a, b \in \mathbb{R}, a < b\}$ 有下列結果：

$$S^{-1}(\mathbb{E}) \equiv \{\omega \in \Omega : S(\omega) \in \mathbb{E}\} \in \mathscr{F}$$

若 $\mathscr{F} \equiv \wp(\Omega)$，則下列為隨機變數的**期望值**（*expectation*）定義：

$$\mathbf{E}^P(S) = \sum_{\omega \in \Omega} P(\omega) \cdot S(\omega)$$

不然期望值的定義如下：

$$\mathbf{E}^P(S) = \sum_{\mathbb{E} \in \mathscr{F}} P(\mathbb{E}) \cdot S(\mathbb{E})$$

通常，假設某個金融經濟結構為**完全競爭**（*perfect*），其意味著，別的不說，此時沒有交易成本，可用的資產具有固定價格而且數量無限，一切活動以光速進行，代理人具有完整與對稱的資訊。

## 數值範例

此時假設處於風險 $\{\Omega, \mathscr{F}, P\}$ 下的簡單靜態經濟結構，而存在以下情況：

1. $\Omega \equiv \{u, d\}$
2. $\mathscr{F} \equiv \wp(\Omega)$
3. $P \equiv \left\{P(\{u\}) = \frac{1}{2}, P(\{d\}) = \frac{1}{2}\right\}$

## 交易資產

此經濟結構中交易兩筆資產。第一項是風險資產——**股票**，今日確定價格為 $S_0 = 10$，而明日不確定的 payoff 以下列隨機變數形式表示：

$$S_1 = \begin{cases} S_1^u = 20 & \text{if } \omega = u \\ S_1^d = 5 & \text{if } \omega = d \end{cases}$$

第二項是無風險資產——**債券**，今日確定價格為 $B_0 = 10$，明日確定的 payoff 如下：

$$B_1 = \begin{cases} B_1^u = 11 & \text{if } \omega = u \\ B_1^d = 11 & \text{if } \omega = d \end{cases}$$

數學形式上，此模型經濟結構可以寫作 $\mathcal{M}^2 = (\{\Omega, \mathcal{F}, P\}, \mathbb{A})$，其中 $\mathbb{A}$ 為可交易資產，其形式為今日的價格向量 $M_0 = (S_0, B_0)^T$ 以及下列明日市場 payoff 矩陣：

$$M_1 = \begin{pmatrix} S_1^u & B_1^u \\ S_1^d & B_1^d \end{pmatrix}$$

## 套利定價

以此經濟結構，可以解決如下的問題：以股票履約價 $K = 14.5$ 導出**歐式買權**（*European call option*）的公允價值（fair value）。歐式買權無套利的價值 $C_0$ 是依股票與債券的投資組合 $\phi$ 複製此選擇權的 payoff（$C_1$）推導而來。此複製投資組合的價格也必然是歐式買權的價格。否則將存在（無限）套利空間。以 Python 運用這樣的複製論點，輕而易舉[3]：

```
In [1]: import numpy as np

In [2]: S0 = 10  ❶
        B0 = 10  ❶

In [3]: S1 = np.array((20, 5))  ❷
        B1 = np.array((11, 11))  ❷

In [4]: M0 = np.array((S0, B0))  ❸
        M0  ❸
```

---

[3] 有關套利之風險中立評價以及評價相關的詳細資訊，可參閱 Hilpisch (2015, ch. 4)。

```
Out[4]: array([10, 10])

In [5]: M1 = np.array((S1, B1)).T  ❹
        M1  ❹
Out[5]: array([[20, 11],
               [ 5, 11]])

In [6]: K = 14.5  ❺

In [7]: C1 = np.maximum(S1 - K, 0)  ❻
        C1  ❻
Out[7]: array([5.5, 0. ])

In [8]: phi = np.linalg.solve(M1, C1)  ❼
        phi  ❼
Out[8]: array([ 0.36666667, -0.16666667])

In [9]: np.allclose(C1, np.dot(M1, phi))  ❽
Out[9]: True

In [10]: C0 = np.dot(M0, phi)  ❾
         C0  ❾
Out[10]: 2.0
```

❶ 股票與債券的今日價格。

❷ 股票（不確定）與債券（確定）明日的 payoff。

❸ 市價向量。

❹ 市場 payoff 矩陣。

❺ 選擇權的履約價。

❻ 選擇權的不確定 payoff。

❼ 複製投資組合 $\phi$。

❽ 確認其 payoff 是否與選擇權的 payoff 相同。

❾ 複製投資組合的價格是選擇權的無套利價格。

**套利定價**

如上述範例所示,可將套利定價理論視為最強大的金融理論之一,其具備某些較為紮實的數學結果,如資產定價基本定理(FTAP)[4]。姑且不論別的原因,而可以從其他可觀測的市場參數(如:賣權交易標的股價)推出選擇權價格的事實所致。就此意義而言,套利定價先不考慮如何得出公允股價,而只是將其作為輸入內容。因此,套利定價使用少量且緩和的假設行事,凡是少了套利,對許多金融理論來說都無法接受。注意,其中也沒有採用機率測度得出套利價格。

# 預期效用理論

預期效用理論(EUT)是金融理論的基石。自 1940 年代提出以來,一直是不確定性之下決策建模的主要範式之一[5]。關於金融與投資理論的每本入門教科書通常都會有 EUT 的介紹。其中一個原因是,金融方面的其他主要結果可以從 EUT 範式中得出。

## 假設與結果

EUT 是個不證自明理論(axiomatic theory),可以追溯到 von Neumann and Morgenstern (1944) 的首創研究。**不證自明**在此意味著這個理論的主要結果只能從少量的公理中推導出來。有關公理效用理論各種變形與應用的概括論述,可參閱 Fishburn (1968)。

## 公理與規範理論

在 Wolfram MathWorld(*https://oreil.ly/pZqal*)中,可以找到針對**公理**(*axiom*)的定義:「公理是不經證明就顯而易見的真實陳述」。

當面對不確定性下的抉擇時,EUT 通常以代理人**偏好**的一小部分主要公理為基礎。雖然公理的定義另有論述,但是並非所有公理都被經濟學家們視為「不經證明就顯而易見的真實」。

---

4 請參閱 Hilpisch (2015, ch. 4) 以及其中的參考文獻。

5 更多背景與細節,可參閱 Eichberger and Harper (1997, ch. 1) 或 Varian (2010, ch. 12)。

---

Von Neumann and Morgenstern (1944, p. 25) 對於公理的抉擇評論是：

> 公理的抉擇並非全然客觀的任務。通常可以預期達到某個明確目標——某些特定的定理可以從公理中推導出來——而且就此範疇來說，問題是確切與客觀的。但除此之外，總會有本質上不那麼確切的其他重要之物：公理不宜過多，其系統盡可能簡單明瞭，每個公理應具有直覺意涵，進而直接判斷其適當性。

依此意義而言，一套公理構成一個規範理論，而以此理論塑造世界（或世界的一部分）。一套公理集結某個先驗（priori）應滿足的最小假設集合，而不是以某種數學形式證明或類似作為。在列出造就 EUT 的一套公理之前，於不確定性之下抉擇呈現之際，會有些關於代理人自身偏好的用詞（數學形式是 $\succeq$）。

## 代理人的偏好

假設具有偏好 $\succeq$ 的代理人面臨投資模型經濟結構 $\mathcal{M}^2$ 兩種交易資產的投資問題。例如，代理人可以在未來 payoff 為 $A = \phi_A \cdot M_1$ 的投資組合 $\phi_A$ 或未來 payoff 為 $B = \phi_B \cdot M_1$ 的投資組合 $\phi_B$ 之間做抉擇。假設代理人的偏好 $\succeq$ 是依據未來 payoff（而非投資組合）所定義。若代理人偏好 payoff A（強）優於 payoff B，則以 $A \succ B$ 表示，反之則以 $A \prec B$ 代表。若代理人對於兩者偏好無差別，則以 $A \sim B$ 表示。鑒於這些敘述，造就如下所述的一套 EUT 可能公理：

完整性（*completeness*）

　　代理人依相對的彼此，可將所有的 payoff 排行。即下列其中一項必定成立：$A \succ B$、$A \prec B$ 或 $A \sim B$。

遞移性（*transitivity*）

　　若有第三個投資組合 $\phi_C$ 搭配未來 payoff $C = \phi_C \cdot M_1$，則由 $A \succ B$ 且 $B \succ C$，可得 $A \succ C$。

連續性（*continuity*）

　　若 $A \succ B \succ C$，則存在一個數值 $\alpha \in [0, 1]$，使得 $B \sim \alpha A + (1 - \alpha)C$。

獨立性（*independence*）

　　若 $A \sim B$ 則 $\alpha A + (1 - \alpha)C \sim \alpha B + (1 - \alpha)C$。
　　同理，
　　若 $A \succ B$ 則 $\alpha A + (1 - \alpha)C \succ \alpha B + (1 - \alpha)C$。

**優勢性**（*dominance*）

若 $C_1 = \alpha_1 A + (1 - \alpha_1)C$ 且 $C_2 = \alpha_2 A + (1 - \alpha_2)C$，則由 $A \succ C$ 且 $C_1 \succ C_2$ 可得 $\alpha_1 > \alpha_2$。

## 效用函數

**效用函數**（*utility function*）是以數學與數值方式表示代理人偏好 $\succeq$ 的作法，即這樣的函數會對某個 payoff 賦予某一數值。在此情況下，數值的絕對內容無關緊要，而數值衍生的順序值得關注 [6]。假設 $\mathbb{X}$ 代表代理人能夠表達其偏好的所有可能 payoff。則效用函數 $U$ 定義如下：

$$U : \mathbb{X} \to \mathbb{R}_+, x \mapsto U(x)$$

若 $U$ 表示代理人的偏好 $\succeq$，則存在下列關係：

$$A \succ B \Rightarrow U(A) > U(B) \qquad （強優於）$$
$$A \succeq B \Rightarrow U(A) \geq U(B) \qquad （弱優於）$$
$$A \prec B \Rightarrow U(A) < U(B) \qquad （強劣於）$$
$$A \preceq B \Rightarrow U(A) \leq U(B) \qquad （弱劣於）$$
$$A \sim B \Rightarrow U(A) = U(B) \qquad （無差別）$$

效用函數 $U$ 只能作正線性轉換。因此，若 $U$ 表示偏好 $\succeq$，則 $V = a + bU$（其中 $a, b > 0$）也是如此作為。關於效用函數，von Neumann and Morgenstern (1944, p. 25) 總結如下：「因此得知：若真的存在這樣的效用數值評價，則必定是作線性轉換。即，效用就是線性轉換的數值。」

## 預期效用函數

Von Neumann and Morgenstern (1944) 表示，若代理人的偏好 $\succeq$ 滿足前述五個公理，則存在對應的**預期效用函數**（*expected utility function*）：

$$U : \mathbb{X} \to \mathbb{R}_+, x \mapsto \mathbf{E}^P(u(x)) = \sum_{\omega}^{\Omega} P(\omega)u(x(\omega))$$

在此 $u : \mathbb{R} \to \mathbb{R}, x \mapsto u(x)$ 是單調遞增、狀態獨立的函數，往往稱為 *Bernoulli* 效用函數，諸如 $u(x) = \ln(x)$、$u(x) = x$ 或 $u(x) = x^2$。

---

6　通常稱之為**序號**。街道房子的門牌號碼就是貼切的序號示例。

換句話說，預期效用函數 $U$ 將函數 $u$ 套用於某狀態的 payoff（$x(\omega)$），並使用已知狀態發生的機率 $P(\omega)$ 對單一效用加權。對於特殊的線性 Bernoulli 效用函數 $u(x) = x$ 而言，預期效用就是狀態相關 payoff 的期望值——$U(x) = \mathbf{E}^{P}(x)$。

## 風險趨避

風險趨避（*risk aversion*）是重要的金融概念。風險趨避最常用的衡量方法是*絕對風險趨避*（ARA）之 Arrow-Pratt 衡量法，其可追溯到 Pratt(1964)。假設代理人的狀態獨立 Bernoulli 效用函數為 $u(x)$。則 ARA 之 Arrow-Pratt 衡量法的定義為：

$$ARA(x) = -\frac{u''(x)}{u'(x)}, x \geq 0$$

依據此衡量方法可以分成下列三種情況：

$$ARA(x) = -\frac{u''(x)}{u'(x)} \begin{cases} > 0 & \text{風險趨避} \\ = 0 & \text{風險中立} \\ < 0 & \text{風險愛好} \end{cases}$$

在金融理論與模型中，一般假定的適當情況為風險趨避與風險中立。而在博弈之中，可能也會找到風險愛好的代理人。

依據之前提及的三個 Bernoulli 函數：$u(x) = \ln(x)$、$u(x) = x$ 或 $u(x) = x^2$。可以輕易驗證其分別塑造的風險趨避、風險中立以及風險愛好三種代理人。例如 $u(x) = x^2$：

$$-\frac{u''(x)}{u'(x)} = -\frac{2}{2x} < 0, x > 0 \Rightarrow \text{風險愛好}$$

## 數值範例

此 EUT 應用可輕易以 Python 舉例說明。假設範例的模型經濟結構承襲上一節的 $\mathcal{M}^2$。偏好 $\succeq$ 之代理人依據的 EUT，是以不同的未來 payoff 而定。此代理人的 Bernoulli 效用函數是 $u(x) = \sqrt{x}$。此範例中，投資組合 $\phi_A$ 造就的 payoff（$A_1$）優於投資組合 $\phi_D$ 造就的 payoff（$D_1$）。

下列為此應用的程式碼：

```
In [11]: def u(x):
             return np.sqrt(x)  ❶
```

```
In [12]: phi_A = np.array((0.75, 0.25))   ❷
         phi_D = np.array((0.25, 0.75))   ❷

In [13]: np.dot(M0, phi_A) == np.dot(M0, phi_D)   ❸
Out[13]: True

In [14]: A1 = np.dot(M1, phi_A)   ❹
         A1   ❹
Out[14]: array([17.75,  6.5 ])

In [15]: D1 = np.dot(M1, phi_D)   ❺
         D1   ❺
Out[15]: array([13.25,  9.5 ])

In [16]: P = np.array((0.5, 0.5))   ❻

In [17]: def EUT(x):
             return np.dot(P, u(x))   ❼

In [18]: EUT(A1)   ❽
Out[18]: 3.381292321692286

In [19]: EUT(D1)   ❽
Out[19]: 3.3611309730623735
```

❶ 風險趨避的 Bernoulli 效用函數。

❷ 權重不同的兩個投資組合。

❸ 顯示每個投資組合設置的成本相同。

❹ 一個投資組合（不確定）的 payoff，

❺ 以及另一個投資組合（不確定）的 payoff。

❻ 機率測度。

❼ 預期效用函數。

❽ 兩個（不確定） payoff 的效用值。

在此情況下，典型的問題是，已知代理人的固定預算 $w > 0$，要得出最佳投資組合（即預期效用最大化）。下列 Python 程式碼會為此問題建模，並確切的解決。在可用預算中，代理人將 60％左右的額度投入風險資產中，而約 40％的額度置於無風險資產中。結果主要由特定類型的 Bernoulli 效用函數而定：

```
In [20]: from scipy.optimize import minimize

In [21]: w = 10  ❶

In [22]: cons = {'type': 'eq', 'fun': lambda phi: np.dot(M0, phi) - w}  ❷

In [23]: def EUT_(phi):
             x = np.dot(M1, phi)  ❸
             return EUT(x)  ❸

In [24]: opt = minimize(lambda phi: -EUT_(phi),  ❹
                        x0=phi_A,  ❺
                        constraints=cons)  ❻

In [25]: opt  ❼
Out[25]:     fun: -3.385015999493397
             jac: array([-1.69249132, -1.69253424])
         message: 'Optimization terminated successfully.'
            nfev: 16
             nit: 4
            njev: 4
          status: 0
         success: True
               x: array([0.61122474, 0.38877526])

In [26]: EUT_(opt['x'])  ❽
Out[26]: 3.385015999493397
```

❶ 代理人的固定預算。

❷ 以 minimize[7] 限制預算的使用。

❸ 針對投資組合定義預期效用函數。

❹ -EUT_(phi) 最小化（即 EUT_(phi) 最大化）。

❺ 優化的初始猜值。

❻ 套用限制的預算。

❼ 最佳結果，包含 x 的最佳投資組合。

❽ 在 $w = 10$ 預算下最佳（最高）預期效用。

---

7  細節可參閱 *http://bit.ly/aiif_minimize*。

# 平均數—變異數投資組合理論

Markowitz (1952) 的平均數—變異數投資組合（MVP）理論是金融理論的另一個基石。其為不確定性方面最早的投資理論之一，只聚焦於股票投資組合建構的統計衡量。MVP 將可能影響公司股票表現的基本面，或者對公司前景成長至關重要的未來競爭力假設完全抽離。基本上，唯一計數的輸入資料是股價的時間序列，以及從中得出的統計內容，諸如（歷史）年化報酬率平均數以及（歷史）年化報酬率變異數。

## 假設與結果

依據 Markowitz (1952) 的論述，MVP 的主要假設是，投資人只關心預期報酬率與這些報酬率的變異數：

> 接著考量以下規則：投資人確實（或應該）認為預期報酬率是討喜之物，而報酬率的變異數是不討喜之物。此規則有許多合理之處，既可以作為投資行為的準則，也可以作為投資行為的前提。

> 預期報酬率為最大的投資組合，不一定是變異數為最小的投資組合。投資人可以接受變異數而獲得預期報酬率，或者放棄預期報酬率以降低變異數。

此種投資人偏好的作法，與直接定義代理人偏好以及 payoff 效用函數的作法大相逕庭。MVP 則是認為可以在投資組合預期產生報酬率的一次及二次動差（first and second moment），定義代理人的偏好與效用函數。

### 隱含假設的常態分布

一般來說，MVP 理論只關注投資組合於一個期間的風險與報酬，此與標準 EUT 並不相容。此議題的解法是，假設風險資產的報酬率是常態分布，使得一次及二次動差可充分描述資產報酬率的完整分布。下一章將說明，這在實際的金融資料中幾乎未曾出現。另一種方式是假設某個特定的二次式 Bernoulli 效用函數，如下一節所示。

## 投資組合統計

假定靜態經濟結構 $\mathcal{M}^N = (\{\Omega, \mathcal{F}, P\}, \mathbb{A})$，其可交易資產集合 $\mathbb{A}$，是由 $N$ 個風險資產 $A^1, A^2, ..., A^N$ 所組成。以 $A^n_0$ 為資產 $n$ 今日的固定價格，而 $A^n_1$ 為其一年的 payoff，則資產 $n$ 的（簡單）淨報酬率向量 $r^n$ 定義如下：

$$r^n = \frac{A_1^n}{A_0^n} - 1$$

對於具有相同發生機率的所有未來狀態而言，資產 $n$ 的**預期報酬率**（*expected return*）為：

$$\mu^n = \frac{1}{|\Omega|} \sum_\omega^\Omega r^n(\omega)$$

因此，預期報酬率的向量如下：

$$\mu = \begin{bmatrix} \mu^1 \\ \mu^2 \\ \vdots \\ \mu^N \end{bmatrix}$$

投資組合（向量）為 $\phi = (\phi^1, \phi^2, ..., \phi^N)^T$，其中 $\phi_n \geq 0$ 以及 $\Sigma_n^N \phi^n = 1$，而投資組合裡的每個資產附有權重 [8]。

然後，**投資組合的預期報酬率**則是投資組合加權向量與預期報酬率向量的點積（dot product）：

$$\mu^{phi} = \phi \cdot \mu$$

此時藉由下列內容定義資產 $n$ 與資產 $m$ 之間的**共變異數**（*covariance*）：

$$\sigma_{mn} = \sum_\omega^\Omega \left( r^m(\omega) - \mu^m \right) \left( r^n(\omega) - \mu^n \right)$$

而**共變異數矩陣**（*covariance matrix*）如下：

$$\Sigma = \begin{bmatrix} \sigma_{11} & \sigma_{12} & \cdots & \sigma_{1n} \\ \sigma_{21} & \sigma_{22} & \cdots & \sigma_{2n} \\ \vdots & \vdots & \ddots & \vdots \\ \sigma_{n1} & \sigma_{n2} & \cdots & \sigma_{nn} \end{bmatrix}$$

---

8　這些假設並非真的必要。例如，在不會顯著變更分析的情況下，可以允許賣空（short sale）。

投資組合的預期變異數則是下列雙點積：

$$\varphi^{phi} = \phi^T \cdot \Sigma \cdot \phi$$

因此投資組合的預期**波動率**（*volatility*）如下：

$$\sigma^{phi} = \sqrt{\varphi^{phi}}$$

## Sharpe ratio

Sharpe (1966) 提出一種衡量指標，可判斷共同基金以及其他投資組合、甚至是單一風險資產於風險調整後的績效。其最簡單的形式是將投資組合的（預期、已實現）報酬率與其（預期、已實現）波動率相關聯。因此就數學形式而言，*Sharpe ratio* 的定義如下：

$$\pi^{phi} = \frac{\mu^{phi}}{\sigma^{phi}}$$

若 $r$ 表示無風險短期利率，則投資組合 *phi* 相對無風險投資的**風險溢酬**（*risk premium*）或**超額報酬**（*excess return*）為 $\mu^{phi} - r$。Sharpe ratio 的另一種形式是風險溢酬位於分子：

$$\pi^{phi} = \frac{\mu^{phi} - r}{\sigma^{phi}}$$

若無風險短期利率相對較低，則在套用相同的無風險短期利率時，兩種 Sharpe ratio 版本的數值結果差別不大。特別是以 Sharpe ratio 對不同的投資組合排行時，兩種版本應該會產生相同的排行（其他條件皆相等的情況下）。

# 數值範例

再度採用靜態模型經濟結構 $\mathcal{M}^2$，則依然可以使用 Python 輕易說明 MVP 的基本概念。

## 投資組合統計

第一段是投資組合**預期報酬率**（*expected return*）的推導：

```
In [27]: rS = S1 / S0 - 1  ❶
         rS  ❶
Out[27]: array([ 1. , -0.5])

In [28]: rB = B1 / B0 - 1  ❷
```

```
           rB ❷
Out[28]: array([0.1, 0.1])

In [29]: def mu(rX):
             return np.dot(P, rX)  ❸

In [30]: mu(rS)  ❹
Out[30]: 0.25

In [31]: mu(rB)  ❹
Out[31]: 0.10000000000000009

In [32]: rM = M1 / M0 - 1  ❺
             rM  ❺
Out[32]: array([[ 1. ,  0.1],
                [-0.5,  0.1]])

In [33]: mu(rM)  ❻
Out[33]: array([0.25, 0.1 ])
```

❶ 風險資產的報酬率向量。

❷ 無風險資產的報酬率向量。

❸ 預期報酬率函數。

❹ 交易資產的預期報酬率。

❺ 交易資產的報酬率矩陣。

❻ 預期報酬率向量。

第二段是變異數與波動率,以及共變異數矩陣:

```
In [34]: def var(rX):
             return ((rX - mu(rX)) ** 2).mean()  ❶

In [35]: var(rS)
Out[35]: 0.5625

In [36]: var(rB)
Out[36]: 0.0

In [37]: def sigma(rX):
             return np.sqrt(var(rX))  ❷
```

```
In [38]: sigma(rS)
Out[38]: 0.75

In [39]: sigma(rB)
Out[39]: 0.0

In [40]: np.cov(rM.T, aweights=P, ddof=0)    ❸
Out[40]: array([[0.5625, 0.    ],
                [0.    , 0.    ]])
```

❶ 變異數函數。

❷ 波動率函數。

❸ 共變異數矩陣。

第三段是投資組合預期報酬率、投資組合預期變異數以及投資組合預期波動率,皆以同一個加權投資組合說明:

```
In [41]: phi = np.array((0.5, 0.5))

In [42]: def mu_phi(phi):
             return np.dot(phi, mu(rM))    ❶

In [43]: mu_phi(phi)
Out[43]: 0.17500000000000004

In [44]: def var_phi(phi):
             cv = np.cov(rM.T, aweights=P, ddof=0)
             return np.dot(phi, np.dot(cv, phi))    ❷

In [45]: var_phi(phi)
Out[45]: 0.140625

In [46]: def sigma_phi(phi):
             return var_phi(phi) ** 0.5    ❸

In [47]: sigma_phi(phi)
Out[47]: 0.375
```

❶ 投資組合與其報酬率。

❷ 投資組合預期變異數。

❸ 同資組合預期波動率。

## 投資機會集合

依據投資組合權重 $\phi$ 的 Monte Carlo 模擬，可以視覺化呈現波動率報酬率空間中投資機會集合（圖 3-1 是由下列程式碼片段產生的結果）。

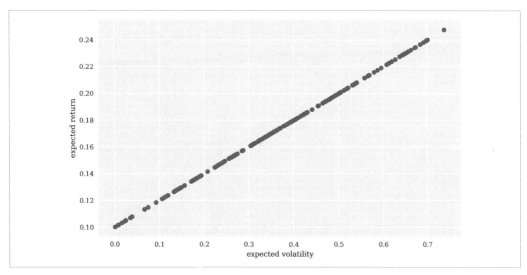

圖 3-1　預期投資組合波動率與報酬率的模擬（一種風險資產）

因為只有一種風險資產與一種無風險資產，所以機會集合為一條直線：

```
In [48]: from pylab import plt, mpl
         plt.style.use('seaborn')
         mpl.rcParams['savefig.dpi'] = 300
         mpl.rcParams['font.family'] = 'serif'

In [49]: phi_mcs = np.random.random((2, 200))   ❶

In [50]: phi_mcs = (phi_mcs / phi_mcs.sum(axis=0)).T   ❶

In [51]: mcs = np.array([(sigma_phi(phi), mu_phi(phi))
                         for phi in phi_mcs])   ❷

In [52]: plt.figure(figsize=(10, 6))
         plt.plot(mcs[:, 0], mcs[:, 1], 'ro')
         plt.xlabel('expected volatility')
         plt.ylabel('expected return');
```

❶ 隨機投資組合成分，正規化縮放至 1。

❷ 隨機成分的預期投資組合波動率與報酬率。

此時考量具有三個狀態的靜態經濟結構 $\mathcal{M}^3$，其中 $\Omega = \{u, m, d\}$。這三個狀態發生的可能性相同，即 $P = \left\{\frac{1}{3}, \frac{1}{3}, \frac{1}{3}\right\}$。可交易資產集合則由兩項風險資產 $S$ 與 $T$ 組成，其初始價格固定為 $S_0 = T_0 = 10$，而各自不確定的 payoff 分別如下所示：

$$S_1 = \begin{bmatrix} 20 \\ 10 \\ 5 \end{bmatrix}$$

與

$$T_1 = \begin{bmatrix} 1 \\ 12 \\ 13 \end{bmatrix}$$

依據上述的假設，下列 Python 程式碼再度以 Monte Carlo 模擬，並視覺化呈現結果（如圖 3-2）。結果是這兩項風險資產讓知名的 MVP「bullet」（彈頭）乍現。

```
In [53]: P = np.ones(3) / 3  ❶
         P  ❶
Out[53]: array([0.33333333, 0.33333333, 0.33333333])

In [54]: S1 = np.array((20, 10, 5))

In [55]: T0 = 10
         T1 = np.array((1, 12, 13))

In [56]: M0 = np.array((S0, T0))
         M0
Out[56]: array([10, 10])

In [57]: M1 = np.array((S1, T1)).T
         M1
Out[57]: array([[20,  1],
                [10, 12],
                [ 5, 13]])

In [58]: rM = M1 / M0 - 1
         rM
Out[58]: array([[ 1. , -0.9],
                [ 0. ,  0.2],
```

```
            [-0.5,  0.3]])

In [59]: mcs = np.array([(sigma_phi(phi), mu_phi(phi))
                         for phi in phi_mcs])

In [60]: plt.figure(figsize=(10, 6))
         plt.plot(mcs[:, 0], mcs[:, 1], 'ro')
         plt.xlabel('expected volatility')
         plt.ylabel('expected return');
```

❶ 針對三個狀態的新機率測度。

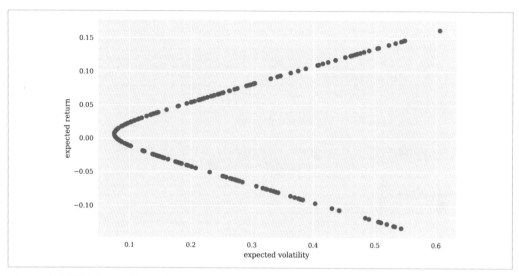

圖 3-2　預期投資組合波動率與報酬率的模擬（兩種風險資產）

## 最小波動率與最大 Sharpe ratio

接著要取得**最小波動率**（最小變異數）的投資組合與**最大** *Sharpe ratio* 的投資組合。圖 3-3 顯示此風險—報酬空間兩個投資組合對應所求的位置。

儘管風險資產 *T* 的預期報酬率為負值，但是在最大 Sharpe ratio 的投資組合中，有顯著的權重。這是因為（風險）分散效應，讓投資組合風險降得比投資組合的預期報酬率低：

```
In [61]: cons = {'type': 'eq', 'fun': lambda phi: np.sum(phi) - 1}

In [62]: bnds = ((0, 1), (0, 1))

In [63]: min_var = minimize(sigma_phi, (0.5, 0.5),
                            constraints=cons, bounds=bnds)  ❶

In [64]: min_var
Out[64]:      fun: 0.07481322946910632
              jac: array([0.07426564, 0.07528945])
          message: 'Optimization terminated successfully.'
             nfev: 17
              nit: 4
             njev: 4
           status: 0
          success: True
                x: array([0.46511697, 0.53488303])

In [65]: def sharpe(phi):
             return mu_phi(phi) / sigma_phi(phi)  ❷

In [66]: max_sharpe = minimize(lambda phi: -sharpe(phi), (0.5, 0.5),
                        constraints=cons, bounds=bnds)  ❸

In [67]: max_sharpe
Out[67]:      fun: -0.2721654098971811
              jac: array([ 0.00012054, -0.00024174])
          message: 'Optimization terminated successfully.'
             nfev: 38
              nit: 9
             njev: 9
           status: 0
          success: True
                x: array([0.66731116, 0.33268884])

In [68]: plt.figure(figsize=(10, 6))
         plt.plot(mcs[:, 0], mcs[:, 1], 'ro', ms=5)
         plt.plot(sigma_phi(min_var['x']), mu_phi(min_var['x']),
                  '^', ms=12.5, label='minimum volatility')
         plt.plot(sigma_phi(max_sharpe['x']), mu_phi(max_sharpe['x']),
                  'v', ms=12.5, label='maximum Sharpe ratio')
         plt.xlabel('expected volatility')
         plt.ylabel('expected return')
         plt.legend();
```

**❶** 預期投資組合波動率最小化。

**❷** 定義 Sharpe ratio 函數，假設短期利率為 0。

**❸** Sharpe ratio 最大化（實際是其負值最小化）。

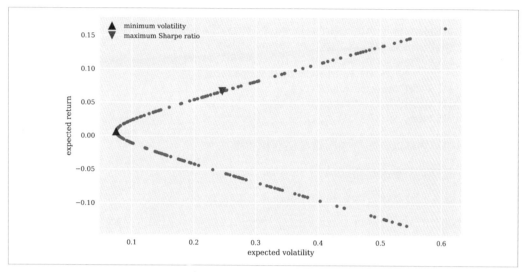

圖 3-3　最小波動率的投資組合與最大 Sharpe ratio 的投資組合

## 效率前緣

**效率投資組合**（*efficient portfolio*）是在已知預期風險（報酬率）之下具有最大（最小）
預期報酬率（風險）。在圖 3-3 中，投資組合的預期報酬率低於最小風險投資組合者，
這些投資組合都是**無效率投資組合**。下列程式碼可得出風險—報酬空間中效率投資組
合，對應結果如圖 3-4 所示。效率投資組合整個集合稱為**效率前緣**（*efficient frontier*），
而代理人只依據效率前緣選取某個投資組合：

```
In [69]: cons = [{'type': 'eq', 'fun': lambda phi: np.sum(phi) - 1},
                  {'type': 'eq', 'fun': lambda phi: mu_phi(phi) - target}]   ❶

In [70]: bnds = ((0, 1), (0, 1))

In [71]: targets = np.linspace(mu_phi(min_var['x']), 0.16)   ❷

In [72]: frontier = []
         for target in targets:
             phi_eff = minimize(sigma_phi, (0.5, 0.5),
```

```
                        constraints=cons, bounds=bnds)['x']  ❸
          frontier.append((sigma_phi(phi_eff), mu_phi(phi_eff)))
      frontier = np.array(frontier)

In [73]: plt.figure(figsize=(10, 6))
         plt.plot(frontier[:, 0], frontier[:, 1], 'mo', ms=5,
                 label='efficient frontier')
         plt.plot(sigma_phi(min_var['x']), mu_phi(min_var['x']),
                 '^', ms=12.5, label='minimum volatility')
         plt.plot(sigma_phi(max_sharpe['x']), mu_phi(max_sharpe['x']),
                 'v', ms=12.5, label='maximum Sharpe ratio')
         plt.xlabel('expected volatility')
         plt.ylabel('expected return')
         plt.legend();
```

❶ 針對預期報酬率以新限制來固定某個目標水準。

❷ 產生目標預期報酬率集合。

❸ 已知目標預期報酬率之下取得最小波動率的投資組合。

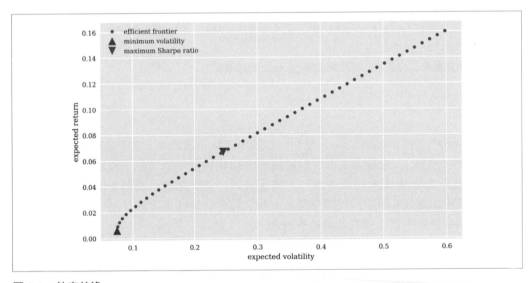

圖 3-4　效率前緣

# 資本資產定價模型

資本資產定價模型（CAPM）是文獻豐富以及應用廣泛的金融模型之一。其核心是以線性方式，將一檔股票的預期報酬率與市場投資組合預期報酬率予以關聯，市場投資組合通常由某個整體股票指數，譬如 S&P 500 代表。此模型可追溯到 Sharpe (1964) 與 Sharpe (1964) 的首創研究。Jones (2012, ch. 9) 就 CAPM 與 MVP 的相較論述如下：

> 資本市場理論是個實證理論，因為其假設依投資人實際作為而定，而非以投資人應該如何作為當基礎，如同現代投資組合理論（*MVP*）。將資本市場理論視為投資組合理論的延伸，堪稱合理，但要理解的重點是，*MVP* 並非以資本市場理論的有效性（*validity*）之有無為基礎。

> 許多投資人關注的特定均衡模型稱為資本資產定價模型，通常簡稱 *CAPM*。可用於評估個人證券的相關風險，以及評估風險與投資預期報酬率之間的關係。*CAPM* 作為均衡模型，因其簡單明瞭與具有意涵，而引人注目。

## 假設與結果

承襲上一節靜態模型經濟結構 $\mathscr{M}^N = (\{\Omega, \mathscr{T}, P\}, \mathbb{A})$，其中有 $N$ 個交易資產，以及包含所有簡單假設。CAPM 假設代理人按照 MVP 投資，只關注一個期間內風險資產的風險與報酬統計內容。

在**資本市場均衡**（*capital market equilibrium*）情況下，所有可用資產由所有代理人持有，而且市場透明無阻。由於假設代理人完全相似，即使用 MVP 來形成自己的效率投資組合，如此意味著所有代理人必定持有相同的效率投資組合（就成分而言），理由是每個代理人擁有相同的可交易資產集合。換句話說，**市場投資組合**（可交易資產集合）必定位於效率前緣。若不是這樣的情況，則表示這個市場並不均衡。

獲取資本市場均衡的機制為何呢？可交易資產的今日價格是確保市場透明的機制。若代理人對可交易資產的需求不足，則需要降低其價格。如果需求大於供給，那麼需要提高其價格。若價格正確設定，則每個可交易資產的需求與供給會相等。MVP 以可交易資產價格定價，而 CAPM 這種理論與模型，是依其風險—報酬特性認定資產的均衡價格應該為何。

CAPM 假設存在（至少）一種無風險資產，其中每個代理人都可以對其投資任何金額，並賺取無風險利率 $\bar{r}$。因此，每個代理人將均衡持有市場投資組合與無風險資產的綜合內容，此即稱為**二基金分離定理**（*two fund separation theorem*）[9]。此類投資組合的集合則稱為**資本市場線**（CML）。圖 3-5 為 CML 的示意圖。只有讓代理人對無風險資產予以賣空與借錢一途，才可以達到市場投資組合右測的投資組合：

```
In [74]: plt.figure(figsize=(10, 6))
         plt.plot((0, 0.3), (0.01, 0.22), label='capital market line')
         plt.plot(0, 0.01, 'o', ms=9, label='risk-less asset')
         plt.plot(0.2, 0.15, '^', ms=9, label='market portfolio')
         plt.annotate('$(0, \\bar{r})$', (0, 0.01), (-0.01, 0.02))
         plt.annotate('$(\sigma_M, \mu_M)$', (0.2, 0.15), (0.19, 0.16))
         plt.xlabel('expected volatility')
         plt.ylabel('expected return')
         plt.legend();
```

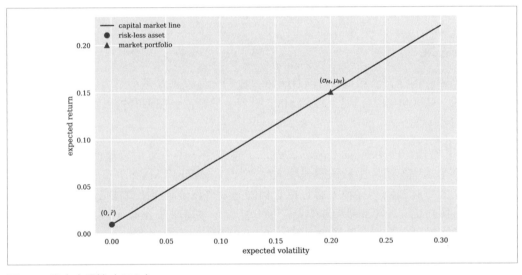

圖 3-5　資本市場線（CML）

若 $\mu_M$ 與 $\sigma_M$ 分別是市場投資組合的預期波動率與報酬率，則將預期投資組合報酬率 $\mu$ 與預期波動率 $\sigma$ 相關聯的資本市場線定義如下：

$$\mu = \bar{r} + \frac{\mu_M - \bar{r}}{\sigma_M}\sigma$$

---

9　更多細節可參閱 Jones (2012, ch. 9)。

下列則稱為風險的市價：

$$\frac{\mu_M - \bar{r}}{\sigma_M}$$

表示代理人多承受一個單位風險所需的均衡預期報酬率多寡程度。

而 CAPM 將任何可交易風險資產 $n = 1, 2, ..., N$ 的預期報酬率與市場投資組合的預期報酬率相關聯的結果如下：

$$\mu^n = \bar{r} + \beta_n(\mu_M - \bar{r})$$

在此，$\beta_n$ 的定義是，具風險資產 $n$ 的市場投資組合共變異數，除以市場投資組合本身的變異數所得的結果：

$$\beta_n = \frac{\sigma_{M,n}}{\sigma_M^2}$$

若 $\beta_n = 0$，則依據 CAPM 公式，此預期報酬率為無風險利率。$\beta_n$ 的值越高，風險資產的預期報酬率越高。$\beta_n$ 用於衡量不可分散的風險。這種風險也稱為市場風險（*market risk*）或系統風險（*systemic risk*）。依據 CAPM 來說，此為代理人可以獲得更高預期報酬率的唯一風險。

## 數值範例

假設承襲之前的靜態模型經濟結構 $\mathcal{M}^3 = (\{\Omega, \mathcal{F}, P\}, \mathbb{A})$，其具有三個可能的未來狀態，而且擁有以無風險利率 $\bar{r} = 0.0025$ 借款與放款的機會。兩種風險資產 $S$ 與 $T$ 的可用量分別為 0.8 與 0.2。

### 資本市場線

圖 3-6 顯示風險—報酬空間的效率前緣、市場投資組合、無風險資產以及對應的資本市場線：

```
In [75]: phi_M = np.array((0.8, 0.2))

In [76]: mu_M = mu_phi(phi_M)
         mu_M
Out[76]: 0.10666666666666666
```

```
In [77]: sigma_M = sigma_phi(phi_M)
         sigma_M
Out[77]: 0.39474323581566567


In [78]: r = 0.0025


In [79]: plt.figure(figsize=(10, 6))
         plt.plot(frontier[:, 0], frontier[:, 1], 'm.', ms=5,
                  label='efficient frontier')
         plt.plot(0, r, 'o', ms=9, label='risk-less asset')
         plt.plot(sigma_M, mu_M, '^', ms=9, label='market portfolio')
         plt.plot((0, 0.6), (r, r + ((mu_M - r) / sigma_M) * 0.6),
                  'r', label='capital market line', lw=2.0)
         plt.annotate('$(0, \\bar{r})$', (0, r), (-0.015, r + 0.01))
         plt.annotate('$(\sigma_M, \mu_M)$', (sigma_M, mu_M),
                      (sigma_M - 0.025, mu_M + 0.01))
         plt.xlabel('expected volatility')
         plt.ylabel('expected return')
         plt.legend();
```

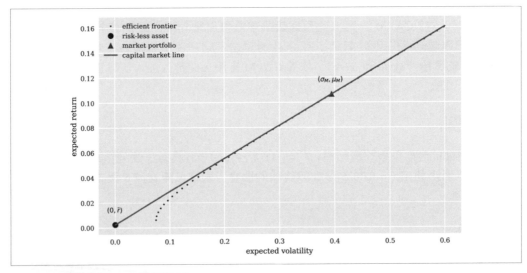

圖 3-6　兩種風險資產的資本市場線

## 最佳投資組合

假設代理人對未來 payoff 的預期效用函數定義如下：

$$U:\mathbb{X} \to \mathbb{R}_+, x \mapsto \mathbf{E}^P(u(x)) = \mathbf{E}^P\left(x - \frac{b}{2}x^2\right)$$

其中，$b > 0$。經過某些轉換之後，預期效用函數可以用風險—報酬的組合表示：

$$U:\mathbb{R}_+ \times \mathbb{R}_+ \to \mathbb{R}, (\sigma, \mu) \mapsto \mu - \frac{b}{2}\left(\sigma^2 + \mu^2\right)$$

特定二次式效用函數

雖然 MVP 理論與 CAPM 兩者皆假設投資人只關注投資組合一個期間的風險與報酬，不過在給定特種的 Bernoulli 效用函數（二次式效用函數）時，此假設通常才與 EUT 相符。在 MVP 理論背景中，幾乎都會提及與使用此種 Bernoulli 函數。除此之外，其特定形式與特性通常被認為不合適。無論是常態分布資產報酬率的假設，還是二次式效用函數的假設，似乎都不能成為 EUT 與 MVP 理論之間（還有與 CAPM 之間）不一致的協調「良」方。

代理人會於 CML 上選擇甚麼投資組合呢？可以 Python 實作直接效用最大化而得到答案。為此而固定參數 $b = 1$：

```
In [80]: def U(p):
             mu, sigma = p
             return mu - 1 / 2 * (sigma ** 2 + mu ** 2)   ❶

In [81]: cons = {'type': 'eq',
                 'fun': lambda p: p[0] - (r + (mu_M - r) / sigma_M * p[1])}   ❷

In [82]: opt = minimize(lambda p: -U(p), (0.1, 0.3), constraints=cons)

In [83]: opt
Out[83]:      fun: -0.034885186826739426
              jac: array([-0.93256102,  0.24608851])
          message: 'Optimization terminated successfully.'
             nfev: 8
              nit: 2
             njev: 2
           status: 0
```

```
          success: True
                x: array([0.06743897, 0.2460885 ])
```

❶ 風險—報酬空間的效用函數。

❷ 滿足 CML 之投資組合的條件。

## 無異曲線

視覺分析能夠說明代理人的最佳決策。固定代理人的效用水準，則可於風險—報酬空間中描繪**無異曲線**（*indifference curve*）。最佳投資組合位於某條無異曲線與 CML 相切之處。至於其他無異曲線（與 CML 無接觸或與 CML 交於兩個不同點）無法辨別最佳投資組合。

下列為 Python 符號運算程式碼，其將風險—報酬空間中的效用函數轉換為 $\mu$ 與 $\sigma$ 之間的函數關係（針對固定效用水準 $v$ 與固定參數值 $b$）。圖 3-7 顯示兩條無異曲線。如此無異曲線上的每個 $(\sigma, \mu)$ 組合都會產生相同的效用；代理人對於此類投資組合之間是無異（無差別）的：

```
In [84]: from sympy import *
         init_printing(use_unicode=False, use_latex=False)

In [85]: mu, sigma, b, v = symbols('mu sigma b v')   ❶

In [86]: sol = solve('mu - b / 2 * (sigma ** 2 + mu ** 2) - v', mu)   ❷

In [87]: sol   ❷
Out[87]:
              _____        _____
            /      2      2                 /      2      2
          1 - \/  - b *sigma  - 2*b*v + 1   \/  - b *sigma  - 2*b*v + 1  + 1
         [-------------------------------- , --------------------------------]
                        b                                   b

In [88]: u1 = sol[0].subs({'b': 1, 'v': 0.1})   ❸
         u1
Out[88]:
              _____
            /          2
          1 - \/  0.8 - sigma

In [89]: u2 = sol[0].subs({'b': 1, 'v': 0.125})   ❸
         u2
Out[89]:
              _____
            /           2
          1 - \/  0.75 - sigma
```

```
In [90]: f1 = lambdify(sigma, u1)  ❹
         f2 = lambdify(sigma, u2)  ❹

In [91]: sigma_ = np.linspace(0.0, 0.5)  ❺
         u1_ = f1(sigma_)  ❻
         u2_ = f2(sigma_)  ❻

In [92]: plt.figure(figsize=(10, 6))
         plt.plot(sigma_, u1_, label='$v=0.1$')
         plt.plot(sigma_, u2_, '--', label='$v=0.125$')
         plt.xlabel('expected volatility')
         plt.ylabel('expected return')
         plt.legend();
```

❶ 定義 SymPy 符號。

❷ 求 $\mu$ 的效用函數解。

❸ 將 $b, v$ 換成數值。

❹ 由處理好的式子產生可呼叫的函式。

❺ 為執行（計算）函式而指定 $\sigma$ 的值。

❻ 執行兩種不同效用水準的可呼叫函式。

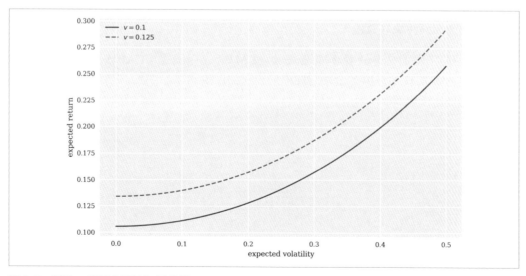

圖 3-7　風險—報酬空間的無異曲線

在此將無異曲線與 CML 結合，進而以視覺方式找出代理人的最佳投資組合選項。利用之前數值優化的結果，圖 3-8 所示的最佳投資組合——無異曲線與 CML 相切之處（切點）。圖 3-8 顯示，代理人確實選擇市場投資組合與無風險資產的綜合結果：

```
In [93]: u = sol[0].subs({'b': 1, 'v': -opt['fun']})   ❶
         u
Out[93]:         _____
                /                        2
         1 - \/  0.930229626346521 - sigma

In [94]: f = lambdify(sigma, u)

In [95]: u_ = f(sigma_)   ❷

In [96]: plt.figure(figsize=(10, 6))
         plt.plot(0, r, 'o', ms=9, label='risk-less asset')
         plt.plot(sigma_M, mu_M, '^', ms=9, label='market portfolio')
         plt.plot(opt['x'][1], opt['x'][0], 'v', ms=9, label='optimal portfolio')
         plt.plot((0, 0.5), (r, r + (mu_M - r) / sigma_M * 0.5),
                  label='capital market line', lw=2.0)
         plt.plot(sigma_, u_, '--', label='$v={}$'.format(-round(opt['fun'], 3)))
         plt.xlabel('expected volatility')
         plt.ylabel('expected return')
         plt.legend();
```

❶ 定義最佳效用水準的無異曲線。

❷ 取得繪製無異曲線的數值。

本小節介紹的主題通常會於資本市場理論（CMT）之中論述。CAPM 屬於這個理論的一部分，下一章將使用實際的金融時間序列資料加以說明。

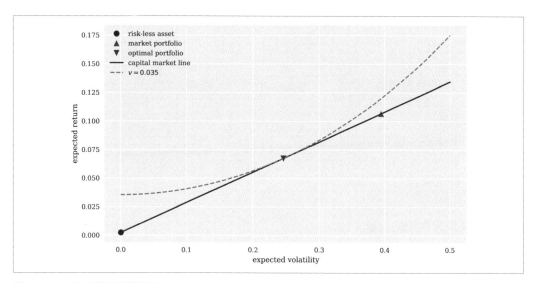

圖 3-8　CML 的最佳投資組合

# 套利定價理論

CAPM 的缺點很早就被發現，而在金融文獻中提出解決之道。主要的廣義 CAPM 之一是 Ross (1971) 與 Ross (1976) 提及的套利定價理論（APT）。Ross (1976) 論文的相關描述如下：

> 本論文的目的是嚴格檢驗 *Ross (1971)* 提出的資本資產定價套利模型。提出這個套利模型的目的是，作為 *Sharpe*、*Lintner* 與 *Treynor* 之「平均數變異數資本資產定價模型」（針對風險資產於資本市場上觀測之現象所作的詮釋，此模型已成為主要分析工具）的替代選項。

## 假設與結果

APT 是考慮多種風險因子的廣義 CAPM。以此意義而言，APT 並不認為市場投資組合是唯一相關的風險因子；而是假設有多種風險共同影響股票表現（預期報酬）。這些風險因子可能包括規模、波動性、價值與動能 [10]。除此主要差異之外，模型還依循類似的假設，諸如市場是完全競爭的狀態、（無限）借款與放款是以相同的固定利率為之等等。

---

10 關於因子實務運用的更多背景資訊，可參閱 Bender et al. (2013)。

Ross (1976) 所示的原始動態版本中，APT 採用的數學形式如下：

$$y_t = a + Bf_t + \epsilon_t$$

在此，$y_t$ 是 $M$ 個觀測變數（例如：$M$ 檔股票的預期報酬率）於時間 $t$ 所組成的向量：

$$y_t = \begin{bmatrix} y_t^1 \\ y_t^2 \\ \vdots \\ y_t^M \end{bmatrix}$$

$a$ 是內有 $M$ 個常數項的向量：

$$a = \begin{bmatrix} a^1 \\ a^2 \\ \vdots \\ a^M \end{bmatrix}$$

$f_t$ 是在時間 $t$ 中 $F$ 個因子構成的向量：

$$f_t = \begin{bmatrix} f_t^1 \\ f_t^2 \\ \vdots \\ f_t^F \end{bmatrix}$$

$B$ 是因子負荷量（factor loading）組成的 $M \times F$ 矩陣：

$$B = \begin{bmatrix} b_{11} & b_{12} & \cdots & b_{1F} \\ b_{21} & b_{22} & \cdots & b_{2F} \\ \vdots & \vdots & \ddots & \vdots \\ b_{M1} & b_{M2} & \cdots & b_{MF} \end{bmatrix}$$

而 $\epsilon_t$ 是內有 $M$ 個充分獨立殘差項的向量：

$$\epsilon_t = \begin{bmatrix} \epsilon_t^1 \\ \epsilon_t^2 \\ \vdots \\ \epsilon_t^M \end{bmatrix}$$

Jones (2012, ch. 9) 描述 CAPM 與 APT 之間的區別，內容如下：

> 與 *CAPM* 或任何其他資產定價模型類似，*APT* 在預期報酬與風險之間假定一個關係。不過，其使用不同的假設與程序。重點是，*APT* 並不像 *CAPM* 那樣過度依賴潛在市場投資組合，*CAPM* 認定只有市場風險會影響預期報酬。而 *APT* 認為數種風險可能影響證券報酬。

CAPM 與 APT 皆以線性方式將輸出變數與對應的輸入因子予以關聯。從計量經濟學的角度而言，兩種模型都是以普通最小平方（OLS）線性迴歸為實作基礎。CAPM 能夠以 OLS 單變量（*univariate*）線性迴歸為實作基礎，不過 APT 需要 OLS 多變量（*multivariate*）迴歸。

## 數值範例

儘管先前陳述的是動態模型公式，然而以下數值範例以靜態模型計算 APT。假設承襲上一節具有三個未來可能狀態的靜態模型經濟結構 $\mathcal{M}^3 = (\{\Omega, \mathcal{F}, P\}, \mathbb{A})$。兩種風險資產此時是經濟結構中的相關風險因子，並引進具有下列未來 payoff 的第三種資產 $V$：

$$V_1 = \begin{bmatrix} 12 \\ 15 \\ 7 \end{bmatrix}$$

雖然兩個線性獨立的向量（諸如 $S_1$ 與 $T_1$）不能構成 $\mathbb{R}^3$ 的基底，但是仍可用於 OLS 迴歸以近似 payoff（$V_1$）。下列 Python 程式碼實作此 OLS 迴歸：

```
In [97]: M1
Out[97]: array([[20, 1],
               [10, 12],
               [ 5, 13]])

In [98]: M0
Out[98]: array([10, 10])
```

```
In [99]: V1 = np.array((12, 15, 7))

In [100]: reg = np.linalg.lstsq(M1, V1, rcond=-1)[0]   ❶
          reg   ❶
Out[100]: array([0.6141665 , 0.50030531])

In [101]: np.dot(M1, reg)
Out[101]: array([12.78363525, 12.14532872,  9.57480155])

In [102]: np.dot(M1, reg) - V1   ❷
Out[102]: array([ 0.78363525, -2.85467128,  2.57480155])

In [103]: V0 = np.dot(M0, reg)   ❸
          V0   ❸
Out[103]: 11.144718094850402
```

❶ 可詮釋成因子負荷量的最佳迴歸參數。

❷ 這兩個因子不足以詮釋 payoff（$V_1$）；複製不完全，有非零的殘差值。

❸ 因子負荷量可用於估計風險資產 $V$ 的無套利價格 $V_0$。

顯然，這兩個因子不足以完整「詮釋」payoff（$V_1$）。鑑於線性代數的標準結果，如此並不意外 [11]。在此模型經濟結構中加入第三個風險因子，結果如何？假設第三風險因子 $U$ 的定義為 $U_0 = 10$ 以及具有下列內容：

$$U_1 = \begin{bmatrix} 12 \\ 5 \\ 11 \end{bmatrix}$$

此時，三個風險因子結合可以完整（確切）詮釋（複製）payoff（$V_1$）：

```
In [104]: U0 = 10
          U1 = np.array((12, 5, 11))

In [105]: M0_ = np.array((S0, T0, U0))   ❶

In [106]: M1_ = np.concatenate((M1.T, np.array([U1,]))).T   ❷

In [107]: M1_   ❷
Out[107]: array([[20,  1, 12],
                 [10, 12,  5],
                 [ 5, 13, 11]])
```

---

11 當然，payoff（$V_1$）可能（恰巧）位於兩個因子 payoff 向量 $S_1$ 與 $T_1$ 的 span 中。

```
In [108]: np.linalg.matrix_rank(M1_) ❷
Out[108]: 3

In [109]: reg = np.linalg.lstsq(M1_, V1, rcond=-1)[0]
          reg
Out[109]: array([ 0.9575179 ,  0.72553699, -0.65632458])

In [110]: np.allclose(np.dot(M1_, reg), V1) ❸
Out[110]: True

In [111]: V0_ = np.dot(M0_, reg)
          V0_ ❹
Out[111]: 10.267303102625307
```

❶ 擴充的市價向量。

❷ 擴充的市場 payoff 矩陣（其為全秩——full rank）。

❸ 確切的複製 $V_1$。殘差值為零。

❹ 風險資產 $V$ 唯一的無套利價格。

此處的範例與第 62 頁〈不確定性與風險〉的範例類似，即可以使用足夠的風險因子（可交易資產），進而得出交易資產的無套利價格。APT 並不一定得要完全複製；甚至模型公式會包含殘差值。然而，若能夠完全複製，則殘差項為零，如具有三個風險因子的前例所示。

# 本章總結

從 1940 年代到 1970 年代的某些早期理論與模型，尤其是本章提及的理論與模型，依然是金融教科書的重要主題，也持續應用於金融實務中。有個原因是，其中大多數的規範理論與模型，對學生、學者與從業人員都具有強烈智識上的吸引力。這些內容不知為何「似乎有道理」。使用 Python，可以輕易建立、分析與視覺化呈現模型相關的數值範例。

儘管諸如 MVP 與 CAPM 這些理論與模型於智識上具有吸引力、易於執行而且有典雅的數學形式，不過基於下列一些原因，這些理論迄今依然如此廣為流傳，實在令人匪夷所思。第一、本章介紹的主要理論與模型幾乎沒有任何有意義的實證支持。第二、某些方法與模型甚至在多個方面彼此呈現不一致。第三、由於金融的理論與建模方面不斷進步，因而有相關替代方案可供選擇。第四、現代計算金融（computational finance）與實證金融（empirical finance）可以仰賴幾乎無限量的資料源與幾乎無限速的運算能力，使得簡約典雅的數學模型與結果越來越不相干。

下一章將依據實際金融資料分析本章介紹的一些理論與模型。儘管在計量財務金融的早期，資料是種稀罕的資源，如今即使是學生也能夠存取豐富的金融資料與開源工具，進而依據真實資料用金融理論與模型作全面分析。實證金融一直是理論金融的重要姊妹學科。然而，金融理論通常會驅動實證金融的發展。而資料驅動金融（*data-driven finance*）這個新領域可能導致理論之相對重要性的持久轉移（與金融資料相比）。

# 參考文獻

下列為本章所引用的書籍與論文：

Bender, Jennifer et al. 2013. "Foundations of Factor Investing." *MSCI Research Insight.* *http://bit.ly/aiif_factor_invest.*

Calvello, Angelo. 2020. "Fund Managers Must Embrace AI Disruption." *Financial Times,* January 15, 2020. *http://bit.ly/aiif_ai_disrupt.*

Eichberger, Jurgen, and Ian R. Harper. 1997. *Financial Economics.* New York: Oxford University Press.

Fishburn, Peter. 1968. "Utility Theory." *Management Science* 14 (5): 335-378.

Fama, Eugene F. and Kenneth R. French. 2004. "The Capital Asset Pricing Model: Theory and Evidence." *Journal of Economic Perspectives* 18 (3): 25-46.

Halevy, Alon, Peter Norvig, and Fernando Pereira. 2009. "The Unreasonable Effectiveness of Data." *IEEE Intelligent Systems,* Expert Opinion.

Hilpisch, Yves. 2015. *Derivatives Analytics with Python: Data Analysis, Models, Simulation, Calibration, and Hedging.* Wiley Finance.

Jacod, Jean, and Philip Protter. 2004. *Probability Essentials.* 2nd ed. Berlin: Springer.

Johnstone, David and Dennis Lindley. 2013. "Mean-Variance and Expected Utility: The Borch Paradox." *Statistical Science* 28 (2): 223-237.

Jones, Charles P. 2012. *Investments: Analysis and Management.* 12th ed. Hoboken: John Wiley & Sons.

Karni, Edi. 2014. "Axiomatic Foundations of Expected Utility and Subjective Probability." In *Handbook of the Economics of Risk and Uncertainty,* edited by Mark J. Machina and W. Kip Viscusi, 1-39. Oxford: North Holland.

Lintner, John. 1965. "The Valuation of Risk Assets and the Selection of Risky Investments in Stock Portfolios and Capital Budgets." *Review of Economics and Statistics* 47 (1): 13-37.

Markowitz, Harry. 1952. "Portfolio Selection." *Journal of Finance* 7 (1): 77-91.

Pratt, John W. 1964. "Risk Aversion in the Small and in the Large." *Econometrica* 32 (1/2): 122-136.

Ross, Stephen A. 1971. "Portfolio and Capital Market Theory with Arbitrary Preferences and Distributions: The General Validity of the Mean-Variance Approach in Large Markets." Working Paper No. 12-72, Rodney L. White Center for Financial Research.

———. 1976. "The Arbitrage Theory of Capital Asset Pricing." *Journal of Economic Theory* 13: 341-360.

Rubinstein, Mark. 2006. *A History of the Theory of Investments—My Annotated Bibliography.* Hoboken: Wiley Finance.

Sharpe, William F. 1964. "Capital Asset Prices: A Theory of Market Equilibrium under Conditions of Risk." *Journal of Finance* 19 (3): 425-442.

———. 1966. "Mutual Fund Performance." *Journal of Business* 39 (1): 119-138.

Varian, Hal R. 2010. *Intermediate Microeconomics: A Modern Approach.* 8th ed. New York & London: W.W. Norton & Company.

von Neumann, John, and Oskar Morgenstern. 1944. *Theory of Games and Economic Behavior.* Princeton: Princeton University Press.

# 第四章

# 資料驅動金融

如果人工智慧是新的電力，巨量資料就是發電機供電所需的油。

——Kai-Fu Lee (2018)

如今，分析師會篩選諸如衛星影像與信用卡資料等非傳統資訊，或使用機器學習與自然語言處理等人工智慧技術，進而由傳統資料來源，譬如經濟資料與電話法說會（*earnings-call*）記錄，獲取新的見解。

——Robin Wigglesworth (2019)

本章探討資料驅動金融的主要觀點。就本書而言，資料驅動金融（*data-driven finance*）是一種金融環境（理論、模型、應用等等），主要是由資料獲得的見解為基礎以及驅動。

第 99 頁〈科學方法〉討論相關科學方法，其應為引導科學研究的一般公認原則。第 100 頁〈金融計量經濟學與迴歸〉是金融計量經濟學以及相關主題的論述。第 104 頁〈資料可用性〉闡明現今可用的（金融）資料類型，以及透過程式 API 呈現相關的質與量。第 118 頁〈再論規範理論〉再次討論第三章的規範理論，並以實際金融時間序列資料搭配這些理論作分析。此外，依據實際金融資料，第 144 頁〈揭穿主要假設〉揭破金融模型與理論中最常見的兩個假設：報酬率的常態性以及線性關係。

## 科學方法

科學方法（*scientific method*）應為引導任何科學專案的一套一般公認原則。維基百科（*https://oreil.ly/AX8jv*）對科學方法的定義如下：

科學方法是一種獲取知識的實證方法，其至少從 17 世紀開始就是科學發展的特點。其中牽涉的是仔細觀測，對觀測內容採取嚴格的懷疑態度，因為認知假設可能曲解觀測內容。其依據這些觀測，透過歸納制定假設；以實驗與測量方式檢定假設所得的演繹；以及用實驗結果改善（或淘汰）假設。上述內容是此科學方法的原則，與適用於所有科學事業的一系列明確步驟有所區別。

鑒於此定義，第三章論述的規範金融與科學方法形成明顯對比。規範金融理論主要以假設與公理為主，並與演繹（*deduction*）結合成為主要分析方法，而得出主要結果。

- 預期效用理論（EUT）假設，無論世界處於什麼狀態，代理人都具有相同的效用函數，而且於不確定性情況下將預期效用最大化。

- 平均數—變異數投資組合（MVP）理論描述投資人在不確定情況下應當如何投資，假設只有在一個期間內投資組合的預期報酬率與預期波動率。

- 資本資產定價模型（CAPM）假設只有不可分散的市場風險，才能詮釋股票在一段期間內的預期報酬率與預期波動率。

- 套利定價理論（APT）假設若干可辨別的風險因子，詮釋股票隨著時間的預期報酬率與預期波動率；無可否認，與其他理論相比，APT 的構想相當廣泛，可作廣泛詮釋。

上述規範金融理論的特點是，其最初在某些假設與公理之下只使用「筆與紙」推導出來，而無依據任何實際資料與觀測。以歷史觀點而言，這些理論之中有許多都是在其公開很久之後，才針對實際資料予以嚴格測試。主要以隨著時間而有更好的資料可用程度與邊增的運算能力解釋這個情況。歸根結底，資料與運算是統計方法實務應用的重要成分。結合數學、統計與金融，而將相關方法套用於金融市場資料的學科，此學科通常稱為金融計量經濟學（*financial econometrics*），這將是下一節要探討的主題。

## 金融計量經濟學與迴歸

可以將 Investopedia（*https://oreil.ly/QErpB*）對計量經濟學（*econmetrics*）的定義改編，進而定義金融計量經濟學：

> （金融）計量經濟學是統計與數學模型的量化應用，使用（金融）資料開發金融理論或檢定現有的金融假設，以及依據歷史資料預測未來趨勢。其對實際（金融）資料作統計試驗，並將結果與已檢定的（金融）理論比對。

Alexander (2008b) 對金融計量經濟學領域作全面而廣泛的介紹。該書第二章涵蓋單因子模型以及多因子模型，諸如：CAPM 與 APT。Alexander (2008b) 是《Market Risk Analysis》系列叢書的其中一本。Alexander (2008a) 是此叢書的第一本，涵蓋理論背景概念、主題與方法，譬如 MVP 理論與 CAPM。Campbell (2018) 著作是金融理論與相關計量經濟學研究的另一綜合資源。

金融計量經濟學的主要工具之一是**迴歸**（*regression*），包含單變量與多變量兩種形式。迴歸通常也是**統計學習**的主要工具。傳統數學與統計學習有何不同？雖然這個問題沒有明顯解答（畢竟，統計學是數學的子領域），不過列舉簡單例子應可以強調與本書內容相關的主要差異。

第一例為標準數學的例子。假設給定以下的數學函數：

$$f:\mathbb{R} \to \mathbb{R}_+, x \mapsto 2 + \frac{1}{2}x$$

已知多個 $f$ 值（即：$x_i$, $i = 1, 2, ..., n$），將這些值代入上述的函數定義可以得出對應的函數值：

$$y_i = f(x_i), i = 1, 2, ..., n$$

下列 Python 程式碼以簡單的數值範例說明此一情形：

```
In [1]: import numpy as np

In [2]: def f(x):
            return 2 + 1 / 2 * x

In [3]: x = np.arange(-4, 5)
        x
Out[3]: array([-4, -3, -2, -1,  0,  1,  2,  3,  4])

In [4]: y = f(x)
        y
Out[4]: array([0. , 0.5, 1. , 1.5, 2. , 2.5, 3. , 3.5, 4. ])
```

第二例是統計學習的示範作法。上例是先有函數，才取得對應資料，而統計學習運作順序顛倒。在此，通常會給定資料，並找出其中的函數關係。這樣的情況下，$x$ 往往稱為**自變數**，而 $y$ 是**應變數**。因此考量下列資料：

$$(x_i, y_i), i = 1, 2, ..., n$$

而譬如問題是找出參數 $\alpha, \beta$，使得：

$$\hat{f}(x_i) \equiv \alpha + \beta x_i = \hat{y}_i \approx y_i, i = 1, 2, ..., n$$

可以加入殘差值 $\epsilon_i, i = 1, 2, ..., n$ 寫成下列另一種形式：

$$\alpha + \beta x_i + \epsilon_i = y_i, i = 1, 2, ..., n$$

在普通最小平方（OLS）迴歸的情況下，將決定 $\alpha, \beta$ 以讓近似值 $\hat{y}_i$ 與實際值 $y_i$ 之間的均方誤差最小化。而最小化問題如下所述：

$$\min_{\alpha, \beta} \frac{1}{n} \sum_{i}^{n} (\hat{y}_i - y_i)^2$$

於簡單 *OLS* 迴歸的情況下，如前述，有以下的最佳閉合解：

$$\begin{cases} \beta = \dfrac{\text{Cov}(x, y)}{\text{Var}(x)} \\ \alpha = \bar{y} - \beta \bar{x} \end{cases}$$

在此，Cov() 指的是共變異數（*covariance*），Var() 則是變異數（*variance*），而 $\bar{x}, \bar{y}$ 是 $x, y$ 的平均數（*mean value*）。

回到前面的數值範例，這些見解可用於推得最佳參數 $\alpha, \beta$，在此特定情況下，還原 $f(x)$ 的初始定義：

```
In [5]: x
Out[5]: array([-4, -3, -2, -1,  0,  1,  2,  3,  4])

In [6]: y
Out[6]: array([0. , 0.5, 1. , 1.5, 2. , 2.5, 3. , 3.5, 4. ])

In [7]: beta = np.cov(x, y, ddof=0)[0, 1] / x.var()    ❶
        beta    ❶
Out[7]: 0.49999999999999994

In [8]: alpha = y.mean() - beta * x.mean()    ❷
        alpha    ❷
Out[8]: 2.0

In [9]: y_ = alpha + beta * x    ❸

In [10]: np.allclose(y_, y)    ❹
Out[10]: True
```

❶ $\beta$ 由共變異數矩陣與變異數導出。

❷ $\alpha$ 由 $\beta$ 與平均數得出。

❸ 已知 $\alpha, \beta$ 可得估計值 $\hat{y}_i$, $i = 1, 2, ..., n$。

❹ 確認 $\hat{y}_i$ 與 $y_i$ 數值是否相等。

上述範例以及第一章範例呈現的是，將 OLS 迴歸應用於已知資料集通常輕而易舉。OLS 迴歸已成為計量經濟學與金融計量經濟學主要工具之一的原因還有很多。其中包括：

## 歷史悠久

最小平方方法，特別是與迴歸相結合的作法，已有 200 多年的歷史 [1]。

## 簡單

OLS 迴歸背後的數學內容易於理解而且可輕易以程式實作。

## 規模伸縮

適用 OLS 迴歸的資料規模，基本上並無限制。

## 彈性

OLS 迴歸可用於廣泛的問題與資料集。

## 迅速

OLS 迴歸可迅速估算，即使針對大型資料集也是如此。

## 可用性

Python 以及許多程式語言的有效率實作是輕而易舉。

儘管 OLS 迴歸的應用通常簡單直接，然而此方法基於許多假設——大多數是殘差相關的假設——這些假設在實務中並非始終滿足。

## 線性

就係數與殘差而言，此模型的相關參數為線性。

## 獨立性

自變數彼此相關程度不完全（高度）——無多元共線性（no *multicollinearity*）。

---

1 可參閱 Kopf (2015)。

**零平均**

> 殘差的平均值為（接近）零。

**無相關**

> 殘差與自變數無（強）相關。

**變異數同質性**

> 殘差的標準差（幾乎）為常數。

**無自相關**

> 殘差彼此無（強）相關。

實務上，已知特定資料集的情況下，針對假設的有效性檢定通常相當簡單。

# 資料可用性

金融計量經濟學由統計方法（諸如迴歸以及金融資料可用性）所驅動。從 1950 年代到 1990 年代，甚至是 21 世紀初，與現今的標準相比，理論與實證金融研究主要受相對小型資料集所驅動，其中大部分是以盤後（end-of-day 或 EOD；譯註：即「收盤」）資料構成。資料可用性在過去十年左右發生巨大變化，越來越多種的金融與其他資料可供使用（內容的細度、數量、傳輸速度不斷提升）。

## 程式 API

關於資料驅動金融，重點不只是可取得的資料為何，還有如何存取與處理資料。有很長的一段時間，金融專業人士一直仰賴諸如 Refinitiv（請參閱 Eikon Terminal——*https://oreil.ly/gcBey*）或 Bloomberg（請參閱 Bloomberg Terminal——*https://oreil.ly/Y1dEC*）這類公司的資料終端（在此只提及其中兩家主要供應商）。報紙、雜誌、財報等早已被終端（作為金融資訊主要來源）所取代。然而，這樣的終端所提供的巨量與多樣資料，不能有系統的供個人用戶甚至大型金融專業集團運用。因此，透過應用程式介面（API），於資料的**程式可用性**（*programmatic availability*）中[譯註]，可以預見資料驅動金融的重大突破，這些介面使用電腦程式來選擇、擷取與處理任意資料集。

---

譯註：可透過程式取用的資料。

本節其餘內容專門說明此類 API，即使是學者與散戶投資人也可以藉由這些介面擷取各種資料集。在提供此類示例之前，表 4-1 概述與金融背景相關的資料種類與典型範例。此表中，**結構化資料**是指往往以表格結構形式出現的數值資料，而**非結構化資料**指的是標準文字形式的資料（譬如，除了標題或段落之外，往往沒有結構可言的內容）。**另類資料**是指通常不被視作金融資料的內容。

表 4-1　金融資料的相關類型

| 時間 | 結構化資料 | 非結構化資料 | 另類資料 |
| --- | --- | --- | --- |
| 歷史 | 價格、基本面 | 新聞、文字 | 網路、社群媒體、衛星 |
| 串流（即時） | 價格、成交量 | 新聞、報告集 | 網路、社群媒體、衛星、物聯網 |

# 結構化歷史資料

首先，將以程式設計方式擷取結構化歷史資料。下列 Python 程式碼使用 Eikon Data API（*https://oreil.ly/uDMSk*）[2]。

若要透過 Eikon Data API 存取資料，則本地端必須執行諸如 Refinitiv Workspace 的應用程式（*https://oreil.ly/NPEav*），在 Python 方面，必須對此 API 的存取作組態設置：

```
In [11]: import eikon as ek
         import configparser

In [12]: c = configparser.ConfigParser()
         c.read('../aiif.cfg')
         ek.set_app_key(c['eikon']['app_id'])
         2020-08-04 10:30:18,059 P[14938] [MainThread 4521459136] Error on handshake
          port 9000 : ReadTimeout(ReadTimeout())
```

若滿足這些需求，則可以透過單一函式呼叫來擷取結構化歷史資料。例如，以下 Python 程式碼針對一組股票（代號）以及特定時間區間，擷取相關的 EOD 資料：

```
In [14]: symbols = ['AAPL.O', 'MSFT.O', 'NFLX.O', 'AMZN.O']   ❶

In [15]: data = ek.get_timeseries(symbols,
                                  fields='CLOSE',
                                  start_date='2019-07-01',
                                  end_date='2020-07-01')   ❷

In [16]: data.info()   ❸
```

---

2　此資料服務只能透過付費訂閱的方式使用。

```
<class 'pandas.core.frame.DataFrame'>
DatetimeIndex: 254 entries, 2019-07-01 to 2020-07-01
Data columns (total 4 columns):
 #   Column  Non-Null Count   Dtype
---  ------  --------------   -----
 0   AAPL.O  254 non-null     float64
 1   MSFT.O  254 non-null     float64
 2   NFLX.O  254 non-null     float64
 3   AMZN.O  254 non-null     float64
dtypes: float64(4)
memory usage: 9.9 KB
```

```
In [17]: data.tail()    ❹
Out[17]: CLOSE        AAPL.O  MSFT.O  NFLX.O   AMZN.O
         Date
         2020-06-25  364.84  200.34  465.91  2754.58
         2020-06-26  353.63  196.33  443.40  2692.87
         2020-06-29  361.78  198.44  447.24  2680.38
         2020-06-30  364.80  203.51  455.04  2758.82
         2020-07-01  364.11  204.70  485.64  2878.70
```

❶ 定義要擷取之資料的 RIC（股票代號）串列 [3]。

❷ 擷取 RIC 串列的日 Close（收盤）價。

❸ 顯示傳回的 DataFrame 物件相關 meta 資訊。

❹ 顯示 DataFrame 物件後段數個 row 內容。

同樣可以適當調整參數，擷取具 OHLC 欄位的一分鐘間隔資料（one-minute bar）：

```
In [18]: data = ek.get_timeseries('AMZN.O',
                                   fields='*',
                                   start_date='2020-08-03',
                                   end_date='2020-08-04',
                                   interval='minute')   ❶
```

```
In [19]: data.info()
         <class 'pandas.core.frame.DataFrame'>
         DatetimeIndex: 911 entries, 2020-08-03 08:01:00 to 2020-08-04 00:00:00
         Data columns (total 6 columns):
          #   Column  Non-Null Count   Dtype
         ---  ------  --------------   -----
          0   HIGH    911 non-null     float64
```

---

3　RIC 為 Reuters Instrument Code 的縮寫。

```
    1    LOW      911 non-null     float64
    2    OPEN     911 non-null     float64
    3    CLOSE    911 non-null     float64
    4    COUNT    911 non-null     float64
    5    VOLUME   911 non-null     float64
dtypes: float64(6)
memory usage: 49.8 KB
```

```
In [20]: data.head()
Out[20]: AMZN.O                  HIGH     LOW     OPEN    CLOSE   COUNT  VOLUME
         Date
         2020-08-03 08:01:00   3190.00  3176.03  3176.03  3178.17  18.0   383.0
         2020-08-03 08:02:00   3183.02  3176.03  3180.00  3177.01  15.0   513.0
         2020-08-03 08:03:00   3179.91  3177.05  3179.91  3177.05   5.0    14.0
         2020-08-03 08:04:00   3184.00  3179.91  3179.91  3184.00   8.0   102.0
         2020-08-03 08:05:00   3184.91  3182.91  3183.30  3184.00  12.0   403.0
```

❶ 針對一檔 RIC，擷取所有可取得欄位的一分鐘間隔資料（one-minute bar）。

Eikon Data API 不只可以擷取結構化金融時間序列資料。還可以針對多檔 RIC 與多個不同資料欄位，同時擷取基本面資料，如下列 Python 程式碼所示：

```
In [21]: data_grid, err = ek.get_data(['AAPL.O', 'IBM', 'GOOG.O', 'AMZN.O'],
                                       ['TR.TotalReturnYTD', 'TR.WACCBeta',
                                        'YRHIGH', 'YRLOW',
                                        'TR.Ebitda', 'TR.GrossProfit'])  ❶
```

```
In [22]: data_grid
Out[22]:    Instrument  YTD Total Return     Beta   YRHIGH      YRLOW       EBITDA  \
         0     AAPL.O          49.141271  1.221249   425.66   192.5800  7.647700e+10
         1        IBM          -5.019570  1.208156   158.75    90.5600  1.898600e+10
         2     GOOG.O          10.278829  1.067084  1586.99  1013.5361  4.757900e+10
         3     AMZN.O          68.406897  1.338106  3344.29  1626.0318  3.025600e+10

            Gross Profit
         0    98392000000
         1    36488000000
         2    89961000000
         3   114986000000
```

❶ 針對多檔 RIC 與多個資料欄位，擷取對應資料。

**程式資料可用性**

基本上，如今所有結構化金融資料都以程式設計方式取用。在這種情況下，金融時間序列資料就是貼切的例子。然而，其他類型的結構化資料（譬如基本面資料）也可以相同方式取用，因而顯著簡化計量分析師、交易員、投資組合經理等人的工作。

# 結構化串流資料

許多金融應用需要即時結構化資料，例如演算法交易或市場風險管理。下列 Python 程式碼使用 Oanda Trading Platform（*http://oanda.com*）的 API，針對美元計價的比特幣價格，以即時串流傳輸一些時間戳記、買價與賣價（報價資料）：

```
In [23]: import tpqoa
```

```
In [24]: oa = tpqoa.tpqoa('../aiif.cfg')    ❶
```

```
In [25]: oa.stream_data('BTC_USD', stop=5)    ❷
         2020-08-04T08:30:38.621075583Z 11298.8 11334.8
         2020-08-04T08:30:50.485678488Z 11298.3 11334.3
         2020-08-04T08:30:50.801666847Z 11297.3 11333.3
         2020-08-04T08:30:51.326269990Z 11296.0 11332.0
         2020-08-04T08:30:54.423973431Z 11296.6 11332.6
```

❶ 連接 Oanda API。

❷ 針對特定股票代號，串流傳送固定數量的 tick 資訊。

當然在此所印的串流資料欄位僅供說明之用。例如，某些金融應用程式可能需要對擷取到的資料進行複雜的處理，並產生訊號或統計資訊。尤其是在交易期間，針對金融工具的價格變動（tick）量不斷增加，金融機構端即時或至少接近即時（「近即時」）處理此類資料之際，需要強大的資料處理能力。

當在追蹤 Apple 公司股價時，此觀測的意涵變得明顯。可以算出，在 40 年的時間中，Apple 股票大約有 $252 \cdot 40 = 10,080$ 筆日收盤價（EOD 資料）——Apple 公司於 1980 年 12 月 12 日公開上市。以下程式碼只擷取 Apple 股價一小時的 *tick* 資料（*tick data*）。擷取到的資料集有 50,000 筆資料（在給定的時間區間內即便內容可能不完整），或者說 tick 報價資料量是 40 年交易所累積 EOD 報價資料量的五倍：

```
In [26]: data = ek.get_timeseries('AAPL.O',
                                   fields='*',
```

```
                           start_date='2020-08-03 15:00:00',
                           end_date='2020-08-03 16:00:00',
                           interval='tick')  ❶

In [27]: data.info()
         <class 'pandas.core.frame.DataFrame'>
         DatetimeIndex: 50000 entries, 2020-08-03 15:26:24.889000 to 2020-08-03
          15:59:59.762000
         Data columns (total 2 columns):
          #   Column  Non-Null Count  Dtype
         ---  ------  --------------  -----
          0   VALUE   49953 non-null  float64
          1   VOLUME  50000 non-null  float64
         dtypes: float64(2)
         memory usage: 1.1 MB

In [28]: data.head()
Out[28]: AAPL.O                      VALUE  VOLUME
         Date
         2020-08-03 15:26:24.889    439.06   175.0
         2020-08-03 15:26:24.889    439.08     3.0
         2020-08-03 15:26:24.890    439.08   100.0
         2020-08-03 15:26:24.890    439.08     5.0
         2020-08-03 15:26:24.899    439.10    35.0
```

❶ 擷取 Apple 股價的 tick 資料。

*EOD 資料 vs. tick 資料*

當今仍在應用的大部分金融理論源於──EOD 資料是唯一可取得的金融資料類型之時。如今，金融機構，甚至散戶投資人，都面臨著永無止境的即時資料流。以 Apple 股票為例，對於一檔股票一小時交易區間內，其 tick 資料量可能是 40 年期間所累積 EOD 資料量的四倍。這不僅是金融市場參與者要面臨的挑戰，也讓人質疑現有的金融理論是否可以完全應用於這種環境。

# 非結構化歷史資料

有許多重要的金融資料來源只提供非結構化資料，譬如財經新聞與公司財報。針對大量結構化數值資料而言，機器肯定比人類處理的更好更快。而**自然語言處理（NLP）**的進展，使得機器在處理財經新聞一樣又好又快。2020 年，資料服務供應商，每日基本吸納大約 150 萬篇新聞文章。顯然，人類無法適當處理這種大量文字資料。

值得慶幸的是，現在也能夠透過程式 API 獲取非結構化資料。以下 Python 程式碼透過 Eikon Data API 擷取與 Tesla 公司及其產品相關的若干新聞文章。其中選取一篇文章完整呈現：

```
In [29]: news = ek.get_news_headlines('R:TSLA.O PRODUCTION',
                                       date_from='2020-06-01',
                                       date_to='2020-08-01',
                                       count=7
                                       ) ❶
```

```
In [30]: news
Out[30]:                                                 versionCreated  \
         2020-07-29 11:02:31.276 2020-07-29 11:02:31.276000+00:00
         2020-07-28 00:59:48.000         2020-07-28 00:59:48+00:00
         2020-07-23 21:20:36.090 2020-07-23 21:20:36.090000+00:00
         2020-07-23 08:22:17.000         2020-07-23 08:22:17+00:00
         2020-07-23 07:08:48.000         2020-07-23 07:46:56+00:00
         2020-07-23 00:55:54.000         2020-07-23 00:55:54+00:00
         2020-07-22 21:35:42.640 2020-07-22 22:13:26.597000+00:00


                                                              text  \
         2020-07-29 11:02:31.276 Tesla Launches Hiring Spree in China as It Pre...
         2020-07-28 00:59:48.000     Tesla hiring in Shanghai as production ramps up
         2020-07-23 21:20:36.090      Tesla speeds up Model 3 production in Shanghai
         2020-07-23 08:22:17.000 UPDATE 1-'Please mine more nickel,' Musk urges...
         2020-07-23 07:08:48.000 'Please mine more nickel,' Musk urges as Tesla...
         2020-07-23 00:55:54.000 USA-Tesla choisit le Texas pour la production ...
         2020-07-22 21:35:42.640 TESLA INC - THE REAL LIMITATION ON TESLA GROWT...


                                                           storyId  \
         2020-07-29 11:02:31.276 urn:newsml:reuters.com:20200729:nCXG3W8s9X:1
         2020-07-28 00:59:48.000 urn:newsml:reuters.com:20200728:nL3N2EY3PG:8
         2020-07-23 21:20:36.090 urn:newsml:reuters.com:20200723:nNRAcf1v8f:1
         2020-07-23 08:22:17.000 urn:newsml:reuters.com:20200723:nL3N2EU1P9:1
         2020-07-23 07:08:48.000 urn:newsml:reuters.com:20200723:nL3N2EU0HH:1
         2020-07-23 00:55:54.000 urn:newsml:reuters.com:20200723:nL5N2EU03M:1
         2020-07-22 21:35:42.640 urn:newsml:reuters.com:20200722:nFWN2ET120:2


                                 sourceCode
         2020-07-29 11:02:31.276  NS:CAIXIN
         2020-07-28 00:59:48.000    NS:RTRS
         2020-07-23 21:20:36.090  NS:SOUTHC
         2020-07-23 08:22:17.000    NS:RTRS
         2020-07-23 07:08:48.000    NS:RTRS
```

```
             2020-07-23 00:55:54.000     NS:RTRS
             2020-07-22 21:35:42.640     NS:RTRS

In [31]: storyId = news['storyId'][1]  ❷

In [32]: from IPython.display import HTML

In [33]: HTML(ek.get_news_story(storyId)[:1148])  ❸
Out[33]: <IPython.core.display.HTML object>
```

Jan 06, 2020

Tesla, Inc.TSLA registered record production and deliveries of 104,891 and
112,000 vehicles, respectively, in the fourth quarter of 2019.

Notably, the company's Model S/X and Model 3 reported record production and
deliveries in the fourth quarter. The Model S/X division recorded production
and delivery volume of 17,933 and 19,450 vehicles, respectively. The Model 3
division registered production of 86,958 vehicles, while 92,550 vehicles were
delivered.

In 2019, Tesla delivered 367,500 vehicles, reflecting an increase of 50%, year
over year, and nearly in line with the company's full-year guidance of 360,000
vehicles.

❶ 針對落在參數範圍內的一些新聞文章擷取相關 metadata。

❷ 為所要擷取的全文內容選擇對應的 storyId。

❸ 針對所選的文章擷取全文並呈現出來。

# 非結構化串流資料

與擷取非結構化歷史資料一樣,程式 API 也可用於串流傳輸非結構化新聞資料,例如,
即時或至少近即時的內容。有一種針對 DNA 可供使用的 API(*https://oreil.ly/kVm18*):
Dow Jones 公司的資料(Data)、新聞(News)、分析(Analytics)平台。圖 4-1 顯示一
個網路應用程式的螢幕截圖,其串流傳輸〈Commodity and Financial Market News〉(商
品與金融市場新聞)文章,並即時以 NLP 技術處理這些文章內容。

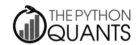

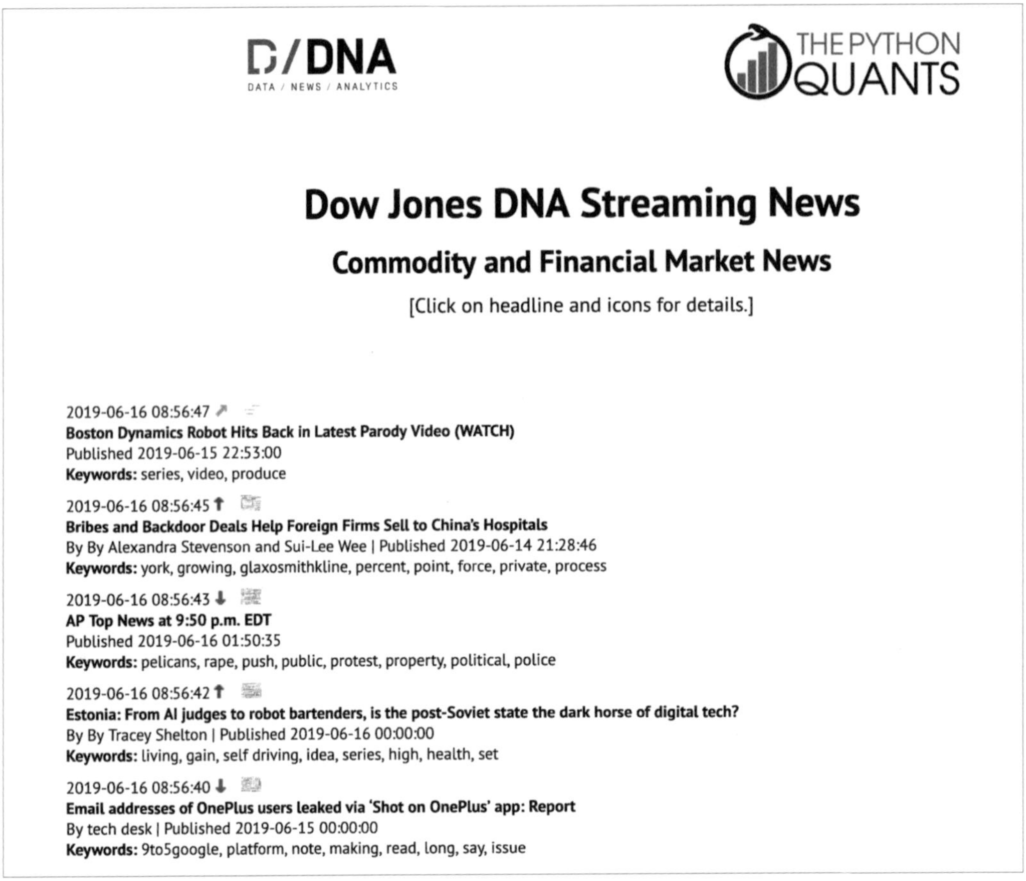
D/DNA
DATA / NEWS / ANALYTICS
THE PYTHON QUANTS
Dow Jones DNA Streaming News
Commodity and Financial Market News
[Click on headline and icons for details.]
2019-06-16 08:56:47
Boston Dynamics Robot Hits Back in Latest Parody Video (WATCH)
Published 2019-06-15 22:53:00
Keywords: series, video, produce
2019-06-16 08:56:45
Bribes and Backdoor Deals Help Foreign Firms Sell to China's Hospitals
By By Alexandra Stevenson and Sui-Lee Wee | Published 2019-06-14 21:28:46
Keywords: york, growing, glaxosmithkline, percent, point, force, private, process
2019-06-16 08:56:43
AP Top News at 9:50 p.m. EDT
Published 2019-06-16 01:50:35
Keywords: pelicans, rape, push, public, protest, property, political, police
2019-06-16 08:56:42
Estonia: From AI judges to robot bartenders, is the post-Soviet state the dark horse of digital tech?
By By Tracey Shelton | Published 2019-06-16 00:00:00
Keywords: living, gain, self driving, idea, series, high, health, set
2019-06-16 08:56:40
Email addresses of OnePlus users leaked via 'Shot on OnePlus' app: Report
By tech desk | Published 2019-06-15 00:00:00
Keywords: 9to5google, platform, note, making, read, long, say, issue

圖 4-1　基於 DNA 的新聞串流應用程式（Dow Jones 公司）

新聞串流應用程式有下列主要功能：

### 全文顯示

點選文章標題即可顯示每篇文章的全文內容。

### 關鍵字摘要

螢幕上會顯示自建的關鍵字摘要。

### 情緒分析

能計算情緒分數，並以彩色箭頭視覺化表示。點選箭頭會顯示相關細節內容。

## 文字雲

建立文字雲（word cloud）的摘要圖，並以縮圖表示，點選縮圖之後會顯示全貌（參閱圖 4-2）。

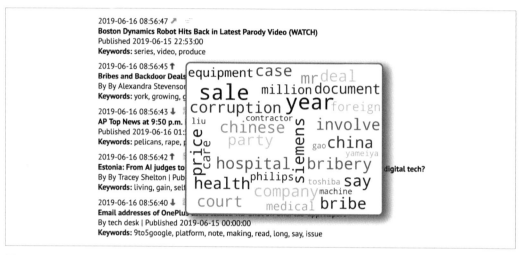

圖 4-2　在新聞串流應用程式內呈現文字雲的圖示

# 另類資料

如今，金融機構，尤其是避險基金，有系統的挖掘一些另類資料來源，以在交易與投資方面獲得優勢。別的不說，Bloomberg 最近有一篇文章（*http://bit.ly/aiif_alt_data*）列出下列另類資料來源：

- 網路抓取資料（web-scraped data）
- 群眾外包資料（crowd-sourced data）
- 信用卡與銷售點（POS）系統
- 社群媒體情緒
- 搜尋趨勢
- 網路流量
- 供應鏈資料
- 能源生產資料
- 消費者資料

- 衛星影像或地理空間資料

- APP 安裝資訊

- 遠洋船舶追蹤

- 穿戴裝置、無人機、物聯網感測器

下面藉由兩個範例說明另類資料的用法。第一例是擷取與處理 Apple 公司 HTML 網頁形式的新聞稿。下列 Python 程式碼使用一組輔助函式（helper function），內容如第 159 頁〈Python 程式碼〉所示。程式碼定義 URL 列表，每個 URL 代表一篇 Apple 公司新聞稿的 HTML 網頁。針對每篇新聞稿擷取原始 HTML 內容。整理原始內容，將新聞稿的內容摘錄呈現：

```
In [34]: import nlp    ❶
         import requests

In [35]: sources = [
             'https://nr.apple.com/dE0b1T5G3u',   # iPad Pro
             'https://nr.apple.com/dE4c7T6g1K',   # MacBook Air
             'https://nr.apple.com/dE4q4r8A2A',   # Mac Mini
         ]    ❷

In [36]: html = [requests.get(url).text for url in sources]    ❸

In [37]: data = [nlp.clean_up_text(t) for t in html]    ❹

In [38]: data[0][536:1001]    ❺
Out[38]: ' display, powerful a12x bionic chip and face id introducing the new ipad pro
         with all-screen design and next-generation performance. new york apple today
         introduced the new ipad pro with all-screen design and next-generation
         performance, marking the biggest change to ipad ever. the all-new design
         pushes 11-inch and 12.9-inch liquid retina displays to the edges of ipad pro
         and integrates face id to securely unlock ipad with just a glance.1 the a12x
         bionic chip w'
```

❶ 匯入（import）NLP 輔助函式。

❷ 定義三篇新聞稿的 URL。

❸ 擷取三篇新聞稿的原始 HTML 內容。

❹ 整理原始 HTML 內容（例如剔除 HTML 標籤）。

❺ 顯示某篇新聞稿的摘錄內容。

當然，定義另類資料如本節所作的一樣廣泛，此意味著基於金融目的，可以擷取與處理無限量的資料。此核心為搜尋引擎業務，諸如 Google 公司提供的服務。在金融環境中，確切指定要利用哪些非結構化另類資料來源相當重要。

第二例是從社交網路公司 Twitter 擷取資料。為此，Twitter 提供 API 可存取其平台上的推文，不過使用前得先適當建立一個 Twitter 帳號。下列 Python 程式碼會連接到 Twitter API，並分別從 home 時間軸與 user 時間軸擷取與顯示五則最新推文：

```
In [39]: from twitter import Twitter, OAuth

In [40]: t = Twitter(auth=OAuth(c['twitter']['access_token'],
                                c['twitter']['access_secret_token'],
                                c['twitter']['api_key'],
                                c['twitter']['api_secret_key']),
                     retry=True)  ❶

In [41]: l = t.statuses.home_timeline(count=5)  ❷

In [42]: for e in l:
             print(e['text'])  ❷
         The Bank of England is effectively subsidizing polluting industries in its
          pandemic rescue program, a think tank sa⋯ https://t.co/Fq5jl2CIcp
         Cool shared task: mining scientific contributions (by @SeeTedTalk @SoerenAuer
          and Jennifer D'Souza)
         https://t.co/dm56DMUrWm
         Twelve people were hospitalized in Wyoming on Monday after a hot air balloon
          crash, officials said.

         Three hot air⋯ https://t.co/EaNBBRXVar
         President Trump directed controversial Pentagon pick into new role with
          similar duties after nomination failed https://t.co/ZyXpPcJkcQ
         Company announcement: Revolut launches Open Banking for its 400,000 Italian...
          https://t.co/OfvbgwbeJW #fintech

In [43]: l = t.statuses.user_timeline(screen_name='dyjh', count=5)  ❸

In [44]: for e in l:
             print(e['text'])  ❸
         #Python for #AlgoTrading (focus on the process) &amp; #AI in #Finance (focus
          on prediction methods) will complement eac⋯ https://t.co/P1s8fXCp42
         Currently putting finishing touches on #AI in #Finance (@OReillyMedia). Book
          going into production shortly. https://t.co/JsOSA3sfBL
         Chinatown Is Coming Back, One Noodle at a Time https://t.co/In5kXNeVc5
         Alt data industry balloons as hedge funds strive for Covid edge via @FT |
```

```
"We remain of the view that alternative d… https://t.co/9HtUOjoEdz
@Wolf_Of_BTC Just follow me on Twitter (or LinkedIn). Then you will notice for
  sure when it is out.
```

❶ 連接 Twitter API。

❷ 擷取與顯示 home 時間軸（最新的）五則推文。

❸ 擷取與顯示 user 時間軸（最新的）五則推文。

Twitter API 也有搜尋功能，依據搜尋結果擷取與處理對應的最新推文：

```
In [45]: d = t.search.tweets(q='#Python', count=7)  ❶

In [46]: for e in d['statuses']:
             print(e['text'])  ❶
         RT @KirkDBorne: #AI is Reshaping Programming ── Tips on How to Stay on Top:
          https://t.co/CFNu1i352C
         ─────
         Courses:
         1: #MachineLearning ── Jupyte…
         RT @reuvenmlerner: Today, a #Python student's code didn't print:

         x = 5
         if x == 5:
             print: ('yes!')

         There was a typo, namely : after pr…
         RT @GavLaaaaaaaa: Javascript Does Not Need a StringBuilder
          https://t.co/aS7NzHLO65 #programming #softwareengineering #bigdata
          #datascience…
         RT @CodeFlawCo: It is necessary to publish regular updates on Twitter
          #programmer #coder #developer #technology RT @pak_aims: Learning to C…
         RT @GavLaaaaaaaa: Javascript Does Not Need a StringBuilder
          https://t.co/aS7NzHLO65 #programming #softwareengineering #bigdata
          #datascience…
```

❶ 搜尋 hashtag 為「Python」的推文，並顯示其中五則最新的推文。

還可以蒐集 Twitter 使用者的大量推文，並以文字雲形式建立摘要（參閱圖 4-3）。以下 Python 程式碼再度使用第 159 頁〈Python 程式碼〉的 NLP 輔助函式：

```
In [47]: l = t.statuses.user_timeline(screen_name='elonmusk', count=50)  ❶

In [48]: tl = [e['text'] for e in l]  ❷

In [49]: tl[:5]  ❸
Out[49]: ['@flcnhvy @Lindw0rm @cleantechnica True',
          '@Lindw0rm @cleantechnica Highly likely down the road',
          '@cleantechnica True fact',
          '@NASASpaceflight Scrubbed for the day. A Raptor turbopump spin start valve
          didn't open, triggering an automatic abo… https://t.co/QDdlNXFgJg',
          '@Erdayastronaut I'm in the Boca control room. Hop attempt in ~33 minutes.']

In [50]: wc = nlp.generate_word_cloud(' '.join(tl), 35,
                    name='../../images/ch04/musk_twitter_wc.png'
                    )  ❹
```

❶ 擷取使用者 elonmusk 最新的 50 則推文。

❷ 將蒐集的文字內容放入某個 list 物件。

❸ 顯示最新五則推文摘要。

❹ 產生與顯示文字雲摘要。

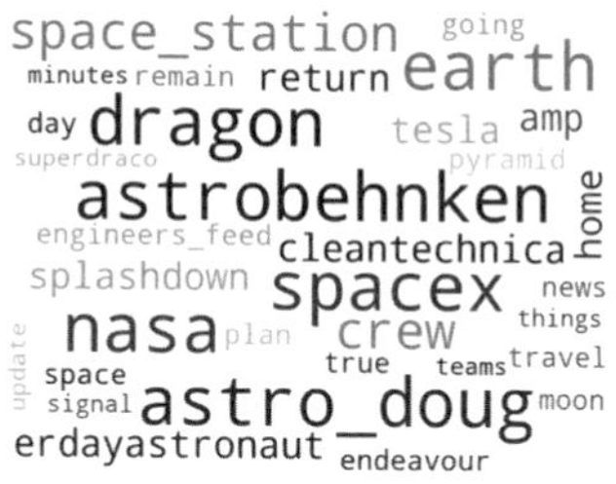

圖 4-3　大量推文的文字雲摘要

一旦金融從業人員認為「相關金融資料」不只是「結構化金融時間序列資料」，則就數量、種類與傳輸速度而言，資料來源似乎無窮盡。由於此範例存取最新推文，因此 Twitter API 擷取推文的方式幾乎是近即時。而這些內容與類似的 API 式資料來源，提供源源不絕的另類資料流，如前所述，重點是確切指定找尋的來源。否則，任何金融資料科學研究都可能輕易被眾多資料或雜訊資料所淹沒。

# 再論規範理論

第三章介紹諸如 MVP 理論或 CAPM 等規範金融理論。長期以來，學生以及學者學習與研究此類理論或多或少受到理論本身的限制。如上節所述，利用所有可用的金融資料，並結合強大的開源資料分析軟體——例如 Python、NumPy、pandas 等等——而將金融理論用於實際測試中，變得非常簡單明瞭，也不再需要小型團隊與大型研究機構作這樣的事。只要一台典型的筆電、連上網際網路以及標準的 Python 環境就足夠處理。這就是本節論述的內容。然而，在深入探討資料驅動金融之前，以下小節簡要討論 EUT 環境中一些著名矛盾（paradox），以及企業如何在實務上對個人行為建模與預測。

## 預期效用與現實

經濟學的**風險**（*risk*）是描述下列情況：決策者事先已經知道可能的未來狀態以及這些狀態發生的機率。這是金融與 EUT 環境的假設。另一方面，經濟學的**模糊**（*ambiguity*）是描述下列情況：決策者事先不知道可能的未來狀態發生機率，甚至對可能的未來狀態一無所知。**不確定性**（*uncertainty*）包含此兩種決策情況。

分析不確定性之下個人（「代理人」）的具體決策行為是悠久的傳統。與諸如 EUT 之類的理論預測相比，在面臨不確定性時，已進行無數的研究與實驗，進而觀測與分析代理人的行為。幾個世紀以來，**矛盾**（*paradoxa*）在決策理論與研究中扮演重要的角色。

其中一個矛盾，*St. Petersburg* **矛盾**首先促使效用函數與 EUT 的出現。Daniel Bernoulli 於 1738 年提出此矛盾及其解決方案。矛盾源於下列硬幣拋擲賽局 G。代理人參與賽局，過程中，某個（完整）硬幣可能被拋擲無限多次。若首次拋擲到正面獲勝，則代理人將得到的 payoff 為 1（貨幣單位）。只要遇到正面，就再次拋擲硬幣。否則結束賽局。若第二次拋到正面獲勝，則代理人將得到額外的 payoff 為 2。若發生第三次，則額外獲得的 payoff 為 4。至於第四次的 payoff 則為 8，依此類推。這是一種風險情況，因為所有可能的未來狀態及其對應發生機率都為事先已知。

此遊戲預期 payoff 為**無限大**。這可以從以下每個完全為正值之元素的無限大總和得知：

$$\mathbf{E}(G) = \frac{1}{2} \cdot 1 + \frac{1}{4} \cdot 2 + \frac{1}{8} \cdot 4 + \frac{1}{16} \cdot 8 + \ldots = \sum_{k=1}^{\infty} \frac{1}{2^k} 2^{k-1} = \sum_{k=1}^{\infty} \frac{1}{2} = \infty$$

然而，參與這樣的賽局，決策者通常只願意支付**有限**金額。其主要原因是，相對較大的 payoff 發生的機率相對較小。以潛在 payoff（$W = 511$）為例：

$$W = 1 + 2 + 4 + 8 + 16 + 32 + 64 + 128 + 256 = 511$$

要贏過這樣 payoff 的機率相當低。確切而言，只有 $P(x = W) = \frac{1}{512} = 0.001953125$。另一方面，對於此 payoff 或更小 payoff 的發生機率則相當高：

$$P(x \leq W) = \sum_{k=1}^{9} \frac{1}{2^k} = 0.998046875$$

換句話說，在 1,000 次賽局中，有 998 次的 payoff 是小於或等於 511。因此，代理人對此賽局的賭注可能不會超過 511。消除這種矛盾的方法是引入效用函數，其中具有**邊際效用為正而遞減**的特性。在 St. Petersburg 矛盾的情況中，這意味著有個函數 $u: \mathbb{R}_+ \to \mathbb{R}$，其為每個 payoff（$x$）正值賦予對應的某個實數值 $u(x)$。邊際效用為正而遞減，形式上可轉換成下列內容：

$$\frac{\partial u}{\partial x} > 0$$

$$\frac{\partial^2 u}{\partial x^2} < 0$$

如第三章所示，這樣的函數是 $u(x) = \ln(x)$，其中：

$$\frac{\partial u}{\partial x} = \frac{1}{x}$$

$$\frac{\partial^2 u}{\partial x^2} = -\frac{1}{x^2}$$

而預期效用是**有限**的，如以下無限加總的計算所示：

$$\mathbf{E}(u(G)) = \sum_{k=1}^{\infty} \frac{1}{2^k} u\left(2^{k-1}\right) = \sum_{k=1}^{\infty} \frac{\ln\left(2^{k-1}\right)}{2^k} = \left(\sum_{k=1}^{\infty} \frac{(k-1)}{2^k}\right) \cdot \ln(2) = \ln(2) < \infty$$

與無限大的預期 payoff 相比，$\ln(2) = 0.693147$ 的預期效用顯然是很小的數值。Bernoulli 效用函數與 EUT 解決 St. Petersburg 矛盾。

其他矛盾，譬如 Allais (1953) 提出的 *Allais* 矛盾則以 EUT 解決。這個矛盾是以一個實驗為基礎，其中針對四個不同賽局測試者應該排行的情形。表 4-2 顯示此四個賽局 (A, B, A', B')。將以 (A, B) 與 (A', B') 兩組排行。獨立性公理（*independence axiom*）假定，表中第一個 row 對 (A', B') 的順序不應有任何影響，因為兩個賽局的 payoff 相同。

表 4-2　Allais 矛盾的賽局

| 機率 | 賽局 A | 賽局 B | 賽局 A' | 賽局 B' |
|------|--------|--------|---------|---------|
| 0.66 | 2,400 | 2,400 | 0 | 0 |
| 0.33 | 2,500 | 2,400 | 2,500 | 2,400 |
| 0.01 | 0 | 2,400 | 0 | 2,400 |

實驗中，大多數決策者將賽局排行如下：$B \succ A$ 與 $A' \succ B'$。$B \succ A$ 的排行導致下列不等式，其中 $u_1 \equiv u(2400)$, $u_2 \equiv u(2500)$, $u_3 \equiv u(0)$：

$$u_1 \quad > 0.66 \cdot u_1 + 0.33 \cdot u_2 + 0.01 \cdot u_3$$
$$0.34 \cdot u_1 > \quad 0.33 \cdot u_2 + 0.01 \cdot u_3$$

而 $A' \succ B'$ 的排行導致下列不等式：

$$0.33 \cdot u_2 + 0.01 \cdot u_3 > 0.33 \cdot u_1 + 0.01 \cdot u_1$$
$$0.34 \cdot u_1 \quad < 0.33 \cdot u_2 + 0.01 \cdot u_3$$

這些不等式顯然相互矛盾（導致 Allais 矛盾）。一種可能的解釋是，決策者通常認為確定性高於典型的模型（如：EUT）預測。儘管有許多合適的效用函數在 EUT 下可供決策者選擇參與賽局而不選確定金額，大多數人寧願選擇確定獲得 100 萬美元，而非參與以 5% 機率贏得 1 億美元的賽局。

另一種解釋涉及決策制定（*framing*）與決策者心理。眾所周知，如果手術有「95% 的成功機率」會比「5% 的死亡機率」讓更多人願意接受手術。只是改變用詞就可能導致與 EUT 等決策理論不一致的行為。

據 Savage (1954, 1972) 描述，另一個著名的矛盾——*Ellsberg* 矛盾點出 EUT 主觀形式的問題，其可追溯到 Ellsberg (1961) 重要論文。其中提到許多實際決策情況下模糊的重要性。此矛盾的標準設置包括兩個不同的甕，兩甕中正好各有 100 顆球。甕 1 已知剛好有 50 顆黑球與 50 顆紅球。甕 2 只知道有黑球與紅球但並不知其中比例。

測試者可以選擇下列賽局選項：

- 賽局 1：紅球 1、黑球 1 或中立
- 賽局 2：紅球 2、黑球 2 或中立
- 賽局 3：紅球 1、紅球 2 或中立
- 賽局 4：黑球 1、黑球 2 或中立

在此，「紅球 1」表示從甕 1 抽出紅球。通常，測試者會如下選擇：

- 賽局 1：中立
- 賽局 2：中立
- 賽局 3：紅球 1
- 賽局 4：黑球 1

這組決策（不是唯一要觀測的決策，而是常見的決策。）證實所謂的**模糊趨避**（*ambiguity aversion*）。由於不知甕 2 中黑球與紅球各別的機率，因此決策者偏愛風險情況而非**模糊**情況。

Allais 矛盾與 Ellsberg 矛盾兩者呈現的是，實際測試者的行為往往與經濟學中根深蒂固的決策理論所預測的相反。換句話說，通常不能將身為決策者的人類，與仔細蒐集資料並計算數值以在不確定性下作出決策的機器相比，無論是風險還是模糊情況皆是如此。人類行為比目前大多數（即便不是全部）理論所認為的更為複雜。譬如閱讀 Sapolsky 於 2018 年的 800 頁著作《Behave》後，就可以清楚解釋人類行為有多麼困難與複雜。書中以綜合方式涵蓋此主題的多個面向，範圍從生化過程到遺傳學、人類演化、種族、語言、宗教等等。

如果像 EUT 這樣的標準經濟決策模式不能妥善解釋實際的決策，那麼還有什麼替代方案可用？為 Allais 矛盾與 Ellsberg 矛盾奠定基礎的經濟實驗，是學習決策者在特定受控情況下所作所為的良好起點。這樣的實驗以及其有時令人驚訝與自相矛盾的結果，確實促使許多研究人員提出解決矛盾的替代理論與模型。Fontaine 與 Leonard 在 2005 年的《The Experiment in the History of Economics》著作討論經濟學中實驗的歷史任務。有一大堆文獻解決 Ellsberg 矛盾導致的問題。姑且不論別的主題，此文獻有論述非疊加機率，Choquet 積分與啟發式決策，諸如**最小 *payoff* 最大化**（「max-min」）或**最大損失最小化**（「min-max」）。事實證明，這些替代作法至少在某些決策情況中優於 EUT。但完全不是金融的主流。

實務上被證明有用的是什麼？答案在資料與機器學習演算法，並不讓人意外。具有數十億使用者的網際網路產生的資料寶庫，能夠描述實際人類行為——有時稱為顯示偏好（revealed preference）。網路產生的巨量資料規模，比單一實驗能產生的規模大好幾個數量級。諸如 Amazon、Facebook、Google 與 Twitter 之類的公司，記錄使用者行為（即顯示偏好），以及利用以此資料所訓練的 ML 演算法，產生相關見解，進而賺取數十億美元。

在這種情況下採取的預設 ML 作法是監督式學習。通常演算法本身是應用無理論（theory-free）與無模型（model-free）的類神經網路（變形）。因此，當公司此刻預測使用者或客戶的行為時，通常會部署無模型 ML 演算法。傳統決策理論如 EUT 或其後繼者，在此往往毫無作用。直至 2020 年代初期，這些理論依然是大多數經濟與金融理論的實務應用基石，實在讓人匪夷所思，遑論那些高談闊論傳統決策理論的眾多金融教科書。如果金融理論最基本的構建區塊之一，似乎缺乏有意義的實證支持或實際利益，那麼建立在上面的金融模型又如何呢？隨後的章節會有更多相關內容論述。

**資料驅動行為預測**

標準經濟決策理論理智上具有不少吸引力，甚至對那些不確定性之下面臨具體決策者亦是，其行為與理論預測形成對比。另一方面，巨量資料與無模型的監督式學習作法，於實務上預測使用者與客戶行為，已被成功證明有其效用。在金融環境中，可能意味著，不該特別擔心金融代理人決定其決策的原因與方式。而應該聚焦其間接顯示偏好，以描述金融市場狀態的特徵資料（新資訊），以及標記反映金融代理人決策影響的資料（結果）為基礎。如此導致資料驅動（而非理論或模型驅動）金融市場決策觀點。金融代理人成為資料處理生物，譬如，與簡單效用函數結合假定機率分布相比，藉由複雜的類神經網路可以更妥善建模。

## 平均數—變異數投資組合理論

假設資料驅動的投資人想要應用 MVP 理論投資科技股票組合，以及增加黃金相關指數股票型基金（ETF），實現多元化投資。投資人也許會透過 API，連接交易平台或資料供應商，存取相關的歷史價格資料。要讓下列分析可供複製，而用儲存於遠端位置的 CSV 資料檔案。下列 Python 程式碼擷取此資料檔案，以投資人的目標選擇多檔股票（代號），並從價格時間序列資料中計算對數報酬率。圖 4-4 為所選股票（代號）的正規化價格時間序列比較結果：

```
In [51]: import numpy as np
         import pandas as pd
         from pylab import plt, mpl
         from scipy.optimize import minimize
         plt.style.use('seaborn')
         mpl.rcParams['savefig.dpi'] = 300
         mpl.rcParams['font.family'] = 'serif'
         np.set_printoptions(precision=5, suppress=True,
                             formatter={'float': lambda x: f'{x:6.3f}'})

In [52]: url = 'http://hilpisch.com/aiif_eikon_eod_data.csv'  ❶

In [53]: raw = pd.read_csv(url, index_col=0, parse_dates=True).dropna()  ❶

In [54]: raw.info()  ❶
         <class 'pandas.core.frame.DataFrame'>
         DatetimeIndex: 2516 entries, 2010-01-04 to 2019-12-31
         Data columns (total 12 columns):
          #   Column  Non-Null Count  Dtype
         ---  ------  --------------  -----
          0   AAPL.O  2516 non-null   float64
          1   MSFT.O  2516 non-null   float64
          2   INTC.O  2516 non-null   float64
          3   AMZN.O  2516 non-null   float64
          4   GS.N    2516 non-null   float64
          5   SPY     2516 non-null   float64
          6   .SPX    2516 non-null   float64
          7   .VIX    2516 non-null   float64
          8   EUR=    2516 non-null   float64
          9   XAU=    2516 non-null   float64
          10  GDX     2516 non-null   float64
          11  GLD     2516 non-null   float64
         dtypes: float64(12)
         memory usage: 255.5 KB

In [55]: symbols = ['AAPL.O', 'MSFT.O', 'INTC.O', 'AMZN.O', 'GLD']  ❷

In [56]: rets = np.log(raw[symbols] / raw[symbols].shift(1)).dropna()  ❸

In [57]: (raw[symbols] / raw[symbols].iloc[0]).plot(figsize=(10, 6));  ❹
```

❶ 從遠端擷取歷史 EOD 資料。

❷ 指定所要投資股票的代號（RIC）。

❸ 計算所有時間序列的對數報酬率。

❹ 描繪所選股票的正規化金融時間序列。

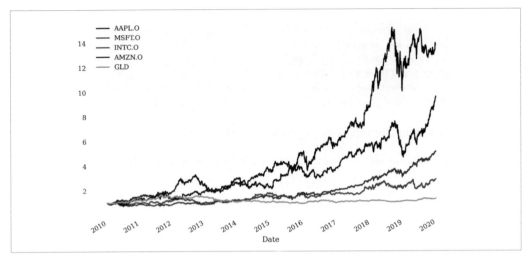

圖 4-4　正規化金融時間序列資料

資料驅動投資人要先設定某個基準，即由相同加權投資組合，對整個期間可用資料提供的績效基準。下列 Python 程式碼定義的函式，可以計算投資組合報酬率、投資組合波動率以及投資組合 Sharpe ratio，其中會針對所選的股票設置一組權重：

```
In [58]: weights = len(rets.columns) * [1 / len(rets.columns)]  ❶

In [59]: def port_return(rets, weights):
             return np.dot(rets.mean(), weights) * 252  ❷

In [60]: port_return(rets, weights)  ❷
Out[60]: 0.15694764653018106

In [61]: def port_volatility(rets, weights):
             return np.dot(weights, np.dot(rets.cov() * 252 , weights)) ** 0.5  ❸

In [62]: port_volatility(rets, weights)  ❸
Out[62]: 0.16106507848480675

In [63]: def port_sharpe(rets, weights):
             return port_return(rets, weights) / port_volatility(rets, weights)  ❹

In [64]: port_sharpe(rets, weights)  ❹
Out[64]: 0.97443622172255
```

❶ 相等權重的投資組合。

❷ 投資組合報酬率。

❸ 投資組合波動率

❹ 投資組合 Sharpe ratio（其中短期利率為零）。

投資人要用 Monte Carlo 模擬，將投資組合權重隨機化，以分析投資組合風險與報酬搭配（以及 Sharpe ratio）大致可能情況。若不包含賣空，投資組合權重假設總計為 100%。下列 Python 程式碼實作此模擬並將結果視覺化（參閱圖 4-5）：

```
In [65]: w = np.random.random((1000, len(symbols)))   ❶
         w = (w.T / w.sum(axis=1)).T   ❶

In [66]: w[:5]   ❶
Out[66]: array([[ 0.184,  0.157,  0.227,  0.353,  0.079],
                [ 0.207,  0.282,  0.258,  0.023,  0.230],
                [ 0.313,  0.284,  0.051,  0.340,  0.012],
                [ 0.238,  0.181,  0.145,  0.191,  0.245],
                [ 0.246,  0.256,  0.315,  0.181,  0.002]])

In [67]: pvr = [(port_volatility(rets[symbols], weights),
                  port_return(rets[symbols], weights))
                 for weights in w]   ❷
         pvr = np.array(pvr)   ❷

In [68]: psr = pvr[:, 1] / pvr[:, 0]   ❸

In [69]: plt.figure(figsize=(10, 6))
         fig = plt.scatter(pvr[:, 0], pvr[:, 1],
                           c=psr, cmap='coolwarm')
         cb = plt.colorbar(fig)
         cb.set_label('Sharpe ratio')
         plt.xlabel('expected volatility')
         plt.ylabel('expected return')
         plt.title(' | '.join(symbols));
```

❶ 模擬投資組合權重總計為 100%。

❷ 就投資組合結果計算投資組合波動率以及報酬率。

❸ 就投資組合結果計算 Sharpe ratio。

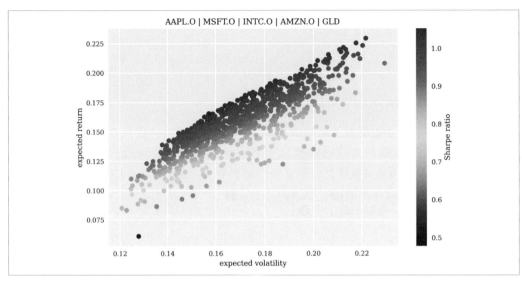

圖 4-5　投資組合波動率、報酬率與 Sharpe ratio 的模擬

此時資料驅動投資人要對 2011 年初設置的投資組合績效作回測（backtest）。最佳投資組合成分來自 2010 年的金融時間序列資料。2012 年初，依 2011 年的資料，調整投資組合成分，依此類推。下列 Python 程式碼得到每個相關年度（*Sharpe ratio* **最大化**）的投資組合權重：

```
In [70]: bnds = len(symbols) * [(0, 1),]  ❶
         bnds  ❶
Out[70]: [(0, 1), (0, 1), (0, 1), (0, 1), (0, 1)]

In [71]: cons = {'type': 'eq', 'fun': lambda weights: weights.sum() - 1}  ❷

In [72]: opt_weights = {}
         for year in range(2010, 2019):
             rets_ = rets[symbols].loc[f'{year}-01-01':f'{year}-12-31']  ❸
             ow = minimize(lambda weights: -port_sharpe(rets_, weights),
                           len(symbols) * [1 / len(symbols)],
                           bounds=bnds,
                           constraints=cons)['x']  ❹
             opt_weights[year] = ow  ❺

In [73]: opt_weights  ❺
Out[73]: {2010: array([ 0.366,  0.000,  0.000,  0.056,  0.578]),
          2011: array([ 0.543,  0.000,  0.077,  0.000,  0.380]),
          2012: array([ 0.324,  0.000,  0.000,  0.471,  0.205]),
```

```
2013: array([ 0.012,   0.305,   0.219,   0.464,   0.000]),
2014: array([ 0.452,   0.115,   0.419,   0.000,   0.015]),
2015: array([ 0.000,   0.000,   0.000,   1.000,   0.000]),
2016: array([ 0.150,   0.260,   0.000,   0.058,   0.533]),
2017: array([ 0.231,   0.203,   0.031,   0.109,   0.426]),
2018: array([ 0.000,   0.295,   0.000,   0.705,   0.000])}
```

❶ 設定單一資產權重的界限。

❷ 設定所有權重總計需為 100%。

❸ 選擇特定年度的相關資料集。

❹ 取得 Sharpe ratio 最大化的投資組合權重。

❺ 將權重儲存於某個 dict 物件。

相關年度最佳投資組合成分呈現的是，MVP 理論的原始形式往往會導致（相對）極端情況，即完全排除一項或多項資產，甚至單一資產會占投資組合 100% 的比重。當然，也能藉由像是針對每項資產設定最小權重而主動避免此種情況。結果也顯示，由於上一年度已實現的統計結果與相關內容的驅動，此作法讓投資組合呈現顯著的再平衡。

為了完成回測，以下程式碼將預期投資組合統計資訊（來自應用於上年度資料的上年度最佳成分）與本年度的已實現投資組合統計資訊（來自應用於本年度資料的上年度最佳成分）予以比較：

```
In [74]: res = pd.DataFrame()
         for year in range(2010, 2019):
             rets_ = rets[symbols].loc[f'{year}-01-01':f'{year}-12-31']
             epv = port_volatility(rets_, opt_weights[year])    ❶
             epr = port_return(rets_, opt_weights[year])        ❶
             esr = epr / epv                                    ❶
             rets_ = rets[symbols].loc[f'{year + 1}-01-01':f'{year + 1}-12-31']
             rpv = port_volatility(rets_, opt_weights[year])    ❷
             rpr = port_return(rets_, opt_weights[year])        ❷
             rsr = rpr / rpv                                    ❷
             res = res.append(pd.DataFrame({'epv': epv, 'epr': epr, 'esr': esr,
                                            'rpv': rpv, 'rpr': rpr, 'rsr': rsr},
                                           index=[year + 1]))

In [75]: res
Out[75]:          epv       epr       esr       rpv       rpr       rsr
         2011  0.157440  0.303003  1.924564  0.160622  0.133836  0.833235
         2012  0.173279  0.169321  0.977156  0.182292  0.161375  0.885256
         2013  0.202460  0.278459  1.375378  0.168714  0.166897  0.989228
```

```
         2014  0.181544  0.368961  2.032353  0.197798  0.026830  0.135645
         2015  0.160340  0.309486  1.930190  0.211368 -0.024560 -0.116194
         2016  0.326730  0.778330  2.382179  0.296565  0.103870  0.350242
         2017  0.106148  0.090933  0.856663  0.079521  0.230630  2.900235
         2018  0.086548  0.260702  3.012226  0.157337  0.038234  0.243004
         2019  0.323796  0.228008  0.704174  0.207672  0.275819  1.328147

In [76]: res.mean()
Out[76]: epv    0.190920
         epr    0.309689
         esr    1.688320
         rpv    0.184654
         rpr    0.123659
         rsr    0.838755
         dtype: float64
```

❶ 預期投資組合統計內容。

❷ 已實現投資組合統計內容。

圖 4-6 是單一年度「預期投資組合波動率」與「已實現投資組合波動率」兩者的比較。
MVP 理論相當適合用於預測投資組合波動率。也可從兩個時間序列之間的高度相關得
知此觀點：

```
In [77]: res[['epv', 'rpv']].corr()
Out[77]:           epv       rpv
         epv  1.000000  0.765733
         rpv  0.765733  1.000000

In [78]: res[['epv', 'rpv']].plot(kind='bar', figsize=(10, 6),
                 title='Expected vs. Realized Portfolio Volatility');
```

然而，若將「預期投資組合報酬率」與「已實現投資組合報酬率」兩者相比時，結果正
好相反（參閱圖 4-7）。MVP 理論顯然未能預測投資組合報酬率，從兩個時間序列之間
的負相關可得知此情況：

```
In [79]: res[['epr', 'rpr']].corr()
Out[79]:           epr       rpr
         epr  1.000000 -0.350437
         rpr -0.350437  1.000000

In [80]: res[['epr', 'rpr']].plot(kind='bar', figsize=(10, 6),
                 title='Expected vs. Realized Portfolio Return');
```

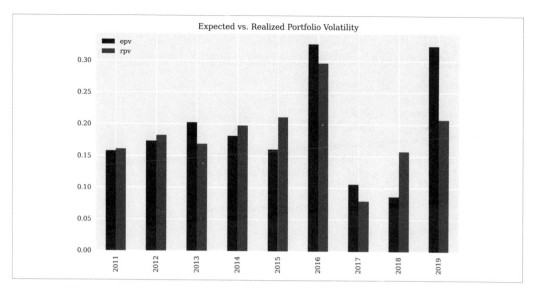

圖 4-6　預期投資組合波動率 vs. 已實現投資組合波動率

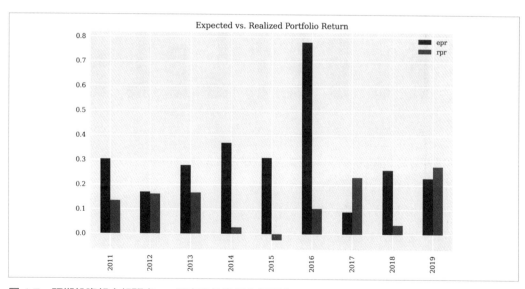

圖 4-7　預期投資組合報酬率 vs. 已實現投資組合報酬率

就 Sharpe ratio 而言，勢必得出類似的（甚至更糟的）結論（參閱圖 4-8）。對於以投資組合的 Sharpe ratio 最大化為目標的資料驅動之投資人來說，此理論的預測值通常與已實現值大相逕庭。兩個時間序列間的相關程度甚至比報酬率的情況還低：

```
In [81]: res[['esr', 'rsr']].corr()
Out[81]:          esr        rsr
         esr  1.000000  -0.698607
         rsr -0.698607   1.000000

In [82]: res[['esr', 'rsr']].plot(kind='bar', figsize=(10, 6),
             title='Expected vs. Realized Sharpe Ratio');
```

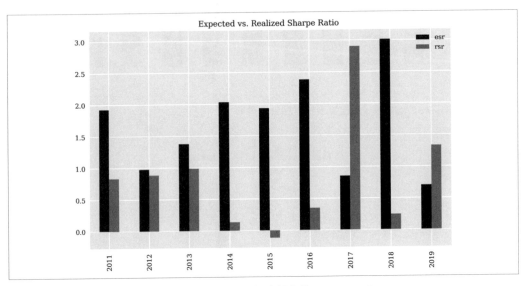

圖 4-8　預期投資組合的 Sharpe ratio vs. 已實現投資組合的 Sharpe ratio

*MVP 理論的預測能力*

MVP 理論應用於實際資料會呈現出其實務缺陷。若無額外限制，則最佳投資組合成分與再平衡可能是極端的情況。在數值範例中，投資組合報酬率與 Sharpe ratio 的預測能力相當不好，而投資組合風險的預測能力尚可接受。然而，投資人通常會關注風險調整過的績效衡量指標，譬如 Sharpe ratio，而這是 MVP 理論於此示例中表現最差的統計結果。

# 資本資產定價模型

有可用的類似作法將 CAPM 置於實際測試中。假設之前的資料驅動技術投資人，想要應用 CAPM 獲取之前這四檔技術股的預期報酬率。下列 Python 程式碼可取得特定年度每檔股票的 beta 值，並依其 beta 與市場投資組合的績效，計算此股票於下一年度的預期報酬率。市場投資組合則由 S&P 500 股票指數代表：

```
In [83]: r = 0.005    ❶

In [84]: market = '.SPX'    ❷

In [85]: rets = np.log(raw / raw.shift(1)).dropna()

In [86]: res = pd.DataFrame()

In [87]: for sym in rets.columns[:4]:
             print('\n' + sym)
             print(54 * '=')
             for year in range(2010, 2019):
                 rets_ = rets.loc[f'{year}-01-01':f'{year}-12-31']
                 muM = rets_[market].mean() * 252
                 cov = rets_.cov().loc[sym, market]    ❸
                 var = rets_[market].var()    ❸
                 beta = cov / var    ❸
                 rets_ = rets.loc[f'{year + 1}-01-01':f'{year + 1}-12-31']
                 muM = rets_[market].mean() * 252
                 mu_capm = r + beta * (muM - r)    ❹
                 mu_real = rets_[sym].mean() * 252    ❺
                 res = res.append(pd.DataFrame({'symbol': sym,
                                                'mu_capm': mu_capm,
                                                'mu_real': mu_real},
                                               index=[year + 1]),
                                  sort=True)    ❻
                 print('{} | beta: {:.3f} | mu_capm: {:6.3f} | mu_real: {:6.3f}'
                       .format(year + 1, beta, mu_capm, mu_real))    ❻
```

❶ 指定無風險短期利率。

❷ 定義市場投資組合。

❸ 取得股票的 beta 值。

❹ 依上年度的 beta 以及本年度的市場投資組合績效計算預期報酬率。

❺ 計算本年度股票的已實現績效。

**❻** 集結與顯示所有的結果。

上述程式碼的輸出結果如下：

```
AAPL.O
==================================================
2011 | beta: 1.052 | mu_capm: -0.000 | mu_real:  0.228
2012 | beta: 0.764 | mu_capm:  0.098 | mu_real:  0.275
2013 | beta: 1.266 | mu_capm:  0.327 | mu_real:  0.053
2014 | beta: 0.630 | mu_capm:  0.070 | mu_real:  0.320
2015 | beta: 0.833 | mu_capm: -0.005 | mu_real: -0.047
2016 | beta: 1.144 | mu_capm:  0.103 | mu_real:  0.096
2017 | beta: 1.009 | mu_capm:  0.180 | mu_real:  0.381
2018 | beta: 1.379 | mu_capm: -0.091 | mu_real: -0.071
2019 | beta: 1.252 | mu_capm:  0.316 | mu_real:  0.621

MSFT.O
==================================================
2011 | beta: 0.890 | mu_capm:  0.001 | mu_real: -0.072
2012 | beta: 0.816 | mu_capm:  0.104 | mu_real:  0.029
2013 | beta: 1.109 | mu_capm:  0.287 | mu_real:  0.337
2014 | beta: 0.876 | mu_capm:  0.095 | mu_real:  0.216
2015 | beta: 0.955 | mu_capm: -0.007 | mu_real:  0.178
2016 | beta: 1.249 | mu_capm:  0.113 | mu_real:  0.113
2017 | beta: 1.224 | mu_capm:  0.217 | mu_real:  0.321
2018 | beta: 1.303 | mu_capm: -0.086 | mu_real:  0.172
2019 | beta: 1.442 | mu_capm:  0.364 | mu_real:  0.440

INTC.O
==================================================
2011 | beta: 1.081 | mu_capm: -0.000 | mu_real:  0.142
2012 | beta: 0.842 | mu_capm:  0.108 | mu_real: -0.163
2013 | beta: 1.081 | mu_capm:  0.280 | mu_real:  0.230
2014 | beta: 0.883 | mu_capm:  0.096 | mu_real:  0.335
2015 | beta: 1.055 | mu_capm: -0.008 | mu_real: -0.052
2016 | beta: 1.009 | mu_capm:  0.092 | mu_real:  0.051
2017 | beta: 1.261 | mu_capm:  0.223 | mu_real:  0.242
2018 | beta: 1.163 | mu_capm: -0.076 | mu_real:  0.017
2019 | beta: 1.376 | mu_capm:  0.347 | mu_real:  0.243

AMZN.O
==================================================
2011 | beta: 1.102 | mu_capm: -0.001 | mu_real: -0.039
2012 | beta: 0.958 | mu_capm:  0.122 | mu_real:  0.374
2013 | beta: 1.116 | mu_capm:  0.289 | mu_real:  0.464
2014 | beta: 1.262 | mu_capm:  0.135 | mu_real: -0.251
```

```
2015 | beta: 1.473 | mu_capm: -0.013 | mu_real:  0.778
2016 | beta: 1.122 | mu_capm:  0.102 | mu_real:  0.104
2017 | beta: 1.118 | mu_capm:  0.199 | mu_real:  0.446
2018 | beta: 1.300 | mu_capm: -0.086 | mu_real:  0.251
2019 | beta: 1.619 | mu_capm:  0.408 | mu_real:  0.207
```

圖 4-9 依上年度 beta 與本年度市場投資組合績效,將一檔股票的預測(預期)報酬率與
本年度股票的已實現報酬率兩者予以比較。顯然,CAPM 原形只以 beta 預測股票績效,
證明並無實際效果:

```
In [88]: sym = 'AMZN.O'

In [89]: res[res['symbol'] == sym].corr()
Out[89]:          mu_capm    mu_real
         mu_capm  1.000000 -0.004826
         mu_real -0.004826  1.000000

In [90]: res[res['symbol'] == sym].plot(kind='bar',
                     figsize=(10, 6), title=sym);
```

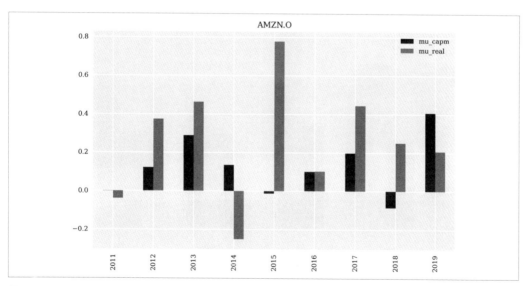

圖 4-9　CAPM 預測股票報酬率 vs. 已實現股票報酬率(一檔股票)

圖 4-10 為 CAPM 預測股票平均報酬率與已實現平均報酬率兩者的比較。在此，CAPM 也沒有好的表現。

CAPM 預測對於所分析之股票的平均值變動不大；落在 12.2％與 14.4％之間。然而，股票已實現平均報酬率呈現出高變動率；位在 9.4% 與 29.2% 之間。單就市場投資組合績效與 beta 顯然不能詮釋這些（科技）股票的觀測報酬率：

```
In [91]: grouped = res.groupby('symbol').mean()
         grouped
Out[91]:         mu_capm    mu_real
         symbol
         AAPL.O   0.110855   0.206158
         AMZN.O   0.128223   0.259395
         INTC.O   0.117929   0.116180
         MSFT.O   0.120844   0.192655

In [92]: grouped.plot(kind='bar', figsize=(10, 6), title='Average Values');
```

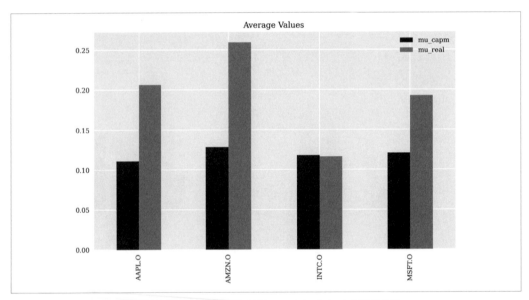

圖 4-10　CAPM 預測股票平均報酬率 vs. 已實現股票平均報酬率（多檔股票）

*CAPM 的預測能力*

相對於市場投資組合而言，CAPM 對股票未來績效的預測能力相當低，甚至對某些股票來說根本毫無預測能力。其中一個原因可能是，CAPM 與 MVP 理論依據相同的主要假設，即投資人只在意投資組合或股票的（預期）報酬率與（預期）波動率。從建模的觀點而言，可以確認單一風險因子是否足以詮釋股票報酬的變動率，或者股票報酬率與市場投資組合績效之間是否有非線性關係。

# 套利定價理論

鑑於前述數值範例的結果，CAPM 的預測能力似乎相當有限。問題是，只憑市場投資組合績效是否足以詮釋股票報酬的變動率。對於 APT 而言的結果是**否定的**——可以用較多（甚至更多）因子共同詮釋股票報酬的變動率。第 91 頁〈套利定價理論〉形式上描述 APT 的框架，其也會依據因子與股票報酬率之間的線性關係。

資料驅動的投資人確定，相對於市場投資組合績效而言，CAPM 不足以有效預測股票表現。因此，投資人決定對市場投資組合加入三個可能驅動股票績效的額外因子：

- 市場波動率（以 VIX 指數 .VIX 表示）

- 匯率（以 EUR/USD 匯率 EUR= 表示）

- 商品價格（以黃金價格表示 XAU= 表示）

下列 Python 程式碼實作簡單的 APT 方法，其中使用四個因子，並結合多變量迴歸，詮釋股票未來績效與這些因子相關：

```
In [93]: factors = ['.SPX', '.VIX', 'EUR=', 'XAU=']  ❶

In [94]: res = pd.DataFrame()

In [95]: np.set_printoptions(formatter={'float': lambda x: f'{x:5.2f}'})

In [96]: for sym in rets.columns[:4]:
             print('\n' + sym)
             print(71 * '=')
             for year in range(2010, 2019):
                 rets_ = rets.loc[f'{year}-01-01':f'{year}-12-31']
                 reg = np.linalg.lstsq(rets_[factors],
                                       rets_[sym], rcond=-1)[0]  ❷
                 rets_ = rets.loc[f'{year + 1}-01-01':f'{year + 1}-12-31']
```

```
mu_apt = np.dot(rets_[factors].mean() * 252, reg)  ❸
mu_real =  rets_[sym].mean() * 252  ❹
res = res.append(pd.DataFrame({'symbol': sym,
                    'mu_apt': mu_apt, 'mu_real': mu_real},
                    index=[year + 1]))
print('{} | fl: {} | mu_apt: {:6.3f} | mu_real: {:6.3f}'
        .format(year + 1, reg.round(2), mu_apt, mu_real))
```

❶ 四個因子。

❷ 多變量迴歸。

❸ 股票的 APT 預測報酬率。

❹ 股票的已實現報酬率。

上述程式碼的輸出結果如下：

```
AAPL.O
==============================================================
2011 | fl: [ 0.91 -0.04 -0.35  0.12] | mu_apt:  0.011 | mu_real:  0.228
2012 | fl: [ 0.76 -0.02 -0.24  0.05] | mu_apt:  0.099 | mu_real:  0.275
2013 | fl: [ 1.67  0.04 -0.56  0.10] | mu_apt:  0.366 | mu_real:  0.053
2014 | fl: [ 0.53 -0.00  0.02  0.16] | mu_apt:  0.050 | mu_real:  0.320
2015 | fl: [ 1.07  0.02  0.25  0.01] | mu_apt: -0.038 | mu_real: -0.047
2016 | fl: [ 1.21  0.01 -0.14 -0.02] | mu_apt:  0.110 | mu_real:  0.096
2017 | fl: [ 1.10  0.01 -0.15 -0.02] | mu_apt:  0.170 | mu_real:  0.381
2018 | fl: [ 1.06 -0.03 -0.15  0.12] | mu_apt: -0.088 | mu_real: -0.071
2019 | fl: [ 1.37  0.01 -0.20  0.13] | mu_apt:  0.364 | mu_real:  0.621

MSFT.O
==============================================================
2011 | fl: [ 0.98  0.01  0.02 -0.11] | mu_apt: -0.008 | mu_real: -0.072
2012 | fl: [ 0.82  0.00 -0.03 -0.01] | mu_apt:  0.103 | mu_real:  0.029
2013 | fl: [ 1.14  0.00 -0.07 -0.01] | mu_apt:  0.294 | mu_real:  0.337
2014 | fl: [ 1.28  0.05  0.04  0.07] | mu_apt:  0.149 | mu_real:  0.216
2015 | fl: [ 1.20  0.03  0.05  0.01] | mu_apt: -0.016 | mu_real:  0.178
2016 | fl: [ 1.44  0.03 -0.17 -0.02] | mu_apt:  0.127 | mu_real:  0.113
2017 | fl: [ 1.33  0.01 -0.14  0.00] | mu_apt:  0.216 | mu_real:  0.321
2018 | fl: [ 1.10 -0.02 -0.14  0.22] | mu_apt: -0.087 | mu_real:  0.172
2019 | fl: [ 1.51  0.01 -0.16 -0.02] | mu_apt:  0.378 | mu_real:  0.440

INTC.O
==============================================================
2011 | fl: [ 1.17  0.01  0.05 -0.13] | mu_apt: -0.010 | mu_real:  0.142
2012 | fl: [ 1.03  0.04  0.01  0.03] | mu_apt:  0.122 | mu_real: -0.163
2013 | fl: [ 1.06 -0.01 -0.10  0.01] | mu_apt:  0.267 | mu_real:  0.230
```

```
2014 | fl: [ 0.96  0.02  0.36 -0.02] | mu_apt:  0.063 | mu_real:  0.335
2015 | fl: [ 0.93 -0.01 -0.09  0.02] | mu_apt:  0.001 | mu_real: -0.052
2016 | fl: [ 1.02  0.00 -0.05  0.06] | mu_apt:  0.099 | mu_real:  0.051
2017 | fl: [ 1.41  0.02 -0.18  0.03] | mu_apt:  0.226 | mu_real:  0.242
2018 | fl: [ 1.12 -0.01 -0.11  0.17] | mu_apt: -0.076 | mu_real:  0.017
2019 | fl: [ 1.50  0.01 -0.34  0.30] | mu_apt:  0.431 | mu_real:  0.243


AMZN.O
======================================================================
2011 | fl: [ 1.02 -0.03 -0.18 -0.14] | mu_apt: -0.016 | mu_real: -0.039
2012 | fl: [ 0.98 -0.01 -0.17 -0.09] | mu_apt:  0.117 | mu_real:  0.374
2013 | fl: [ 1.07 -0.00  0.09  0.00] | mu_apt:  0.282 | mu_real:  0.464
2014 | fl: [ 1.54  0.03  0.01 -0.08] | mu_apt:  0.176 | mu_real: -0.251
2015 | fl: [ 1.26 -0.02  0.45 -0.11] | mu_apt: -0.044 | mu_real:  0.778
2016 | fl: [ 1.06 -0.00 -0.15 -0.04] | mu_apt:  0.099 | mu_real:  0.104
2017 | fl: [ 0.94 -0.02  0.12 -0.03] | mu_apt:  0.185 | mu_real:  0.446
2018 | fl: [ 0.90 -0.04 -0.25  0.28] | mu_apt: -0.085 | mu_real:  0.251
2019 | fl: [ 1.99  0.05 -0.37  0.12] | mu_apt:  0.506 | mu_real:  0.207
```

圖 4-11 是股票 APT 預測報酬率，及其隨時間變化的已實現股票報酬率，兩者比較結果。與單因子 CAPM 相比，似乎毫無長進：

```
In [97]: sym = 'AMZN.O'

In [98]: res[res['symbol'] == sym].corr()
Out[98]:           mu_apt    mu_real
         mu_apt    1.000000 -0.098281
         mu_real  -0.098281  1.000000

In [99]: res[res['symbol'] == sym].plot(kind='bar',
                         figsize=(10, 6), title=sym);
```

圖 4-12 中也出現相同情況，其是由以下程式片段所生，此段程式碼比較多檔股票的平均值。由於平均 APT 預測幾乎毫無變化，因此跟已實現報酬率有較大的平均差異：

```
In [100]: grouped = res.groupby('symbol').mean()
          grouped
Out[100]:           mu_apt    mu_real
          symbol
          AAPL.O  0.116116  0.206158
          AMZN.O  0.135528  0.259395
          INTC.O  0.124811  0.116180
          MSFT.O  0.128441  0.192655

In [101]: grouped.plot(kind='bar', figsize=(10, 6), title='Average Values');
```

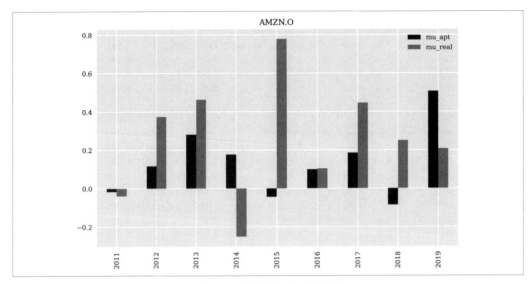

圖 4-11　APT 預測股票報酬率 vs. 已實現股票報酬率（一檔股票）

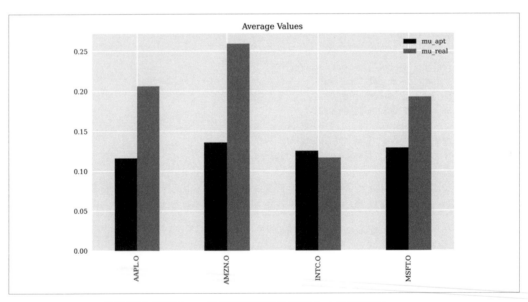

圖 4-12　APT 預測股票平均報酬率 vs. 已實現股票平均報酬率（多檔股票）

當然，在這種情況下，風險因子的抉擇，可說至關重要。資料驅動投資人決定找出哪些因子，通常被認為是與股票相關的風險因子。研讀 Bender et al. (2013) 的論文之後，投資人用一組新因子取代原來的風險因子。投資人特別選出表 4-3 所列的一組因子。

表 4-3　APT 的風險因子

| 因子 | 描述 | RIC |
|---|---|---|
| 市場 | MSCI World Gross Return Daily USD (PUS = Price Return) | .dMIWO00000GUS |
| 規模 | MSCI World Equal Weight Price Net Index EOD | .dMIWO0000ENUS |
| 波動率 | MSCI World Minimum Volatility Net Return | .dMIWO0000YNUS |
| 價值 | MSCI World Value Weighted Gross (NUS for Net) | .dMIWO000PkGUS |
| 風險 | MSCI World Risk Weighted Gross USD EOD | .dMIWO000PlGUS |
| 成長率 | MSCI World Quality Net Return USD | .MIWO0000vNUS |
| 動能 | MSCI World Momentum Gross Index USD EOD | .dMIWO0000NGUS |

下列 Python 程式碼擷取遠端對應的資料集，並將正規化的時間序列資料視覺化（參閱圖 4-13）。簡短呈現的內容中，時間序列似乎高度正相關：

```
In [102]: factors = pd.read_csv('http://hilpisch.com/aiif_eikon_eod_factors.csv',
                                 index_col=0, parse_dates=True)  ❶

In [103]: (factors / factors.iloc[0]).plot(figsize=(10, 6));  ❷
```

❶ 擷取因子時間序列資料。

❷ 資料正規化與顯示結果。

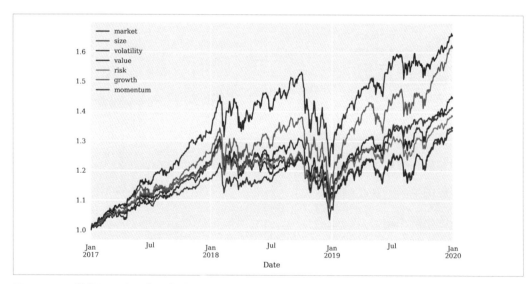

圖 4-13　正規化因子時間序列資料

藉由下列計算結果，以及因子報酬率的相關矩陣，可以確定此效果。所有相關因子約為 0.75（或更高）：

```
In [104]: start = '2017-01-01'  ❶
          end = '2020-01-01'  ❶

In [105]: retsd = rets.loc[start:end].copy()  ❷
          retsd.dropna(inplace=True)  ❷

In [106]: retsf = np.log(factors / factors.shift(1))  ❸
          retsf = retsf.loc[start:end]  ❸
          retsf.dropna(inplace=True)  ❸
          retsf = retsf.loc[retsd.index].dropna()  ❸

In [107]: retsf.corr()  ❹
Out[107]:             market      size  volatility     value      risk    growth  \
          market    1.000000  0.935867    0.845010  0.964124  0.947150  0.959038
          size      0.935867  1.000000    0.791767  0.965739  0.983238  0.835477
          volatility 0.845010 0.791767    1.000000  0.778294  0.865467  0.818280
          value     0.964124  0.965739    0.778294  1.000000  0.958359  0.864222
          risk      0.947150  0.983238    0.865467  0.958359  1.000000  0.858546
          growth    0.959038  0.835477    0.818280  0.864222  0.858546  1.000000
          momentum  0.928705  0.796420    0.819585  0.818796  0.825563  0.952956

                    momentum
          market    0.928705
          size      0.796420
          volatility 0.819585
          value     0.818796
          risk      0.825563
          growth    0.952956
          momentum  1.000000
```

❶ 為資料的抉擇定義起始與結束日期。

❷ 選擇相關報酬率資料子集。

❸ 計算與處理因子的對數報酬率。

❹ 顯示因子的相關矩陣。

下列 Python 程式碼可以獲得原股票的因子負荷量（不過要搭配新因子）。結果是源自資料集的上半期間，並依單一因子的績效，用於預測下半期間的股票報酬率。也會計算已實現報酬率。兩者的時間序列比較如圖 4-14 所示。由於這些因子的高度相關，與 CAPM 相比，APT 作法的詮釋能力並不高：

```
In [108]: res = pd.DataFrame()

In [109]: np.set_printoptions(formatter={'float': lambda x: f'{x:5.2f}'})

In [110]: split = int(len(retsf) * 0.5)
          for sym in rets.columns[:4]:
              print('\n' + sym)
              print(74 * '=')
              retsf_, retsd_ = retsf.iloc[:split], retsd.iloc[:split]
              reg = np.linalg.lstsq(retsf_, retsd_[sym], rcond=-1)[0]
              retsf_, retsd_ = retsf.iloc[split:], retsd.iloc[split:]
              mu_apt = np.dot(retsf_.mean() * 252, reg)
              mu_real =  retsd_[sym].mean() * 252
              res = res.append(pd.DataFrame({'mu_apt': mu_apt,
                          'mu_real': mu_real}, index=[sym,]),
                          sort=True)
              print('fl: {} | apt: {:.3f} | real: {:.3f}'
                      .format(reg.round(1), mu_apt, mu_real))


          AAPL.O
          ==========================================================================
          fl: [ 2.30  2.80 -0.70 -1.40 -4.20  2.00 -0.20] | apt: 0.115 | real: 0.301

          MSFT.O
          ==========================================================================
          fl: [ 1.50  0.00  0.10 -1.30 -1.40  0.80  1.00] | apt: 0.181 | real: 0.304

          INTC.O
          ==========================================================================
          fl: [-3.10  1.60  0.40  1.30 -2.60  2.50  1.10] | apt: 0.186 | real: 0.118

          AMZN.O
          ==========================================================================
          fl: [ 9.10  3.30 -1.00 -7.10 -3.10 -1.80  1.20] | apt: 0.019 | real: 0.050

In [111]: res.plot(kind='bar', figsize=(10, 6));
```

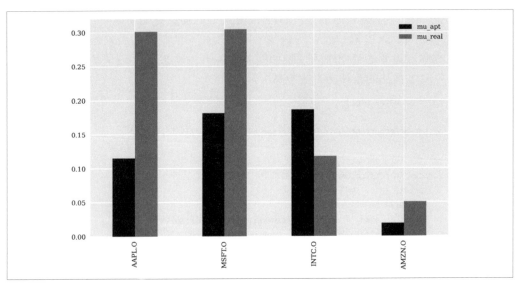

圖 4-14　APT 預測報酬率與已實現報酬率兩者的比較（針對典型因子而言）

資料驅動投資人並不願意完全放棄 APT。因此，額外的檢定可能更加闡明 APT 的詮釋能力。為此，因子負荷量用於檢定 APT 是否能夠（正確）詮釋股票價格隨著時間的變動。事實上，雖然 APT 不能正確預測絕對績效（差了 10 個百分點以上），不過在大多數情況下都能正確預測股票價格動向（參閱圖 4-15）。預測報酬率與已實現報酬率之間也高度相關，約為 85%。但是，此分析使用已實現因子報酬率來產生 APT 預測——當然，在相關交易日的前一日，實際上沒有可用的內容：

```
In [112]: sym
Out[112]: 'AMZN.O'

In [113]: rets_sym = np.dot(retsf_, reg)  ❶

In [114]: rets_sym = pd.DataFrame(rets_sym,
                                  columns=[sym + '_apt'],
                                  index=retsf_.index)  ❷

In [115]: rets_sym[sym + '_real'] = retsd_[sym]  ❸

In [116]: rets_sym.mean() * 252  ❹
Out[116]: AMZN.O_apt     0.019401
          AMZN.O_real    0.050344
          dtype: float64
```

```
In [117]: rets_sym.std() * 252 ** 0.5   ❺
Out[117]: AMZN.O_apt    0.270995
          AMZN.O_real   0.307653
          dtype: float64

In [118]: rets_sym.corr()   ❻
Out[118]:              AMZN.O_apt  AMZN.O_real
          AMZN.O_apt     1.000000     0.832218
          AMZN.O_real    0.832218     1.000000

In [119]: rets_sym.cumsum().apply(np.exp).plot(figsize=(10, 6));
```

❶ 依已實現因子報酬率預測每日股價報酬率。

❷ 用 DataFrame 物件儲存結果,並加入 column 與 index 資料。

❸ 將已實現股價報酬率放入 DataFrame 物件。

❹ 計算年化報酬率。

❺ 計算年化波動率。

❻ 計算相關因子。

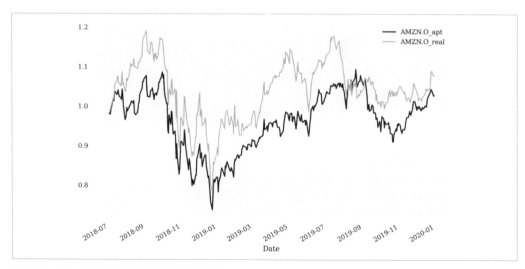

圖 4-15　APT 的預測毛績效與實際毛績效

依已實現因子報酬率，APT 如何準確預測股價動向？下列 Python 程式碼顯示其準確度略高於 75%：

```
In [120]: rets_sym['same'] = (np.sign(rets_sym[sym + '_apt']) ==
                              np.sign(rets_sym[sym + '_real']))

In [121]: rets_sym['same'].value_counts()
Out[121]: True     288
          False     89
          Name: same, dtype: int64

In [122]: rets_sym['same'].value_counts()[True] / len(rets_sym)
Out[122]: 0.7639257294429708
```

# 揭穿主要假設

上一節列舉一些實際的數值範例，其中呈現這些廣為流傳的規範金融理論，於實務上可能失敗的情況。本節認為主要原因之一，是這些金融理論的主要假設無效；也就是說，根本無法描述金融市場的現實。兩個分析的假設是**常態分布報酬率**（*normally distributed return*）與**線性關係**（*linear relationship*）。

## 常態分布報酬率

事實上，只有透過一次（期望值）及二次（標準差）動差，得以完全確定常態分布。

### 樣本資料集

例如，下列 Python 程式碼將產生一組隨機的標準常態分布數值[4]。圖 4-16 顯示的直方圖結果是典型的鍾形樣貌：

```
In [1]: import numpy as np
        import pandas as pd
        from pylab import plt, mpl
        np.random.seed(100)
        plt.style.use('seaborn')
        mpl.rcParams['savefig.dpi'] = 300
        mpl.rcParams['font.family'] = 'serif'

In [2]: N = 10000
```

---

4 NumPy 的亂數產生器生成的數值是**偽亂數**（*pseudorandom number* 或**偽隨機數**），儘管本書中都將其稱為**亂數**（或**隨機數**）。

```
In [3]: snrn = np.random.standard_normal(N)  ❶
        snrn -= snrn.mean()  ❷
        snrn /= snrn.std()  ❸

In [4]: round(snrn.mean(), 4)  ❷
Out[4]: -0.0

In [5]: round(snrn.std(), 4)  ❸
Out[5]: 1.0

In [6]: plt.figure(figsize=(10, 6))
        plt.hist(snrn, bins=35);
```

❶ 抽取標準常態分布亂數。

❷ 將一次動差（期望值）調整到 0.0。

❸ 將二次動差（標準差）調整到 1.0。

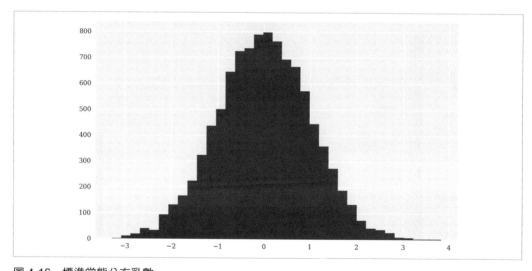

圖 4-16　標準常態分布亂數

此時考量一組亂數，其中與之前常態分布有相同的一次及二次動差，不過分布完全不同，如圖 4-17 所示。動差一樣，而分布僅由三個離散值組成：

```
In [7]: numbers = np.ones(N) * 1.5  ❶
        split = int(0.25 * N)  ❶
        numbers[split:3 * split] = -1  ❶
```

```
          numbers[3 * split:4 * split] = 0  ❶

In [8]: numbers -= numbers.mean()  ❷
        numbers /= numbers.std()  ❸

In [9]: round(numbers.mean(), 4)  ❷
Out[9]: 0.0

In [10]: round(numbers.std(), 4)  ❸
Out[10]: 1.0

In [11]: plt.figure(figsize=(10, 6))
         plt.hist(numbers, bins=35);
```

❶ 只以三個離散值構成的一組數值。

❷ 將一次動差（期望值）調整到 0.0。

❸ 將二次動差（標準差）調整到 1.0。

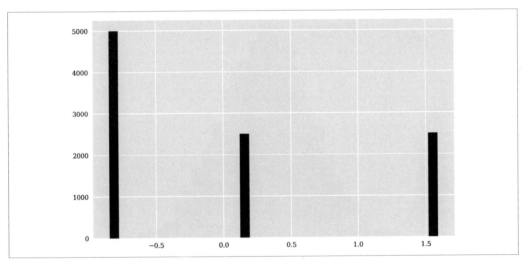

圖 4-17　一次及二次動差分別為 0.0 與 1.0 的分布

　一次及二次動差

機率分布的一次及二次動差剛好完全描述常態分布。其他眾多分布，可能
與常態分布有相同的一次及二次動差，但這些分布完全不是常態分布。

在準備測試實際金融報酬率之際,考量下列 Python 函式,其可將資料以直方圖的視覺化呈現,並加入常態分布(具資料一次及二次動差的常態分布)的機率密度函數(probability density function 或 PDF):

```
In [12]: import math
         import scipy.stats as scs
         import statsmodels.api as sm

In [13]: def dN(x, mu, sigma):
             ''' 常態隨機變數 x 的機率密度函數。
             '''
             z = (x - mu) / sigma
             pdf = np.exp(-0.5 * z ** 2) / math.sqrt(2 * math.pi * sigma ** 2)
             return pdf

In [14]: def return_histogram(rets, title=''):
             ''' 描繪報酬率的直方圖。
             '''
             plt.figure(figsize=(10, 6))
             x = np.linspace(min(rets), max(rets), 100)
             plt.hist(np.array(rets), bins=50,
                     density=True, label='frequency')   ❶
             y = dN(x, np.mean(rets), np.std(rets))   ❷
             plt.plot(x, y, linewidth=2, label='PDF')   ❷
             plt.xlabel('log returns')
             plt.ylabel('frequency/probability')
             plt.title(title)
             plt.legend()
```

❶ 描繪資料的直方圖。

❷ 描繪相關常態分布的 PDF。

圖 4-18 顯示直方圖與標準常態分布亂數 PDF 兩者的接近程度:

```
In [15]: return_histogram(snrn)
```

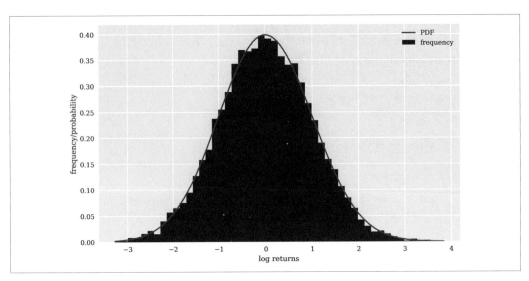

圖 4-18　標準常態分布數值的直方圖與 PDF

相比之下，圖 4-19 說明常態分布的 PDF 與直方圖所呈現的資料沒有任何關係：

```
In [16]: return_histogram(numbers)
```

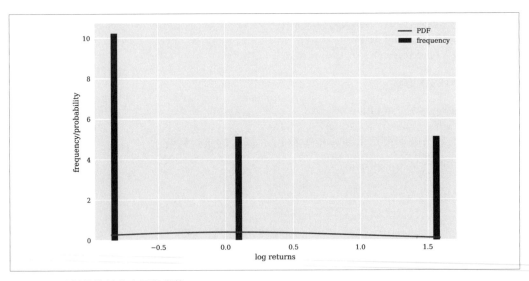

圖 4-19　離散數值的直方圖與常態 PDF

常態分布與資料的另一種比較方式是 Q-Q（分位一分位）圖。如圖 4-20 所示，針對常
態分布數值，這些數值（大部分）位於 Q-Q 平面的某條直線上：

```
In [17]: def return_qqplot(rets, title=''):
             ''' 產生報酬率的 Q-Q 圖。
             '''
             fig = sm.qqplot(rets, line='s', alpha=0.5)
             fig.set_size_inches(10, 6)
             plt.title(title)
             plt.xlabel('theoretical quantiles')
             plt.ylabel('sample quantiles')

In [18]: return_qqplot(snrn)
```

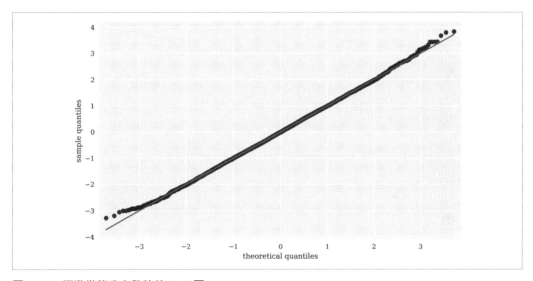

圖 4-20　標準常態分布數值的 Q-Q 圖

同樣的，如圖 4-21 所示的離散數值 Q-Q 圖，看起來與圖 4-20 的內容完全不同：

```
In [19]: return_qqplot(numbers)
```

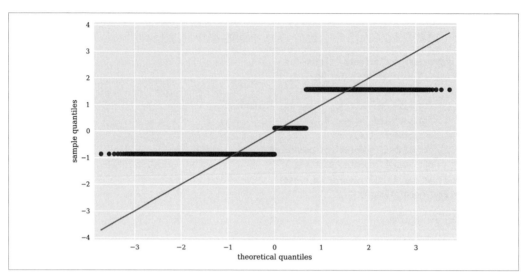

**圖 4-21　離散數值的 Q-Q 圖**

另外也可以使用統計檢定來檢查一組數值是否為常態分布。

下列 Python 函式實作三個檢定：

- 常態的偏態檢定。

- 常態的峰度檢定。

- 常態的偏態與峰度組合檢定。

低於 0.05 的 p 值通常被視為是常態性的反指標；即，數值常態分布的假說被否決。意義上，如前圖所示，兩個資料集的 p 值可以說明一切：

```
In [20]: def print_statistics(rets):
             print('RETURN SAMPLE STATISTICS')
             print('---------------------------------------------')
             print('Skew of Sample Log Returns {:9.6f}'.format(
                     scs.skew(rets)))
             print('Skew Normal Test p-value   {:9.6f}'.format(
                     scs.skewtest(rets)[1]))
             print('---------------------------------------------')
             print('Kurt of Sample Log Returns {:9.6f}'.format(
                     scs.kurtosis(rets)))
             print('Kurt Normal Test p-value   {:9.6f}'.format(
                     scs.kurtosistest(rets)[1]))
```

```
            print('--------------------------------------------------')
            print('Normal Test p-value          {:9.6f}'.format(
                      scs.normaltest(rets)[1]))
            print('--------------------------------------------------')

In [21]: print_statistics(snrn)
         RETURN SAMPLE STATISTICS
         ------------------------------------------
         Skew of Sample Log Returns  0.016793
         Skew Normal Test p-value    0.492685
         ------------------------------------------
         Kurt of Sample Log Returns -0.024540
         Kurt Normal Test p-value    0.637637
         ------------------------------------------
         Normal Test p-value         0.707334
         ------------------------------------------

In [22]: print_statistics(numbers)
         RETURN SAMPLE STATISTICS
         ------------------------------------------
         Skew of Sample Log Returns  0.689254
         Skew Normal Test p-value    0.000000
         ------------------------------------------
         Kurt of Sample Log Returns -1.141902
         Kurt Normal Test p-value    0.000000
         ------------------------------------------
         Normal Test p-value         0.000000
         ------------------------------------------
```

## 實際的金融報酬率

如本章稍早所述，下列 Python 程式碼擷取遠端來源的 EOD 資料，並計算資料集內含的所有金融時間序列的對數報酬率。圖 4-22 顯示，與具有樣本期望值與標準差的常態 PDF 相比，以直方圖表示的 S&P 500 股票指數的對數報酬率，呈現較高峰值與較厚尾端。這兩種見解是**典型化事實**（*stylized fact*），因為對各種金融工具會有一致的觀測結果：

```
In [23]: raw = pd.read_csv('http://hilpisch.com/aiif_eikon_eod_data.csv',
                           index_col=0, parse_dates=True).dropna()

In [24]: rets = np.log(raw / raw.shift(1)).dropna()

In [25]: symbol = '.SPX'

In [26]: return_histogram(rets[symbol].values, symbol)
```

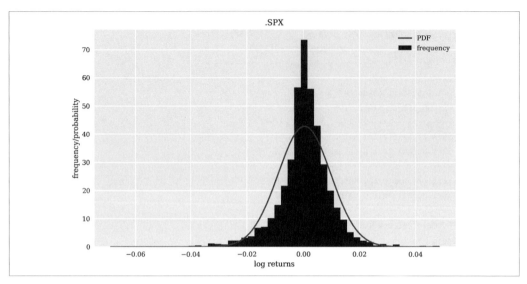

圖 4-22　S&P 500 對數報酬率的頻率分布與常態 PDF

研究圖 4-23 的 S&P 500 對數報酬率 Q-Q 圖，也可以得到類似的見解。特別是此 Q-Q 圖能夠妥善的將厚尾視覺化（直線左側下方的點與直線右側上方的點）：

```
In [27]: return_qqplot(rets[symbol].values, symbol)
```

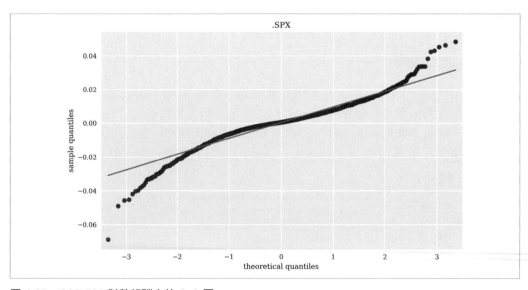

圖 4-23　S&P 500 對數報酬率的 Q-Q 圖

下列 Python 程式碼，針對資料集金融時間序列選項的實際金融報酬率常態性，實施統計檢定。實際的金融報酬率經常無法通過此類檢定。因此，可以明確斷定，金融報酬率相關的常態性假設很難描述金融現實：

```
In [28]: symbols = ['.SPX', 'AMZN.O', 'EUR=', 'GLD']

In [29]: for sym in symbols:
             print('\n{}'.format(sym))
             print(45 * '=')
             print_statistics(rets[sym].values)

         .SPX
         =============================================
         RETURN SAMPLE STATISTICS
         ---------------------------------------------
         Skew of Sample Log Returns -0.497160
         Skew Normal Test p-value    0.000000
         ---------------------------------------------
         Kurt of Sample Log Returns  4.598167
         Kurt Normal Test p-value    0.000000
         ---------------------------------------------
         Normal Test p-value         0.000000
         ---------------------------------------------


         AMZN.O
         =============================================
         RETURN SAMPLE STATISTICS
         ---------------------------------------------
         Skew of Sample Log Returns  0.135268
         Skew Normal Test p-value    0.005689
         ---------------------------------------------
         Kurt of Sample Log Returns  7.344837
         Kurt Normal Test p-value    0.000000
         ---------------------------------------------
         Normal Test p-value         0.000000
         ---------------------------------------------


         EUR=
         =============================================
         RETURN SAMPLE STATISTICS
         ---------------------------------------------
         Skew of Sample Log Returns -0.053959
         Skew Normal Test p-value    0.268203
         ---------------------------------------------
         Kurt of Sample Log Returns  1.780899
         Kurt Normal Test p-value    0.000000
```

```
-------------------------------------------
Normal Test p-value          0.000000
-------------------------------------------

GLD
===========================================
RETURN SAMPLE STATISTICS
-------------------------------------------
Skew of Sample Log Returns  -0.581025
Skew Normal Test p-value     0.000000
-------------------------------------------
Kurt of Sample Log Returns   5.899701
Kurt Normal Test p-value     0.000000
-------------------------------------------
Normal Test p-value          0.000000
-------------------------------------------
```

 常態性假設

雖然常態性假設是許多實際現象（如物理學情況）的良好近似值，但是並
不合適，倘若涉及到金融報酬率時甚至可能有危險。幾乎沒有金融報酬率
樣本資料集通過統計常態性檢定。除了其他領域已證明有用之外，在眾多
金融模型中出現這種假設的主因是，其造就典雅與相對簡單的數學模型、
計算與證明。

# 線性關係

與金融模型與理論中常態性假設的「無所不在」類似，變數之間的線性關係似乎是另
一個普遍基準。此小節探討一個重要內容，即在 CAPM 中，股票 beta 值與其預期（已
實現）報酬率之間假設的線性關係。一般來說，在已知正的市場績效情況下，beta 值越
高，預期報酬率越高——以 beta 值的固定比率呈現。

回顧上一節針對所選的科技股票計算 beta、CAPM 預期報酬率以及已實現報酬率，方
便起見，以下的 Python 程式碼將重複呈現這些計算。這一次，也將 beta 值加到結果的
DataFrame 物件中。

```
In [30]: r = 0.005

In [31]: market = '.SPX'

In [32]: res = pd.DataFrame()
```

```
In [33]: for sym in rets.columns[:4]:
             for year in range(2010, 2019):
                 rets_ = rets.loc[f'{year}-01-01':f'{year}-12-31']
                 muM = rets_[market].mean() * 252
                 cov = rets_.cov().loc[sym, market]
                 var = rets_[market].var()
                 beta = cov / var
                 rets_ = rets.loc[f'{year + 1}-01-01':f'{year + 1}-12-31']
                 muM = rets_[market].mean() * 252
                 mu_capm = r + beta * (muM - r)
                 mu_real = rets_[sym].mean() * 252
                 res = res.append(pd.DataFrame({'symbol': sym,
                                                'beta': beta,
                                                'mu_capm': mu_capm,
                                                'mu_real': mu_real},
                                               index=[year + 1]),
                                               sort=True)
```

下列分析將計算線性迴歸的 $R^2$，其中 beta 是自變數，預期 *CAPM* 報酬率是應變數（依市場投資組合績效為之）。$R^2$ 為**決定係數**（*coefficient of determination*），而以簡單平均值形式衡量模型與基準 predictor 相比的表現程度。線性迴歸只能詮釋預期 CAPM 報酬率中大約 10% 的變動率，這是個相當低的值，其中可透過圖 4-24 確認此結果：

```
In [34]: from sklearn.metrics import r2_score

In [35]: reg = np.polyfit(res['beta'], res['mu_capm'], deg=1)
         res['mu_capm_ols'] = np.polyval(reg, res['beta'])

In [36]: r2_score(res['mu_capm'], res['mu_capm_ols'])
Out[36]: 0.09272355783573516

In [37]: res.plot(kind='scatter', x='beta', y='mu_capm', figsize=(10, 6))
         x = np.linspace(res['beta'].min(), res['beta'].max())
         plt.plot(x, np.polyval(reg, x), 'g--', label='regression')
         plt.legend();
```

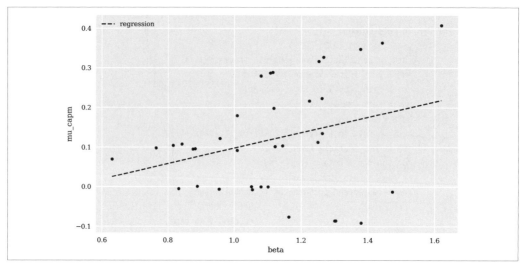

圖 4-24　預期 CAPM 報酬率 vs. beta（其中包括線性迴歸）

對於已實現報酬率而言，線性迴歸的詮釋能力甚至更低，約為 4.5%（參閱圖 4-25）。
線性迴歸還原 beta 與股票報酬率之間的正關係──「beta 越高，報酬率越高（依正的市
場投資組合績效）」──如迴歸線的正斜率所示。然而，如此只詮釋股票報酬率中觀測
到的全部變動率之一小部分：

```
In [38]: reg = np.polyfit(res['beta'], res['mu_real'], deg=1)
         res['mu_real_ols'] = np.polyval(reg, res['beta'])

In [39]: r2_score(res['mu_real'], res['mu_real_ols'])
Out[39]: 0.04466919444752959

In [40]: res.plot(kind='scatter', x='beta', y='mu_real', figsize=(10, 6))
         x = np.linspace(res['beta'].min(), res['beta'].max())
         plt.plot(x, np.polyval(reg, x), 'g--', label='regression')
         plt.legend();
```

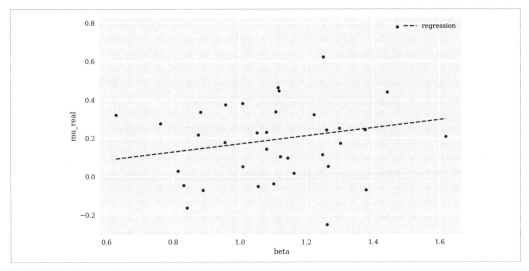

圖 4-25　已實現 CAPM 報酬率 vs. beta（其中包括線性迴歸）

線性關係

與常態性假設一樣，自然界往往可觀測到線性關係。然而，在金融領域，
幾乎沒有任何變數以明顯的線性方式彼此相依的情況。從建模觀點而言，
線性關係與常態性假設一樣，造就典雅與相對簡單的數學模型、計算與證
明。此外，金融計量經濟學的標準工具 OLS 迴歸非常適合處理資料中的
線性關係。這些都是常態性與線性，經常被刻意選擇作為金融模型與理論
之便捷建構區塊的主因。

## 本章總結

幾個世紀以來，科學由嚴格的資料生成與分析所驅動。然而，金融過去的特點，是以金
融市場的簡化數學模型為基礎的規範理論，其中依據報酬率的常態性與線性關係等假
設。（金融）資料幾乎普遍與全面的可取得特性，造就的焦點從**理論第一**（*theory-first*）
的作法轉為**資料驅動**金融。以實際金融資料的數個示例說明，許多廣為流傳的金融模型
與理論無法於金融市場現實對抗中倖存。儘管典雅，不過其中可能過於簡單，以至無法
處理金融市場的複雜性、變化性與非線性。

# 參考文獻

下列為本章所引用的書籍與論文：

Allais, M. 1953. "Le Comportement de l'Homme Rationnel devant le Risque: Critique des Postulats et Axiomes de l'Ecole Americaine." *Econometrica* 21 (4): 503-546.

Alexander, Carol. 2008a. *Quantitative Methods in Finance*. Market Risk Analysis I, West Sussex: John Wiley & Sons.

———. 2008b. *Practical Financial Econometrics*. Market Risk Analysis II, West Sussex: John Wiley & Sons.

Bender, Jennifer et al. 2013. "Foundations of Factor Investing." *MSCI Research Insight*. *http://bit.ly/aiif_factor_invest*.

Campbell, John Y. 2018. *Financial Decisions and Markets: A Course in Asset Pricing*. Princeton and Oxford: Princeton University Press.

Ellsberg, Daniel. 1961. "Risk, Ambiguity, and the Savage Axioms." *Quarterly Journal of Economics* 75 (4): 643-669.

Fontaine, Philippe and Robert Leonard. 2005. *The Experiment in the History of Economics*. London and New York: Routledge.

Kopf, Dan. 2015. "The Discovery of Statistical Regression." *Priceonomics*, November 6, 2015. *http://bit.ly/aiif_ols*.

Lee, Kai-Fu. 2018. *AI Superpowers: China, Silicon Valley, and the New World Order*. Boston and New York: Houghton Mifflin Harcourt.

Sapolsky, Robert M. 2018. *Behave: The Biology of Humans at Our Best and Worst*. New York: Penguin Books.

Savage, Leonard J. (1954) 1972. *The Foundations of Statistics*. 2nd ed. New York: Dover Publications.

Wigglesworth, Robin. 2019. "How Investment Analysts Became Data Miners." *Financial Times*, November 28, 2019. *https://oreil.ly/QJGtd*.

# Python 程式碼

下列 Python 檔案包含許多輔助函式，其用於簡化 NLP 的某些任務：

```
#
# NLP Helper Functions
#
# Artificial Intelligence in Finance
# (c) Dr Yves J Hilpisch
# The Python Quants GmbH
#
import re
import nltk
import string
import pandas as pd
from pylab import plt
from wordcloud import WordCloud
from nltk.corpus import stopwords
from nltk.corpus import wordnet as wn
from lxml.html.clean import Cleaner
from sklearn.feature_extraction.text import TfidfVectorizer
plt.style.use('seaborn')

cleaner = Cleaner(style=True, links=True, allow_tags=[''],
                  remove_unknown_tags=False)

stop_words = stopwords.words('english')
stop_words.extend(['new', 'old', 'pro', 'open', 'menu', 'close'])


def remove_non_ascii(s):
    ''' 移除所有非 ascii 字元。
    '''
    return ''.join(i for i in s if ord(i) < 128)

def clean_up_html(t):
    t = cleaner.clean_html(t)
    t = re.sub('[\n\t\r]', ' ', t)
    t = re.sub(' +', ' ', t)
    t = re.sub('<.*?>', '', t)
    t = remove_non_ascii(t)
    return t

def clean_up_text(t, numbers=False, punctuation=False):
    ''' 處理文字，如 HTML 文件，
        移除 HTML 標籤，也會處理文字本體。
```

```
        '''
        try:
            t = clean_up_html(t)
        except:
            pass
        t = t.lower()
        t = re.sub(r"what's", "what is ", t)
        t = t.replace('(ap)', '')
        t = re.sub(r"\'ve", " have ", t)
        t = re.sub(r"can't", "cannot ", t)
        t = re.sub(r"n't", " not ", t)
        t = re.sub(r"i'm", "i am ", t)
        t = re.sub(r"\'s", "", t)
        t = re.sub(r"\'re", " are ", t)
        t = re.sub(r"\'d", " would ", t)
        t = re.sub(r"\'ll", " will ", t)
        t = re.sub(r'\s+', ' ', t)
        t = re.sub(r"\\", "", t)
        t = re.sub(r"\'", "", t)
        t = re.sub(r"\"", "", t)
        if numbers:
            t = re.sub('[^a-zA-Z ?!]+', '', t)
        if punctuation:
            t = re.sub(r'\W+', ' ', t)
        t = remove_non_ascii(t)
        t = t.strip()
        return t

    def nltk_lemma(word):
        ''' 若存在，則傳回字的 lemma。
            即字的原形或字典版本。
        '''
        lemma = wn.morphy(word)
        if lemma is None:
            return word
        else:
            return lemma

    def tokenize(text, min_char=3, lemma=True, stop=True,
                 numbers=False):
        ''' 文字斷詞（tokenize）並實作某些轉換。
        '''
        tokens = nltk.word_tokenize(text)
        tokens = [t for t in tokens if len(t) >= min_char]
        if numbers:
            tokens = [t for t in tokens if t[0].lower()
```

```
                            in string.ascii_lowercase]
        if stop:
            tokens = [t for t in tokens if t not in stop_words]
        if lemma:
            tokens = [nltk_lemma(t) for t in tokens]
        return tokens


def generate_word_cloud(text, no, name=None, show=True):
    ''' 依文字內容（字串）
        產生文字雲。
        其使用詞頻（TF）與逆向文件頻率（IDF）向量化方法以得出字的重要性
        ——由文字雲的字詞大小呈現。

    參數
    ==========
    text: str
        基底文字
    no: int
        包含的字數
    name: str
        圖片儲存路徑
    show: bool
        顯示生成圖片與否
    '''
    tokens = tokenize(text)
    vec = TfidfVectorizer(min_df=2,
                          analyzer='word',
                          ngram_range=(1, 2),
                          stop_words='english'
                          )
    vec.fit_transform(tokens)
    wc = pd.DataFrame({'words': vec.get_feature_names(),
                       'tfidf': vec.idf_})
    words = ' '.join(wc.sort_values('tfidf', ascending=True)['words'].head(no))
    wordcloud = WordCloud(max_font_size=110,
                          background_color='white',
                          width=1024, height=768,
                          margin=10, max_words=150).generate(words)
    if show:
        plt.figure(figsize=(10, 10))
        plt.imshow(wordcloud, interpolation='bilinear')
        plt.axis('off')
        plt.show()
    if name is not None:
        wordcloud.to_file(name)
```

```python
def generate_key_words(text, no):
    try:
        tokens = tokenize(text)
        vec = TfidfVectorizer(min_df=2,
                        analyzer='word',
                        ngram_range=(1, 2),
                        stop_words='english'
                        )

        vec.fit_transform(tokens)
        wc = pd.DataFrame({'words': vec.get_feature_names(),
                        'tfidf': vec.idf_})
        words = wc.sort_values('tfidf', ascending=False)['words'].values
        words = [ a for a in words if not a.isnumeric()][:no]
    except:
        words = list()
    return words
```

# 第五章

# 機器學習

> 資料主義表明，宇宙由資料流組成，任何現象或實體的價值皆取決於其對資料
> 處理的貢獻……資料主義因此破除動物（人類）與機器之間的藩籬，並期望電
> 子演算法最終能夠解譯與超越生化演算法。
>
> —— Yuval Noah Harari (2015)

> 機器學習是科學方法的極致。其依循生成、檢定、捨棄或改善假設的相同過
> 程。但是，科學家可能一生都在研究與檢定數百個假設，而機器學習系統可能
> 在一秒鐘內完成同樣的任務。機器學習可自動探索。因此，對科學的測底變
> 革，就像對商業的徹底變革一樣，不足為奇。
>
> —— Pedro Domingos (2015)

本章是**機器學習過程**的相關論述。雖然使用特定演算法與特定資料作說明，不過本章討論的概念與作法本質上皆為通用內容。目標是以易於理解與視覺化的方式，於單一方面呈現機器學習最重要的元素。本章的作法具實務與說明的性質，而省略各個方面的大部分技術細節。意義上，本章為之後更實際的機器學習應用提供一種藍圖。

第 164 頁〈學習〉簡短論述機器**學習**的真正概念。第 164 頁〈資料〉預先處理隨後各節中所用的樣本資料（以 EUR/USD 匯率的時間序列為基礎）。第 167 頁〈成效〉以樣本資料進行 OLS 迴歸與類神經網路估計，並使用均方誤差作為任務結果的成功衡量指標。第 171 頁〈配適能力〉討論模型配適能力在估計問題中使模型更加成功的效用。第 175 頁〈評估〉解釋模型評估於機器學習過程中扮演的角色（通常以驗證資料子集為基礎）。第 181 頁〈偏差與變異數〉探討高偏差（*high bias*）與高變異數（*high variance*）模型的概念，及其在估計問題中的典型特性。第 184 頁〈交叉驗證〉（cross-validation）

說明交叉驗證的概念，以避免因為模型配適能力過大（姑且不論其他因素）而過度配適（overfitting）。

VanderPlas (2017, ch. 5) 探討的主題與本章涵蓋的內容類似，主要使用 scikit-learn 此 Python 套件實現。Chollet (2017, ch. 4) 也有與本章介紹內容雷同的概論，不過其使用 Keras 深度學習套件實作。Goodfellow et al. (2016, ch. 5) 則對於機器學習與相關重要概念有更多的技術與數學概述。

# 學習

以正規而較抽象的層面而言，Mitchell (1997) 藉由演算法或電腦程式將學習定義如下：

> 若某個電腦程式在 $T$ 類任務中的效能，以 $P$ 衡量，而隨著經驗 $E$ 改善，則表示這個電腦程式，就 $T$ 類任務與效能衡量指標 $P$ 方面，而從經驗 $E$ 中學習。

有一類需要執行的任務（例如，估計或分類）。以及有個效能衡量指標，諸如均方誤差（MSE）或準確率（accuracy ratio）。而依演算法針對任務的經驗，藉由效能改善來衡量學習。通常會用已知的資料集描述當前任務類型，譬如監督式學習有特徵資料與標籤資料，或非監督式學習只有特徵資料。

### 學習任務 vs. 要學習的任務

以演算法或電腦程式對學習作定義時，必須注意區分「學習任務」（譯註：將學習這個動作視為一個任務）與「要學習的任務」。學習意味著學習（最佳）執行某項任務（諸如估計、分類等要學習的任務）。

# 資料

本節介紹後續內容所用的樣本資料集。樣本資料依 EUR/USD 匯率的實際金融時間序列所建構。從 CSV 檔案匯入資料，並將資料重新抽樣成為按月排列的資料，而儲存於 Series 物件中：

```
In [1]: import numpy as np
        import pandas as pd
        from pylab import plt, mpl
        np.random.seed(100)
        plt.style.use('seaborn')
        mpl.rcParams['savefig.dpi'] = 300
        mpl.rcParams['font.family'] = 'serif'

In [2]: url = 'http://hilpisch.com/aiif_eikon_eod_data.csv'   ❶

In [3]: raw = pd.read_csv(url, index_col=0, parse_dates=True)['EUR=']   ❶

In [4]: raw.head()
Out[4]: Date
        2010-01-01    1.4323
        2010-01-04    1.4411
        2010-01-05    1.4368
        2010-01-06    1.4412
        2010-01-07    1.4318
        Name: EUR=, dtype: float64

In [5]: raw.tail()
Out[5]: Date
        2019-12-26    1.1096
        2019-12-27    1.1175
        2019-12-30    1.1197
        2019-12-31    1.1210
        2020-01-01    1.1210
        Name: EUR=, dtype: float64

In [6]: l = raw.resample('1M').last()   ❷

In [7]: l.plot(figsize=(10, 6), title='EUR/USD monthly');
```

❶ 匯入金融時間序列資料。

❷ 將資料重新抽樣，按月呈現（以月為時間間隔）。

圖 5-1 顯示此金融時間序列內容。

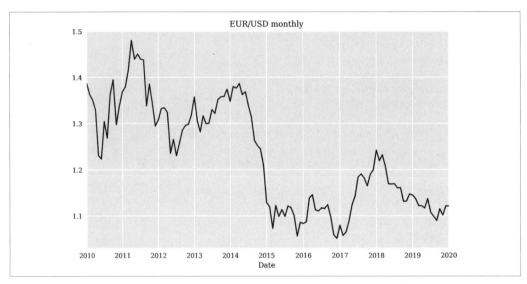

圖 5-1　EUR/USD 匯率時間序列（按月排列）

因僅有單一特徵，下列 Python 程式碼會建立合成特徵向量。如此能夠呈現簡單的二維
視覺化效果。當然，合成特徵（自變數）針對 EUR/USD 匯率（標籤資料、應變數）並
無詮釋能力。而資料內容是由標籤資料具有循序與時間性質的事實中抽離出來。本章將
樣本資料集視為由一維特徵向量與一維標籤向量組成的通用資料集。圖 5-2 為樣本資料
集的視覺化呈現，其意味著估計問題是當前的任務：

```
In [8]: l = l.values    ❶
        l -= l.mean()    ❷

In [9]: f = np.linspace(-2, 2, len(l))    ❸

In [10]: plt.figure(figsize=(10, 6))
         plt.plot(f, l, 'ro')
         plt.title('Sample Data Set')
         plt.xlabel('features')
         plt.ylabel('labels');
```

❶ 將標籤資料轉換成 ndarray 物件。

❷ 將每個資料元素內容減掉其平均值。

❸ 以 ndarray 物件建立合成特徵。

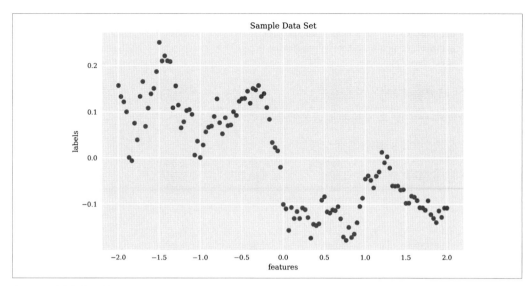

**圖 5-2　樣本資料集**

# 成效

通常估計問題的成功衡量指標是 MSE（如第一章所述）。依 MSE 而言，以標籤資料作為相關基準（在揭露資料集或部分內容後），判斷演算法的預測值是否成功。本節與隨後各節將考量兩種演算法：OLS 迴歸與類神經網路（如同第一章的作法）。

在此先討論 OLS 迴歸。此應用程式相當簡單，如下列 Python 程式碼所示。迴歸結果如圖 5-3 所示，其中包含最高五次方的單項式迴歸。也有 MSE 的計算結果：

```
In [11]: def MSE(l, p):
             return np.mean((l - p) ** 2)  ❶

In [12]: reg = np.polyfit(f, l, deg=5)  ❷
         reg  ❷
Out[12]: array([-0.01910626, -0.0147182 ,  0.10990388,  0.06007211, -0.20833598,
             -0.03275423])

In [13]: p = np.polyval(reg, f)  ❸

In [14]: MSE(l, p)  ❹
Out[14]: 0.0034166422957371025
```

```
In [15]: plt.figure(figsize=(10, 6))
         plt.plot(f, l, 'ro', label='sample data')
         plt.plot(f, p, '--', label='regression')
         plt.legend();
```

❶ 函式 MSE 計算均方誤差。

❷ OLS 迴歸模型的配適，其中包含最高為五次方的單項式。

❸ 以最佳參數用 OLS 迴歸模型作預測。

❹ 依預測值算 MSE 值。

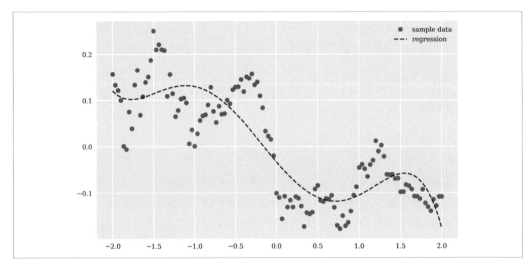

圖 5-3　樣本資料與三次方迴歸線

OLS 迴歸通常為分析解。因此，不會迭代（重複）學習。然而，可以將演算法逐漸暴露於更多資料中，進而模擬學習過程。下列 Python 程式碼實作 OLS 迴歸與預測，僅以少量樣本開始，並逐漸增加資料量，最終達到資料集的完整內容量。以較小的子集作迴歸，而每次會用整個特徵資料予以預測。通常，訓練資料集增加時，MSE 會顯著下降：

```
In [16]: for i in range(10, len(f) + 1, 20):
             reg = np.polyfit(f[:i], l[:i], deg=3)  ❶
             p = np.polyval(reg, f)  ❷
             mse = MSE(l, p)  ❸
             print(f'{i:3d} | MSE={mse}')
         10 | MSE=248628.10681642237
         30 | MSE=731.9382249304651
```

```
 50 | MSE=12.236088505004465
 70 | MSE=0.7410590619743301
 90 | MSE=0.0057430617304093275
110 | MSE=0.006492800939555582
```

❶ 基於資料子集的迴歸。

❷ 基於完整資料集的預測。

❸ 求得 MSE 值。

接著要討論的是類神經網路。此樣本資料的應用程式也相當簡單，與第一章的案例類似。圖 5-4 顯示此類神經網路近似樣本資料的結果：

```
In [17]: import logging
         import tensorflow as tf
         tf.random.set_seed(100)
         tf.get_logger().setLevel(logging.ERROR)

In [18]: from keras.layers import Dense
         from keras.models import Sequential
         Using TensorFlow backend.

In [19]: model = Sequential()
         model.add(Dense(256, activation='relu', input_dim=1))  ❶
         model.add(Dense(1, activation='linear'))  ❶
         model.compile(loss='mse', optimizer='rmsprop')

In [20]: model.summary()
         Model: "sequential_1"
         _____
         Layer (type)                 Output Shape              Param #
         ===============================================================
         dense_1 (Dense)              (None, 256)               512
         _____
         dense_2 (Dense)              (None, 1)                 257
         ===============================================================
         Total params: 769
         Trainable params: 769
         Non-trainable params: 0
         _____


In [21]: %time h = model.fit(f, l, epochs=1500, verbose=False)  ❷
         CPU times: user 5.89 s, sys: 761 ms, total: 6.66 s
         Wall time: 4.43 s
Out[21]: <keras.callbacks.callbacks.History at 0x7fc05d599d90>
```

```
In [22]: p = model.predict(f).flatten()  ❸

In [23]: MSE(l, p)  ❹
Out[23]: 0.0020217512014360102

In [24]: plt.figure(figsize=(10, 6))
         plt.plot(f, l, 'ro', label='sample data')
         plt.plot(f, p, '--', label='DNN approximation')
         plt.legend();
```

❶ 此類神經網路為淺層網路，其中僅有單一隱藏層。

❷ epoch 數相當高的配適。

❸ 預測（還會將 ndarray 物件予以 flat）。

❹ 取得 DNN 預測的 MSE 值。

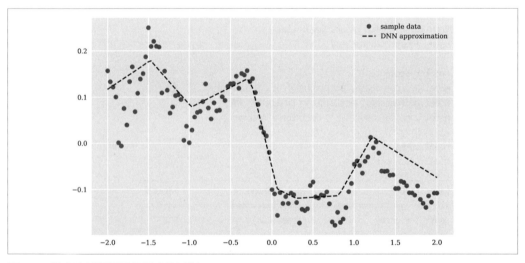

圖 5-4　樣本資料與類神經網路的近似

運用 Keras 套件，於每次學習之後儲存 MSE 值。圖 5-5 顯示，隨著類神經網路訓練的 epoch 數增加，MSE（「損失」）值呈平均下降：

```
In [25]: import pandas as pd
In [26]: res = pd.DataFrame(h.history)

In [27]: res.tail()
```

```
Out[27]:        loss
          1495  0.001547
          1496  0.001520
          1497  0.001456
          1498  0.001356
          1499  0.001325
```

```
In [28]: res.iloc[100:].plot(figsize=(10, 6))
         plt.ylabel('MSE')
         plt.xlabel('epochs');
```

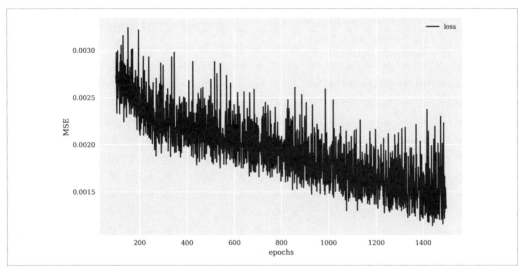

圖 5-5　MSE 值與訓練的 epoch 數

# 配適能力

模型或演算法的**配適能力**（*capacity*），定義模型或演算法能夠學習的函數或關係類型。
僅以單項式為基礎的 OLS 迴歸情況而言，只有一個參數定義模型的配適能力：所用的
單項式最高次方。若將次方參數設為 deg=3，則 OLS 迴歸模型可以學習常數、線性、二
次或三次類型的函數關係。參數 deg 越高，OLS 迴歸模型的配適能力越高。

下列 Python 程式碼從 deg=1 開始，每次以二的幅度遞增。MSE 值隨著次方參數的增加而
單調下降。圖 5-6 顯示所有相關次方的迴歸線：

```
In [29]: reg = {}
         for d in range(1, 12, 2):
             reg[d] = np.polyfit(f, l, deg=d)   ❶
             p = np.polyval(reg[d], f)
             mse = MSE(l, p)
             print(f'{d:2d} | MSE={mse}')
          1 | MSE=0.005322474034260403
          3 | MSE=0.004353110724143185
          5 | MSE=0.0034166422957371025
          7 | MSE=0.0027389501772354025
          9 | MSE=0.001411961626330845
         11 | MSE=0.0012651237868752322

In [30]: plt.figure(figsize=(10, 6))
         plt.plot(f, l, 'ro', label='sample data')
         for d in reg:
             p = np.polyval(reg[d], f)
             plt.plot(f, p, '--', label=f'deg={d}')
         plt.legend();
```

❶ 針對不同 deg 值的迴歸。

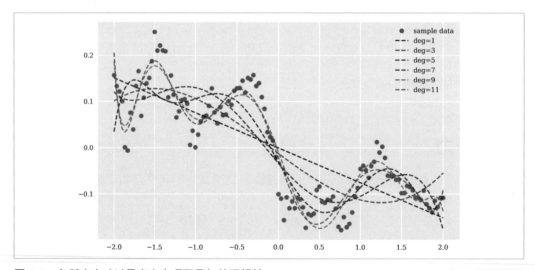

圖 5-6　各種次方（以最高次方項而言）的迴歸線

類神經網路的配適能力取決於多個**超參數**（*hyperparameter*）。其中包括：

- 隱藏層個數

- 每個隱藏層的隱藏單元數

這兩個超參數共同定義類神經網路中可訓練參數（權重）的個數。上一節的類神經網路模型具有相對較少的可訓練參數。額外加入一個相同大小的網路層，就會明顯增加可訓練參數個數。雖然可能需要增加訓練的 epoch 數，不過針對較高配適能力的類神經網路而言，MSE 值會顯著下降，而配適的視覺效果也較好，如圖 5-7 所示：

```
In [31]: def create_dnn_model(hl=1, hu=256):
             ''' 建立 Keras DNN 模型的函式。

             參數
             =========
             hl: int
                 隱藏層個數
             hu: int
                 隱藏單元個數（每一層）
             '''
             model = Sequential()
             for _ in range(hl):
                 model.add(Dense(hu, activation='relu', input_dim=1))   ❶
             model.add(Dense(1, activation='linear'))
             model.compile(loss='mse', optimizer='rmsprop')
             return model

In [32]: model = create_dnn_model(3)   ❷

In [33]: model.summary()   ❸
         Model: "sequential_2"
```

| Layer (type) | Output Shape | Param # |
|---|---|---|
| dense_3 (Dense) | (None, 256) | 512 |
| dense_4 (Dense) | (None, 256) | 65792 |
| dense_5 (Dense) | (None, 256) | 65792 |
| dense_6 (Dense) | (None, 1) | 257 |

```
Total params: 132,353
Trainable params: 132,353
Non-trainable params: 0
```

```
In [34]: %time model.fit(f, l, epochs=2500, verbose=False)
         CPU times: user 34.9 s, sys: 5.91 s, total: 40.8 s
         Wall time: 15.5 s

Out[34]: <keras.callbacks.callbacks.History at 0x7fc03fc18890>

In [35]: p = model.predict(f).flatten()

In [36]: MSE(l, p)
Out[36]: 0.00046612284916401614

In [37]: plt.figure(figsize=(10, 6))
         plt.plot(f, l, 'ro', label='sample data')
         plt.plot(f, p, '--', label='DNN approximation')
         plt.legend();
```

❶ 對類神經網路加入潛在多層網路。

❷ 具有三層隱藏層的深層神經網路。

❸ 此摘要顯示可訓練參數個數的增加（配適能力增加）。

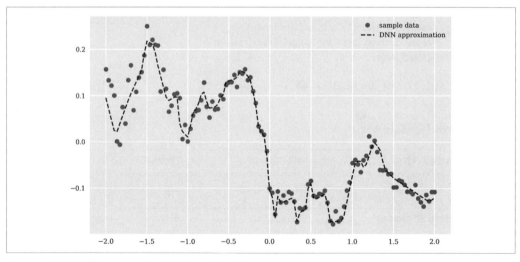

圖 5-7　樣本資料與 DNN 近似（較高配適能力）

# 評估

前幾節的分析聚焦於樣本資料集整體的估計演算法效能。常規來說，若訓練與評估的資料集為同一個，則模型或演算法的配適能力直接影響其效能。然而，這是 ML 的「簡易情況」。較複雜與主要的情況是，訓練過的模型或演算法用於其從未遇過之資料的泛化表徵。例如，這種泛化可表徵：就歷史股價預測（估計）未來股價，或就現有借貸戶的資料將潛在借貸戶作「信用良好」或「信用不良」的分類。

儘管**預測**一詞經常自由用於估計過程中，不過以作為訓練之用的特徵資料集而言，實際的情況可能需要預測：先前未知或從未遇過的某些內容。同樣，對於未來股價的預測，以時間意義而論，算是實際預測的一個良例。

通常會將已知的資料集分為子集，每個子集則各有不同目的：

## 訓練資料集

此子集用於演算法的訓練。

## 驗證資料集

這是訓練期間用於驗證演算法效能的子集——此資料集與訓練資料集不同。

## 測試資料集

這是僅於訓練結束後，對訓練演算法測試之用的子集。

對驗證資料集套用（目前的）訓練演算法獲得的見解，可能反映到訓練本身（例如，調整模型的超參數）。另一方面，以「測試資料集」測試「訓練演算法」所得的見解，不會反映在訓練本身或超參數中。

下列 Python 程式碼執意選擇 25% 的樣本資料用於測試；在訓練（學習）結束之前，模型或演算法將不會用到此資料。同樣的，25% 的樣本資料作為驗證之用；此資料用於「訓練期間」以及「可能多個學習迭代期間」的效能監測。其餘 50% 用於訓練（學習）本身[1]。給定樣本資料集，合理的應用 shuffling 技術隨機產生所有樣本資料子集：

---

1 將給定的資料集分為訓練、驗證與測試資料子集，在此提及的經驗法則通常是「60%、20%、20%」的比率。

```
In [38]: te = int(0.25 * len(f))    ❶
         va = int(0.25 * len(f))    ❷

In [39]: np.random.seed(100)
         ind = np.arange(len(f))    ❸
         np.random.shuffle(ind)    ❸

In [40]: ind_te = np.sort(ind[:te])    ❹
         ind_va = np.sort(ind[te:te + va])    ❹
         ind_tr = np.sort(ind[te + va:])    ❹

In [41]: f_te = f[ind_te]    ❺
         f_va = f[ind_va]    ❺
         f_tr = f[ind_tr]    ❺

In [42]: l_te = l[ind_te]    ❻
         l_va = l[ind_va]    ❻
         l_tr = l[ind_tr]    ❻
```

❶ 測試資料集的樣本數。

❷ 驗證資料集的樣本數。

❸ 全部資料集的索引隨機化。

❹ 對資料子集的索引排序。

❺ 產生特徵資料子集。

❻ 產生標籤資料子集。

隨機抽樣

對於既無序列性質,也不具有時間性質的資料集來說,訓練、驗證與測試資料集的隨機組成(群集),是常見而有用的技術。然而,若在處理譬如金融時間序列時,通常要避免對資料作 shuffling,因為會破壞時間結構,若使用後來的樣本訓練,而用較早的樣本測試,會將先見之明偏差納入學習過程中。

依據訓練與驗證資料子集，下列 Python 程式碼針對不同 deg 參數值作迴歸，以及對兩個資料子集的預測計算其 MSE 值。儘管訓練資料集的 MSE 值呈單調下降，不過驗證資料集的 MSE 值往往於某個參數值時達到最小，然後再度上升。這種現象稱為**過度配適**（*overfitting*）。圖 5-8 顯示不同 deg 值的迴歸配適，以及比較訓練資料集與驗證資料集兩者的配適情況：

```
In [43]: reg = {}
         mse = {}
         for d in range(1, 22, 4):
             reg[d] = np.polyfit(f_tr, l_tr, deg=d)
             p = np.polyval(reg[d], f_tr)
             mse_tr = MSE(l_tr, p)     ❶
             p = np.polyval(reg[d], f_va)
             mse_va = MSE(l_va, p)     ❷
             mse[d] = (mse_tr, mse_va)
             print(f'{d:2d} | MSE_tr={mse_tr:7.5f} | MSE_va={mse_va:7.5f}')
          1 | MSE_tr=0.00574 | MSE_va=0.00492
          5 | MSE_tr=0.00375 | MSE_va=0.00273
          9 | MSE_tr=0.00132 | MSE_va=0.00243
         13 | MSE_tr=0.00094 | MSE_va=0.00183
         17 | MSE_tr=0.00060 | MSE_va=0.00153
         21 | MSE_tr=0.00046 | MSE_va=0.00837

In [44]: fig, ax = plt.subplots(2, 1, figsize=(10, 8), sharex=True)
         ax[0].plot(f_tr, l_tr, 'ro', label='training data')
         ax[1].plot(f_va, l_va, 'go', label='validation data')
         for d in reg:
             p = np.polyval(reg[d], f_tr)
             ax[0].plot(f_tr, p, '--', label=f'deg={d} (tr)')
             p = np.polyval(reg[d], f_va)
             plt.plot(f_va, p, '--', label=f'deg={d} (va)')
         ax[0].legend()
         ax[1].legend();
```

❶ 訓練資料集的 MSE 值。

❷ 驗證資料集的 MSE 值。

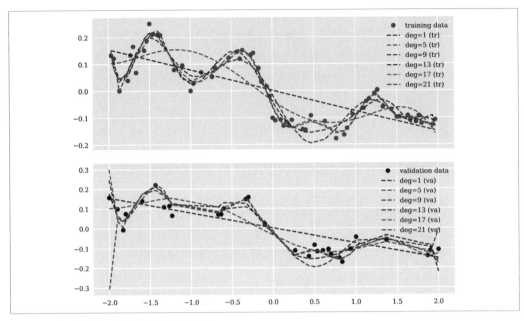

圖 5-8　訓練資料與驗證資料的迴歸配適

運用 Keras 與類神經網路模型，可對每次的學習予以監測驗證資料集效能。譬如觀測訓練資料集的效能沒有進一步提升時，還可以使用回呼（callback）函式提前停止模型訓練。下列 Python 程式碼將使用這樣的回呼函式，圖 5-9 呈現類神經網路對訓練資料集與驗證資料集的預測：

```
In [45]: from keras.callbacks import EarlyStopping

In [46]: model = create_dnn_model(2, 256)

In [47]: callbacks = [EarlyStopping(monitor='loss',      ❶
                                    patience=100,         ❷
                                    restore_best_weights=True)]   ❸

In [48]: %%time
         h = model.fit(f_tr, l_tr, epochs=3000, verbose=False,
                 validation_data=(f_va, l_va),     ❹
                 callbacks=callbacks)    ❺
         CPU times: user 8.07 s, sys: 1.33 s, total: 9.4 s
         Wall time: 4.81 s

Out[48]: <keras.callbacks.callbacks.History at 0x7fc0438b47d0>
```

```
In [49]: fig, ax = plt.subplots(2, 1, sharex=True, figsize=(10, 8))
         ax[0].plot(f_tr, l_tr, 'ro', label='training data')
         p = model.predict(f_tr)
         ax[0].plot(f_tr, p, '--', label=f'DNN (tr)')
         ax[0].legend()
         ax[1].plot(f_va, l_va, 'go', label='validation data')
         p = model.predict(f_va)
         ax[1].plot(f_va, p, '--', label=f'DNN (va)')
         ax[1].legend();
```

❶ 依訓練資料的 MSE 值決定是否停止學習。

❷ 只有達到一定 epoch 數的訓練而無長進之後才停止學習。

❸ 停止學習之際儲存最佳權重。

❹ 指定驗證資料子集。

❺ 將回呼函式傳給 fit() 方法。

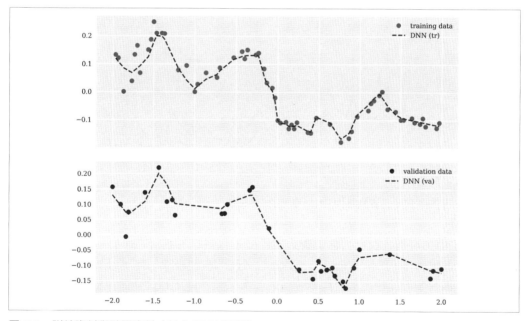

圖 5-9　訓練資料與驗證資料（包含 DNN 預測）

Keras 能夠分析模型訓練的每個 epoch 中，兩個資料集 MSE 值的變化。圖 5-10 呈現
MSE 值隨著訓練 epoch 數的增加而降低（即便只是呈平均下降而非單調下降）：

```
In [50]: res = pd.DataFrame(h.history)
```

```
In [51]: res.tail()
Out[51]:        val_loss      loss
         1375  0.000854  0.000544
         1376  0.000685  0.000473
         1377  0.001326  0.000942
         1378  0.001026  0.000867
         1379  0.000710  0.000500
```

```
In [52]: res.iloc[35::25].plot(figsize=(10, 6))
         plt.ylabel('MSE')
         plt.xlabel('epochs');
```

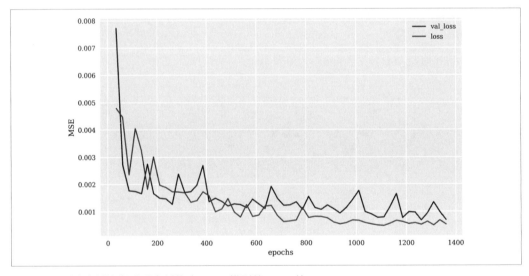

圖 5-10　訓練資料集與驗證資料集中 DNN 模型的 MSE 值

在 OLS 迴歸中，可能針對次方參數選取高（但不宜過高）的值，譬如 deg=9。類神經網路模型的參數化動作，於訓練結束時自動產生最佳的模型組態。圖 5-11 為兩個模型彼此對測試資料集的預測比較。鑑於樣本資料的性質，類神經網路的測試資料集效能稍好一些，此結果應不足為奇：

```
In [53]: p_ols = np.polyval(reg[5], f_te)
         p_dnn = model.predict(f_te).flatten()
```

```
In [54]: MSE(l_te, p_ols)
Out[54]: 0.0038960346771028356
```

```
In [55]: MSE(l_te, p_dnn)
Out[55]: 0.000705705678438721

In [56]: plt.figure(figsize=(10, 6))
         plt.plot(f_te, l_te, 'ro', label='test data')
         plt.plot(f_te, p_ols, '--', label='OLS prediction')
         plt.plot(f_te, p_dnn, '-.', label='DNN prediction');
         plt.legend();
```

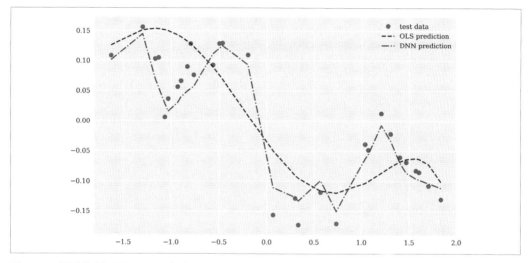

圖 5-11　測試資料以及 OLS 迴歸與 DNN 模型的預測

# 偏差與變異數

ML 主要會面臨過度配適問題（尤其將 ML 演算法應用於金融資料時）。若驗證資料與測試資料的效能劣於訓練資料的效能時，則模型對此訓練資料過度配適。OLS 迴歸的範例可以就視覺與數值說明此問題。

下列 Python 程式碼使用較小的子集作訓練與驗證，以及進行線性迴歸與高次方的迴歸。如圖 5-12 所示，線性迴歸配適對於訓練資料集有**高偏差**，預測結果與標籤資料之間的絕對差異相當高。高次方配適呈現**高變異數**。其確切配適到所有的訓練資料點，但此配適本身變化頗大，才得以達成完全配適：

```
In [57]: f_tr = f[:20:2]   ❶
         l_tr = l[:20:2]    ❶
```

```
In [58]: f_va = f[1:20:2]  ❷
         l_va = l[1:20:2]  ❷

In [59]: reg_b = np.polyfit(f_tr, l_tr, deg=1)  ❸

In [60]: reg_v = np.polyfit(f_tr, l_tr, deg=9, full=True)[0]  ❹

In [61]: f_ = np.linspace(f_tr.min(), f_va.max(), 75)  ❺

In [62]: plt.figure(figsize=(10, 6))
         plt.plot(f_tr, l_tr, 'ro', label='training data')
         plt.plot(f_va, l_va, 'go', label='validation data')
         plt.plot(f_, np.polyval(reg_b, f_), '--', label='high bias')
         plt.plot(f_, np.polyval(reg_v, f_), '--', label='high variance')
         plt.ylim(-0.2)
         plt.legend(loc=2);
```

❶ 較小的特徵資料子集。

❷ 較小的標籤資料子集。

❸ 高偏差 OLS 迴歸（線性）。

❹ 高變異數 OLS 迴歸（高次方）。

❺ 特徵資料集的擴大描繪。

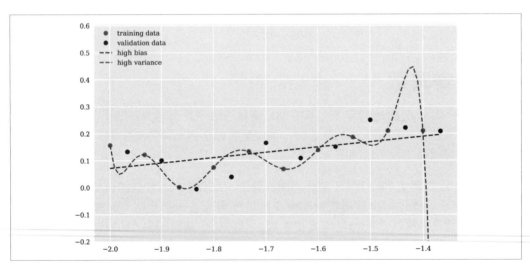

圖 5-12　高偏差與高變異數兩種 OLS 迴歸配適

圖 5-12 顯示，此範例中，對於訓練資料而言，高偏差配適的表現劣於高變異數配適。
但是，對於驗證資料而言，高變異數配適（在此堪稱過度配適）表現較糟糕。這可以藉
由比較所有情況的效能衡量指標得知。以下 Python 程式碼不只計算 MSE 值，也會計算
$R^2$ 值：

```
In [63]: from sklearn.metrics import r2_score

In [64]: def evaluate(reg, f, l):
             p = np.polyval(reg, f)
             bias = np.abs(l - p).mean()   ❶
             var = p.var()   ❷
             msg = f'MSE={MSE(l, p):.4f} | R2={r2_score(l, p):9.4f} | '
             msg += f'bias={bias:.4f} | var={var:.4f}'
             print(msg)

In [65]: evaluate(reg_b, f_tr, l_tr)   ❸
         MSE=0.0026 | R2=   0.3484 | bias=0.0423 | var=0.0014

In [66]: evaluate(reg_b, f_va, l_va)   ❹
         MSE=0.0032 | R2=   0.4498 | bias=0.0460 | var=0.0014

In [67]: evaluate(reg_v, f_tr, l_tr)   ❺
         MSE=0.0000 | R2=   1.0000 | bias=0.0000 | var=0.0040

In [68]: evaluate(reg_v, f_va, l_va)   ❻
         MSE=0.8752 | R2=-149.2658 | bias=0.3565 | var=0.7539
```

❶ 作為平均絕對差異的模型偏差。

❷ 作為模型預測變異的模型變異數。

❸ 對於訓練資料的高偏差模型的效能。

❹ 對於驗證資料的高偏差模型的效能。

❺ 對於訓練資料的高變異數模型的效能。

❻ 對於驗證資料的高變異數模型的效能。

結果顯示，高偏差模型於訓練資料集與驗證資料集的效能表現大致相當。相較之下，高
變異數模型於訓練資料的效能表現完美，而對驗證資料的效能相當差。

# 交叉驗證

避免過度配適的標準作法是**交叉驗證**（*cross-validation*），在此過程中會測試多個訓練（與驗證）資料群集。scikit-learn 套件以標準化方式實作交叉驗證的功能。函式 cross_val_score 可套用於任何 scikit-learn 模型物件。

下列程式碼使用 scikit-learn 的多項式 OLS 迴歸模型，以完整的樣本資料集作 OLS 迴歸。針對不同次方的最高次多項式進行 5-fold 交叉驗證。交叉驗證於此迴歸的平均表現隨著最高次方越高而越差。若前 20% 的資料（圖 5-3 中左邊的資料）或後 20% 的資料（圖 5-3 中右邊的資料）用於驗證，則會觀測到特別糟糕的結果。同樣的，使用中間20% 的樣本資料可觀測到最佳的驗證結果：

```
In [69]: from sklearn.model_selection import cross_val_score
         from sklearn.preprocessing import PolynomialFeatures
         from sklearn.linear_model import LinearRegression
         from sklearn.pipeline import make_pipeline

In [70]: def PolynomialRegression(degree=None, **kwargs):
             return make_pipeline(PolynomialFeatures(degree),
                                  LinearRegression(**kwargs))    ❶

In [71]: np.set_printoptions(suppress=True,
                 formatter={'float': lambda x: f'{x:12.2f}'})    ❷

In [72]: print('\nCross-validation scores')
         print(74 * '=')
         for deg in range(0, 10, 1):
             model = PolynomialRegression(deg)
             cvs = cross_val_score(model, f.reshape(-1, 1), l, cv=5)    ❸
             print(f'deg={deg} | ' + str(cvs.round(2)))


Cross-validation scores
==========================================================================
deg=0 | [      -6.07        -7.34        -0.09        -6.32        -8.69]
deg=1 | [      -0.28        -1.40         0.16        -1.66        -4.62]
deg=2 | [      -3.48        -2.45         0.19        -1.57       -12.94]
deg=3 | [      -0.00        -1.24         0.32        -0.48       -43.62]
deg=4 | [    -222.81        -2.88         0.37        -0.32      -496.61]
deg=5 | [    -143.67        -5.85         0.49         0.12     -1241.04]
deg=6 | [   -4038.96       -14.71         0.49        -0.33      -317.32]
deg=7 | [   -9937.83       -13.98         0.64         0.22    -18725.61]
deg=8 | [   -3514.36       -11.22        -0.15        -6.29   -298744.18]
deg=9 | [   -7454.15        -0.91         0.15        -0.41    -13580.75]
```

❶ 建立多項式迴歸模型類別。

❷ 調整 numpy 的預設顯示設定。

❸ 執行 5-fold 交叉驗證。

Keras 有包裹類別（wrapper class）可運用具備 scikit-learn 功能（譬如 cross_val_score 函式）的 Keras 模型物件。下列範例使用 KerasRegressor 類別，其內包裹類神經網路模型，並對這些模型套用交叉驗證。與 OLS 迴歸交叉驗證表現相比，這兩個測試網路的交叉驗證表現皆比較好。在此範例中，類神經網路配適能力的作用不大：

```
In [73]: np.random.seed(100)
         tf.random.set_seed(100)
         from keras.wrappers.scikit_learn import KerasRegressor

In [74]: model = KerasRegressor(build_fn=create_dnn_model,
                                verbose=False, epochs=1000,
                                hl=1, hu=36)  ❶

In [75]: %time cross_val_score(model, f, l, cv=5)  ❷
         CPU times: user 18.6 s, sys: 2.17 s, total: 20.8 s
         Wall time: 14.6 s

Out[75]: array([      -0.02,       -0.01,       -0.00,       -0.00,
                 -0.01])

In [76]: model = KerasRegressor(build_fn=create_dnn_model,
                                verbose=False, epochs=1000,
                                hl=3, hu=256)  ❸

In [77]: %time cross_val_score(model, f, l, cv=5)  ❹
         CPU times: user 1min 5s, sys: 11.6 s, total: 1min 16s
         Wall time: 30.1 s

Out[77]: array([      -0.08,       -0.00,       -0.00,       -0.00,
                 -0.05])
```

❶ 針對低配適能力類神經網路的包裹類別。

❷ 針對低配適能力類神經網路的交叉驗證。

❸ 針對高配適能力類神經網路的包裹類別。

❹ 針對高配適能力類神經網路的交叉驗證。

**避免過度配適**

在 ML 中，尤其是金融的情況下，針對模型而言，若訓練資料集的效能優於驗證資料集與測試資料集，則應避免過度配適。適當的評估程序與分析，諸如交叉驗證，有助於防止過度配適，以及幫忙找到足夠的模型配適能力。

# 本章總結

本章呈現機器學習過程的藍圖。其中主要的元素如下：

## 學習

機器學習確切的含意為何？

## 資料

使用哪些原始資料以及哪些（預先處理）特徵資料與標籤資料？

## 成效

已知由資料（估計、分類等）間接定義的問題，適用的成功衡量指標為何？

## 配適能力

模型配適能力的作用為何，而依當前的問題，足夠的配適能力為何？

## 評估

依訓練模型的目的，應如何評估模型效能？

## 偏差與變異數

哪些模型較適合當前的問題：是具有頗高的偏差或是頗高的變異數呢？

## 交叉驗證

對於非序列的資料集，用到訓練資料子集與驗證資料子集的不同組態，作交叉驗證時，模型的表現如何？

此藍圖在隨後的章節中分散應用於許多實際的金融使用案例中。有關機器學習過程的更多背景資訊與細節，可參閱本章結尾參考文獻所列的內容。

# 參考文獻

下列為本章所引用的書籍與論文：

Chollet, François. 2017. *Deep Learning with Python*. Shelter Island: Manning.

Domingos, Pedro. 2015. *The Master Algorithm: How the Quest for the Ultimate Learning Machine Will Remake Our World*. New York: Basic Books.

Goodfellow, Ian, Yoshua Bengio, and Aaron Courville. 2016. *Deep Learning*. Cambridge: MIT Press. *http://deeplearningbook.org*.

Harari, Yuval Noah. 2015. *Homo Deus: A Brief History of Tomorrow*. London: Harvill Secker.

Mitchell, Tom M. 1997. *Machine Learning*. New York: McGraw-Hill.

VanderPlas, Jake. 2017. *Python Data Science Handbook*. Sebastopol: O'Reilly.

# 第六章

# AI 第一的金融

> 運算需要資訊並將其轉換，實作數學家所謂的**函數**……如果你有個輸入世界上
> 所有金融資料，並輸出最適合購買之股票的函數，那麼你很快就會相當富有。
>
> ——Max Tegmark (2017)

本章將資料驅動金融與上一章的機器學習作法結合。因首次使用類神經網路察覺統計無
效率之處，其中只呈現此運作的起始情況。第 189 頁〈效率市場〉討論效率市場假說，
並依金融時間序列資料使用 OLS 迴歸來說明這個假設。第 196 頁〈基於報酬率資料的
市場預測〉首次應用類神經網路，並搭配 OLS 迴歸，以預測金融工具價格的未來方向
（「市場方向」）。分析只依據報酬率資料。第 203 頁〈具更多特徵的市場預測〉混合更
多特徵，諸如典型的金融指標。對此，初步結果顯示，可能確實存在統計無效率的情
況。第 208 頁〈盤中市場預測〉可確認此情形，與盤後（EOD）資料相比，其使用盤中
資料運作。而第 210 頁〈本章總結〉探討某些領域中將巨量資料與 AI 結合的有效性，
而認為無理論（theory-free）暨 AI 第一（AI-first[譯註]）的金融，可能是傳統金融中理論
謬誤的趨避之道。

## 效率市場

實證支持的最強假設之一是效率市場假說（EMH）。又稱為隨機漫步假說（RWH）[1]。
簡單而言，某個時間點的金融工具價格，會以當下所有可取得的資訊立即反映。若
EMH 成立，則股價過高或過低的探討就毫無意義。就 EMH 而言，股價依可取得的資訊
始終處於適當水準。

---

1　儘管 RWH 比 EMH 的程度稍強一些，不過本書將兩者視為同等。也可參閱 Copeland et al. (2005, ch. 10)。

譯註：AI-first 也稱作「AI 優先」。

自 1960 年代 EMH 的制定與首次論述以來，對於效率市場概念的改善與規範已投入大量努力。Jensen (1978) 呈現的相關定義沿用至今。Jensen 對於效率市場的定義如下：

> 若無法依資訊集 $\theta_t$ 進行交易而獲得經濟利潤，則市場就資訊集 $\theta_t$ 而言是有效率的。所謂的經濟利潤是指風險調整後的報酬扣除所有成本的結果。

其中，Jensen 將效率市場分為三種類型：

### 弱式 EMH

此型的資訊集 $\theta_t$ 只包含市場過往價格與歷史報酬率。

### 半強式 EMH

此型的資訊集 $\theta_t$ 涵蓋所有公開可取得的資訊，不僅包括過往價格與歷史報酬率，還包含財報、新聞、天氣資料等等。

### 強式 EMH

此型的資訊集 $\theta_t$ 含有所有任意可用的資訊（甚至是未公開資訊）。

無論何種型式的假設，EMH 的影響深遠。Fama (1965) 關於 EMH 的首創文章中總結如下：

> 多年來，經濟學家、統計學家與財金教師始終關注股價行為模型的開發與測試。由此研究演變而來的重要模型是隨機漫步理論。描述與預測股價行為的諸多方法，皆對此理論提出嚴重質疑——這些方法於學術界之外頗受歡迎。例如，往後會遇到，若隨機漫步理論是現實的準確描述，則預測股價的各種「技術分析」程序將毫無價值。

換句話說，若 EMH 成立，則旨在獲得優於市場之報酬率的任何研究或資料分析，實務上將無用武之地。另一方面，由於嚴格研究與主動資本管理，造就數兆美元的資產管理規模，而可望獲得優於市場的報酬率。尤其，避險基金行業是以履行 *alpha* 承諾為建構基礎——即提供優於市場的報酬率，甚至（至少有很大程度）與市場報酬率無關。Preqin 最近一項研究資料（*https://oreil.ly/C38Tl*）顯示，要實現這樣的承諾是何其困難。此研究表示，2018 年 Preqin All-Strategies Hedge Fund（Preqin 全策略避險基金）指數下跌，結果為 -3.42%。此研究涵蓋的所有避險基金中，近 40% 的年度虧損為 5%（含）以上。

若股價（或其他金融工具的價格）依循標準隨機漫步，則報酬率呈現具零平均的常態分布，股價有 50% 的機率上升與 50% 的機率下降。因此就最小平方的意義而言，今日股價是明日股價的最佳 predictor。這是因為隨機漫步的 Markov 性質（Markov property），即未來股價的分布與歷史價格過程無關；只取決於目前的價格水準。因此，就隨機漫步而言，歷史價格（或報酬率）的分析對於預測未來價格毫無用處。

針對此背景，可以按照下列內容執行效率市場的半正規檢定[2]。採用金融時間序列，對價格資料予以多組 lag（相隔時差）處理，並使用 lag 後的價格資料作為 OLS 迴歸的特徵資料，此迴歸使用目前價格水準作為標籤資料。精神上，如此與依歷史價格組成而預測未來價格的圖表技術（分析）雷同。

下列 Python 程式碼針對多個金融工具，以其 lag 後的價格資料作分析──其中包含可交易與不可交易的兩種金融工具。第一、匯入資料及其視覺化內容（參閱圖 6-1）：

```
In [1]: import numpy as np
        import pandas as pd
        from pylab import plt, mpl
        plt.style.use('seaborn')
        mpl.rcParams['savefig.dpi'] = 300
        mpl.rcParams['font.family'] = 'serif'
        pd.set_option('precision', 4)
        np.set_printoptions(suppress=True, precision=4)

In [2]: url = 'http://hilpisch.com/aiif_eikon_eod_data.csv'   ❶

In [3]: data = pd.read_csv(url, index_col=0, parse_dates=True).dropna()   ❶

In [4]: (data / data.iloc[0]).plot(figsize=(10, 6), cmap='coolwarm');   ❷
```

❶ 將資料放入 DataFrame 物件。

❷ 描繪正規化的時間序列資料。

---

[2] 參閱 Hilpisch (2018, ch. 15)。

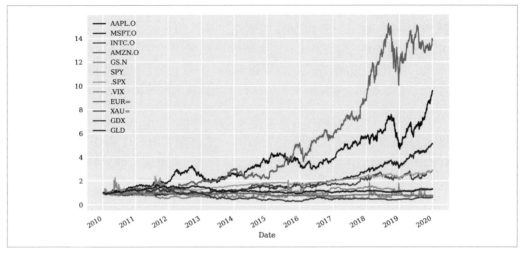

圖 6-1　正規化的時間序列資料（EOD）

第二、所有金融時間序列的價格資料經 lag 處理，並存於 DataFrame 物件中：

```
In [5]: lags = 7 ❶

In [6]: def add_lags(data, ric, lags):
            cols = []
            df = pd.DataFrame(data[ric])
            for lag in range(1, lags + 1):
                col = 'lag_{}'.format(lag) ❷
                df[col] = df[ric].shift(lag) ❸
                cols.append(col) ❹
            df.dropna(inplace=True) ❺
            return df, cols

In [7]: dfs = {}
        for sym in data.columns:
            df, cols = add_lags(data, sym, lags) ❻
            dfs[sym] = df ❼

In [8]: dfs[sym].head(7) ❽
Out[8]:            GLD   lag_1   lag_2   lag_3   lag_4   lag_5   lag_6   lag_7
        Date
        2010-01-13  111.54  110.49  112.85  111.37  110.82  111.51  109.70  109.80
        2010-01-14  112.03  111.54  110.49  112.85  111.37  110.82  111.51  109.70
        2010-01-15  110.86  112.03  111.54  110.49  112.85  111.37  110.82  111.51
        2010-01-19  111.52  110.86  112.03  111.54  110.49  112.85  111.37  110.82
        2010-01-20  108.94  111.52  110.86  112.03  111.54  110.49  112.85  111.37
```

```
2010-01-21  107.37  108.94  111.52  110.86  112.03  111.54  110.49  112.85
2010-01-22  107.17  107.37  108.94  111.52  110.86  112.03  111.54  110.49
```

❶ lag 數（在交易日中的）。

❷ 為 column 命名。

❸ 將價格資料作 lag 處理。

❹ 將 column 名稱加入 list 物件中。

❺ 移除資料內容不完整的 row。

❻ 針對每個金融時間序列建構 lag 後的資料。

❼ 將結果儲存於 dict 物件。

❽ 顯示 lag 後的價格資料樣本。

第三、利用準備好的資料，OLS 迴歸分析輕而易舉。圖 6-2 顯示平均最佳迴歸結果。毫無疑問，只 lag 一日的價格資料具有最高的詮釋能力。其權重接近 1，與「金融工具今日價格是明日價格的最佳 predictor」概念吻合。對於每個金融時間序列獲得的單一迴歸結果也是如此：

```
In [9]: regs = {}
        for sym in data.columns:
            df = dfs[sym]                                            ❶
            reg = np.linalg.lstsq(df[cols], df[sym], rcond=-1)[0]    ❷
            regs[sym] = reg                                          ❸

In [10]: rega = np.stack(tuple(regs.values()))                      ❹

In [11]: regd = pd.DataFrame(rega, columns=cols, index=data.columns) ❺

In [12]: regd                                                       ❺
Out[12]:         lag_1   lag_2   lag_3   lag_4   lag_5   lag_6   lag_7
        AAPL.O  1.0106 -0.0592  0.0258  0.0535 -0.0172  0.0060 -0.0184
        MSFT.O  0.8928  0.0112  0.1175 -0.0832 -0.0258  0.0567  0.0323
        INTC.O  0.9519  0.0579  0.0490 -0.0772 -0.0373  0.0449  0.0112
        AMZN.O  0.9799 -0.0134  0.0206  0.0007  0.0525 -0.0452  0.0056
        GS.N    0.9806  0.0342 -0.0172  0.0042 -0.0387  0.0585 -0.0215
        SPY     0.9692  0.0067  0.0228 -0.0244 -0.0237  0.0379  0.0121
        .SPX    0.9672  0.0106  0.0219 -0.0252 -0.0318  0.0515  0.0063
        .VIX    0.8823  0.0591 -0.0289  0.0284 -0.0256  0.0511  0.0306
        EUR=    0.9859  0.0239 -0.0484  0.0508 -0.0217  0.0149 -0.0055
        XAU=    0.9864  0.0069  0.0166 -0.0215  0.0044  0.0198 -0.0125
```

```
        GDX    0.9765   0.0096  -0.0039   0.0223  -0.0364   0.0379  -0.0065
        GLD    0.9766   0.0246   0.0060  -0.0142  -0.0047   0.0223  -0.0106

In [13]: regd.mean().plot(kind='bar', figsize=(10, 6));   ❻
```

❶ 取得目前時間序列的資料。

❷ 迴歸分析。

❸ 將最佳迴歸參數儲存於 dict 物件。

❹ 將最佳結果整合於單一 ndarray 物件。

❺ 將成果放入 DataFrame 物件並予以呈現。

❻ 視覺化呈現每個 lag 的平均最佳迴歸參數（權重）。

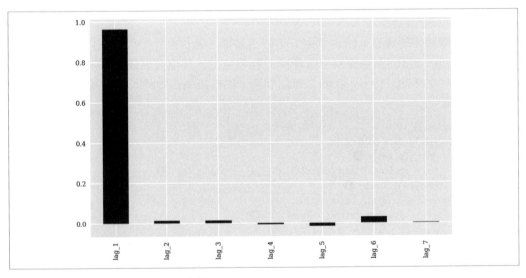

圖 6-2　lag 後價格的平均最佳迴歸參數

鑑於此半正規分析，至少對於弱式 EMH 似乎有強力支持的證據。值得注意的是，在此執行的 OLS 迴歸分析違反數個假設，其中包括假設特徵內容彼此無相關，而理想情況下，特徵應與標籤資料高度相關。lag 後價格資料導致高度相關的特徵內容。以下 Python 程式碼呈現相關性資料，顯示所有特徵內容接近完全相關。如此即可解釋下列情況：只有一個特徵（「lag 1」）足以完成以 OLS 迴歸作法的近似與預測。加入更多高度相關的特徵並不會獲得任何改進。當中還違反另一個基本假設，時間序列資料的**恆定性**（*stationarity*），下列程式碼可對此作檢定[3]：

```
In [14]: dfs[sym].corr()    ❶
Out[14]:          GLD   lag_1   lag_2   lag_3   lag_4   lag_5   lag_6   lag_7
         GLD   1.0000  0.9972  0.9946  0.9920  0.9893  0.9867  0.9841  0.9815
         lag_1 0.9972  1.0000  0.9972  0.9946  0.9920  0.9893  0.9867  0.9842
         lag_2 0.9946  0.9972  1.0000  0.9972  0.9946  0.9920  0.9893  0.9867
         lag_3 0.9920  0.9946  0.9972  1.0000  0.9972  0.9946  0.9920  0.9893
         lag_4 0.9893  0.9920  0.9946  0.9972  1.0000  0.9972  0.9946  0.9920
         lag_5 0.9867  0.9893  0.9920  0.9946  0.9972  1.0000  0.9972  0.9946
         lag_6 0.9841  0.9867  0.9893  0.9920  0.9946  0.9972  1.0000  0.9972
         lag_7 0.9815  0.9842  0.9867  0.9893  0.9920  0.9946  0.9972  1.0000

In [15]: from statsmodels.tsa.stattools import adfuller    ❷

In [16]: adfuller(data[sym].dropna())    ❷
Out[16]: (-1.9488969577009954,
          0.3094193074034718,
          0,
          2515,
          {'1%': -3.4329527780962255,
           '5%': -2.8626898965523724,
           '10%': -2.567382133955709},
          8446.683102944744)
```

❶ 顯示 lag 後時間序列間的相關程度。

❷ 使用 Augmented Dickey-Fuller（*https://oreil.ly/rfdaC*）檢定作恆定性檢定。

總之，若 EMH 成立，主動投資組合管理或演算法交易將毫無經濟意義。就 MVP 來說，僅投資於股票或效率投資組合，而長期被動持有這樣的投資，無須付出任何努力，即使若沒有優於市場，至少也會獲得市場同等的報酬率。依據 CAPM 與 MVP，投資人願意承擔的風險越高，預期報酬應該越高。事實上，如 Copeland et al. (2005, ch. 10) 所指出的，CAPM 與 EMH 形成金融市場相關的聯合假說：若 EMH 被否決，則 CAPM 勢必也要被否決，因為其推導內容假設 EMH 成立。

---

3　有關金融時間序列**恆定性**的細節，可參閱 Tsay (2005, sec.2.1)。 Tsay 指出：「時間序列分析的基礎是恆定性」。

# 基於報酬率資料的市場預測

如第二章所示，近年來，ML（尤其是 DL）演算法在某些領域有所突破，這些領域有相當長的期間，對於標準統計或數學方法呈現抗拒狀態。金融市場又是如何？ML 與 DL 演算法是否能夠察覺傳統金融計量經濟學方法（諸如 OLS 迴歸）無效率的處境呢？當然，這些問題尚未有言簡意賅的答案。

然而，某些具體的範例可能闡明合理的解答。為此，使用上一節的價格資料得出對數報酬率。概念是將 OLS 迴歸與類神經網路兩者的效能相比，預測不同時間序列的隔日動向。此階段的目標是發覺**統計無效率**的情況（與**經濟無效率**相比之下）。若模型能夠以一定優勢預測未來價格動向（例如，有 55% 或 60% 的預測正確），則表示統計無效率。只有經由斟酌諸如交易成本的交易策略，而能有效呈現統計無效率，才可表示經濟無效率。

分析的第一步是以 lag 後的對數報酬率資料建立資料集。也會對正規化的 lag 後對數報酬率資料作恆定性檢定（給定），以及對特徵作相關性作檢定（不相關）。因為以下分析只依據時間序列相關資料，所以屬於**弱式市場效率**的類型：

```
In [17]: rets = np.log(data / data.shift(1))     ❶

In [18]: rets.dropna(inplace=True)

In [19]: dfs = {}
         for sym in data:
             df, cols = add_lags(rets, sym, lags)     ❷
             mu, std = df[cols].mean(), df[cols].std()     ❸
             df[cols] = (df[cols] - mu) / std     ❸
             dfs[sym] = df

In [20]: dfs[sym].head()     ❹
Out[20]:            GLD    lag_1    lag_2    lag_3    lag_4    lag_5    lag_6    lag_7
         Date
         2010-01-14  0.0044  0.9570 -2.1692  1.3386  0.4959 -0.6434  1.6613 -0.1028
         2010-01-15 -0.0105  0.4379  0.9571 -2.1689  1.3388  0.4966 -0.6436  1.6614
         2010-01-19  0.0059 -1.0842  0.4385  0.9562 -2.1690  1.3395  0.4958 -0.6435
         2010-01-20 -0.0234  0.5967 -1.0823  0.4378  0.9564 -2.1686  1.3383  0.4958
         2010-01-21 -0.0145 -2.4045  0.5971 -1.0825  0.4379  0.9571 -2.1680  1.3384

In [21]: adfuller(dfs[sym]['lag_1'])     ❺
Out[21]: (-51.568251505825536,
          0.0,
          0,
```

```
             2507,
             {'1%': -3.4329610922579095,
              '5%': -2.8626935681060375,
              '10%': -2.567384088736619},
             7017.165474260225)

In [22]: dfs[sym].corr()  ❻
Out[22]:            GLD    lag_1    lag_2       lag_3   lag_4       lag_5    lag_6    lag_7
         GLD    1.0000  -0.0297   0.0003   1.2635e-02  -0.0026  -5.9392e-03   0.0099  -0.0013
         lag_1  -0.0297   1.0000  -0.0305   8.1418e-04   0.0128  -2.8765e-03  -0.0053   0.0098
         lag_2   0.0003  -0.0305   1.0000  -3.1617e-02   0.0003   1.3234e-02  -0.0043  -0.0052
         lag_3   0.0126   0.0008  -0.0316   1.0000e+00  -0.0313  -6.8542e-06   0.0141  -0.0044
         lag_4  -0.0026   0.0128   0.0003  -3.1329e-02   1.0000  -3.1761e-02   0.0002   0.0141
         lag_5  -0.0059  -0.0029   0.0132  -6.8542e-06  -0.0318   1.0000e+00  -0.0323   0.0002
         lag_6   0.0099  -0.0053  -0.0043   1.4115e-02   0.0002  -3.2289e-02   1.0000  -0.0324
         lag_7  -0.0013   0.0098  -0.0052  -4.3869e-03   0.0141   2.1707e-04  -0.0324   1.0000
```

❶ 由價格資料得出對數報酬率。

❷ 將對數報酬率資料作 lag 處理。

❸ 對特徵資料採取高斯正規化[4]。

❹ 顯示 lag 後的報酬率資料樣本。

❺ 時間序列資料的恆定性檢定。

❻ 顯示特徵的相關資料。

在此執行 OLS 迴歸,並從此迴歸得到預測結果。以完整資料集予以分析,會呈現演算法的 in-sample 表現程度。OLS 迴歸預測隔日動向準確度比 50% 稍微高一些,甚至多幾個百分點,不過仍有例外:

```
In [23]: from sklearn.metrics import accuracy_score

In [24]: %%time
         for sym in data:
             df = dfs[sym]
             reg = np.linalg.lstsq(df[cols], df[sym], rcond=-1)[0]  ❶
             pred = np.dot(df[cols], reg)  ❷
             acc = accuracy_score(np.sign(df[sym]), np.sign(pred))  ❸
             print(f'OLS | {sym:10s} | acc={acc:.4f}')
         OLS | AAPL.O     | acc=0.5056
         OLS | MSFT.O     | acc=0.5088
         OLS | INTC.O     | acc=0.5040
```

---

4　此作法的也稱為 *z-score* **正規化**。

```
OLS | AMZN.O    | acc=0.5048
OLS | GS.N      | acc=0.5080
OLS | SPY       | acc=0.5080
OLS | .SPX      | acc=0.5167
OLS | .VIX      | acc=0.5291
OLS | EUR=      | acc=0.4984
OLS | XAU=      | acc=0.5207
OLS | GDX       | acc=0.5307
OLS | GLD       | acc=0.5072
CPU times: user 201 ms, sys: 65.8 ms, total: 267 ms
Wall time: 60.8 ms
```

❶ 迴歸。

❷ 預測。

❸ 預測的準確度。

於此二度分析，不過這次用 scikit-learn 的類神經網路，作為學習與預測的模型。in-sample 的預測準確度明顯為 50% 以上，有些情況甚至超過 60%：

```
In [25]: from sklearn.neural_network import MLPRegressor

In [26]: %%time
         for sym in data.columns:
             df = dfs[sym]
             model = MLPRegressor(hidden_layer_sizes=[512],
                                  random_state=100,
                                  max_iter=1000,
                                  early_stopping=True,
                                  validation_fraction=0.15,
                                  shuffle=False) ❶
             model.fit(df[cols], df[sym]) ❷
             pred = model.predict(df[cols]) ❸
             acc = accuracy_score(np.sign(df[sym]), np.sign(pred)) ❹
             print(f'MLP | {sym:10s} | acc={acc:.4f}')
         MLP | AAPL.O    | acc=0.6005
         MLP | MSFT.O    | acc=0.5853
         MLP | INTC.O    | acc=0.5766
         MLP | AMZN.O    | acc=0.5510
         MLP | GS.N      | acc=0.6527
         MLP | SPY       | acc=0.5419
         MLP | .SPX      | acc=0.5399
         MLP | .VIX      | acc=0.6579
         MLP | EUR=      | acc=0.5642
         MLP | XAU=      | acc=0.5522
```

```
MLP | GDX        | acc=0.6029
MLP | GLD        | acc=0.5259
CPU times: user 1min 37s, sys: 6.74 s, total: 1min 44s
Wall time: 14 s
```

❶ 模型實體化。

❷ 模型配適。

❸ 預測。

❹ 準確度計算。

接下來再度進行同樣的分析，而這次使用 Keras 套件的類神經網路。其準確度結果與 MLPRegressor 的情況類似，不過平均準確度較高：

```
In [27]: import tensorflow as tf
         from keras.layers import Dense
         from keras.models import Sequential
         Using TensorFlow backend.

In [28]: np.random.seed(100)
         tf.random.set_seed(100)

In [29]: def create_model(problem='regression'):      ❶
             model = Sequential()
             model.add(Dense(512, input_dim=len(cols),
                             activation='relu'))
             if problem == 'regression':
                 model.add(Dense(1, activation='linear'))
                 model.compile(loss='mse', optimizer='adam')
             else:
                 model.add(Dense(1, activation='sigmoid'))
                 model.compile(loss='binary_crossentropy', optimizer='adam')
             return model

In [30]: %%time
         for sym in data.columns[:]:
             df = dfs[sym]
             model = create_model()                                      ❷
             model.fit(df[cols], df[sym], epochs=25, verbose=False)      ❸
             pred = model.predict(df[cols])                              ❹
             acc = accuracy_score(np.sign(df[sym]), np.sign(pred))       ❺
             print(f'DNN | {sym:10s} | acc={acc:.4f}')
         DNN | AAPL.O    | acc=0.6292
         DNN | MSFT.O    | acc=0.5981
```

```
DNN | INTC.O    | acc=0.6073
DNN | AMZN.O    | acc=0.5781
DNN | GS.N      | acc=0.6196
DNN | SPY       | acc=0.5829
DNN | .SPX      | acc=0.6077
DNN | .VIX      | acc=0.6392
DNN | EUR=      | acc=0.5845
DNN | XAU=      | acc=0.5881
DNN | GDX       | acc=0.5829
DNN | GLD       | acc=0.5666
CPU times: user 34.3 s, sys: 5.34 s, total: 39.6 s
Wall time: 23.1 s
```

❶ 模型建置函式。

❷ 模型實體化。

❸ 模型配適。

❹ 預測。

❺ 準確度計算。

此一簡單範例顯示,對於預測隔日價格動向而言,類神經網路在 *in-sample* 的表現明顯優於 OLS 迴歸。然而,測試兩種模型的 *out-of-sample* 效能時,情況會如何變化?

為此,重複分析,不過會以資料的前 80% 作訓練(配適),而以其餘 20% 的資料予以測試。首先執行 OLS 迴歸。OLS 迴歸呈現的 out-of-sample 準確度與 in-sample 的結果類似,大約是 50%:

```
In [31]: split = int(len(dfs[sym]) * 0.8)

In [32]: %%time
         for sym in data.columns:
             df = dfs[sym]
             train = df.iloc[:split]      ❶
             reg = np.linalg.lstsq(train[cols], train[sym], rcond=-1)[0]
             test = df.iloc[split:]       ❷
             pred = np.dot(test[cols], reg)
             acc = accuracy_score(np.sign(test[sym]), np.sign(pred))
             print(f'OLS | {sym:10s} | acc={acc:.4f}')
         OLS | AAPL.O    | acc=0.5219
         OLS | MSFT.O    | acc=0.4960
         OLS | INTC.O    | acc=0.5418
         OLS | AMZN.O    | acc=0.4841
         OLS | GS.N      | acc=0.4980
```

```
OLS | SPY        | acc=0.5020
OLS | .SPX       | acc=0.5120
OLS | .VIX       | acc=0.5458
OLS | EUR=       | acc=0.4482
OLS | XAU=       | acc=0.5299
OLS | GDX        | acc=0.5159
OLS | GLD        | acc=0.5100
CPU times: user 200 ms, sys: 60.6 ms, total: 261 ms
Wall time: 61.7 ms
```

❶ 建立訓練資料子集。

❷ 建立測試資料子集。

與 in-sample 效能相比，MLPRegressor 模型的 out-of-sample 效能很差（其效能與 OLS 迴歸結果差不多）：

```
In [34]: %%time
         for sym in data.columns:
             df = dfs[sym]
             train = df.iloc[:split]
             model = MLPRegressor(hidden_layer_sizes=[512],
                                  random_state=100,
                                  max_iter=1000,
                                  early_stopping=True,
                                  validation_fraction=0.15,
                                  shuffle=False)
             model.fit(train[cols], train[sym])
             test = df.iloc[split:]
             pred = model.predict(test[cols])
             acc = accuracy_score(np.sign(test[sym]), np.sign(pred))
             print(f'MLP | {sym:10s} | acc={acc:.4f}')
MLP | AAPL.O     | acc=0.4920
MLP | MSFT.O     | acc=0.5279
MLP | INTC.O     | acc=0.5279
MLP | AMZN.O     | acc=0.4641
MLP | GS.N       | acc=0.5040
MLP | SPY        | acc=0.5259
MLP | .SPX       | acc=0.5478
MLP | .VIX       | acc=0.5279
MLP | EUR=       | acc=0.4980
MLP | XAU=       | acc=0.5239
MLP | GDX        | acc=0.4880
MLP | GLD        | acc=0.5000
CPU times: user 1min 39s, sys: 4.98 s, total: 1min 44s
Wall time: 13.7 s
```

Keras 的 Sequential 模型也是如此，其 out-of-sample 結果呈現準確度介於 50% 門檻值上下幾個百分點之間：

```
In [35]: %%time
         for sym in data.columns:
             df = dfs[sym]
             train = df.iloc[:split]
             model = create_model()
             model.fit(train[cols], train[sym], epochs=50, verbose=False)
             test = df.iloc[split:]
             pred = model.predict(test[cols])
             acc = accuracy_score(np.sign(test[sym]), np.sign(pred))
             print(f'DNN | {sym:10s} | acc={acc:.4f}')
         DNN | AAPL.O     | acc=0.5179
         DNN | MSFT.O     | acc=0.5598
         DNN | INTC.O     | acc=0.4821
         DNN | AMZN.O     | acc=0.4920
         DNN | GS.N       | acc=0.5179
         DNN | SPY        | acc=0.4861
         DNN | .SPX       | acc=0.5100
         DNN | .VIX       | acc=0.5378
         DNN | EUR=       | acc=0.4661
         DNN | XAU=       | acc=0.4602
         DNN | GDX        | acc=0.4841
         DNN | GLD        | acc=0.5378
         CPU times: user 50.4 s, sys: 7.52 s, total: 57.9 s
         Wall time: 32.9 s
```

弱式市場效率

儘管標記為弱式市場效率，可能呈現情況並非如此，不過意義上，此類型的困難之處是，僅有時間序列相關資料能用於確認統計無效率。若用半強式效率，則可以加入其他公開可得資料源，以提高預測準確度。

依據本節所選的作法，市場似乎至少具有弱式效率。僅以 OLS 迴歸或類神經網路分析歷史報酬率型態（樣式），可能不足以察覺統計無效率的情況。

就期望預測結果有所改進而言，本節所選的作法有兩個主要元素可作調整：

## 特徵

除了一般的價格與報酬率資料外，還可以將其他特徵放入資料中，譬如技術指標——簡單移動平均線（SMA）。技術分析師的專業傳統中，期望這樣的指標能提高預測準確度。

## 資料期間（*bar* 的時間間隔）

盤中資料比盤後資料可能造就較高的預測準確度。在此期望的是，與盤後資料相比，更有可能在盤中資料裡發覺統計無效率的情況（所有市場參與者通常會——斟酌所有可得資訊——針對其最終所作的交易付出最大關注）。

接下來兩節會探討這些元素。

# 具更多特徵的市場預測

有個悠久的交易傳統是，依據觀測的型態，使用技術指標造就買進或賣出訊號。這種技術指標（基本上是任何種類的指標）也可以作為類神經網路訓練的特徵。

下列 Python 程式碼使用 SMA、滾動最小值、滾動最大值、動能與滾動波動率作為特徵：

```
In [36]: url = 'http://hilpisch.com/aiif_eikon_eod_data.csv'

In [37]: data = pd.read_csv(url, index_col=0, parse_dates=True).dropna()

In [38]: def add_lags(data, ric, lags, window=50):
             cols = []
             df = pd.DataFrame(data[ric])
             df.dropna(inplace=True)
             df['r'] = np.log(df / df.shift())
             df['sma'] = df[ric].rolling(window).mean()    ❶
             df['min'] = df[ric].rolling(window).min()    ❷
             df['max'] = df[ric].rolling(window).max()    ❸
             df['mom'] = df['r'].rolling(window).mean()    ❹
             df['vol'] = df['r'].rolling(window).std()    ❺
             df.dropna(inplace=True)
             df['d'] = np.where(df['r'] > 0, 1, 0)    ❻
             features = [ric, 'r', 'd', 'sma', 'min', 'max', 'mom', 'vol']
             for f in features:
                 for lag in range(1, lags + 1):
                     col = f'{f}_lag_{lag}'
                     df[col] = df[f].shift(lag)
```

```
                cols.append(col)
        df.dropna(inplace=True)
        return df, cols

In [39]: lags = 5

In [40]: dfs = {}
        for ric in data:
            df, cols = add_lags(data, ric, lags)
            dfs[ric] = df.dropna(), cols
```

❶ 簡單移動平均線（SMA）。

❷ 滾動最小值。

❸ 滾動最大值。

❹ 動能（平均對數報酬率）。

❺ 滾動波動率。

❻ 方向（二元特徵）。

以技術指標作為特徵

如之前範例所示，基本上用於投資或盤中交易的任何傳統技術指標，都可以作為 ML 演算法訓練的特徵。意義上，AI 與 ML 並不一定會讓這類指標遭到淘汰，而是讓 ML 驅動衍生的交易策略更加豐富。

若考量新特徵並為訓練將特徵正規化，則此時 MLPClassifier 模型於 in-sample 的效能表現相當不錯。Keras 的 Sequential 模型對於訓練特定 epoch 次數後的準確度有 70% 左右。就經驗而言，藉由增加類神經網路的 epoch 數與配適能力，即可輕易提高準確度：

```
In [41]: from sklearn.neural_network import MLPClassifier

In [42]: %%time
        for ric in data:
            model = MLPClassifier(hidden_layer_sizes=[512],
                                  random_state=100,
                                  max_iter=1000,
                                  early_stopping=True,
                                  validation_fraction=0.15,
                                  shuffle=False)
            df, cols = dfs[ric]
```

```
        df[cols] = (df[cols] - df[cols].mean()) / df[cols].std()  ❶
        model.fit(df[cols], df['d'])
        pred = model.predict(df[cols])
        acc = accuracy_score(df['d'], pred)
        print(f'IN-SAMPLE | {ric:7s} | acc={acc:.4f}')
IN-SAMPLE | AAPL.O | acc=0.5510
IN-SAMPLE | MSFT.O | acc=0.5376
IN-SAMPLE | INTC.O | acc=0.5607
IN-SAMPLE | AMZN.O | acc=0.5559
IN-SAMPLE | GS.N   | acc=0.5794
IN-SAMPLE | SPY    | acc=0.5729
IN-SAMPLE | .SPX   | acc=0.5941
IN-SAMPLE | .VIX   | acc=0.6940
IN-SAMPLE | EUR=   | acc=0.5766
IN-SAMPLE | XAU=   | acc=0.5672
IN-SAMPLE | GDX    | acc=0.5847
IN-SAMPLE | GLD    | acc=0.5567
CPU times: user 1min 1s, sys: 4.5 s, total: 1min 6s
Wall time: 9.05 s

In [43]: %%time
        for ric in data:
            model = create_model('classification')
            df, cols = dfs[ric]
            df[cols] = (df[cols] - df[cols].mean()) / df[cols].std()  ❶
            model.fit(df[cols], df['d'], epochs=50, verbose=False)
            pred = np.where(model.predict(df[cols]) > 0.5, 1, 0)
            acc = accuracy_score(df['d'], pred)
            print(f'IN-SAMPLE | {ric:7s} | acc={acc:.4f}')
IN-SAMPLE | AAPL.O | acc=0.7156
IN-SAMPLE | MSFT.O | acc=0.7156
IN-SAMPLE | INTC.O | acc=0.7046
IN-SAMPLE | AMZN.O | acc=0.6640
IN-SAMPLE | GS.N   | acc=0.6855
IN-SAMPLE | SPY    | acc=0.6696
IN-SAMPLE | .SPX   | acc=0.6579
IN-SAMPLE | .VIX   | acc=0.7489
IN-SAMPLE | EUR=   | acc=0.6737
IN-SAMPLE | XAU=   | acc=0.7143
IN-SAMPLE | GDX    | acc=0.6826
IN-SAMPLE | GLD    | acc=0.7078
CPU times: user 1min 5s, sys: 7.06 s, total: 1min 12s
Wall time: 44.3 s
```

❶ 特徵資料正規化。

相同的改進是否能移轉到 out-of-sample 的預測準確度？下列 Python 程式碼重複此分析，這次如同之前作訓練與測試的切分。可惜結果充其量是好壞參半。若比較此一作法，這些數值結果並非代表實際的改進，其只以 lag 後的報酬率資料作為特徵。針對某些金融工具來說，與 50% 基準相比，預測準確度似乎多幾個百分點。然而，對於其他金融工具而言，準確度依然低於 50%——如 `MLPClassifier` 模型所示：

```
In [44]: def train_test_model(model):
             for ric in data:
                 df, cols = dfs[ric]
                 split = int(len(df) * 0.85)
                 train = df.iloc[:split].copy()
                 mu, std = train[cols].mean(), train[cols].std()   ❶
                 train[cols] = (train[cols] - mu) / std
                 model.fit(train[cols], train['d'])
                 test = df.iloc[split:].copy()
                 test[cols] = (test[cols] - mu) / std
                 pred = model.predict(test[cols])
                 acc = accuracy_score(test['d'], pred)
                 print(f'OUT-OF-SAMPLE | {ric:7s} | acc={acc:.4f}')

In [45]: model_mlp = MLPClassifier(hidden_layer_sizes=[512],
                                   random_state=100,
                                   max_iter=1000,
                                   early_stopping=True,
                                   validation_fraction=0.15,
                                   shuffle=False)

In [46]: %time train_test_model(model_mlp)
         OUT-OF-SAMPLE | AAPL.O  | acc=0.4432
         OUT-OF-SAMPLE | MSFT.O  | acc=0.4595
         OUT-OF-SAMPLE | INTC.O  | acc=0.5000
         OUT-OF-SAMPLE | AMZN.O  | acc=0.5270
         OUT-OF-SAMPLE | GS.N    | acc=0.4838
         OUT-OF-SAMPLE | SPY     | acc=0.4811
         OUT-OF-SAMPLE | .SPX    | acc=0.5027
         OUT-OF-SAMPLE | .VIX    | acc=0.5676
         OUT-OF-SAMPLE | EUR=    | acc=0.4649
         OUT-OF-SAMPLE | XAU=    | acc=0.5514
         OUT-OF-SAMPLE | GDX     | acc=0.5162
         OUT-OF-SAMPLE | GLD     | acc=0.4946
         CPU times: user 44.9 s, sys: 2.64 s, total: 47.5 s
         Wall time: 6.37 s
```

❶ 用於正規化的訓練資料集統計。

良好的 in-sample 效能與不太好的 out-of-sample 效能表明，類神經網路的過度配適可能影響甚大。避免過度配適的作法是使用整體方法（ensemble method），其將多個同類型的訓練模型組合，而提出更穩健的 meta 模型，以及更好的 out-of-sample 預測，*bagging* 即屬於此類方法。scikit-learn 以 BaggingClassifier 類別（*https://oreil.ly/gQLFZ*）形式實作此方法。使用多個 estimator 訓練個別的項目，而無須將其暴露在於完整的訓練資料集或所有特徵中。如此應該有助於避免過度配適。

下列 Python 程式碼以許多同類型的基本 estimator（MLPClassifier）實作 bagging 法。此時預測準確度始終有 50% 以上。某些標的準確度則超過 55%，在此可以視為相當高的結果。整個來說，bagging 至少在某種程度上似乎可避免過度配適，以及明顯改進預測結果：

```
In [47]: from sklearn.ensemble import BaggingClassifier

In [48]: base_estimator = MLPClassifier(hidden_layer_sizes=[256],
                                         random_state=100,
                                         max_iter=1000,
                                         early_stopping=True,
                                         validation_fraction=0.15,
                                         shuffle=False) ❶

In [49]: model_bag = BaggingClassifier(base_estimator=base_estimator, ❶
                                        n_estimators=35, ❷
                                        max_samples=0.25, ❸
                                        max_features=0.5, ❹
                                        bootstrap=False, ❺
                                        bootstrap_features=True, ❻
                                        n_jobs=8, ❼
                                        random_state=100
                                        )

In [50]: %time train_test_model(model_bag)
         OUT-OF-SAMPLE | AAPL.O | acc=0.5243
         OUT-OF-SAMPLE | MSFT.O | acc=0.5703
         OUT-OF-SAMPLE | INTC.O | acc=0.5027
         OUT-OF-SAMPLE | AMZN.O | acc=0.5270
         OUT-OF-SAMPLE | GS.N   | acc=0.5243
         OUT-OF-SAMPLE | SPY    | acc=0.5595
         OUT-OF-SAMPLE | .SPX   | acc=0.5514
         OUT-OF-SAMPLE | .VIX   | acc=0.5649
         OUT-OF-SAMPLE | EUR=   | acc=0.5108
         OUT-OF-SAMPLE | XAU=   | acc=0.5378
         OUT-OF-SAMPLE | GDX    | acc=0.5162
```

```
OUT-OF-SAMPLE | GLD     | acc=0.5432
CPU times: user 2.55 s, sys: 494 ms, total: 3.05 s
Wall time: 11.1 s
```

**❶** 基本 estimator。

**❷** estimator 的使用個數。

**❸** 每個 estimator 所用訓練資料的最大百分比。

**❹** 每個 estimator 所用特徵的最大百分比。

**❺** 是否為 bootstrap（reuse）資料。

**❻** 是否為 bootstrap（reuse）特徵。

**❼** 平行工作數。

> **盤後市場效率**
>
> 效率市場假說可追溯到 1960 年代與 1970 年代，在此期間，盤後資料是
> 唯一可取得的時間序列資料。過去那些日子（現今依然如此），可以假設
> 市場參與者特別密切關注自己的部位，而於相當接近收盤的時間進行交
> 易。例如，以股票來說，情況可能更是如此，而原則上全天候交易的貨幣
> 工具，則程度稍微緩和一些。

# 盤中市場預測

本章並沒有提出確定證據，但就盤後基礎而言，迄今的分析指向市場呈現弱式效率的方
向。盤中市場又是如何？是否有發現更符合的統計無效率情況？為了回答這個問題，需
要另一個資料集。下列 Python 程式碼使用的資料集，是由運用盤後資料集的同樣金融
工具所構成，不過此時結束價（closing price）是盤中每小時的最終成交價[譯註]。由於交
易時間可能因金融工具而異，因此資料集並不完整。然而這不是問題，因為分析是按時
間序列進行。

以小時為間隔的資料，其技術實作基本上與之前並無不同，可採用盤後分析的相同
程式碼：

---

譯註：盤中每固定期間的結束價而非 EOD 的收盤價。

```
In [51]: url = 'http://hilpisch.com/aiif_eikon_id_data.csv'

In [52]: data = pd.read_csv(url, index_col=0, parse_dates=True)

In [53]: data.info()
         <class 'pandas.core.frame.DataFrame'>
         DatetimeIndex: 5529 entries, 2019-03-01 00:00:00 to 2020-01-01 00:00:00
         Data columns (total 12 columns):
          #   Column  Non-Null Count  Dtype
         ---  ------  --------------  -----
          0   AAPL.O  3384 non-null   float64
          1   MSFT.O  3378 non-null   float64
          2   INTC.O  3275 non-null   float64
          3   AMZN.O  3381 non-null   float64
          4   GS.N    1686 non-null   float64
          5   SPY     3388 non-null   float64
          6   .SPX    1802 non-null   float64
          7   .VIX    2959 non-null   float64
          8   EUR=    5429 non-null   float64
          9   XAU=    5149 non-null   float64
          10  GDX     3173 non-null   float64
          11  GLD     3351 non-null   float64
         dtypes: float64(12)
         memory usage: 561.5 KB

In [54]: lags = 5

In [55]: dfs = {}
         for ric in data:
             df, cols = add_lags(data, ric, lags)
             dfs[ric] = df, cols
```

盤中的預測準確再度為 50% 左右的分布,單一類神經網路的結果相對較廣泛。正面來說,某些工具的準確度超過 55%。雖然觀測到許多工具的準確度比基準值 50% 高出幾個百分點,但是此 meta 模型(bagging 法)呈現較一致的 out-of-sample 效能:

```
In [56]: %time train_test_model(model_mlp)
         OUT-OF-SAMPLE | AAPL.O  | acc=0.5420
         OUT-OF-SAMPLE | MSFT.O  | acc=0.4930
         OUT-OF-SAMPLE | INTC.O  | acc=0.5549
         OUT-OF-SAMPLE | AMZN.O  | acc=0.4709
         OUT-OF-SAMPLE | GS.N    | acc=0.5184
```

```
OUT-OF-SAMPLE | SPY    | acc=0.4860
OUT-OF-SAMPLE | .SPX   | acc=0.5019
OUT-OF-SAMPLE | .VIX   | acc=0.4885
OUT-OF-SAMPLE | EUR=   | acc=0.5130
OUT-OF-SAMPLE | XAU=   | acc=0.4824
OUT-OF-SAMPLE | GDX    | acc=0.4765
OUT-OF-SAMPLE | GLD    | acc=0.5455
CPU times: user 1min 4s, sys: 5.05 s, total: 1min 9s
Wall time: 9.56 s
```

In [57]: %time train_test_model(model_bag)
```
OUT-OF-SAMPLE | AAPL.O | acc=0.5660
OUT-OF-SAMPLE | MSFT.O | acc=0.5431
OUT-OF-SAMPLE | INTC.O | acc=0.5072
OUT-OF-SAMPLE | AMZN.O | acc=0.5110
OUT-OF-SAMPLE | GS.N   | acc=0.5020
OUT-OF-SAMPLE | SPY    | acc=0.5120
OUT-OF-SAMPLE | .SPX   | acc=0.4677
OUT-OF-SAMPLE | .VIX   | acc=0.5092
OUT-OF-SAMPLE | EUR=   | acc=0.5242
OUT-OF-SAMPLE | XAU=   | acc=0.5255
OUT-OF-SAMPLE | GDX    | acc=0.5085
OUT-OF-SAMPLE | GLD    | acc=0.5374
CPU times: user 2.64 s, sys: 439 ms, total: 3.08 s
Wall time: 12.4 s
```

盤中市場效率

即使市場於盤後呈現弱式效率，然而卻可能於盤中呈現無效率情況。這種統計無效率的肇因可能是暫時失衡、買賣壓力、市場反應過度、技術驅動下單等等。重點是，一旦發覺此種統計無效率情況，是否可以透過特定交易策略從中獲利。

# 本章總結

"The Unreasonable Effectiveness of Data," Halevy et al. (2009) 此文被廣泛引用，其中指出，經濟學家遭受所謂的**物理忌妒**（*physics envy*）之苦。由此，意味著無法效法物理學家，以相同的典雅數學方式描述同樣複雜的實際現象，進而解釋人類行為。與此相關的例子是，愛因斯坦最著名的公式 $E = mc^2$，其中物體的能量等於其質量乘上光速的平方。

數十年來，經濟學與金融領域的研究人員試圖模仿物理學作法，推導與證明簡單典雅的式子來詮釋經濟與金融現象。不過如第三章與第四章綜合所示，許多極為典雅的金融理論在實際金融領域中幾乎無任何支持證據，其中簡化的假設，諸如常態分布與線性關係，並不成立。

正如 Halevy et al. (2009) 文章所述，可能有些領域，譬如自然語言，其遵循的規則與簡潔典雅的理論推導（或制定）相違逆。研究人員或許只需要仰賴資料驅動的複雜理論與模型。尤其針對語言而言，全球資訊網成為**巨量資料寶庫**。而訓練 ML 與 DL 演算法執行某些任務，譬如達到人類水準的自然語言處理與機器翻譯，巨量資料似乎是必須的。

歸根結底，金融這門學科可能與自然語言（而非物理學）有較多共同之處。也許終究沒有簡單典雅的公式可描述重要的金融現象，諸如匯率或股價的每日變化[5]。也許真相可能只存在於巨量資料中，而現今這些資料是以程式方式供金融研究人員與學者取用。

本章是揭露真相與發覺金融聖杯的探索起點：證明市場畢竟不是效率市場。其中相當簡單的類神經網路作法只以時間序列相關特徵作訓練。標籤內容簡單明瞭：市場（金融工具的價格）是上漲還是下跌。目的是在預測未來市場方向時發覺**統計無效率**，隨後則以可執行的交易策略，在經濟上利用這種無效率的情況。

Agrawal et al. (2018) 列舉許多範例，詳細解釋預測本身只是其中一面。詳細指明處理某預測的決策與執行規則同等重要。演算法交易的情況也是如此：訊號（預測）只是起點。困難的部分是妥善執行合適交易、監督活躍交易、進行適當風險管理措施（諸如停損單與停利單）等等。

在探索統計無效率的過程中，本章只運用資料與類神經網路，並無涉及任何理論，也沒有市場參與者行為方式的相關假設，或類似的推理。主要的建模工作是關於特徵的準備，其中當然代表建模者認為重要的特徵。所採取的作法中隱含假設：只以時間序列相關資料發覺統計無效率的情況。也就是說，市場甚至並非呈現弱式效率——三者之中最難提出反證的類型。

僅依靠金融資料並應用 ML 與 DL 通用演算法與模型，是本書所認為的 *AI 第一的金融*。不需要理論、無人類行為建模、沒有分布或關係性質的假設——只有資料與演算法。意義上，AI 第一的金融也可以被視為**無理論的金融**或**無模型的金融**。

---

5　當然，還有更簡單的金融觀點，藉由簡單的公式建模。例如，若相關對數報酬率 $r = 0.01$，則可推得兩年期間 $T = 2$ 的連續折現因子（或係數）$D$。其為 $D(r, T) = \exp(-rT) = \exp(-0.01 \cdot 2) = 0.9802$。在此 AI 或 ML 並沒有帶來任何好處。

# 參考文獻

下列為本章所引用的書籍與論文：

Agrawal, Ajay, Joshua Gans, and Avi Goldfarb. 2018. *Prediction Machines: The Simple Economics of Artificial Intelligence.* Boston: Harvard Business Review Press.

Copeland, Thomas, Fred Weston, and Kuldeep Shastri. 2005. *Financial Theory and Corporate Policy.* 4th ed. Boston: Pearson.

Fama, Eugene. 1965. "Random Walks in Stock Market Prices." *Financial Analysts Journal* (September/October): 55-59.

Halevy, Alon, Peter Norvig, and Fernando Pereira. 2009. "The Unreasonable Effectiveness of Data." *IEEE Intelligent Systems*, Expert Opinion.

Hilpisch, Yves. 2018. *Python for Finance: Mastering Data-Driven Finance.* 2nd ed. Sebastopol: O'Reilly.

Jensen, Michael. 1978. "Some Anomalous Evidence Regarding Market Efficiency." *Journal of Financial Economics* 6 (2/3): 95-101.

Tegmark, Max. 2017. *Life 3.0: Being Human in the Age of Artificial Intelligence.* United Kingdom: Penguin Random House.

Tsay, Ruey S. 2005. *Analysis of Financial Time Series.* Hoboken: Wiley.

# 統計無效率

「市場具有型態（樣式）」，*Simons* 向同事表示，「我明白我們能夠找到這些型態。」[1]

——Gregory Zuckerman (2019)

第三部分的主要目標是採用類神經網路與增強式學習，以察覺金融市場（資料）的統計無效率之處。就本書而言，某個 *predictor*（通常為模型或演算法，尤其是類神經網路。）預測市場的結果，明顯優於以同等機率向上與向下預測的隨機 predictor 表現之時，即為**統計無效率**發覺之處。演算法交易的環境中，這類 predictor 可供使用的先決條件是能夠生成 *alpha* 或優於市場的報酬率。

本部分由三個章節組成，內容包含密集神經網路（DNN）、循環神經網路（RNN）與增強式學習（RL）的背景、細節與範例：

* 第七章介紹 DNN 的細節，並將其用於預測金融市場動向的問題。使用歷史資料產生 lag 後的特徵資料以及二元標籤資料。而藉由監督式學習將這樣的資料集用於訓練 DNN。重點是確認金融市場的統計無效率之處。在某些示例中，DNN 的 out-of-sample 預測準確度可超過 60%。

* 第八章涵蓋 RNN 相關內容，探討循序資料（諸如文字資料或時間序列資料）的特性。概念是在網路中加入某種記憶體，進而透過網路（層）傳達以前（歷史）資訊。本章採用的作法與第七章雷同，目標也是發覺金融市場資料的統計無效率情況。如章節數值範例所示，RNN 也能有 60% 以上的 out-of-sample 預設測準確度。

---

1 Gregory Zuckerman. 2019. *The Man Who Solved the Market.* New York: Penguin Random House.

- 第九章探討 RL，其為 AI 的主要成功案例之一。本章討論數個 RL 代理人，於 OpenAI Gym 的物理模擬環境，以及此章節所開發的金融市場環境，兩者運用的情形。常用的 RL 演算法是 Q-learning，這一章將詳細探討此演算法，並用於訓練交易機器人。交易機器人會呈現相當不錯的 out-of-sample 金融表現，此衡量方式通常是比單獨的預測準確度更為重要的效能指標。意義上，本章為第四部分的內容自然而然搭建一座接續橋樑（第四部分將於經濟上利用統計無效率的情況）。

雖然卷積神經網路（CNN）是相當重要的一種類神經網路，不過第三部分並沒有另設篇幅詳細討論此種網路。本書附錄 C 將簡要說明 CNN 的應用。在許多情況下，CNN 還可以應用於第三部分採取之 DNN 與 RNN 所處理的問題中。

第三部分的作法是實用的方法，就演算法與技術應用而言，省略許多重要細節。這似乎情有可原，因為時下有不少良好資源（書籍著作以及其他可用的內容），能夠從中獲得相關技術細節與背景資訊。以下各章適時會提供少數精選的（通常是綜合的）參考資源。

# 第七章

# 密集神經網路

若依最近的歷史價格試圖預測股票市場上的價格變動，則不太可能成功，因為歷史價格具有的可預測資訊不多。

——François Chollet (2017)

本章是關於密集神經網路（*dense neural newtork*）的重要內容。前面章節已用過此類型的類神經網路。尤其是 scikit-learn 的 MLPClassifier 與 MLPRegressor 以及 Keras 的 Sequential，這些用於分類與估計任務的模型皆為密集神經網路（DNN）。本章僅聚焦於 Keras 應用，因為其對於 DNN 建模具有較多的自由與彈性[1]。

第 216 頁〈資料〉介紹本章所用到的外匯（FX）資料集。第 218 頁〈基準預測〉針對新資料集產生基本的 in-sample 預測。第 223 頁〈正規化〉介紹訓練資料與測試資料的正規化作業。第 225 頁〈Dropout〉以及第 227 頁〈正則化〉討論避免過度配適的熱門方法。第 230 頁〈Bagging〉再次討論第六章用過的 bagging——避免過度配適的方法。第 232 頁〈Optimizer〉是 Keras DNN 模型搭配使用的各種 optimizer 的效能比較。

儘管本章的前言可能看不出所以然，不過這一章（以及整個第三部分）主要目標是藉由類神經網路的應用，察覺金融市場（時間序列）的統計無效率情形。本章呈現的數值結果，諸如在某些情況下預測準確度為 60%（含）以上，表示至少有某些前途可言。

---

[1] 關於 Keras 套件的更多細節與背景資訊，可參閱 Chollet (2017)。有關類神經網路與相關方法的綜合論述，可參閱 Goodfellow et al. (2016)。

# 資料

第六章從 EUR/USD 貨幣對的盤中價格序列發覺統計無效率的情況。本章以及隨後章節會以外匯（FX）作為應用的資產類別，特別是 EUR/USD 貨幣對。姑且不論其他原因，經濟上利用 FX 的統計無效率，通常不像其他資產類別（譬如「VIX 波動率指數」這類波動性金融工具）那樣複雜。FX 通常也有免費與全面的資料可用。下列資料集源自 Refinitiv Eikon Data API。透過此 API 擷取資料集。其內容包含開始、最高、最低以及結束的價格。圖 7-1 為（每期間）結束價的視覺化內容：

```
In [1]: import os
        import numpy as np
        import pandas as pd
        from pylab import plt, mpl
        plt.style.use('seaborn')
        mpl.rcParams['savefig.dpi'] = 300
        mpl.rcParams['font.family'] = 'serif'
        pd.set_option('precision', 4)
        np.set_printoptions(suppress=True, precision=4)
        os.environ['PYTHONHASHSEED'] = '0'

In [2]: url = 'http://hilpisch.com/aiif_eikon_id_eur_usd.csv'  ❶

In [3]: symbol = 'EUR_USD'

In [4]: raw = pd.read_csv(url, index_col=0, parse_dates=True)  ❶

In [5]: raw.head()
Out[5]:                         HIGH     LOW    OPEN   CLOSE
        Date
        2019-10-01 00:00:00  1.0899  1.0897  1.0897  1.0899
        2019-10-01 00:01:00  1.0899  1.0896  1.0899  1.0898
        2019-10-01 00:02:00  1.0898  1.0896  1.0898  1.0896
        2019-10-01 00:03:00  1.0898  1.0896  1.0897  1.0898
        2019-10-01 00:04:00  1.0898  1.0896  1.0897  1.0898

In [6]: raw.info()
        <class 'pandas.core.frame.DataFrame'>
        DatetimeIndex: 96526 entries, 2019-10-01 00:00:00 to 2019-12-31 23:06:00
        Data columns (total 4 columns):
         #   Column  Non-Null Count  Dtype
        ---  ------  --------------  -----
         0   HIGH    96526 non-null  float64
         1   LOW     96526 non-null  float64
         2   OPEN    96526 non-null  float64
```

```
          3    CLOSE    96526 non-null   float64
         dtypes: float64(4)
         memory usage: 3.7 MB

In [7]: data = pd.DataFrame(raw['CLOSE'].loc[:])    ❷
        data.columns = [symbol]    ❷

In [8]: data = data.resample('1h', label='right').last().ffill()    ❷

In [9]: data.info()
        <class 'pandas.core.frame.DataFrame'>
        DatetimeIndex: 2208 entries, 2019-10-01 01:00:00 to 2020-01-01 00:00:00
        Freq: H
        Data columns (total 1 columns):
         #   Column   Non-Null Count   Dtype
        ---  ------   --------------   -----
         0   EUR_USD  2208 non-null    float64
        dtypes: float64(1)
        memory usage: 34.5 KB

In [10]: data.plot(figsize=(10, 6));    ❷
```

❶ 將資料讀入 DataFrame 物件。

❷ 選擇、重新抽樣以及描繪（每期間）結束價。

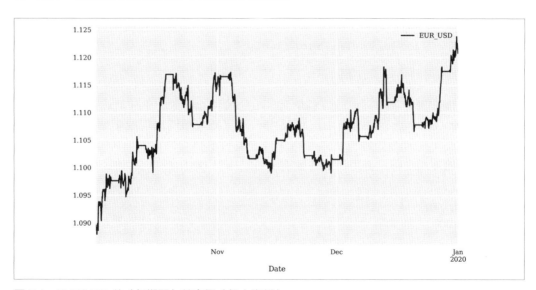

圖 7-1　EUR/USD 的（每期間）結束價（盤中資料）

# 基準預測

以新的資料集，重複執行第六章的預測方法。第一、建立 lag 處理後的特徵：

```
In [11]: lags = 5

In [12]: def add_lags(data, symbol, lags, window=20):  ❶
             cols = []
             df = data.copy()
             df.dropna(inplace=True)
             df['r'] = np.log(df / df.shift())
             df['sma'] = df[symbol].rolling(window).mean()
             df['min'] = df[symbol].rolling(window).min()
             df['max'] = df[symbol].rolling(window).max()
             df['mom'] = df['r'].rolling(window).mean()
             df['vol'] = df['r'].rolling(window).std()
             df.dropna(inplace=True)
             df['d'] = np.where(df['r'] > 0, 1, 0)
             features = [symbol, 'r', 'd', 'sma', 'min', 'max', 'mom', 'vol']
             for f in features:
                 for lag in range(1, lags + 1):
                     col = f'{f}_lag_{lag}'
                     df[col] = df[f].shift(lag)
                     cols.append(col)
             df.dropna(inplace=True)
             return df, cols

In [13]: data, cols = add_lags(data, symbol, lags)
```

❶ 與第六章所用的函式稍有不同。

第二、檢視標籤資料。依採用的資料集而言，分類可能導致的主要問題是**類別不平衡**（*class imbalance*）。此意味著，二元標籤中，一個特定類別出現的頻率可能高於另一個類別。如此可能導致類神經網路只預測到出現頻率較高的類別，其內可能已經是低損失與高準確度的安排。套用適當的權重，可以確保 DNN 訓練中兩個類別具有相等的重要性 [2]：

```
In [14]: len(data)
Out[14]: 2183

In [15]: c = data['d'].value_counts()  ❶
         c  ❶
Out[15]: 0    1445
```

---

2　參閱此部落格文章（*https://oreil.ly/3X1Qk*），其中探討 Keras 針對類別不平衡的解決方案。

```
          1     738
          Name: d, dtype: int64

In [16]: def cw(df):    ❷
             c0, c1 = np.bincount(df['d'])
             w0 = (1 / c0) * (len(df)) / 2
             w1 = (1 / c1) * (len(df)) / 2
             return {0: w0, 1: w1}

In [17]: class_weight = cw(data)    ❷

In [18]: class_weight    ❷
Out[18]: {0: 0.755363321799308, 1: 1.4789972899728998}

In [19]: class_weight[0] * c[0]    ❸
Out[19]: 1091.5

In [20]: class_weight[1] * c[1]    ❸
Out[20]: 1091.5
```

❶ 顯示兩種類別出現的頻率。

❷ 為達平等加權而計算適當權重。

❸ 採用計算完的權重,讓兩種類別有相等加權。

第三、用 Keras 建立 DNN 模型,並用此完整資料集訓練模型。in-sample 的基準效能約為 60%:

```
In [21]: import random
         import tensorflow as tf
         from keras.layers import Dense
         from keras.models import Sequential
         from keras.optimizers import Adam
         from sklearn.metrics import accuracy_score
         Using TensorFlow backend.

In [22]: def set_seeds(seed=100):
             random.seed(seed)    ❶
             np.random.seed(seed)    ❷
             tf.random.set_seed(seed)    ❸

In [23]: optimizer = Adam(lr=0.001)    ❹

In [24]: def create_model(hl=1, hu=128, optimizer=optimizer):
             model = Sequential()
```

```
        model.add(Dense(hu, input_dim=len(cols),
                        activation='relu'))  ❺
        for _ in range(hl):
            model.add(Dense(hu, activation='relu'))  ❻
        model.add(Dense(1, activation='sigmoid'))  ❼
        model.compile(loss='binary_crossentropy',  ❽
                      optimizer=optimizer,  ❾
                      metrics=['accuracy'])  ❿
        return model
```

```
In [25]: set_seeds()
         model = create_model(hl=1, hu=128)
```

```
In [26]: %%time
         model.fit(data[cols], data['d'], epochs=50,
                   verbose=False, class_weight=cw(data))
         CPU times: user 6.44 s, sys: 939 ms, total: 7.38 s
         Wall time: 4.07 s
```

```
Out[26]: <keras.callbacks.callbacks.History at 0x7fbfc2ee6690>
```

```
In [27]: model.evaluate(data[cols], data['d'])
         2183/2183 [==============================] - 0s 24us/step
```

```
Out[27]: [0.582192026280068, 0.6087952256202698]
```

```
In [28]: data['p'] = np.where(model.predict(data[cols]) > 0.5, 1, 0)
```

```
In [29]: data['p'].value_counts()
Out[29]: 1    1340
         0     843
         Name: p, dtype: int64
```

❶ Python 亂數種子。

❷ NumPy 亂數種子。

❸ TensorFlow 亂數種子。

❹ 預設的 optimizer（參閱 *https://oreil.ly/atpu8*）。

❺ 第一層。

❻ 附加層。

❼ 輸出層。

❽ 損失函數（參閱 *https://oreil.ly/cVGVf*）。

❾ 設定 optimizer。

❿ 要採用的其他效能指標。

模型的 out-of-sample 效能也是如此。依然高於 60%。如此表現已可視為相當不錯的效果：

```
In [30]: split = int(len(data) * 0.8)  ❶

In [31]: train = data.iloc[:split].copy()  ❷

In [32]: test = data.iloc[split:].copy()  ❸

In [33]: set_seeds()
         model = create_model(hl=1, hu=128)

In [34]: %%time
         h = model.fit(train[cols], train['d'],
                     epochs=50, verbose=False,
                     validation_split=0.2, shuffle=False,
                     class_weight=cw(train))
         CPU times: user 4.72 s, sys: 686 ms, total: 5.41 s
         Wall time: 3.14 s

Out[34]: <keras.callbacks.callbacks.History at 0x7fbfc3231250>

In [35]: model.evaluate(train[cols], train['d'])  ❹
         1746/1746 [==============================] - 0s 13us/step

Out[35]: [0.612861613500842, 0.5853379368782043]

In [36]: model.evaluate(test[cols], test['d'])  ❺
         437/437 [==============================] - 0s 16us/step

Out[36]: [0.5946959675858714, 0.6247139573097229]

In [37]: test['p'] = np.where(model.predict(test[cols]) > 0.5, 1, 0)

In [38]: test['p'].value_counts()
Out[38]: 1    291
         0    146
         Name: p, dtype: int64
```

❶ 將整個資料集分割成：

❷ 訓練資料集，

❸ 以及測試資料集。

❹ 計算 *in-sample* 效能。

❺ 計算 *out-of-sample* 效能。

圖 7-2 顯示訓練資料子集與驗證資料子集於訓練 epoch 次數中的準確度變化：

```
In [39]: res = pd.DataFrame(h.history)

In [40]: res[['accuracy', 'val_accuracy']].plot(figsize=(10, 6), style='--');
```

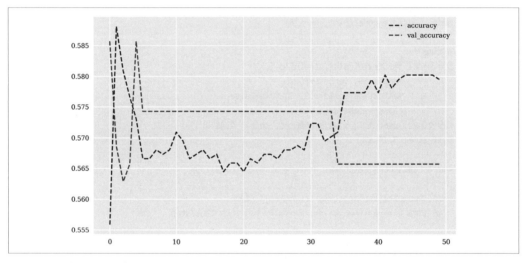

圖 7-2　訓練與驗證的準確度

本節的分析為更仔細運用 Keras 的 DNN 而奠定基礎。其呈現出市場基準預測的作法。下列各節會增加其他元素，主要期望提高 out-of-sample 模型效能，以及避免模型與訓練資料過度配適。

# 正規化

第 218 頁〈基準預測〉的內容採用 lag 後的特徵。第六章特徵資料正規化的作法是減去每個特徵的訓練資料平均值，然後除以訓練資料的標準差。這種正規化（normalization）技術稱為**高斯正規化**，其往往是訓練類神經網路時所呈現的重要面向（即便非始終如此為之）。如下列 Python 程式碼及其結果所示，使用正規化特徵資料時，in-sample 效能明顯改善，out-of-sample 效能也略有增加。然而，不能保證藉由特徵正規化可提高 out-of-sample 效能：

```
In [41]: mu, std = train.mean(), train.std()  ❶

In [42]: train_ = (train - mu) / std  ❷

In [43]: set_seeds()
         model = create_model(hl=2, hu=128)

In [44]: %%time
         h = model.fit(train_[cols], train['d'],
                     epochs=50, verbose=False,
                     validation_split=0.2, shuffle=False,
                     class_weight=cw(train))
         CPU times: user 5.81 s, sys: 879 ms, total: 6.69 s
         Wall time: 3.53 s

Out[44]: <keras.callbacks.callbacks.History at 0x7fbfa51353d0>

In [45]: model.evaluate(train_[cols], train['d'])  ❸
         1746/1746 [==============================] - 0s 14us/step

Out[45]: [0.4253406366728084, 0.887170672416687]

In [46]: test_ = (test - mu) / std  ❹

In [47]: model.evaluate(test_[cols], test['d'])  ❺
         437/437 [==============================] - 0s 24us/step

Out[47]: [1.1377735263422917, 0.681922197341919]

In [48]: test['p'] = np.where(model.predict(test_[cols]) > 0.5, 1, 0)

In [49]: test['p'].value_counts()
Out[49]: 0    281
         1    156
         Name: p, dtype: int64
```

❶ 計算所有訓練特徵的平均值與標準差。

❷ 訓練資料集的高斯正規化。

❸ 計算 *in-sample* 效能。

❹ 測試資料集的高斯正規化。

❺ 計算 *out-of-sample* 效能。

經常發生的問題是**過度配適**。圖 7-3 的視覺化呈現令人印象深刻，訓練準確度穩定提升而驗證準確度卻緩慢下降：

```
In [50]: res = pd.DataFrame(h.history)
```

```
In [51]: res[['accuracy', 'val_accuracy']].plot(figsize=(10, 6), style='--');
```

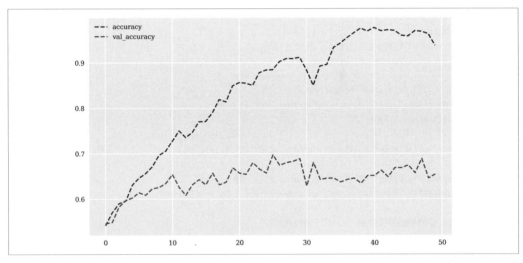

**圖 7-3　訓練與驗證的準確度（正規化的特徵資料）**

三個可避免過度配適的候選方法為 *dropout*、**正則化**（*regularization*）以及 *bagging*。隨後各節將探討上述方法。本章稍後也將討論 optimizer 選用的影響。

# Dropout

*dropout* 的概念是，類神經網路不應該在訓練階段使用所有的隱藏單元。類比於人腦則是，人們經常忘記以前學到的資訊。如此而言，可讓人腦持續「思想開放」（接受新思維）。理想上，類神經網路的行為應該類似：DNN 的連接不應過於強大，進而避免過度配適於訓練資料。

技術上，Keras 模型在隱藏層間有附加層來管理 dropout。主要參數是一層中隱藏單元被 drop（譯註：棄用）的比率。通常會以隨機方式予以 drop。在此，可以將 seed 參數固定而避免隨機情況。結果，in-sample 效能下降，而 out-of-sample 效能也略為降低。然而，這兩個效能衡量結果差距較小，一般而言，這是理想的情況：

```
In [52]: from keras.layers import Dropout

In [53]: def create_model(hl=1, hu=128, dropout=True, rate=0.3,
                           optimizer=optimizer):
             model = Sequential()
             model.add(Dense(hu, input_dim=len(cols),
                             activation='relu'))
             if dropout:
                 model.add(Dropout(rate, seed=100))     ❶
             for _ in range(hl):
                 model.add(Dense(hu, activation='relu'))
                 if dropout:
                     model.add(Dropout(rate, seed=100))     ❶
             model.add(Dense(1, activation='sigmoid'))
             model.compile(loss='binary_crossentropy', optimizer=optimizer,
                           metrics=['accuracy'])
             return model

In [54]: set_seeds()
         model = create_model(hl=1, hu=128, rate=0.3)

In [55]: %%time
         h = model.fit(train_[cols], train['d'],
                 epochs=50, verbose=False,
                 validation_split=0.15, shuffle=False,
                 class_weight=cw(train))
         CPU times: user 5.46 s, sys: 758 ms, total: 6.21 s
         Wall time: 3.53 s

Out[55]: <keras.callbacks.callbacks.History at 0x7fbfa6386550>
```

```
In [56]: model.evaluate(train_[cols], train['d'])
         1746/1746 [==============================] - 0s 20us/step

Out[56]: [0.4423361133190911, 0.7840778827667236]

In [57]: model.evaluate(test_[cols], test['d'])
         437/437 [==============================] - 0s 34us/step

Out[57]: [0.5875822428434883, 0.6430205702781677]
```

❶ 在每一層加入 dropout。

如圖 7-4 所示，此時訓練準確度與驗證準確度兩者不像之前那樣快速岔開：

```
In [58]: res = pd.DataFrame(h.history)
```

```
In [59]: res[['accuracy', 'val_accuracy']].plot(figsize=(10, 6), style='--');
```

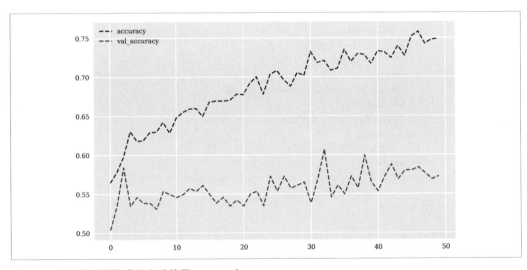

圖 7-4　訓練與驗證的準確度（使用 dropout）

**主動性遺忘**

Keras 的 Sequential 模型的 dropout 模擬人類經驗：忘記之前記憶的資訊。
作法是在訓練期間停用隱藏層的某些隱藏單元。實際上，往往能大幅避免
類神經網路對於訓練資料的過度配適。

# 正則化

避免過度配適的另一個方法是正則化。利用正則化，類神經網路中大權重於損失（函數）的計算中會受懲罰（較為不利）；如此可避免 DNN 中某些連接變得過於強大而佔主導地位的情況。可以透過 Dense 層的某參數，於 Keras DNN 中正則化。依據所選的正則化參數，訓練與測試準確度可以維持相當接近，通常會用兩種 regularizer，一種是以線性範數（linear norm）l1 為基礎，另一個是以歐式範數（Euclidean norm）l2 為基礎。以下 Python 程式碼將正則化內容加入此模型的建置函式中：

```
In [60]: from keras.regularizers import l1, l2

In [61]: def create_model(hl=1, hu=128, dropout=False, rate=0.3,
                           regularize=False, reg=l1(0.0005),
                           optimizer=optimizer, input_dim=len(cols)):
             if not regularize:
                 reg = None
             model = Sequential()
             model.add(Dense(hu, input_dim=input_dim,
                             activity_regularizer=reg,     ❶
                             activation='relu'))
             if dropout:
                 model.add(Dropout(rate, seed=100))
             for _ in range(hl):
                 model.add(Dense(hu, activation='relu',
                                 activity_regularizer=reg))   ❶
                 if dropout:
                     model.add(Dropout(rate, seed=100))
             model.add(Dense(1, activation='sigmoid'))
             model.compile(loss='binary_crossentropy', optimizer=optimizer,
                           metrics=['accuracy'])
             return model

In [62]: set_seeds()
         model = create_model(hl=1, hu=128, regularize=True)

In [63]: %%time
         h = model.fit(train_[cols], train['d'],
                 epochs=50, verbose=False,
                 validation_split=0.2, shuffle=False,
                 class_weight=cw(train))
         CPU times: user 5.49 s, sys: 1.05 s, total: 6.54 s
         Wall time: 3.15 s
```

```
Out[63]: <keras.callbacks.callbacks.History at 0x7fbfa6b8e110>

In [64]: model.evaluate(train_[cols], train['d'])
         1746/1746 [==============================] - 0s 15us/step

Out[64]: [0.5307255412568205, 0.7691867351531982]

In [65]: model.evaluate(test_[cols], test['d'])
         437/437 [==============================] - 0s 22us/step

Out[65]: [0.8428352184644826, 0.6590389013290405]
```

❶ 在每一層加入正則化內容。

圖 7-5 呈現正則化之下的訓練與驗證準確度。此時兩個效能衡量結果比之前的情況更為靠攏：

```
In [66]: res = pd.DataFrame(h.history)
```

```
In [67]: res[['accuracy', 'val_accuracy']].plot(figsize=(10, 6), style='--');
```

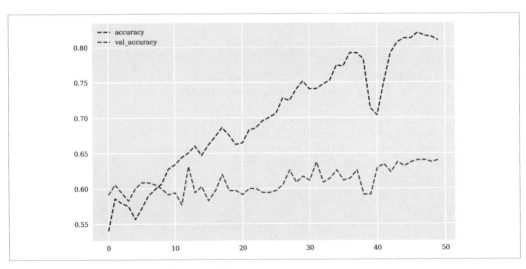

圖 7-5　訓練與驗證的準確度（使用正則化）

當然，dropout 與正則化可一併使用。其中的概念是，將這兩個方法結合可以更為妥善的避免過度配適，進而讓 in-sample 與 out-of-sample 準確度更為接近。事實上，在這種情況下，兩者的效能衡量結果差距最少：

```
In [68]: set_seeds()
         model = create_model(hl=2, hu=128,
                              dropout=True, rate=0.3,      ❶
                              regularize=True, reg=l2(0.001),   ❷
                              )
```

```
In [69]: %%time
         h = model.fit(train_[cols], train['d'],
                       epochs=50, verbose=False,
                       validation_split=0.2, shuffle=False,
                       class_weight=cw(train))
         CPU times: user 7.06 s, sys: 958 ms, total: 8.01 s
         Wall time: 4.28 s
```

```
Out[69]: <keras.callbacks.callbacks.History at 0x7fbfa701cb50>
```

```
In [70]: model.evaluate(train_[cols], train['d'])
         1746/1746 [==============================] - 0s 18us/step
```

```
Out[70]: [0.5007762827004764, 0.7691867351531982]
```

```
In [71]: model.evaluate(test_[cols], test['d'])
         437/437 [==============================] - 0s 23us/step
```

```
Out[71]: [0.6191965124699835, 0.6864988803863525]
```

❶ 模型建置時加入 dropout。

❷ 模型建置時加入正則化。

圖 7-6 顯示 dropout 與正則化結合時訓練與驗證的準確度。訓練的 epoch 中，訓練資料與驗證資料兩者的準確度差距平均只有四個百分點左右：

```
In [72]: res = pd.DataFrame(h.history)
```

```
In [73]: res[['accuracy', 'val_accuracy']].plot(figsize=(10, 6), style='--');
```

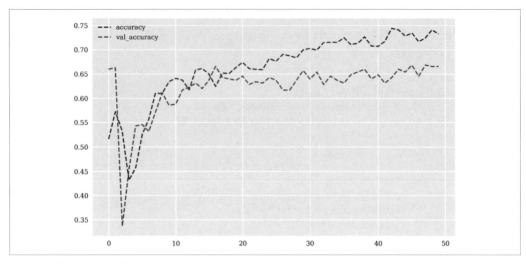

圖 7-6　訓練與驗證的準確度（dropout 與正則化並用）

**大權重的懲罰**

正則化藉由懲罰類神經網路中大權重內容，以避免過度配適。單一權重不
能大到足以操控類神經網路。懲罰讓權重維持旗鼓相當的程度。

# Bagging

第六章中已用過 bagging 方法避免過度配適，當時僅用於 scikit-learn 的 `MLPRegressor`
模型中。而 Keras DNN 分類模型也有個包裹類別（即 `KerasClassifier` 類別）可以
scikit-learn 形式引用。下列 Python 程式碼以此包裹類別為 Keras DNN 建模，並與
scikit-learn 的 `BaggingClassifier` 結合。in-sample 與 out-of-sample 效能結果相對較高，約
為 70%。然而，結果受到類別不平衡所影響，如之前所述，而在此反映的情況是預測為
0 的頻率很高：

```
In [75]: from sklearn.ensemble import BaggingClassifier
         from keras.wrappers.scikit_learn import KerasClassifier

In [76]: max_features = 0.75

In [77]: set_seeds()
         base_estimator = KerasClassifier(build_fn=create_model,
                            verbose=False, epochs=20, hl=1, hu=128,
```

```
                              dropout=True, regularize=False,
                              input_dim=int(len(cols) * max_features))  ❶

In [78]: model_bag = BaggingClassifier(base_estimator=base_estimator,
                                        n_estimators=15,
                                        max_samples=0.75,
                                        max_features=max_features,
                                        bootstrap=True,
                                        bootstrap_features=True,
                                        n_jobs=1,
                                        random_state=100,
                                        )  ❷

In [79]: %time model_bag.fit(train_[cols], train['d'])
         CPU times: user 40 s, sys: 5.23 s, total: 45.3 s
         Wall time: 26.3 s

Out[79]: BaggingClassifier(base_estimator=<keras.wrappers.scikit_learn.KerasClassifier
          object at 0x7fbfa7cc7b90>,
         bootstrap_features=True, max_features=0.75, max_samples=0.75,
                         n_estimators=15, n_jobs=1, random_state=100)

In [80]: model_bag.score(train_[cols], train['d'])
Out[80]: 0.720504009163803

In [81]: model_bag.score(test_[cols], test['d'])
Out[81]: 0.6704805491990846

In [82]: test['p'] = model_bag.predict(test_[cols])

In [83]: test['p'].value_counts()
Out[83]: 0    408
         1     29
         Name: p, dtype: int64
```

❶ 基本 estimator（在此為 Keras Sequential 模型）的實體化。

❷ 為多個等價的基本 estimator 整體所需的 BaggingClassifier 實體化。

分散式學習

意義上，bagging 是在多個類神經網路（或其他模型）之中分散學習，例
如，每個類神經網路僅能看到訓練資料集的部分內容，而只能看到特定的
特徵。如此可避免單一類神經網路過度配適於整個訓練資料集的風險。此
預測的效果源於所有類神經網路特定訓練過後的整合結果。

# Optimizer

Keras 套件提供一組精選的 optimizer 可與 Sequential 模型搭配使用（參閱 *https://oreil.ly/ atpu8*）。就訓練所需時間與預測準確度兩者來說，不同的 optimizer 可能會有不同的效能表現。下列 Python 程式碼使用不同的 optimizer，並衡量其效能。在所有情況下，會使用 Keras 的預設參數化內容。out-of-sample 效能並無多大改變。然而，鑒於所用的 optimizer 不同，in-sample 的效能則有顯著的差異：

```
In [84]: import time

In [85]: optimizers = ['sgd', 'rmsprop', 'adagrad', 'adadelta',
                       'adam', 'adamax', 'nadam']

In [86]: %%time
         for optimizer in optimizers:
             set_seeds()
             model = create_model(hl=1, hu=128,
                           dropout=True, rate=0.3,
                           regularize=False, reg=l2(0.001),
                           optimizer=optimizer
                           )  ❶
             t0 = time.time()
             model.fit(train_[cols], train['d'],
                     epochs=50, verbose=False,
                     validation_split=0.2, shuffle=False,
                     class_weight=cw(train))  ❷
             t1 = time.time()
             t = t1 - t0
             acc_tr = model.evaluate(train_[cols], train['d'], verbose=False)[1]  ❸
             acc_te = model.evaluate(test_[cols], test['d'], verbose=False)[1]  ❹
             out = f'{optimizer:10s} | time[s]: {t:.4f} | in-sample={acc_tr:.4f}'
             out += f' | out-of-sample={acc_te:.4f}'
             print(out)
         sgd        | time[s]: 2.8092 | in-sample=0.6363 | out-of-sample=0.6568
         rmsprop    | time[s]: 2.9480 | in-sample=0.7600 | out-of-sample=0.6613
         adagrad    | time[s]: 2.8472 | in-sample=0.6747 | out-of-sample=0.6499
         adadelta   | time[s]: 3.2068 | in-sample=0.7279 | out-of-sample=0.6522
         adam       | time[s]: 3.2364 | in-sample=0.7365 | out-of-sample=0.6545
         adamax     | time[s]: 3.2465 | in-sample=0.6982 | out-of-sample=0.6476
         nadam      | time[s]: 4.1275 | in-sample=0.7944 | out-of-sample=0.6590
         CPU times: user 35.9 s, sys: 4.55 s, total: 40.4 s
         Wall time: 23.1 s
```

**❶** DNN 模型實體化（給定 optimizer）。

**❷** 依指定的 optimizer 配適模型。

**❸** 計算 *in-sample* 效能。

**❹** 計算 *out-of-sample* 效能。

# 本章總結

本章深入探討 DNN 的內容，並使用 Keras 作為主要套件。Keras 對於建構 DNN 具有高度彈性。實作的結果很有前途，因為 in-sample 與 out-of-sample 兩者的效能（就預測準確度而言）始終達 60%（含）以上。然而，預測準確度只是其中一面。必須有適當的交易策略予以執行，進而從預測結果或「訊號」獲得經濟利潤。第四部分會以演算法交易的背景，詳細探討這個至關重要的主題。接下來兩章會先說明其他類神經網路（循環神經網路）以及學習技術（增強式學習）的運用。

# 參考文獻

Keras 是功能強大而全面的軟體套件，主要用於深度學習，以 TensforFlow 作為其主要後端。此專案依然持續發展中，透過專案首頁（*http://keras.io*），追蹤最新動態。關於 Keras 主要的參考書籍資源如下：

Chollet, François. 2017. *Deep Learning with Python*. Shelter Island: Manning.

Goodfellow, Ian, Yoshua Bengio, and Aaron Courville. 2016. *Deep Learning*. Cambridge: MIT Press. *http://deeplearningbook.org*.

# 第八章

# 循環神經網路

歷史不會重演，但會押韻（相似）。

——Mark Twain

人生似乎是一連串的事件與意外。而回首人生，遇見的是一種型態
（樣式）。

——Bernoît Mandelbrot

本章要探討**循環神經網路**（RNN）。這種網路專門用於學習循序資料，如文字或時間序列資料。本章的論述方式如同以往，採取實務作法，主要以實用的 Python 範例（利用 Keras 實作）作說明[1]。

第 236 頁〈第一例〉與第 240 頁〈第二例〉以兩個具有數值資料樣本的簡單示例來介紹 RNN，說明 RNN 預測循序資料的應用內容。而第 243 頁〈金融價格序列〉使用金融價格序列資料，並採取 RNN 作法，直接以估計方式預測此類序列內容。第 247 頁〈金融報酬率序列〉則使用報酬率資料，也是利用估計方法預測金融工具價格的未來方向。第 249 頁〈金融特徵〉除了價格與報酬率資料之外，混加金融特徵來預測市場方向。本節會介紹三種不同作法：針對估計與分類任務透過淺層 RNN 作預測，以及利用深層 RNN 預測分類內容。

本章重點是，市場方向預測的需求中，RNN 對於金融時間序列資料的應用，可以達到 60% 以上的預測準確度。然而，其中的表現不能完全跟上第七章所呈現的效果。如此可能讓人感到意外，因為 RNN 目的是能妥善處理金融時間序列資料——這正是本書的主要重點。

---

1　針對 RNN 的技術細節，可參閱 Goodfellow et al. (2016, ch. 10)。實作的部分可參閱 Chollet (2017, ch. 6)。

# 第一例

為了說明 RNN 的訓練與用法，接著列舉一個以整數序列為基礎的簡單例子。以下為某些匯入內容與祖態設定：

```
In [1]: import os
        import random
        import numpy as np
        import pandas as pd
        import tensorflow as tf
        from pprint import pprint
        from pylab import plt, mpl
        plt.style.use('seaborn')
        mpl.rcParams['savefig.dpi'] = 300
        mpl.rcParams['font.family'] = 'serif'
        pd.set_option('precision', 4)
        np.set_printoptions(suppress=True, precision=4)
        os.environ['PYTHONHASHSEED'] = '0'

In [2]: def set_seeds(seed=100):        ❶
            random.seed(seed)
            np.random.seed(seed)
            tf.random.set_seed(seed)
        set_seeds()        ❶
```

❶ 設定所有種子內容的函式。

在此則是被轉換成適當 shape（陣列形狀或陣列維度）的簡單資料集：

```
In [3]: a = np.arange(100)        ❶
        a
Out[3]: array([ 0,  1,  2,  3,  4,  5,  6,  7,  8,  9, 10, 11, 12, 13, 14, 15, 16,
               17, 18, 19, 20, 21, 22, 23, 24, 25, 26, 27, 28, 29, 30, 31, 32, 33,
               34, 35, 36, 37, 38, 39, 40, 41, 42, 43, 44, 45, 46, 47, 48, 49, 50,
               51, 52, 53, 54, 55, 56, 57, 58, 59, 60, 61, 62, 63, 64, 65, 66, 67,
               68, 69, 70, 71, 72, 73, 74, 75, 76, 77, 78, 79, 80, 81, 82, 83, 84,
               85, 86, 87, 88, 89, 90, 91, 92, 93, 94, 95, 96, 97, 98, 99])

In [4]: a = a.reshape((len(a), -1))        ❷

In [5]: a.shape        ❷
Out[5]: (100, 1)

In [6]: a[:5]        ❷
Out[6]: array([[0],
               [1],
               [2],
```

```
                    [3],
                    [4]])
```

**❶** 簡單資料。

**❷** 重塑成二維形狀。

使用 TimeseriesGenerator，可將原始資料轉換為適合訓練 RNN 的物件。其概念是使用一定數量的（經過 lag 處理後）原始資料訓練模型，進而預測序列中下一個值。例如，0、1、2 三個 lag 後的值（特徵）可用於預測 3 這個值（標籤）。同樣的，1、2、3 也用於預測 4：

```
In [7]: from keras.preprocessing.sequence import TimeseriesGenerator
        Using TensorFlow backend.

In [8]: lags = 3

In [9]: g = TimeseriesGenerator(a, a, length=lags, batch_size=5)   ❶

In [10]: pprint(list(g)[0])   ❶
        (array([[[0],
                 [1],
                 [2]],

                [[1],
                 [2],
                 [3]],

                [[2],
                 [3],
                 [4]],

                [[3],
                 [4],
                 [5]],

                [[4],
                 [5],
                 [6]]]),
         array([[3],
                [4],
                [5],
                [6],
                [7]]))
```

**❶** 用 TimeseriesGenerator 建立多組 lag 後的循序資料。

RNN 模型的建置與 DNN 類似。下列 Python 程式碼使用單一隱藏層的 SimpleRNN 型別（Chollet 2017, ch. 6；也可參閱 Keras recurrent layers 網頁——*https://oreil.ly/kpuqA*）。即便隱藏單元相對較少，不過可訓練的參數則相當多。.fit() 方法以 generator 物件（諸如使用 TimeseriesGenerator 建立的物件）作為輸入：

```
In [11]: from keras.models import Sequential
         from keras.layers import SimpleRNN, LSTM, Dense
```

```
In [12]: model = Sequential()
         model.add(SimpleRNN(100, activation='relu',
                             input_shape=(lags, 1)))   ❶
         model.add(Dense(1, activation='linear'))
         model.compile(optimizer='adagrad', loss='mse',
                       metrics=['mae'])
```

```
In [13]: model.summary()   ❷
         Model: "sequential_1"
```

| Layer (type) | Output Shape | Param # |
|---|---|---|
| simple_rnn_1 (SimpleRNN) | (None, 100) | 10200 |
| dense_1 (Dense) | (None, 1) | 101 |

```
         Total params: 10,301
         Trainable params: 10,301
         Non-trainable params: 0
```

```
In [14]: %%time
         h = model.fit(g, epochs=1000, steps_per_epoch=5,
                       verbose=False)   ❸
         CPU times: user 17.4 s, sys: 3.9 s, total: 21.3 s
         Wall time: 30.8 s
```

```
Out[14]: <keras.callbacks.callbacks.History at 0x7f7f079058d0>
```

❶ 單一隱藏層的 SimpleRNN 型別。

❷ 淺層 RNN 的內容摘要。

❸ 基於此 generator 物件的 RNN 配適。

RNN 訓練之際,效能指標可能會呈現相對不穩定的情況(參閱圖 8-1):

```
In [15]: res = pd.DataFrame(h.history)

In [16]: res.tail(3)
Out[16]:       loss     mae
         997  0.0001  0.0109
         998  0.0007  0.0211
         999  0.0001  0.0101

In [17]: res.iloc[10:].plot(figsize=(10, 6), style=['--', '--']);
```

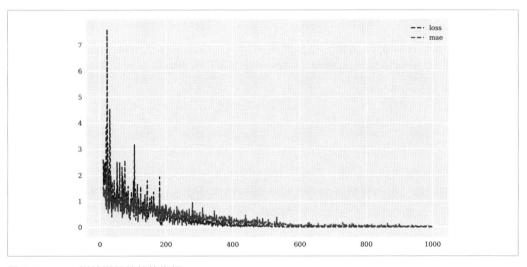

圖 8-1　RNN 訓練期間的效能指標

下列 Python 程式碼套用訓練過的 RNN,可產生 in-sample 與 out-of-sample 的預測結果:

```
In [18]: x = np.array([21, 22, 23]).reshape((1, lags, 1))
         y = model.predict(x, verbose=False)   ❶
         int(round(y[0, 0]))
Out[18]: 24

In [19]: x = np.array([87, 88, 89]).reshape((1, lags, 1))
         y = model.predict(x, verbose=False)   ❶
         int(round(y[0, 0]))
Out[19]: 90

In [20]: x = np.array([187, 188, 189]).reshape((1, lags, 1))
         y = model.predict(x, verbose=False)   ❷
```

```
                 int(round(y[0, 0]))
         Out[20]: 190

         In [21]: x = np.array([1187, 1188, 1189]).reshape((1, lags, 1))
                  y = model.predict(x, verbose=False)   ❸
                  int(round(y[0, 0]))
         Out[21]: 1194
```

❶ in-sample 預測。

❷ out-of-sample 預測。

❸ far-out-of-sample 預測。

即使針對 far-out-of-sample 預測，在此簡單案例中，結果通常也不錯。然而，藉由運用 OLS 迴歸可以完美解決當前的問題。因此，鑑於 RNN 的效能，為此類問題訓練 RNN 所牽涉的工作量相當大。

# 第二例

第一例訓練 RNN 解決簡單問題，然而只要利用 OLS 迴歸，甚至人工檢視資料就可輕易解決這個問題。第二例較具有挑戰性。輸入資料藉由二次項與三角函數項以及附加雜訊進行轉換。圖 8-2 顯示 $[-2\pi, 2\pi]$ 區間的序列結果：

```
         In [22]: def transform(x):
                      y = 0.05 * x ** 2 + 0.2 * x + np.sin(x) + 5   ❶
                      y += np.random.standard_normal(len(x)) * 0.2  ❷
                      return y

         In [23]: x = np.linspace(-2 * np.pi, 2 * np.pi, 500)
                  a = transform(x)

         In [24]: plt.figure(figsize=(10, 6))
                  plt.plot(x, a);
```

❶ 明定轉換。

❷ 隨機轉換。

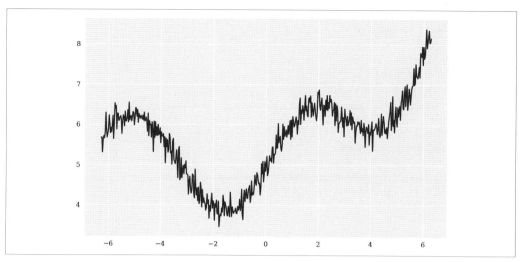

圖 8-2　樣本序列資料

如同之前，將原始資料重塑、套用 TimeseriesGenerator 以及訓練具單一隱藏層的 RNN：

```
In [25]: a = a.reshape((len(a), -1))

In [26]: a[:5]
Out[26]: array([[5.6736],
                [5.68  ],
                [5.3127],
                [5.645 ],
                [5.7118]])

In [27]: lags = 5

In [28]: g = TimeseriesGenerator(a, a, length=lags, batch_size=5)

In [29]: model = Sequential()
         model.add(SimpleRNN(500, activation='relu', input_shape=(lags, 1)))
         model.add(Dense(1, activation='linear'))
         model.compile(optimizer='rmsprop', loss='mse', metrics=['mae'])

In [30]: model.summary()
         Model: "sequential_2"
```

| Layer (type) | Output Shape | Param # |
|---|---|---|
| simple_rnn_2 (SimpleRNN) | (None, 500) | 251000 |

```
dense_2 (Dense)              (None, 1)                501
=================================================================
Total params: 251,501
Trainable params: 251,501
Non-trainable params: 0
```

```
In [31]: %%time
         model.fit(g, epochs=500,
                      steps_per_epoch=10,
                      verbose=False)
         CPU times: user 1min 6s, sys: 14.6 s, total: 1min 20s
         Wall time: 23.1 s

Out[31]: <keras.callbacks.callbacks.History at 0x7f7f09c11810>
```

下列 Python 程式碼預測 $[-6\pi, 6\pi]$ 區間的序列值。此區間範圍為訓練區間的三倍，而且涵蓋訓練區間左右兩側的 out-of-sample 預測內容。圖 8-3 顯示模型效能相當不錯，就連 out-of-sample 也是如此：

```
In [32]: x = np.linspace(-6 * np.pi, 6 * np.pi, 1000)  ❶
         d = transform(x)

In [33]: g_ = TimeseriesGenerator(d, d, length=lags, batch_size=len(d))  ❶

In [34]: f = list(g_)[0][0].reshape((len(d) - lags, lags, 1))  ❶

In [35]: y = model.predict(f, verbose=False)  ❷

In [36]: plt.figure(figsize=(10, 6))
         plt.plot(x[lags:], d[lags:], label='data', alpha=0.75)
         plt.plot(x[lags:], y, 'r.', label='pred', ms=3)
         plt.axvline(-2 * np.pi, c='g', ls='--')
         plt.axvline(2 * np.pi, c='g', ls='--')
         plt.text(-15, 22, 'out-of-sample')
         plt.text(-2, 22, 'in-sample')
         plt.text(10, 22, 'out-of-sample')
         plt.legend();
```

❶ 擴大樣本資料集。

❷ in-sample 與 out-of-sample 的預測。

範例的簡單性

前述兩個例子是特意選擇的簡單範例。範例所提出的問題，藉由 OLS 迴歸，譬如第二例以三角基底函數，能更有效率的解決。然而，對於關鍵的序列資料（例如金融時間序列資料）而言，基本上 RNN 的訓練方式相同。在這種情況下，OLS 迴歸的能力通常無法與 RNN 比擬。

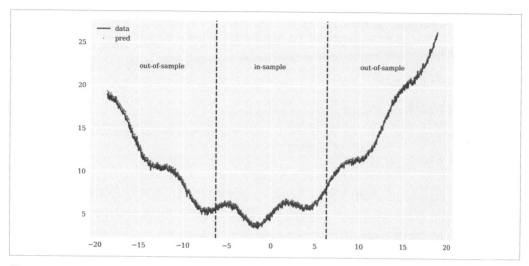

圖 8-3　in-sample 與 out-of-sample 的預測（RNN）

# 金融價格序列

將 RNN 首次應用於金融時間序列資料，而以 EUR/USD 盤中報價為例。利用前兩節介紹的作法，以金融時間序列訓練 RNN 輕而易舉。第一、將資料匯入並重新抽樣。也會把資料正規化並轉換成合適的 ndarray 物件：

```
In [37]: url = 'http://hilpisch.com/aiif_eikon_id_eur_usd.csv'

In [38]: symbol = 'EUR_USD'

In [39]: raw = pd.read_csv(url, index_col=0, parse_dates=True)

In [40]: def generate_data():
             data = pd.DataFrame(raw['CLOSE'])    ❶
             data.columns = [symbol]    ❷
```

```
            data = data.resample('30min', label='right').last().ffill()  ❸
            return data

In [41]: data = generate_data()

In [42]: data = (data - data.mean()) / data.std()  ❹

In [43]: p = data[symbol].values  ❺

In [44]: p = p.reshape((len(p), -1))  ❺
```

❶ 選一個 column。

❷ 為此 column 重新命名。

❸ 對資料重新抽樣。

❹ 套用高斯正規化。

❺ 將資料集重塑成二維陣列。

第二、依 generator 物件訓練此 RNN。create_rnn_model() 函式用於建立 RNN，其中有個 SimpleRNN 或 LSTM（*long short-term memory* —— 長短期記憶）層（Chollet 2017, ch. 6：也可參閱 Keras recurrent layers 網頁——*https://oreil.ly/kpuqA*）。

```
In [45]: lags = 5

In [46]: g = TimeseriesGenerator(p, p, length=lags, batch_size=5)

In [47]: def create_rnn_model(hu=100, lags=lags, layer='SimpleRNN',
                              features=1, algorithm='estimation'):
            model = Sequential()
            if layer == 'SimpleRNN':
                model.add(SimpleRNN(hu, activation='relu',
                                    input_shape=(lags, features)))  ❶
            else:
                model.add(LSTM(hu, activation='relu',
                               input_shape=(lags, features)))  ❶
            if algorithm == 'estimation':
                model.add(Dense(1, activation='linear'))  ❷
                model.compile(optimizer='adam', loss='mse', metrics=['mae'])
            else:
                model.add(Dense(1, activation='sigmoid'))  ❷
                model.compile(optimizer='adam', loss='mse', metrics=['accuracy'])
            return model
```

```
In [48]: model = create_rnn_model()

In [49]: %%time
         model.fit(g, epochs=500, steps_per_epoch=10,
                             verbose=False)
         CPU times: user 20.8 s, sys: 4.66 s, total: 25.5 s
         Wall time: 11.2 s

Out[49]: <keras.callbacks.callbacks.History at 0x7f7ef6716590>
```

❶ 加入 SimpleRNN 層或 LSTM 層。

❷ 加入估計或分類所需的輸出層。

第三、產生 in-sample 預測。如圖 8-4 所示，RNN 能夠取得正規化金融時間序列資料的結構。依據此視覺化結果，預測準確度似乎相當不錯：

```
In [50]: y = model.predict(g, verbose=False)

In [51]: data['pred'] = np.nan
         data['pred'].iloc[lags:] = y.flatten()

In [52]: data[[symbol, 'pred']].plot(
                     figsize=(10, 6), style=['b', 'r-.'],
                     alpha=0.75);
```

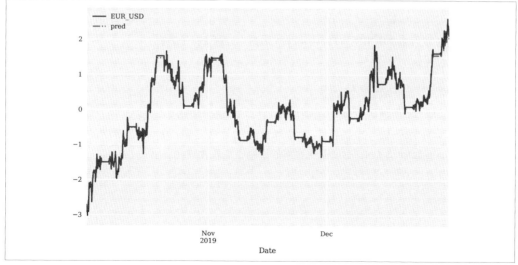

圖 8-4　由 RNN 執行金融價格序列的 in-sample 預測（針對整個資料集）

然而，更為靠近檢視此視覺化內容之後，會發現認定的結果並不成立。圖 8-5 將內容放大，只顯示原始資料集與預測結果的 50 個資料點。基本上 RNN 的預測值只是最近的 lag 值，即位移一個時間間隔。視覺上來說，此預測線就是金融時間序列右移一個時間差的情形：

```
In [53]: data[[symbol, 'pred']].iloc[50:100].plot(
                 figsize=(10, 6), style=['b', 'r-.'],
                 alpha=0.75);
```

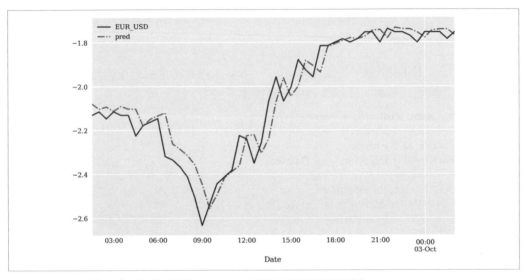

圖 8-5　由 RNN 執行金融價格序列的 in-sample 預測（針對資料子集）

*RNN 與效率市場*

RNN 的金融價格序列預測結果，與第六章中用於說明 EMH 的 OLS 迴歸作法一樣。以最小平方的意義說明，今日價格是明日價格的最佳 predictor。RNN 對於價格資料的應用不會產生其他見解。

# 金融報酬率序列

如之前的分析所示，預測報酬率可能比較容易（而非預測價格）。因此，下列 Python 程式碼會依對數報酬率再度進行上述的分析：

```
In [54]: data = generate_data()

In [55]: data['r'] = np.log(data / data.shift(1))

In [56]: data.dropna(inplace=True)

In [57]: data = (data - data.mean()) / data.std()

In [58]: r = data['r'].values

In [59]: r = r.reshape((len(r), -1))

In [60]: g = TimeseriesGenerator(r, r, length=lags, batch_size=5)

In [61]: model = create_rnn_model()

In [62]: %%time
         model.fit(g, epochs=500, steps_per_epoch=10,
                        verbose=False)
         CPU times: user 20.4 s, sys: 4.2 s, total: 24.6 s
         Wall time: 11.3 s

Out[62]: <keras.callbacks.callbacks.History at 0x7f7ef47a8dd0>
```

如圖 8-6 所示，RNN 的預測以絕對結果而言並不太好。然而，似乎能夠莫名得知正確的市場方向（報酬率的信號）：

```
In [63]: y = model.predict(g, verbose=False)

In [64]: data['pred'] = np.nan
         data['pred'].iloc[lags:] = y.flatten()
         data.dropna(inplace=True)

In [65]: data[['r', 'pred']].iloc[50:100].plot(
                     figsize=(10, 6), style=['b', 'r-.'],
                     alpha=0.75);
         plt.axhline(0, c='grey', ls='--')
```

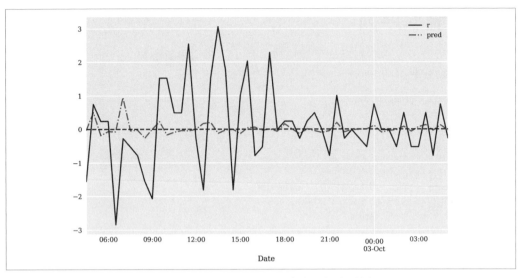

圖 8-6 由 RNN 執行金融報酬率序列的 in-sample 預測（針對資料子集）

雖然圖 8-6 僅是信號指示，不過相對較高準確度所支持的假設是，RNN 針對報酬率的表現可能會優於價格序列的結果：

```
In [66]: from sklearn.metrics import accuracy_score

In [67]: accuracy_score(np.sign(data['r']), np.sign(data['pred']))
Out[67]: 0.6806532093445226
```

然而，若以實際描繪來說，訓練與測試的切分需按順序。out-of-sample 準確度不如整個資料集 in-sample 的表現高，不過對於當前的問題而言，還不錯的結果：

```
In [68]: split = int(len(r) * 0.8)   ❶

In [69]: train = r[:split]   ❶

In [70]: test = r[split:]   ❶

In [71]: g = TimeseriesGenerator(train, train, length=lags, batch_size=5)   ❷

In [72]: set_seeds()
         model = create_rnn_model(hu=100)

In [73]: %%time
         model.fit(g, epochs=100, steps_per_epoch=10, verbose=False)   ❷
         CPU times: user 5.67 s, sys: 1.09 s, total: 6.75 s
```

```
              Wall time: 2.95 s

Out[73]: <keras.callbacks.callbacks.History at 0x7f7ef5482dd0>

In [74]: g_ = TimeseriesGenerator(test, test, length=lags, batch_size=5)   ❸

In [75]: y = model.predict(g_)   ❸

In [76]: accuracy_score(np.sign(test[lags:]), np.sign(y))   ❸
Out[76]: 0.6708428246013668
```

❶ 將資料切分成訓練資料子集與測試資料子集。

❷ 訓練資料的模型配適。

❸ 測試資料的模型測試。

# 金融特徵

RNN 的應用不限於原始價格或報酬率資料，還可以引入其他特徵來改進 RNN 的預測。
下列 Python 程式碼將典型的金融特徵加入資料集中：

```
In [77]: data = generate_data()

In [78]: data['r'] = np.log(data / data.shift(1))

In [79]: window = 20
         data['mom'] = data['r'].rolling(window).mean()   ❶
         data['vol'] = data['r'].rolling(window).std()    ❷

In [80]: data.dropna(inplace=True)
```

❶ 加入時間序列**動能**特徵。

❷ 加入滾動**波動率**特徵。

# 估計

在估計任務中，out-of-sample 準確度會顯著下降（也許有些令人驚訝）。換句話說，在
此特定情況下加入金融特徵並無發現任何的改進：

```
In [81]: split = int(len(data) * 0.8)

In [82]: train = data.iloc[:split].copy()
```

```
In [83]: mu, std = train.mean(), train.std()  ❶

In [84]: train = (train - mu) / std  ❷

In [85]: test = data.iloc[split:].copy()

In [86]: test = (test - mu) / std  ❸

In [87]: g = TimeseriesGenerator(train.values, train['r'].values,
                                 length=lags, batch_size=5)  ❹

In [88]: set_seeds()
         model = create_rnn_model(hu=100, features=len(data.columns),
                                  layer='SimpleRNN')

In [89]: %%time
         model.fit(g, epochs=100, steps_per_epoch=10,
                       verbose=False)  ❹
         CPU times: user 5.24 s, sys: 1.08 s, total: 6.32 s
         Wall time: 2.73 s

Out[89]: <keras.callbacks.callbacks.History at 0x7f7ef313c950>

In [90]: g_ = TimeseriesGenerator(test.values, test['r'].values,
                                  length=lags, batch_size=5)  ❺

In [91]: y = model.predict(g_).flatten()  ❺

In [92]: accuracy_score(np.sign(test['r'].iloc[lags:]), np.sign(y))  ❺
Out[92]: 0.37299771167048057
```

❶ 計算訓練資料的一次及二次動差。

❷ 訓練資料的高斯正規化。

❸ 測試資料的高斯正規化——根據訓練資料的統計內容。

❹ 訓練資料的模型配適。

❺ 測試資料的模型測試。

# 分類

到目前為止的分析使用 Keras RNN 模型進行**估計**，進而預測金融工具價格的未來方向。當前的問題也許能夠直接妥善套入**分類**任務中。下列 Python 程式碼會運用二元標籤資料，並直接預測價格動向。這次還會使用 LSTM 層。即使針對相對較少量的隱藏單元以及只有少數的訓練 epoch 情況而言，out-of-sample 準確度也相當高。考量到類別不平衡，此作法再度透過類別權重的適當調整予以因應。在此情況下，預測準確度相當高，約為 65%：

```
In [93]: set_seeds()
         model = create_rnn_model(hu=50,
                     features=len(data.columns),
                     layer='LSTM',
                     algorithm='classification')   ❶

In [94]: train_y = np.where(train['r'] > 0, 1, 0)   ❷

In [95]: np.bincount(train_y)   ❸
Out[95]: array([2374, 1142])

In [96]: def cw(a):
             c0, c1 = np.bincount(a)
             w0 = (1 / c0) * (len(a)) / 2
             w1 = (1 / c1) * (len(a)) / 2
             return {0: w0, 1: w1}

In [97]: g = TimeseriesGenerator(train.values, train_y,
                                 length=lags, batch_size=5)

In [98]: %%time
         model.fit(g, epochs=5, steps_per_epoch=10,
                         verbose=False, class_weight=cw(train_y))
         CPU times: user 1.25 s, sys: 159 ms, total: 1.41 s
         Wall time: 947 ms

Out[98]: <keras.callbacks.callbacks.History at 0x7f7ef43baf90>

In [99]: test_y = np.where(test['r'] > 0, 1, 0)   ❹

In [100]: g_ = TimeseriesGenerator(test.values, test_y,
                                   length=lags, batch_size=5)

In [101]: y = np.where(model.predict(g_, batch_size=None) > 0.5, 1, 0).flatten()
```

```
In [102]: np.bincount(y)
Out[102]: array([492, 382])

In [103]: accuracy_score(test_y[lags:], y)
Out[103]: 0.6498855835240275
```

❶ 分類應用的 RNN 模型。

❷ 二元訓練資料。

❸ 訓練標籤類別出現頻率。

❹ 二元測試標籤。

## 深層 RNN

到了本章尾聲，在此考量深層 RNN，其為具有多個隱藏層的 RNN。如同深層 DNN，可輕易建置深層 RNN。唯一的需求是，除了最後一個隱藏層之外，隱藏層的參數 return_sequences 設為 True。下列 Python 函式會建立深層 RNN ，而且可以加入 Dropout 層，進而潛在避免過度配適。預測準確度與上一小節的預測準確度旗鼓相當：

```
In [104]: from keras.layers import Dropout

In [105]: def create_deep_rnn_model(hl=2, hu=100, layer='SimpleRNN',
                                     optimizer='rmsprop', features=1,
                                     dropout=False, rate=0.3, seed=100):
              if hl <= 2: hl = 2                                              ❶
              if layer == 'SimpleRNN':
                  layer = SimpleRNN
              else:
                  layer = LSTM
              model = Sequential()
              model.add(layer(hu, input_shape=(lags, features),
                              return_sequences=True,
                              ))                                              ❷
              if dropout:
                  model.add(Dropout(rate, seed=seed))                        ❸
              for _ in range(2, hl):
                  model.add(layer(hu, return_sequences=True))
                  if dropout:
                      model.add(Dropout(rate, seed=seed))                    ❸
              model.add(layer(hu))                                           ❹
              model.add(Dense(1, activation='sigmoid'))                      ❺
              model.compile(optimizer=optimizer,
                            loss='binary_crossentropy',
```

```
                                  metrics=['accuracy'])
                    return model

In [106]: set_seeds()
          model = create_deep_rnn_model(
                      hl=2, hu=50, layer='SimpleRNN',
                      features=len(data.columns),
                      dropout=True, rate=0.3)  ❶

In [107]: %%time
          model.fit(g, epochs=200, steps_per_epoch=10,
                            verbose=False, class_weight=cw(train_y))
          CPU times: user 14.2 s, sys: 2.85 s, total: 17.1 s
          Wall time: 7.09 s

Out[107]: <keras.callbacks.callbacks.History at 0x7f7ef6428790>

In [108]: y = np.where(model.predict(g_, batch_size=None) > 0.5, 1, 0).flatten()

In [109]: np.bincount(y)
Out[109]: array([550, 324])

In [110]: accuracy_score(test_y[lags:], y)
Out[110]: 0.6430205949656751
```

❶ 確保最少要有兩個隱藏層。

❷ 第一隱藏層。

❸ Dropout 層。

❹ 最後一個隱藏層。

❺ 為分類任務所建的模型。

# 本章總結

本章介紹 Keras 的 RNN 建置，並說明此種類神經網路針對金融時間序列資料的應用。就 Python 觀點而言，RNN 與 DNN 兩者的運作差異不大。其中主要的區別是，訓練與測試 資料必須循序送給各自的處理方法。然而，使用 TimeseriesGenerator 函式可輕易實現，其 將循序資料轉換為 Keras RNN 可以運用的 generator 物件。

本章範例運用金融價格與報酬率兩種序列資料。此外，也可輕易加入金融特徵，諸如時間序列動能。別的不說，模型建置功能的函式可以使用 SimpleRNN 或 LSTM 層以及各種 optimizer。也有在淺層與深層神經網路環境下為估計與分類問題建模。

預測市場方向時，分類範例的 out-of-sample 預測準確度相對較高——而對於估計範例沒有很高，甚至可能相當低。

## 參考文獻

下列為本章所引用的書籍與論文：

Chollet, François. 2017. *Deep Learning with Python*. Shelter Island: Manning.

Goodfellow, Ian, Yoshua Bengio, and Aaron Courville. 2016. *Deep Learning*. Cambridge: MIT Press. *http://deeplearningbook.org*.

# 第九章

# 增強式學習

我們的代理人如同人類自我學習，以實現可招致最大長期獎勵的成功策略。僅以獎勵或懲罰這種錯中學的學習範式，稱為增強式學習。[1]

——DeepMind (2016)

第七章與第八章中使用的學習演算法屬於**監督式學習**的範疇。這些方法需有包含特徵與標籤的資料集，以讓演算法學習特徵與標籤之間的關係，進而達成估計或分類任務。而如第一章的簡單範例所示，**增強式學習**（RL）的作業方式有所不同。無須事先提供含有特徵與標籤的綜合資料集。而是由學習代理人與關注的環境互動之際產生資料。本章涵蓋 RL 的一些細節，並介紹其中的基本概念，以及此領域最熱門的演算法之一：*Q-learning*（QL）。RL 演算法並不會取代類神經網路：通常在 RL 的環境中，類神經網路也扮演著重要的角色。

第 256 頁〈基本概念〉說明 RL 的基本概念，諸如環境、狀態與代理人。第 257 頁〈OpenAI Gym〉介紹 RL 環境的 OpenAI Gym 工具套件，其中以 CartPole 環境為例。第二章已簡介此一環境，代理人必須學習將推車向右或向左移動來平衡推車上的桿子。第261 頁〈Monte Carlo 代理人〉說明如何使用降維與 Monte Carlo 模擬來解決 CartPole 問題。標準監督式學習演算法（如：DNN）通常不適合解決諸如 CartPole 之類的問題，因為其中缺乏延遲獎勵的概念，第 263 頁〈類神經網路代理人〉將說明此一問題。第 266頁〈DQL 代理人〉討論 QL 代理人明確考量延遲獎勵，而得以解決 CartPole 問題。第271 頁〈簡單的 Finance Gym〉，將相同的代理人套用於簡單的金融市場環境。雖然此環境的代理人表現不佳，不過範例顯示 QL 代理人也能學習交易並成為一般所謂的**交易機器人**。為了改進 QL 代理人的學習表現，第 275 頁〈進階的 Finance Gym〉呈現改善的

---

1 參閱部落格文章 Deep Reinforcement Learning（*https://oreil.ly/h-EFL*）。

金融市場環境，姑且不論其他好處，其允許使用多種特徵描述環境狀態。依據此一改進的環境，第 278 頁〈FQL 代理人〉引用改進的金融 QL 代理人作為交易機器人，其中有較好的表現。

# 基本概念

本節為 RL 基本概念的簡要論述。其中包括：

環境

　　環境（*environment*）會定義當前的問題。其中可能是玩家要參賽的電玩；或是投資人要參與交易的金融市場。

狀態

　　狀態（*state*）包括用於描述環境目前狀態的所有相關參數。其中可能是電玩中整個畫面與其所有像素；或是金融市場中具有的目前（與歷史）價格水準或金融指標（譬如移動平均線、總體經濟變數等等）。

代理人

　　代理人（*agent*）一詞包含 RL 演算法與環境互動並從互動中學習的所有相關元素。其中可能是電玩中參賽的玩家代表；或是金融環境中把資金注入牛市或熊市的交易代表。

動作

　　代理人可以從一組（限量）許可動作（*action*）中擇其一。其中可能是電玩中向左或向右移動的許可動作；或是金融市場中做多或做空的可行動作。

步伐

　　已知代理人的某個動作，而更新環境的狀態。此一更新通常稱為一個步伐（*step*）。步伐的概念相當廣泛，其中涵蓋兩步之間的異質（heterogeneous）與同質（homogeneous）時間間隔。例如，可能是電玩中以相當短的同質時間間隔（「遊戲時刻」）模擬遊戲環境的即時互動；或是與金融市場環境互動的交易機器人在較長的異質時間間隔採取行動。

## 獎勵

依據代理人所選的動作給予**獎勵**（*reward*）或懲罰。電玩的比賽得分就是典型的獎勵；而金融環境的利潤（或虧損）就是標準獎勵（或懲罰）。

## 目標

**目標**（*target*）表示代理人嘗試將其最大化的內容。通常會是電玩中代理人要達成的積分；或是金融交易機器人要累積的交易利潤。

## 政策

**政策**（*policy*）定義代理人於已知環境特定狀態下要採取的動作。在已知電玩的特定狀態（由組成目前場景的所有像素所示）下，政策可能是指定代理人選擇「右移」動作；或是交易機器人的政策為觀測到價格連續三次上漲時決定做空市場。

## *Episode*

*episode* 是從環境初始狀態到成功達標或遭遇失敗為止的一組步驟（步伐）。電玩中是指從遊戲開始直到分出勝負為止；而以金融界而言，比較像是從年初開始直到年底，或直到破產為止。

Sutton and Barto (2018) 有針對 RL 領域作詳細介紹，書中仔細討論上述的概念，以及用許多範例具體說明。以下各節再度選用實務導向的作法來探討 RL。其中會以 Python 程式碼實作的範例說明上述所有概念。

# OpenAI Gym

第二章所述的多數成功案例中，RL 皆扮演主導角色。如此激起人們對 RL 作為一種演算法的廣泛關注。OpenAI 是致力促進 AI（尤其是 RL）研究的組織。OpenAI 已開發一套名為 OpenAI Gym（*https://gym.openai.com*）的環境套件（開源），其中可以透過標準化 API 訓練 RL 代理人。

在諸多環境中有個 CartPole（*https://oreil.ly/f6tAK*）環境（或遊戲），用於模擬經典的 RL 問題。有根桿子矗立在推車上，目標是學習一種政策，藉由將推車向右或向左移動以平衡車上的桿子。此環境狀態由四個參數決定，其中參數內容分別描述下列物理測量值：推車位置、推車速度、桿子角度以及桿角速度（尖端）。圖 9-1 顯示環境的視覺化效果。

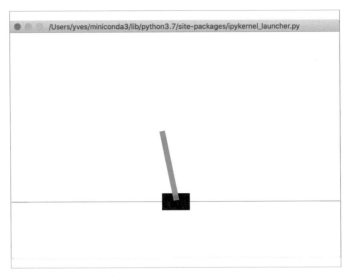

**圖 9-1　OpenAI Gym 的 CartPole 環境**

考量下列 Python 程式碼，其中把 CartPole 的環境物件實體化，並檢視觀測空間
（*observation space*）。此觀測空間為是環境狀態的模型：

```
In [1]: import os
        import math
        import random
        import numpy as np
        import pandas as pd
        from pylab import plt, mpl
        plt.style.use('seaborn')
        mpl.rcParams['savefig.dpi'] = 300
        mpl.rcParams['font.family'] = 'serif'
        np.set_printoptions(precision=4, suppress=True)
        os.environ['PYTHONHASHSEED'] = '0'

In [2]: import gym

In [3]: env = gym.make('CartPole-v0')    ❶

In [4]: env.seed(100)    ❶
        env.action_space.seed(100)    ❶
Out[4]: [100]

In [5]: env.observation_space    ❷
Out[5]: Box(4,)
```

```
In [6]: env.observation_space.low.astype(np.float16)   ❷
Out[6]: array([-4.8  ,    -inf, -0.419,    -inf], dtype=float16)

In [7]: env.observation_space.high.astype(np.float16)   ❷
Out[7]: array([4.8  ,    inf, 0.419,    inf], dtype=float16)

In [8]: state = env.reset()   ❸

In [9]: state   ❹
Out[9]: array([-0.0163,  0.0238, -0.0392, -0.0148])
```

❶ 用固定種子值的環境物件。

❷ 具有最小值與最大值的觀測空間。

❸ 重設環境。

❹ 初始狀態：推車位置、推車速度、桿子角度、桿角速度。

在以下環境中，由**動作空間**（*action space*）描述許可的動作。此時有兩個動作，以 0
（向左推車）與 1（向右推車）表示：

```
In [10]: env.action_space   ❶
Out[10]: Discrete(2)

In [11]: env.action_space.n   ❶
Out[11]: 2

In [12]: env.action_space.sample()   ❷
Out[12]: 1

In [13]: env.action_space.sample()   ❷
Out[13]: 0

In [14]: a = env.action_space.sample()   ❷
          a   ❷
Out[14]: 1

In [15]: state, reward, done, info = env.step(a)   ❸
          state, reward, done, info   ❹
Out[15]: (array([-0.0158,  0.2195, -0.0395, -0.3196]), 1.0, False, {})
```

❶ 動作空間。

❷ 從動作空間的動作隨機抽樣。

❸ 依隨機動作前進。

❹ 更新環境狀態、獎勵、成敗、其他資訊。

只要 done = False，代理人依然位於遊戲中，而且可以選擇其他動作。當代理人連續累計達 200 步，或總獎勵為 200（每步獎勵為 1.0）時，即算成功。當推車的桿子到達某個特定角度導致桿子從推車上掉落時，則算失敗。在這種情況下，會傳回 done = True。

簡單的代理人是依循完全隨機的政策：無論觀測到什麼狀態，代理人都是隨機選擇某個動作。下列程式碼為此對應實作。在這種情況下，代理人能夠進行的步數完全憑藉運氣。並無採取更新政策的方式學習：

```
In [16]: env.reset()
         for e in range(1, 200):
             a = env.action_space.sample()  ❶
             state, reward, done, info = env.step(a)  ❷
             print(f'step={e:2d} | state={state} | action={a} | reward={reward}')
             if done and (e + 1) < 200:  ❸
                 print('*** FAILED ***')  ❸
                 break
         step= 1 | state=[-0.0423  0.1982  0.0256 -0.2476] | action=1 | reward=1.0
         step= 2 | state=[-0.0383  0.0028  0.0206  0.0531] | action=0 | reward=1.0
         step= 3 | state=[-0.0383  0.1976  0.0217 -0.2331] | action=1 | reward=1.0
         step= 4 | state=[-0.0343  0.0022  0.017   0.0664] | action=0 | reward=1.0
         step= 5 | state=[-0.0343  0.197   0.0184 -0.2209] | action=1 | reward=1.0
         step= 6 | state=[-0.0304  0.0016  0.0139  0.0775] | action=0 | reward=1.0
         step= 7 | state=[-0.0303  0.1966  0.0155 -0.2107] | action=1 | reward=1.0
         step= 8 | state=[-0.0264  0.0012  0.0113  0.0868] | action=0 | reward=1.0
         step= 9 | state=[-0.0264  0.1962  0.013  -0.2023] | action=1 | reward=1.0
         step=10 | state=[-0.0224  0.3911  0.009  -0.4908] | action=1 | reward=1.0
         step=11 | state=[-0.0146  0.5861 -0.0009 -0.7807] | action=1 | reward=1.0
         step=12 | state=[-0.0029  0.7812 -0.0165 -1.0736] | action=1 | reward=1.0
         step=13 | state=[ 0.0127  0.9766 -0.0379 -1.3714] | action=1 | reward=1.0
         step=14 | state=[ 0.0323  1.1722 -0.0654 -1.6758] | action=1 | reward=1.0
         step=15 | state=[ 0.0557  0.9779 -0.0989 -1.4041] | action=0 | reward=1.0
         step=16 | state=[ 0.0753  0.7841 -0.127  -1.1439] | action=0 | reward=1.0
         step=17 | state=[ 0.0909  0.5908 -0.1498 -0.8936] | action=0 | reward=1.0
         step=18 | state=[ 0.1028  0.7876 -0.1677 -1.2294] | action=1 | reward=1.0
         step=19 | state=[ 0.1185  0.9845 -0.1923 -1.5696] | action=1 | reward=1.0
         step=20 | state=[ 0.1382  0.7921 -0.2237 -1.3425] | action=0 | reward=1.0
         *** FAILED ***

In [17]: done
Out[17]: True
```

❶ 隨機的動作政策。

---

❷ 移步（一步）。

❸ 若少於 200 步算失敗。

 **互動而生的資料**

監督式學習假設訓練、驗證與測試資料於訓練之前就存在，而 RL 是代理人藉由與環境的互動以產生資料。在多數情況下（諸如遊戲中），如此算是大幅的簡化作業。以西洋棋競賽為例：例如，RL 代理人可以藉由與另一個西洋棋引擎或其他版本的代理人對弈，產生成千上萬場賽局，而不是將成千上萬場人類的歷史賽局載入電腦中學習。

# Monte Carlo 代理人

CartPole 問題不必非得用充分訓練過的 RL 解決，或是某個可解的類神經網路處理。本節針對此問題呈現 Monte Carlo 模擬的簡單解法。定義一個特定政策 —— 運用**降維**（*dimensionality reduction*）。在此，將定義環境狀態所用的四個參數以線性組合疊成單一實數參數[2]。下列 Python 程式碼實作此一概念：

```
In [18]: np.random.seed(100)  ❶

In [19]: weights = np.random.random(4) * 2 - 1  ❶

In [20]: weights  ❶
Out[20]: array([ 0.0868, -0.4433, -0.151 ,  0.6896])

In [21]: state = env.reset()  ❷

In [22]: state  ❷
Out[22]: array([-0.0347, -0.0103,  0.047 , -0.0315])

In [23]: s = np.dot(state, weights)  ❸
         s  ❸
Out[23]: -0.02725361929630797
```

❶ 以固定種子值取得的隨機權重。

❷ 環境的初始狀態。

❸ 狀態與權重的點積。

---

2　可參閱此部落格文章（*https://oreil.ly/84RwE*）。

此政策依單一狀態參數 s 的正負號（小於零或大於等於零兩種）來定義：

```
In [24]: if s < 0:
             a = 0
         else:
             a = 1

In [25]: a
Out[25]: 0
```

而此政策可進行單一 episode 的 CartPole 遊戲。基於所用之權重的隨機性，結果通常劣於上一節的隨機動作政策：

```
In [26]: def run_episode(env, weights):
             state = env.reset()
             treward = 0
             for _ in range(200):
                 s = np.dot(state, weights)
                 a = 0 if s < 0 else 1
                 state, reward, done, info = env.step(a)
                 treward += reward
                 if done:
                     break
             return treward

In [27]: run_episode(env, weights)
Out[27]: 41.0
```

因此，Monte Carlo 模擬用於測試大量的各種權重。下列程式碼模擬大量權重，檢查其中的成敗，並擇取有所成功的權重：

```
In [28]: def set_seeds(seed=100):
             random.seed(seed)
             np.random.seed(seed)
             env.seed(seed)

In [29]: set_seeds()
         num_episodes = 1000

In [30]: besttreward = 0
         for e in range(1, num_episodes + 1):
             weights = np.random.rand(4) * 2 - 1      ❶
             treward = run_episode(env, weights)      ❷
             if treward > besttreward:                ❸
                 besttreward = treward                ❹
                 bestweights = weights                ❺
```

```
                        if treward == 200:
                            print(f'SUCCESS | episode={e}')
                            break
                    print(f'UPDATE  | episode={e}')
        UPDATE  | episode=1
        UPDATE  | episode=2
        SUCCESS | episode=13

In [31]: weights
Out[31]: array([-0.4282,  0.7048,  0.95  ,  0.7697])
```

❶ 隨機權重。

❷ 權重的總獎勵。

❸ 改善觀測。

❹ 更新最佳總獎勵。

❺ 更新最佳權重。

若連續 100 個 episode 的平均總獎勵為 195（含）以上，則認為代理人解決 CartPole 問題。如下列程式碼所示，Monte Carlo 代理人的情況確實如此：

```
In [32]: res = []
        for _ in range(100):
            treward = run_episode(env, weights)
            res.append(treward)
        res[:10]
Out[32]: [200.0, 200.0, 200.0, 200.0, 200.0, 200.0, 200.0, 200.0, 200.0, 200.0]

In [33]: sum(res) / len(res)
Out[33]: 200.0
```

當然，此示例可視為其他複雜作法對照的強固基準。

# 類神經網路代理人

CartPole 遊戲也可以改為分類情況。環境的狀態由四個特徵值組成。依特徵值而為的恰當動作則視作標籤內容。藉由與環境互動，類神經網路代理人可以蒐集由特徵與標籤組合而成的資料集。依此逐步增長的資料集，可以訓練類神經網路就環境的狀態加以學習恰當的動作。在這種情況下，類神經網路代表政策，代理人基於新的經驗來更新政策。

以下匯入某些所需項目：

```
In [34]: import tensorflow as tf
         from keras.layers import Dense, Dropout
         from keras.models import Sequential
         from keras.optimizers import Adam, RMSprop
         from sklearn.metrics import accuracy_score
         Using TensorFlow backend.

In [35]: def set_seeds(seed=100):
             random.seed(seed)
             np.random.seed(seed)
             tf.random.set_seed(seed)
             env.seed(seed)
             env.action_space.seed(100)
```

而 NNAgent 類別將代理人的主要元素結合：政策對應的類神經網路模型、依政策選擇動作、更新政策（訓練類神經網路）以及多個 episode 的學習過程。代理人使用**探索**（*exploration*）與**利用**（*exploitation*）兩者來選擇動作。「探索」是指與目前政策無關的隨機動作；「利用」是指從目前政策衍生的動作，其中的概念是，某種程度的探索確保累積更豐富的經驗，進而改進代理人的學習：

```
In [36]: class NNAgent:
             def __init__(self):
                 self.max = 0         ❶
                 self.scores = list()
                 self.memory = list()
                 self.model = self._build_model()

             def _build_model(self):      ❷
                 model = Sequential()
                 model.add(Dense(24, input_dim=4,
                                 activation='relu'))
                 model.add(Dense(1, activation='sigmoid'))
                 model.compile(loss='binary_crossentropy',
                               optimizer=RMSprop(lr=0.001))
                 return model

             def act(self, state):        ❸
                 if random.random() <= 0.5:
                     return env.action_space.sample()
                 action = np.where(self.model.predict(
                     state, batch_size=None)[0, 0] > 0.5, 1, 0)
                 return action
```

```
        def train_model(self, state, action):  ❹
            self.model.fit(state, np.array([action,]),
                           epochs=1, verbose=False)

        def learn(self, episodes):  ❺
            for e in range(1, episodes + 1):
                state = env.reset()
                for _ in range(201):
                    state = np.reshape(state, [1, 4])
                    action = self.act(state)
                    next_state, reward, done, info = env.step(action)
                    if done:
                        score = _ + 1
                        self.scores.append(score)
                        self.max = max(score, self.max)  ❶
                        print('episode: {:4d}/{} | score: {:3d} | max: {:3d}'
                              .format(e, episodes, score, self.max), end='\r')
                        break
                    self.memory.append((state, action))
                    self.train_model(state, action)  ❹
                    state = next_state
```

❶ 最大的總獎勵。

❷ 依此政策的 DNN 分類模型。

❸ 選擇動作的方法（探索與利用）。

❹ 更新政策的方法（訓練類神經網路）。

❺ 與環境互動而學習的方法。

類神經網路代理人不能解決所示組態的問題。最高總獎勵 200 連一次都沒有達成：

```
In [37]: set_seeds(100)
         agent = NNAgent()

In [38]: episodes = 500

In [39]: agent.learn(episodes)
         episode:  500/500 | score:  11 | max:  44
In [40]: sum(agent.scores) / len(agent.scores)  ❶
Out[40]: 13.682
```

❶ 對於所有 episode 的平均總獎勵。

此一作法似乎少了甚麼！主要欠缺的元素是比目前狀態與所選動作超前的概念。執行的方式，無論如何，都不會考量：代理人連續進行 200 步皆過關的成功方式。簡單的說，代理人避免採取錯誤的行動，但是不會學習贏得比賽。

分析所蒐集的歷史狀態（特徵）與動作（標籤），顯示類神經網路的準確度達到 75% 左右。

然而，這不能如之前所示轉成獲勝政策：

```
In [41]: f = np.array([m[0][0] for m in agent.memory])     ❶
         f ❶
Out[41]: array([[-0.0163,   0.0238,  -0.0392,  -0.0148],
                [-0.0158,   0.2195,  -0.0395,  -0.3196],
                [-0.0114,   0.0249,  -0.0459,  -0.0396],
                ...,
                [ 0.0603,   0.9682,  -0.0852,  -1.4595],
                [ 0.0797,   1.1642,  -0.1144,  -1.7776],
                [ 0.103 ,   1.3604,  -0.15  ,  -2.1035]])

In [42]: l = np.array([m[1] for m in agent.memory])     ❷
         l ❷
Out[42]: array([1, 0, 1, ..., 1, 1, 1])

In [43]: accuracy_score(np.where(agent.model.predict(f) > 0.5, 1, 0), l)
Out[43]: 0.7525626872733008
```

❶ 所有 episode 的特徵（狀態）。

❷ 所有 episode 的標籤（動作）。

# DQL 代理人

Q-learning（QL）演算法除了涉及動作的即時獎勵外，還考量延遲獎勵。此演算法源於 Watkins (1989) 與 Watkins and Dayan (1992)，而在 Sutton and Barto (2018, ch. 6) 有詳細的論述。QL 解決類神經網路代理人面臨下一個獎勵的超前議題。

演算法的運作大致如下所述：有個動作值（*action-value*）政策 Q，其中會為狀態與動作的每個組合賦予某個值。從代理人的觀點而言，此值越高，則對應的動作越值得選擇；若代理人使用政策 Q 來選擇動作，則會選擇具有最高值的對應動作。

如何決定動作的賦予值呢？此值由動作的**直接獎勵**（*direct reward*）與下個狀態中最佳動作的**折現值**（*discounted value*）來決定。下列為其數學表示式：

$$Q(S_t, A_t) = R_{t+1} + \gamma \max_a Q(S_{t+1}, a)$$

其中，$S_t$ 是步伐（時間）$t$ 時的狀態，$A_t$ 為狀態 $S_t$ 所採取的動作，$R_{t+1}$ 是動作 $A_t$ 的直接獎勵，$0 < \gamma < 1$ 是折現因子（或係數），而 $\max_a Q(S_{t+1}, a)$ 是已知目前政策 $Q$ 的最佳動作之下的最大延遲獎勵。

在簡單環境中，只含有限數量的可能狀態，譬如 $Q$ 可用**表格**呈現，列出每個狀態—動作組合的對應值。然而，在更令人關注或更複雜的環境（如 CartPole 環境）中，$Q$ 的狀態數過大，無法以此完整呈現出來。因此，一般會將 $Q$ 視為是**函數**。

如此使得類神經網路可派上用場。實際的環境中，函數 $Q$ 可能沒有閉合解，或者可能很難求得（譬如用動態規劃）。因此，QL 演算法通常僅求得**近似值**。類神經網路具有通用近似能力，是求得 $Q$ 近似解的自然之選。

QL 的另一重要元素是**重新進行**（*replay*）。QL 代理人經常重新進行許多經驗（狀態—動作組合）來更新政策函數 $Q$。如此可大幅改善學習。而且，接下來要呈現的 QL 代理人（DQLAgent）於學習期間中也可進行探索與利用的交替運作。交替運作是有系統的完成，即代理人只從探索出發（起初有可能學不到任何東西），緩慢而穩定的遞減探索率（exploration rate）$\epsilon$，直到達成最低水準為止[3]：

```
In [44]: from collections import deque
         from keras.optimizers import Adam, RMSprop

In [45]: class DQLAgent:
             def __init__(self, gamma=0.95, hu=24, opt=Adam,
                 lr=0.001, finish=False):
                 self.finish = finish
                 self.epsilon = 1.0          ❶
                 self.epsilon_min = 0.01     ❷
                 self.epsilon_decay = 0.995  ❸
                 self.gamma = gamma          ❹
                 self.batch_size = 32        ❺
                 self.max_treward = 0
                 self.averages = list()
                 self.memory = deque(maxlen=2000)  ❻
                 self.osn = env.observation_space.shape[0]
                 self.model = self._build_model(hu, opt, lr)
```

---

3 此實作與這篇部落格文章的內容類似（*https://oreil.ly/8mI4m*）。

```python
def _build_model(self, hu, opt, lr):
    model = Sequential()
    model.add(Dense(hu, input_dim=self.osn,
                    activation='relu'))
    model.add(Dense(hu, activation='relu'))
    model.add(Dense(env.action_space.n, activation='linear'))
    model.compile(loss='mse', optimizer=opt(lr=lr))
    return model

def act(self, state):
    if random.random() <= self.epsilon:
        return env.action_space.sample()
    action = self.model.predict(state)[0]
    return np.argmax(action)

def replay(self):
    batch = random.sample(self.memory, self.batch_size)  ❼
    for state, action, reward, next_state, done in batch:
        if not done:
            reward += self.gamma * np.amax(
                self.model.predict(next_state)[0])  ❽
        target = self.model.predict(state)
        target[0, action] = reward
        self.model.fit(state, target, epochs=1,
                       verbose=False)  ❾
    if self.epsilon > self.epsilon_min:
        self.epsilon *= self.epsilon_decay  ❿

def learn(self, episodes):
    trewards = []
    for e in range(1, episodes + 1):
        state = env.reset()
        state = np.reshape(state, [1, self.osn])
        for _ in range(5000):
            action = self.act(state)
            next_state, reward, done, info = env.step(action)
            next_state = np.reshape(next_state,
                                    [1, self.osn])
            self.memory.append([state, action, reward,
                                next_state, done])  ⓫
            state = next_state
            if done:
                treward = _ + 1
                trewards.append(treward)
                av = sum(trewards[-25:]) / 25
                self.averages.append(av)
```

```
                                    self.max_treward = max(self.max_treward, treward)
                                    templ = 'episode: {:4d}/{} | treward: {:4d} | '
                                    templ += 'av: {:6.1f} | max: {:4d}'
                                    print(templ.format(e, episodes, treward, av,
                                                       self.max_treward), end='\r')
                                    break
                        if av > 195 and self.finish:
                            break
                        if len(self.memory) > self.batch_size:
                            self.replay()  ⑫
            def test(self, episodes):
                trewards = []
                for e in range(1, episodes + 1):
                    state = env.reset()
                    for _ in range(5001):
                        state = np.reshape(state, [1, self.osn])
                        action = np.argmax(self.model.predict(state)[0])
                        next_state, reward, done, info = env.step(action)
                        state = next_state
                        if done:
                            treward = _ + 1
                            trewards.append(treward)
                            print('episode: {:4d}/{} | treward: {:4d}'
                                    .format(e, episodes, treward), end='\r')
                            break
                return trewards
```

❶ 初始的探索率。

❷ 最小的探索率。

❸ 探索率的衰減率（decay rate）。

❹ 延遲獎勵的折現因子。

❺ 重新進行的批量大小（batch size）。

❻ 有限的歷史內容置於 deque 容器（collection）。

❼ 隨機選擇重新進行的歷史批次（batch）。

❽ 狀態動作（成對）的 Q 值。

❾ 針對新的動作值（成對）的類神經網路更新。

❿ 更新探索率。

⓫ 儲存新資料。

⓬ 依過往經驗重新進行政策更新。

QL 代理人如何執行？如下列程式碼所示，可達成 CartPole 總獎勵為 200 的獲勝狀態。圖 9-2 顯示積分的移動平均線隨時間遞增（即便非單調遞增）。如此圖所示，代理人的表現有時反而會大幅下降。別的不說，全程探索導致採取隨機動作，而這些動作不見得對總獎勵有好的結果，不過對於政策網路的更新可能帶來有利的經驗：

```
In [46]: episodes = 1000

In [47]: set_seeds(100)
         agent = DQLAgent(finish=True)

In [48]: agent.learn(episodes)
         episode:  400/1000 | treward:  200 | av:  195.4 | max:  200
In [49]: plt.figure(figsize=(10, 6))
         x = range(len(agent.averages))
         y = np.polyval(np.polyfit(x, agent.averages, deg=3), x)
         plt.plot(agent.averages, label='moving average')
         plt.plot(x, y, 'r--', label='trend')
         plt.xlabel('episodes')
         plt.ylabel('total reward')
         plt.legend();
```

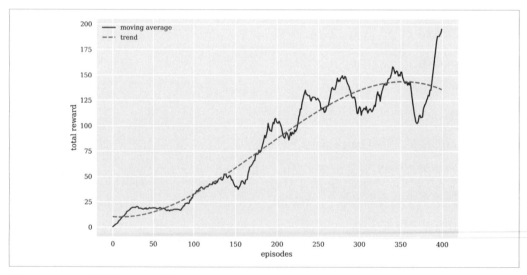

圖 9-2　DQLAgent 針對 CartPole 的平均總獎勵

QL 代理人有解決 CartPole 問題嗎？在此特定情況下，依據 OpenAI Gym 所述的成功定義，堪稱解決：

```
In [50]: trewards = agent.test(100)
         episode:  100/100 | treward:  200
In [51]: sum(trewards) / len(trewards)
Out[51]: 200.0
```

# 簡單的 Finance Gym

為了將 QL 作法套用到金融領域中，本節實作一個類別，模仿 OpenAI Gym 環境，差別是針對金融市場而以金融時間序列資料呈現。其中的概念是，類似 CartPole 環境，以四個歷史價格呈現金融市場的狀態。代理人可以決定狀態呈現之際，是要做多還是做空。在此情況下，兩種環境雷同，因為狀態皆由四個參數決定，而代理人可以採取兩種不同的動作。

為了模仿 OpenAI Gym API，需要兩個輔助類別——一個針對觀測空間，另一個針對動作空間：

```
In [52]: class observation_space:
             def __init__(self, n):
                 self.shape = (n,)

In [53]: class action_space:
             def __init__(self, n):
                 self.n = n
             def seed(self, seed):
                 pass
             def sample(self):
                 return random.randint(0, self.n - 1)
```

下列 Python 程式碼定義 Finance 類別。其擷取多檔股票（代號）的歷史盤後價格。類別的主要方法是 .reset() 與 .step()。.step() 方法檢查是否採取正確動作、對照定義獎勵以及確認成敗。若代理人對整個資料集皆能夠正確交易時，就算成功。當然可有不同的定義（例如，當代理人成功交易達 1,000 步（次）時才算成功）。失敗定義則為準確率小於 50%（總獎勵除以總步數）。然而，只會達到特定步數之後才開始檢查，以避開此效能指標初期的高變異數：

```
In [54]: class Finance:
             url = 'http://hilpisch.com/aiif_eikon_eod_data.csv'
             def __init__(self, symbol, features):
                 self.symbol = symbol
                 self.features = features
                 self.observation_space = observation_space(4)
                 self.osn = self.observation_space.shape[0]
                 self.action_space = action_space(2)
                 self.min_accuracy = 0.475     ❶
                 self._get_data()
                 self._prepare_data()
             def _get_data(self):
                 self.raw = pd.read_csv(self.url, index_col=0,
                                        parse_dates=True).dropna()
             def _prepare_data(self):
                 self.data = pd.DataFrame(self.raw[self.symbol])
                 self.data['r'] = np.log(self.data / self.data.shift(1))
                 self.data.dropna(inplace=True)
                 self.data = (self.data - self.data.mean()) / self.data.std()
                 self.data['d'] = np.where(self.data['r'] > 0, 1, 0)
             def _get_state(self):
                 return self.data[self.features].iloc[
                     self.bar - self.osn:self.bar].values     ❷
             def seed(self, seed=None):
                 pass
             def reset(self):     ❸
                 self.treward = 0
                 self.accuracy = 0
                 self.bar = self.osn
                 state = self.data[self.features].iloc[
                     self.bar - self.osn:self.bar]
                 return state.values
             def step(self, action):
                 correct = action == self.data['d'].iloc[self.bar]     ❹
                 reward = 1 if correct else 0     ❺
                 self.treward += reward     ❻
                 self.bar += 1     ❼
                 self.accuracy = self.treward / (self.bar - self.osn)     ❽
                 if self.bar >= len(self.data):     ❾
                     done = True
                 elif reward == 1:     ❿
                     done = False
                 elif (self.accuracy < self.min_accuracy and
                         self.bar > self.osn + 10):     ⓫
                     done = True
                 else:     ⓬
```

```
                        done = False
            state = self._get_state()
            info = {}
            return state, reward, done, info
```

❶ 定義要求的最小準確度。

❷ 選擇定義金融市場狀態所需的資料。

❸ 重設環境需求的初始值。

❹ 檢查代理人是否選擇正確的動作（成功的交易）。

❺ 定義代理人應得的獎勵。

❻ 總獎勵加計此一獎勵。

❼ 環境往前進一步。

❽ 依據所有步伐（交易）計算成功動作（交易）的準確度。

❾ 若代理人可處理到資料集結尾，則算成功。

❿ 若代理人採取正確動作，則可前進一步。

⓫ 達到特定初始步數之後，若準確度低於最低水準，則結束此 episode（失敗）。

⓬ 其餘情況，則代理人可繼續前進一步。

Finance 類別實體的行為表現與 OpenAI Gym 的環境類似。尤其在此基本情況下，實體的
行為表現與 CartPole 環境完全一樣：

```
In [55]: env = Finance('EUR=', 'EUR=')  ❶

In [56]: env.reset()
Out[56]: array([1.819 , 1.8579, 1.7749, 1.8579])

In [57]: a = env.action_space.sample()
         a
Out[57]: 0

In [58]: env.step(a)
Out[58]: (array([1.8579, 1.7749, 1.8579, 1.947 ]), 0, False, {})
```

❶ 指定代號與特徵類型（股票代號或對數報酬率），其用於定義表示狀態的資料。

為 CartPole 遊戲所開發的 DQLAgent 能否學會金融市場的交易？肯定可以，如下列程式碼所示。然而，儘管代理人於訓練期間有提升交易技能（平均），但是結果並不算厲害（參閱圖 9-3）：

```
In [59]: set_seeds(100)
         agent = DQLAgent(gamma=0.5, opt=RMSprop)

In [60]: episodes = 1000

In [61]: agent.learn(episodes)
         episode: 1000/1000 | treward: 2511 | av: 1012.7 | max: 2511
In [62]: agent.test(3)
         episode:    3/3 | treward: 2511
Out[62]: [2511, 2511, 2511]

In [63]: plt.figure(figsize=(10, 6))
         x = range(len(agent.averages))
         y = np.polyval(np.polyfit(x, agent.averages, deg=3), x)
         plt.plot(agent.averages, label='moving average')
         plt.plot(x, y, 'r--', label='regression')
         plt.xlabel('episodes')
         plt.ylabel('total reward')
         plt.legend();
```

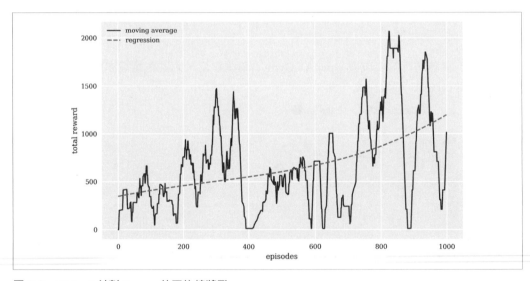

圖 9-3　DQLAgent 針對 Finance 的平均總獎勵

通用的 *RL* 代理人

本節針對金融市場環境實作一個類別，此類別主要模仿 OpenAI Gym 環境的 API。原來的 QL 代理人本身不需作任何變更，即可套用於這個新建的金融市場環境。儘管代理人於此新環境的表現可能沒有很厲害，不過足以說明本章介紹的 RL 作法相當通用。RL 代理人通常可以從與其互動的各種環境中學習。某種程度上能夠解釋 DeepMind 的 AlphaZero 不但精通圍棋競賽，還會下西洋棋與將棋的原因（如第二章所述）。

# 進階的 Finance Gym

上一節的概念是開發簡單的類別，讓 RL 用於金融市場環境中。主要目的是複製 OpenAI Gym 環境的 API。然而，不需要將這類環境限制以單種特徵描述金融市場狀態，也沒有必要只使用四個 lag 項。本節介紹進階的 **Finance** 類別，可容許多個特徵、可變數量的 lag 項以及針對所用的基本資料設定起點與終點。別的不說，其中得以讓資料集的某部分用於學習，而其他部分用於驗證或測試。下列呈現的 **Python** 程式碼還可以使用槓桿（leverage）。若認為盤中資料具有相對較少的絕對報酬時，納入此一項目或許會有助益：

```
In [64]: class Finance:
             url = 'http://hilpisch.com/aiif_eikon_eod_data.csv'
             def __init__(self, symbol, features, window, lags,
                          leverage=1, min_performance=0.85,
                          start=0, end=None, mu=None, std=None):
                 self.symbol = symbol
                 self.features = features        ❶
                 self.n_features = len(features)
                 self.window = window
                 self.lags = lags               ❶
                 self.leverage = leverage        ❷
                 self.min_performance = min_performance   ❸
                 self.start = start
                 self.end = end
                 self.mu = mu
                 self.std = std
                 self.observation_space = observation_space(self.lags)
                 self.action_space = action_space(2)
                 self._get_data()
                 self._prepare_data()
             def _get_data(self):
```

```
        self.raw = pd.read_csv(self.url, index_col=0,
                               parse_dates=True).dropna()
    def _prepare_data(self):
        self.data = pd.DataFrame(self.raw[self.symbol])
        self.data = self.data.iloc[self.start:]
        self.data['r'] = np.log(self.data / self.data.shift(1))
        self.data.dropna(inplace=True)
        self.data['s'] = self.data[self.symbol].rolling(
                                          self.window).mean()     ❹
        self.data['m'] = self.data['r'].rolling(self.window).mean()  ❹
        self.data['v'] = self.data['r'].rolling(self.window).std()   ❹
        self.data.dropna(inplace=True)
        if self.mu is None:
            self.mu = self.data.mean()   ❺
            self.std = self.data.std()   ❺
        self.data_ = (self.data - self.mu) / self.std   ❺
        self.data_['d'] = np.where(self.data['r'] > 0, 1, 0)
        self.data_['d'] = self.data_['d'].astype(int)
        if self.end is not None:
            self.data = self.data.iloc[:self.end - self.start]
            self.data_ = self.data_.iloc[:self.end - self.start]
    def _get_state(self):
        return self.data_[self.features].iloc[self.bar -
                          self.lags:self.bar]
    def seed(self, seed):
        random.seed(seed)
        np.random.seed(seed)
    def reset(self):
        self.treward = 0
        self.accuracy = 0
        self.performance = 1
        self.bar = self.lags
        state = self.data_[self.features].iloc[self.bar-
                      self.lags:self.bar]
        return state.values
    def step(self, action):
        correct = action == self.data_['d'].iloc[self.bar]
        ret = self.data['r'].iloc[self.bar] * self.leverage   ❻
        reward_1 = 1 if correct else 0
        reward_2 = abs(ret) if correct else -abs(ret)   ❼
        self.treward += reward_1
        self.bar += 1
        self.accuracy = self.treward / (self.bar - self.lags)
        self.performance *= math.exp(reward_2)   ❽
        if self.bar >= len(self.data):
            done = True
```

```
            elif reward_1 == 1:
                done = False
            elif (self.performance < self.min_performance and
                  self.bar > self.lags + 5):
                done = True
            else:
                done = False
            state = self._get_state()
            info = {}
            return state.values, reward_1 + reward_2 * 5, done, info
```

❶ 用於定義狀態的特徵。

❷ 採用的 lag 數。

❸ 毛績效的最低要求。

❹ 其他金融特徵（簡單移動平均線、動能、滾動波動率）。

❺ 資料的高斯正規化。

❻ 此步的槓桿報酬率。

❼ 此步的獎勵（報酬率形式）。

❽ 此步之後的毛績效。

針對金融市場環境建模的新版 Finance 類別，提供更多的彈性內容。下列程式碼範例具有兩個特徵與五個 lag 項：

```
In [65]: env = Finance('EUR=', ['EUR=', 'r'], 10, 5)

In [66]: a = env.action_space.sample()
         a
Out[66]: 0

In [67]: env.reset()
Out[67]: array([[ 1.7721, -1.0214],
                [ 1.5973, -2.4432],
                [ 1.5876, -0.1208],
                [ 1.6292,  0.6083],
                [ 1.6408,  0.1807]])

In [68]: env.step(a)
Out[68]: (array([[ 1.5973, -2.4432],
                 [ 1.5876, -0.1208],
                 [ 1.6292,  0.6083],
```

```
          [ 1.6408,  0.1807],
          [ 1.5725, -0.9502]]),
   1.0272827803740798,
   False,
   {})
```

## 各種環境與資料

要注意的重點是，CartPole 環境與兩種 Finance 環境之間基本差異。CartPole 的
環境中，事先並無資料可用。只以某種程度隨機選擇初始狀態。依據所選的狀
態以及代理人所採取的動作，套用明定的轉換以產生新狀態（資料）。如此可
行，因為依循物理定律模擬物理系統。

另一方面，Finance 環境則從實際的市場歷史資料開始，並且如同 CartPole 環境
以類似的方式只呈現可用的資料給代理人（也就是說，逐步與逐狀態呈現）。
在這種情況下，代理人的動作實際上不會對環境有影響；反而，環境是明確的
演化，代理人學習如何在此環境中有最佳的表現（有利潤的交易）。

意義上，如何最快走出迷宮的問題，是與 Finance 環境更為相似的環境。在這種
情況下，事先已知呈現迷宮所用的資料，而代理人在迷宮中移動時只會得知相
關的資料子集（目前的狀態）。

# FQL 代理人

本節依據新的 Finance 環境，改進簡單的 DQL 代理人，進而改善金融市場環境中的表
現。FQLAgent 類別能夠處理多個特徵與可變數量的 lag 項。其中分成學習環境（learn_
env）與驗證環境（valid_env）。如此可以更為實際得知代理人於訓練期間的 out-of-
sample 效能。類別的基本結構以及 RL/QL 學習作法與 DQLAgent 與 FQLAgent 兩個類別皆
雷同：

```
In [69]: class FQLAgent:
            def __init__(self, hidden_units, learning_rate, learn_env, valid_env):
                self.learn_env = learn_env
                self.valid_env = valid_env
                self.epsilon = 1.0
                self.epsilon_min = 0.1
                self.epsilon_decay = 0.98
```

```python
        self.learning_rate = learning_rate
        self.gamma = 0.95
        self.batch_size = 128
        self.max_treward = 0
        self.trewards = list()
        self.averages = list()
        self.performances = list()
        self.aperformances = list()
        self.vperformances = list()
        self.memory = deque(maxlen=2000)
        self.model = self._build_model(hidden_units, learning_rate)

    def _build_model(self, hu, lr):
        model = Sequential()
        model.add(Dense(hu, input_shape=(
            self.learn_env.lags, self.learn_env.n_features),
                        activation='relu'))
        model.add(Dropout(0.3, seed=100))
        model.add(Dense(hu, activation='relu'))
        model.add(Dropout(0.3, seed=100))
        model.add(Dense(2, activation='linear'))
        model.compile(
            loss='mse',
            optimizer=RMSprop(lr=lr)
        )
        return model

    def act(self, state):
        if random.random() <= self.epsilon:
            return self.learn_env.action_space.sample()
        action = self.model.predict(state)[0, 0]
        return np.argmax(action)

    def replay(self):
        batch = random.sample(self.memory, self.batch_size)
        for state, action, reward, next_state, done in batch:
            if not done:
                reward += self.gamma * np.amax(
                    self.model.predict(next_state)[0, 0])
            target = self.model.predict(state)
            target[0, 0, action] = reward
            self.model.fit(state, target, epochs=1,
                           verbose=False)
        if self.epsilon > self.epsilon_min:
            self.epsilon *= self.epsilon_decay
```

```python
def learn(self, episodes):
    for e in range(1, episodes + 1):
        state = self.learn_env.reset()
        state = np.reshape(state, [1, self.learn_env.lags,
                                   self.learn_env.n_features])
        for _ in range(10000):
            action = self.act(state)
            next_state, reward, done, info = \
                        self.learn_env.step(action)
            next_state = np.reshape(next_state,
                          [1, self.learn_env.lags,
                           self.learn_env.n_features])
            self.memory.append([state, action, reward,
                                 next_state, done])
            state = next_state
            if done:
                treward = _ + 1
                self.trewards.append(treward)
                av = sum(self.trewards[-25:]) / 25
                perf = self.learn_env.performance
                self.averages.append(av)
                self.performances.append(perf)
                self.aperformances.append(
                    sum(self.performances[-25:]) / 25)
                self.max_treward = max(self.max_treward, treward)
                templ = 'episode: {:2d}/{} | treward: {:4d} | '
                templ += 'perf: {:5.3f} | av: {:5.1f} | max: {:4d}'
                print(templ.format(e, episodes, treward, perf,
                            av, self.max_treward), end='\r')
                break
        self.validate(e, episodes)
        if len(self.memory) > self.batch_size:
            self.replay()
def validate(self, e, episodes):
    state = self.valid_env.reset()
    state = np.reshape(state, [1, self.valid_env.lags,
                               self.valid_env.n_features])
    for _ in range(10000):
        action = np.argmax(self.model.predict(state)[0, 0])
        next_state, reward, done, info = self.valid_env.step(action)
        state = np.reshape(next_state, [1, self.valid_env.lags,
                            self.valid_env.n_features])
        if done:
            treward = _ + 1
            perf = self.valid_env.performance
            self.vperformances.append(perf)
```

```
                if e % 20 == 0:
                    templ = 71 * '='
                    templ += '\nepisode: {:2d}/{} | VALIDATION | '
                    templ += 'treward: {:4d} | perf: {:5.3f} | '
                    templ += 'eps: {:.2f}\n'
                    templ += 71 * '='
                    print(templ.format(e, episodes, treward,
                                       perf, self.epsilon))
            break
```

下列 Python 程式碼顯示，`FQLAgent` 的效能明顯優於簡單的 `DQLAgent`（用於解決 CartPole 問題）。此交易機器人似乎藉由與金融市場環境的互動，而得以相當一致的學習交易任務（參閱圖 9-4）：

```
In [70]: symbol = 'EUR='
         features = [symbol, 'r', 's', 'm', 'v']

In [71]: a = 0
         b = 2000
         c = 500

In [72]: learn_env = Finance(symbol, features, window=10, lags=6,
                        leverage=1, min_performance=0.85,
                        start=a, end=a + b, mu=None, std=None)

In [73]: learn_env.data.info()
         <class 'pandas.core.frame.DataFrame'>
         DatetimeIndex: 2000 entries, 2010-01-19 to 2017-12-26
         Data columns (total 5 columns):
          #   Column  Non-Null Count  Dtype
         ---  ------  --------------  -----
          0   EUR=    2000 non-null   float64
          1   r       2000 non-null   float64
          2   s       2000 non-null   float64
          3   m       2000 non-null   float64
          4   v       2000 non-null   float64
         dtypes: float64(5)
         memory usage: 93.8 KB

In [74]: valid_env = Finance(symbol, features, window=learn_env.window,
                        lags=learn_env.lags, leverage=learn_env.leverage,
                        min_performance=learn_env.min_performance,
                        start=a + b, end=a + b + c,
                        mu=learn_env.mu, std=learn_env.std)

In [75]: valid_env.data.info()
```

```
<class 'pandas.core.frame.DataFrame'>
DatetimeIndex: 500 entries, 2017-12-27 to 2019-12-20
Data columns (total 5 columns):
 #   Column  Non-Null Count  Dtype
---  ------  --------------  -----
 0   EUR=    500 non-null    float64
 1   r       500 non-null    float64
 2   s       500 non-null    float64
 3   m       500 non-null    float64
 4   v       500 non-null    float64
dtypes: float64(5)
memory usage: 23.4 KB
```

In [76]: set_seeds(100)
         agent = FQLAgent(24, 0.0001, learn_env, valid_env)

In [77]: episodes = 61

In [78]: agent.learn(episodes)

         ================================================================
         episode:  20/61 | VALIDATION | treward:  494 | perf: 1.169 | eps: 0.68
         ================================================================

         ================================================================
         episode:  40/61 | VALIDATION | treward:  494 | perf: 1.111 | eps: 0.45
         ================================================================

         ================================================================
         episode:  60/61 | VALIDATION | treward:  494 | perf: 1.089 | eps: 0.30
         ================================================================
         episode:  61/61 | treward: 1994 | perf: 1.268 | av: 1615.1 | max: 1994

In [79]: agent.epsilon
Out[79]: 0.291602079838278

In [80]: plt.figure(figsize=(10, 6))
         x = range(1, len(agent.averages) + 1)
         y = np.polyval(np.polyfit(x, agent.averages, deg=3), x)
         plt.plot(agent.averages, label='moving average')
         plt.plot(x, y, 'r--', label='regression')
         plt.xlabel('episodes')
         plt.ylabel('total reward')
         plt.legend();
```
```

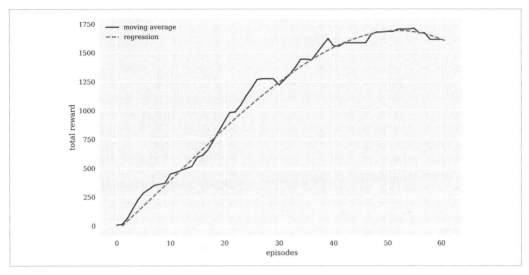

圖 9-4　FQLAgent 針對 Finance 的平均總獎勵

如圖 9-5 所示，針對訓練與驗證兩者效能，還出現值得關注的現象。訓練效能的變異數很高，原因是，除了目前最佳政策的「利用」之外，還有「探索」。對比之下，驗證效能的變異數低很多，因為其只有目前最佳政策的「利用」：

```
In [81]: plt.figure(figsize=(10, 6))
         x = range(1, len(agent.performances) + 1)
         y = np.polyval(np.polyfit(x, agent.performances, deg=3), x)
         y_ = np.polyval(np.polyfit(x, agent.vperformances, deg=3), x)
         plt.plot(agent.performances[:], label='training')
         plt.plot(agent.vperformances[:], label='validation')
         plt.plot(x, y, 'r--', label='regression (train)')
         plt.plot(x, y_, 'r-.', label='regression (valid)')
         plt.xlabel('episodes')
         plt.ylabel('gross performance')
         plt.legend();
```

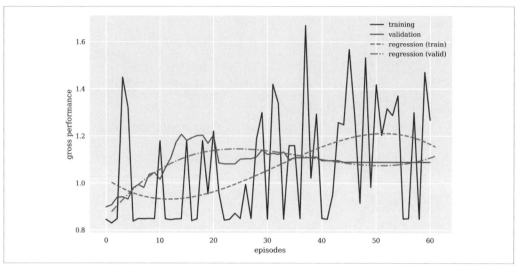

圖 9-5　FQLAgent 的訓練與驗證效能（每個 episode 中）

# 本章總結

本章探討增強式學習，為 AI 中最成功的演算法類型之一。第二章中所述的多數進展與成功案例都源於 RL 領域的改進。在這種情況下，類神經網路不會落得毫無用處。相反的，其於近似最佳動作政策中扮演著重要角色，通常以政策 Q 的形式，依據特定狀態，對每個動作賦予一個值。此值越高，動作越佳（考量即時獎勵與延遲獎勵）。

當然，在許多重要的環境下，列入延遲獎勵恰如其分。遊戲環境通常會有多個動作可用，最佳的選擇是允諾給予最高總獎勵的動作 —— 而並非只是最高的即時獎勵。最終總積分要為最大化的結果。金融環境中也是如此。長期績效通常是交易與投資的適當目標（而非可能增加破產風險的短期快速利潤）。

本章範例還表明，RL 作法相當靈活與通用，因為以同樣的妥善方式可套用於不同的環境。解決 CartPole 問題的 DQL 代理人也可以學習在金融市場作交易（即便表現不是太好）。依據 Finance 環境與 FQL 代理人的改進，FQL 交易機器人對於 in-sample（訓練資料）與 out-of-sample（驗證資料）皆有相當不錯的效能。

# 參考文獻

下列為本章所引用的書籍與論文：

Sutton, Richard S. and Andrew G. Barto. 2018. *Reinforcement Learning: An Introduction*. Cambridge and London: MIT Press.

Watkins, Christopher. 1989. *Learning from Delayed Rewards*. Ph.D. thesis, University of Cambridge.

Watkins, Christopher and Peter Dayan. 1992. "Q-Learning." *Machine Learning* 8 (May): 279-282.

# 演算法交易

成功就是製造利潤與避免虧損。

——Martin Zweig

第三部分利用深度學習與增強式學習技術，察覺金融市場的**統計無效率**情形。對照之下，第四部分要確認**經濟無效率**，並利用之，其先決條件通常就是統計無效率的情況。運用經濟無效率所選的工具是**演算法交易**（*algorithmic trading*），即以交易機器人產生的預測而自動執行交易策略。

表 IV-1 為「交易機器人的訓練與部署」以及「自駕車的建置與部署」的簡化對比。

表 IV-1　自駕車與交易機器人的對比

| 步驟 | 自駕車 | 交易機器人 |
|------|--------|-----------|
| 訓練 | 於虛擬與實況記錄環境中訓練 AI。 | 以模擬與實際歷史資料訓練 AI。 |
| 風險管理 | 加入規則避免碰撞、損毀等事故。 | 加入規則避免重大虧損、太早停利等情況。 |
| 部署 | AI 與車輛硬體結合、將車部署於街道並監視之。 | AI 與交易平台結合，將交易機器人部署於實際交易並監視之。 |

這部分共有三章，分別對應表 IV-1 所示的三個步驟，讓交易機器人利用經濟無效率——從交易策略的向量化回測（vectorized backtesting）開始，涵蓋以事件式回測的風險管理措施分析，以及探討策略執行與部署方面的技術細節：

- 第十章是演算法交易策略的**向量化回測**（*vetctorized backtesting*）相關論述，諸如基於 DNN 的市場預測內容。就交易策略之經濟潛力的初步判斷而言，這種作法有其效果。其中還能夠評估交易成本對經濟表現的影響。

- 第十一章包含演算法交易策略風險管理的核心內容，諸如停損單或停利單的運用。除了向量化回測之外，本章會介紹事件式回測，作為判斷交易策略之經濟潛力的彈性作法。

- 第十二章主要是關於交易策略執行的論述。主題包括歷史資料的擷取，依此資料的交易機器人訓練，即時資料串流傳輸，以及下單交易。其中會介紹 Oanda（*http://oanda.com*）及其 API，Oanda 非常適合作為演算法交易的交易平台。另外就 AI 能力的演算法交易策略自動部署方面，有基本的內容討論。

**演算法交易策略**

演算法交易是個內容廣闊的領域，其中包括不同類型的交易策略。例如，某些內容嘗試在大單交易期間將市場影響最小化（流動性演算法）。有些項目盡可能相近複製衍生金融工具的 payoff（動態避險或複製）。這些例子說明並非所有演算法交易策略都含有利用經濟無效率的目標。就本書聚焦的內容而言，以交易機器人（例如以 DNN 代理人或 RL 代理人的形式）所作的預測視為演算法交易策略似乎貼切實用。

# 第十章

# 向量化回測

*Tesla* 執行長 *Elon Musk*（科技業連續創業家）表示其公司兩年內能召喚車子以自動駕駛接載車主。

——Samuel Gibbs (2016)

位於大趨勢的正確一邊才能在股市賺大錢。

——Martin Zweig

向量化回測（*vectorized backtesting*）一詞指的是用於回測演算法交易策略——例如以密集神經網路（DNN）作市場預測的策略——之技術作法。筆者的著作 Hilpisch (2018, ch. 15; 2020, ch. 4) 用許多具體範例說明向量化回測。在此，**向量化**是指高度（甚至完全）仰賴向量化程式碼的程式設計範式（也就是說，在 Python 環境上無任何迴圈程式碼）。程式碼向量化的慣例，通常是使用諸如 Numpy 或 pandas 等套件實作，前面幾個章節也有密集使用這些套件。向量化程式碼的優點是，較簡潔與易於閱讀的內容呈現，以及在許多重要情境中有更快的執行速度。另一方面，（就回測交易策略來說）可能不如第十一章所介紹的事件式回測那樣具有彈性。

重點是需要有個良好 AI 能力的 predictor，能夠打敗簡單的基準 predictor；但是通常不足以產生 *alpha*（也就是說，依據風險調整而高於市場的報酬率）。例如，以預測式交易策略來說，正確預測大型市場變動也是重點，而非只是預測大多數（可能相當小型的）市場變動。向量化回測是找出交易策略的經濟潛力既簡單又快速的作法。

與自駕車（AV）對比，向量化回測就像在虛擬環境中測試 AV 的 AI，只是為了明白無風險環境的「一般」表現。然而，針對 AV 的 AI 而言，重點不只是平均表現良好，而最重要的是明白其對關鍵情況（甚至極端情況）的掌握程度。這種 AI 應當達到平均「零傷亡」，而非 0.1 或 0.5 的最終結果。對於金融 AI 來說，得知大型市場變動同樣重要（即便不是對等的重要程度）。而本章聚焦於金融 AI 代理人（交易機器人）的純粹績效，第十一章深入探討風險評估與標準風險管理措施的回測。

第 290 頁〈SMA 式策略回測〉以簡單範例介紹向量化回測，會用到簡單移動平均線（作為技術指標）與 EOD 資料。如此在一開始時就能呈現有建樹的視覺化內容以及較易明白的作法。第 297 頁〈按日型 DNN 式策略回測〉依據 EOD 資料訓練 DNN，並針對其經濟效能回測預測型策略結果。而第 304 頁〈盤中型 DNN 式策略回測〉，則是針對盤中資料執行同樣的任務。在所有範例中，成比例的交易成本以假設的買賣價差形式納入其中。

# SMA 式策略回測

本節介紹的向量化回測是以經典的交易策略為基礎，此策略使用簡單移動平均線（SMA）作為技術指標。下列程式碼包含必要的匯入與組態項目，以及擷取 EUR/USD 貨幣對的 EOD 資料：

```
In [1]: import os
        import math
        import numpy as np
        import pandas as pd
        from pylab import plt, mpl
        plt.style.use('seaborn')
        mpl.rcParams['savefig.dpi'] = 300
        mpl.rcParams['font.family'] = 'serif'
        pd.set_option('mode.chained_assignment', None)
        pd.set_option('display.float_format', '{:.4f}'.format)
        np.set_printoptions(suppress=True, precision=4)
        os.environ['PYTHONHASHSEED'] = '0'

In [2]: url = 'http://hilpisch.com/aiif_eikon_eod_data.csv'  ❶

In [3]: symbol = 'EUR='  ❶

In [4]: data = pd.DataFrame(pd.read_csv(url, index_col=0,
                                 parse_dates=True).dropna()[symbol])  ❶
```

---

```
In [5]: data.info()  ❶
        <class 'pandas.core.frame.DataFrame'>
        DatetimeIndex: 2516 entries, 2010-01-04 to 2019-12-31
        Data columns (total 1 columns):
         #   Column  Non-Null Count  Dtype
        ---  ------  --------------  -----
         0   EUR=    2516 non-null   float64
        dtypes: float64(1)
        memory usage: 39.3 KB
```

❶ 擷取 EUR/USD 的 EOD 資料。

此策略的概念如下：計算較短期的 SMA1（譬如 42 日），以及較長期的 SMA2（譬如 258 日）。每當 SMA1 高於 SMA2 時，即對此金融工具做多；而當 SMA1 低於 SMA2 時，則對此金融工具做空。由於此範例是以 EUR/USD 為金融工具，因此做多或做空輕而易舉。

下列 Python 程式碼以向量化方式計算 SMA 值，並沿原始時間序列將結果的時間序列內容視覺化呈現（參閱圖 10-1）：

```
In [6]: data['SMA1'] = data[symbol].rolling(42).mean()  ❶
```

```
In [7]: data['SMA2'] = data[symbol].rolling(258).mean()  ❷
```

```
In [8]: data.plot(figsize=(10, 6));  ❸
```

❶ 計算短期 SMA1。

❷ 計算長期 SMA2。

❸ 將三個時間序列視覺化呈現。

具備 SMA 時間序列資料之後，可以再次以向量化方式得到結果部位。注意，結果部位時間序列偏移一日，以避免資料的先見之明偏差。此偏移是必要的，因為 SMA 的計算包括當日的收盤值。因此，某日的 SMA 值而得的部位需要套用到整個時間序列的下一日。

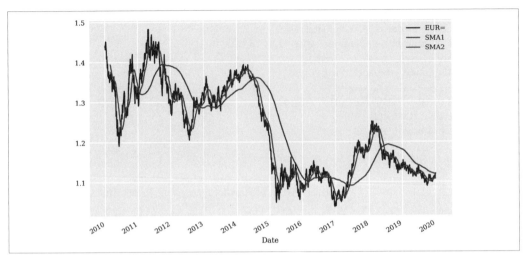

圖 10-1　EUR/USD 與 SMA 的時間序列資料

圖 10-2 為結果部位與三個時間序列疊合的視覺化呈現：

```
In [9]: data.dropna(inplace=True)  ❶
```

```
In [10]: data['p'] = np.where(data['SMA1'] > data['SMA2'], 1, -1)  ❷
```

```
In [11]: data['p'] = data['p'].shift(1)  ❸
```

```
In [12]: data.dropna(inplace=True)  ❶
```

```
In [13]: data.plot(figsize=(10, 6), secondary_y='p');  ❹
```

❶ 刪除含有 NaN 內容的 row。

❷ 依同日的 SMA 值得出部位值。

❸ 將部位值偏移一日以避免先見之明偏差。

❹ 將 SMA 得出的部位值視覺化呈現。

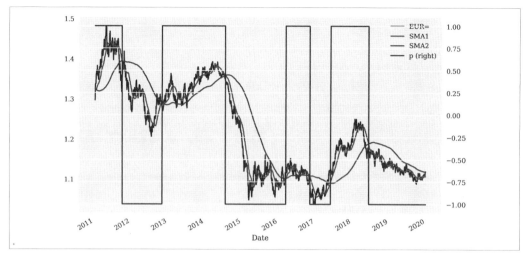

圖 10-2　EUR/USD、SMA 以及結果部位的時間序列

缺少一個關鍵步驟：部位與金融工具報酬率的結合。由於按慣例以 +1 表示一個多頭部位，以及 -1 表示一個空頭部位，因此這步驟可簡化成將 DataFrame 物件的兩個 column 相乘——再度採用向量化方式。SMA 式交易策略大幅優於被動式基準投資，如圖 10-3 所示：

```
In [14]: data['r'] = np.log(data[symbol] / data[symbol].shift(1))   ❶

In [15]: data.dropna(inplace=True)

In [16]: data['s'] = data['p'] * data['r']   ❷

In [17]: data[['r', 's']].sum().apply(np.exp)   ❸
Out[17]: r   0.8640
         s   1.3773
         dtype: float64

In [18]: data[['r', 's']].sum().apply(np.exp) - 1   ❹
Out[18]: r   -0.1360
         s    0.3773
         dtype: float64

In [19]: data[['r', 's']].cumsum().apply(np.exp).plot(figsize=(10, 6));   ❺
```

❶ 計算對數報酬率。

❷ 計算策略報酬率。

**❸** 計算毛績效。

**❹** 計算淨績效。

**❺** 視覺化呈現毛績效（隨時間排列）。

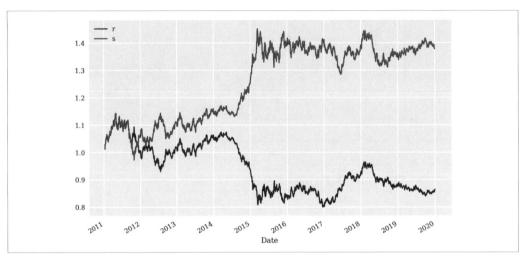

圖 10-3　被動式基準投資與 SMA 策略的毛績效

到目前為止，績效資料沒有考量交易成本。當然，這些是判斷交易策略經濟潛力的關鍵
元素。以目前環境而言，成比例的交易成本可以輕易引入計算中。其概念是確定交易發
生的時間，並考量買賣價差而將交易策略績效扣除一定的值。如下列計算所示，從圖
10-2 可明顯得知，交易策略不會頻繁變更部位。因此，為了讓交易成本產生某些有意義
的效果，假設略高於 EUR/USD 平常所定的水準。在已知假設下，減去交易成本的淨效
果是數個百分點的差別（參閱圖 10-4）：

```
In [20]: sum(data['p'].diff() != 0) + 2  ❶
Out[20]: 10

In [21]: pc = 0.005  ❷

In [22]: data['s_'] = np.where(data['p'].diff() != 0,
                               data['s'] - pc, data['s'])  ❸

In [23]: data['s_'].iloc[0] -= pc  ❹

In [24]: data['s_'].iloc[-1] -= pc  ❺
```

```
In [25]: data[['r', 's', 's_']][data['p'].diff() != 0]   ❻
Out[25]:                  r        s        s_
         Date
         2011-01-12   0.0123   0.0123   0.0023
         2011-10-10   0.0198  -0.0198  -0.0248
         2012-11-07  -0.0034  -0.0034  -0.0084
         2014-07-24  -0.0001   0.0001  -0.0049
         2016-03-16   0.0102   0.0102   0.0052
         2016-11-10  -0.0018   0.0018  -0.0032
         2017-06-05  -0.0025  -0.0025  -0.0075
         2018-06-15   0.0035  -0.0035  -0.0085

In [26]: data[['r', 's', 's_']].sum().apply(np.exp)
Out[26]: r      0.8640
         s      1.3773
         s_     1.3102
         dtype: float64

In [27]: data[['r', 's', 's_']].sum().apply(np.exp) - 1
Out[27]: r     -0.1360
         s      0.3773
         s_     0.3102
         dtype: float64

In [28]: data[['r', 's', 's_']].cumsum().apply(np.exp).plot(figsize=(10, 6));
```

❶ 計算交易筆數，其中包含進場（entry）與出場（exit）。

❷ 固定成比例的交易成本（故意設高一些）。

❸ 針對交易成本調整策略績效。

❹ 針對**進場**交易調整策略績效。

❺ 針對**出場**交易調整策略績效。

❻ 顯示常規交易的調整績效值。

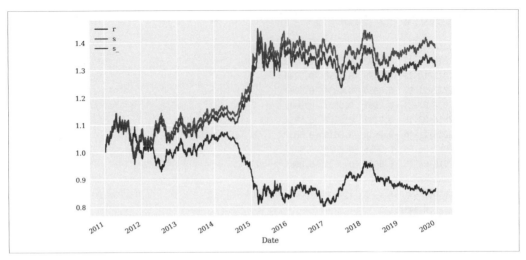

**圖 10-4　納入交易成本前後的 SMA 策略毛績效**

此交易策略引起的風險為何？針對以定向預測（directional prediction）為基礎而只持有多頭或空頭部位的交易策略而言，其中風險（以波動率——即對數報酬率的標準差——表示）與被動式基準投資完全一樣：

```
In [29]: data[['r', 's', 's_']].std()  ❶
Out[29]: r    0.0054
         s    0.0054
         s_   0.0054
         dtype: float64

In [30]: data[['r', 's', 's_']].std() * math.sqrt(252)  ❷
Out[30]: r    0.0853
         s    0.0853
         s_   0.0855
         dtype: float64
```

❶ 日波動率。

❷ 年化波動率。

向量化回測

向量化回測，對於預測式交易策略的「純粹」績效回測而言，是一種強而有效的作法。例如，此回測也可考量交易成本。然而，並不適合引入典型的風險管理措施，諸如（追蹤）停損單或停利單。此為第十一章處理的議題。

# 按日型 DNN 式策略回測

上一節以簡單而易於視覺化的交易策略，描繪向量化回測的藍圖。而同樣的藍圖可以應用於 DNN 式交易策略（其中僅需些微的技術調整）。下列會訓練一個（如第七章所述的）Keras DNN 模型，其中使用的資料與前例所用的內容相同。然而，如同第七章，需要將各種特徵與 lag 項加入 DataFrame 物件中：

```
In [31]: data = pd.DataFrame(pd.read_csv(url, index_col=0,
                                  parse_dates=True).dropna()[symbol])
```

```
In [32]: data.info()
         <class 'pandas.core.frame.DataFrame'>
         DatetimeIndex: 2516 entries, 2010-01-04 to 2019-12-31
         Data columns (total 1 columns):
          #   Column  Non-Null Count  Dtype
         ---  ------  --------------  -----
          0   EUR=    2516 non-null   float64
         dtypes: float64(1)
         memory usage: 39.3 KB
```

```
In [33]: lags = 5
```

```
In [34]: def add_lags(data, symbol, lags, window=20):
             cols = []
             df = data.copy()
             df.dropna(inplace=True)
             df['r'] = np.log(df / df.shift(1))
             df['sma'] = df[symbol].rolling(window).mean()
             df['min'] = df[symbol].rolling(window).min()
             df['max'] = df[symbol].rolling(window).max()
             df['mom'] = df['r'].rolling(window).mean()
             df['vol'] = df['r'].rolling(window).std()
             df.dropna(inplace=True)
             df['d'] = np.where(df['r'] > 0, 1, 0)
             features = [symbol, 'r', 'd', 'sma', 'min', 'max', 'mom', 'vol']
             for f in features:
                 for lag in range(1, lags + 1):
                     col = f'{f}_lag_{lag}'
                     df[col] = df[f].shift(lag)
                     cols.append(col)
             df.dropna(inplace=True)
             return df, cols
```

```
In [35]: data, cols = add_lags(data, symbol, lags, window=20)
```

下列 Python 程式碼將匯入相關項目與定義 set_seeds() 與 create_model() 函式：

```
In [36]: import random
         import tensorflow as tf
         from keras.layers import Dense, Dropout
         from keras.models import Sequential
         from keras.regularizers import l1
         from keras.optimizers import Adam
         from sklearn.metrics import accuracy_score
         Using TensorFlow backend.

In [37]: def set_seeds(seed=100):
             random.seed(seed)
             np.random.seed(seed)
             tf.random.set_seed(seed)
         set_seeds()

In [38]: optimizer = Adam(learning_rate=0.0001)

In [39]: def create_model(hl=2, hu=128, dropout=False, rate=0.3,
                          regularize=False, reg=l1(0.0005),
                          optimizer=optimizer, input_dim=len(cols)):
             if not regularize:
                 reg = None
             model = Sequential()
             model.add(Dense(hu, input_dim=input_dim,
                         activity_regularizer=reg,
                         activation='relu'))
             if dropout:
                 model.add(Dropout(rate, seed=100))
             for _ in range(hl):
                 model.add(Dense(hu, activation='relu',
                             activity_regularizer=reg))
                 if dropout:
                     model.add(Dropout(rate, seed=100))
             model.add(Dense(1, activation='sigmoid'))
             model.compile(loss='binary_crossentropy',
                         optimizer=optimizer,
                         metrics=['accuracy'])
             return model
```

就歷史資料的訓練—測試循序切分，下列 Python 程式碼依據正規化特徵資料訓練 DNN 模型：

```
In [40]: split = '2018-01-01'  ❶

In [41]: train = data.loc[:split].copy()  ❶

In [42]: np.bincount(train['d'])  ❷
Out[42]: array([ 982, 1006])

In [43]: mu, std = train.mean(), train.std()  ❸

In [44]: train_ = (train - mu) / std  ❸

In [45]: set_seeds()
         model = create_model(hl=2, hu=64)  ❹

In [46]: %%time
         model.fit(train_[cols], train['d'],
                 epochs=20, verbose=False,
                 validation_split=0.2, shuffle=False)  ❺
         CPU times: user 2.93 s, sys: 574 ms, total: 3.5 s
         Wall time: 1.93 s

Out[46]: <keras.callbacks.callbacks.History at 0x7fc9392f38d0>

In [47]: model.evaluate(train_[cols], train['d'])  ❻
         1988/1988 [==============================] - 0s 17us/step

Out[47]: [0.6745863538872549, 0.5925553441047668]
```

❶ 將資料分成訓練與測試兩種。

❷ 顯示標籤類別出現的頻率。

❸ 訓練特徵資料的正規化。

❹ 建立 DNN 模型。

❺ 以訓練資料訓練 DNN 模型。

❻ 就訓練資料計算模型的效能。

到目前為止,基本上都在重複執行第七章的核心作法。此時,向量化回測可應用於判斷 DNN 式交易策略(依據模型預測) *in-sample* 的經濟表現(參閱圖 10-5)。在這種情況下,上升的預測自然被詮釋為多頭部位,而下降的預測則為空頭部位:

```
In [48]: train['p'] = np.where(model.predict(train_[cols]) > 0.5, 1, 0)   ❶

In [49]: train['p'] = np.where(train['p'] == 1, 1, -1)   ❷

In [50]: train['p'].value_counts()   ❸
Out[50]: -1    1098
          1     890
         Name: p, dtype: int64

In [51]: train['s'] = train['p'] * train['r']   ❹

In [52]: train[['r', 's']].sum().apply(np.exp)   ❺
Out[52]: r    0.8787
         s    5.0766
         dtype: float64

In [53]: train[['r', 's']].sum().apply(np.exp)  - 1   ❺
Out[53]: r    -0.1213
         s     4.0766
         dtype: float64

In [54]: train[['r', 's']].cumsum().apply(np.exp).plot(figsize=(10, 6));   ❻
```

❶ 產生二元預測。

❷ 將預測結果轉為部位值。

❸ 顯示多空部位數目。

❹ 計算策略績效值。

❺ 計算毛績效與淨績效(in-sample)。

❻ 依時間視覺化呈現毛績效(in-sample)。

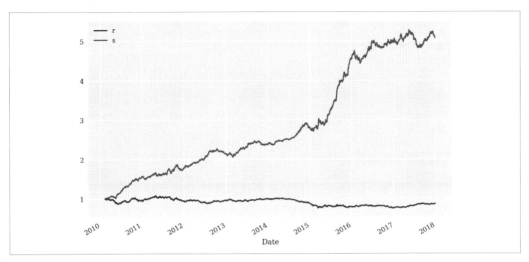

圖 10-5　被動式基準投資與按日型 DNN 策略的毛績效（in-sample）

下列則是針對測試資料集的相同計算過程。其中 in-sample 的效能優異，而 out-of-sample 的結果並無讓人驚喜，不過依然有說服力（參閱圖 10-6）：

```
In [55]: test = data.loc[split:].copy()  ❶

In [56]: test_ = (test - mu) / std  ❷

In [57]: model.evaluate(test_[cols], test['d'])  ❸
         503/503 [==============================] - 0s 17us/step

Out[57]: [0.6933823573897421, 0.5407554507255554]

In [58]: test['p'] = np.where(model.predict(test_[cols]) > 0.5, 1, -1)

In [59]: test['p'].value_counts()
Out[59]: -1    406
          1     97
         Name: p, dtype: int64

In [60]: test['s'] = test['p'] * test['r']

In [61]: test[['r', 's']].sum().apply(np.exp)
Out[61]: r    0.9345
         s    1.2431
         dtype: float64

In [62]: test[['r', 's']].sum().apply(np.exp) - 1
```

```
Out[62]: r    -0.0655
         s     0.2431
         dtype: float64

In [63]: test[['r', 's']].cumsum().apply(np.exp).plot(figsize=(10, 6));
```

❶ 產生測試資料子集。

❷ 測試資料的正規化。

❸ 針對測試資料的模型效能計算。

對照 SMA 式策略的結果，DNN 式交易策略導致較多的交易筆數。因此在判斷經濟表現時，交易成本的納入是更重要的考量。

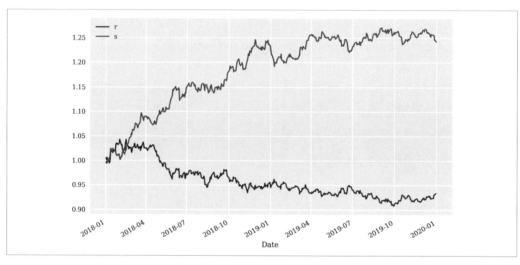

圖 10-6　被動式基準投資與按日型 DNN 策略的毛績效（out-of-sample）

下列程式碼假設目前實際的 EUR/USD 買賣價差為 1.2 pip[1]（即 0.00012 個貨幣單位）水準。為了簡化計算，依據 EUR/USD 的平均收盤價，計算交易成本的平均值 pc（參閱圖 10-7）：

```
In [64]: sum(test['p'].diff() != 0)
Out[64]: 147

In [65]: spread = 0.00012    ❶
         pc = spread / data[symbol].mean()    ❷
```

1　此為 Oanda（*http://oanda.com*）提供給散戶交易者的買賣價差。

```
         print(f'{pc:.6f}')
         0.000098

In [66]: test['s_'] = np.where(test['p'].diff() != 0,
                               test['s'] - pc, test['s'])

In [67]: test['s_'].iloc[0] -= pc

In [68]: test['s_'].iloc[-1] -= pc

In [69]: test[['r', 's', 's_']].sum().apply(np.exp)
Out[69]: r    0.9345
         s    1.2431
         s_   1.2252
         dtype: float64

In [70]: test[['r', 's', 's_']].sum().apply(np.exp) - 1
Out[70]: r    -0.0655
         s     0.2431
         s_    0.2252
         dtype: float64

In [71]: test[['r', 's', 's_']].cumsum().apply(np.exp).plot(figsize=(10, 6));
```

❶ 固定的平均買賣價差。

❷ 計算平均交易成本。

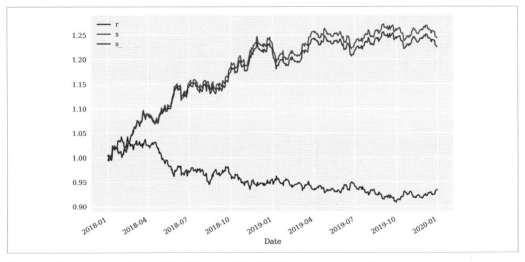

圖 10-7　納入交易成本前後的按日型 DNN 策略毛績效（out-of-sample）

DNN 式交易策略在納入典型交易成本前後，似乎皆有前途可言。然而，若要觀測更多的交易，類似的策略於盤中是否有可行的經濟表現呢？下一節將分析盤中型 DNN 式策略。

# 盤中型 DNN 式策略

在此需用另外的資料集訓練與回測盤中資料應用類型的 DNN 模型：

```
In [72]: url = 'http://hilpisch.com/aiif_eikon_id_eur_usd.csv'   ❶
```

```
In [73]: symbol = 'EUR='   ❶
```

```
In [74]: data = pd.DataFrame(pd.read_csv(url, index_col=0,
                             parse_dates=True).dropna()['CLOSE'])   ❶
         data.columns = [symbol]
```

```
In [75]: data = data.resample('5min', label='right').last().ffill()   ❷
```

```
In [76]: data.info()   ❷
         <class 'pandas.core.frame.DataFrame'>
         DatetimeIndex: 26486 entries, 2019-10-01 00:05:00 to 2019-12-31 23:10:00
         Freq: 5T
         Data columns (total 1 columns):
          #   Column  Non-Null Count  Dtype
         ---  ------  --------------  -----
          0   EUR=    26486 non-null  float64
         dtypes: float64(1)
         memory usage: 413.8 KB
```

```
In [77]: lags = 5
```

```
In [78]: data, cols = add_lags(data, symbol, lags, window=20)
```

❶ 擷取 EUR/USD 的盤中資料，並採用每個固定期間的結束價。

❷ 將資料重新抽樣成五分鐘的時間間隔（five-minute bar）。

此時針對新資料集重複執行上一節的過程。先訓練 DNN 模型：

```
In [79]: split = int(len(data) * 0.85)
```

```
In [80]: train = data.iloc[:split].copy()
```

```
In [81]: np.bincount(train['d'])
```

```
Out[81]: array([16284,  6207])

In [82]: def cw(df):
             c0, c1 = np.bincount(df['d'])
             w0 = (1 / c0) * (len(df)) / 2
             w1 = (1 / c1) * (len(df)) / 2
             return {0: w0, 1: w1}

In [83]: mu, std = train.mean(), train.std()

In [84]: train_ = (train - mu) / std

In [85]: set_seeds()
         model = create_model(hl=1, hu=128,
                              reg=True, dropout=False)

In [86]: %%time
         model.fit(train_[cols], train['d'],
                   epochs=40, verbose=False,
                   validation_split=0.2, shuffle=False,
                   class_weight=cw(train))
         CPU times: user 40.6 s, sys: 5.49 s, total: 46 s
         Wall time: 25.2 s

Out[86]: <keras.callbacks.callbacks.History at 0x7fc91a6b2a90>

In [87]: model.evaluate(train_[cols], train['d'])
         22491/22491 [==============================] - 0s 13us/step

Out[87]: [0.5218664327576152, 0.6729803085327148]
```

in-sample 的效能似乎有前途可言，如圖 10-8 所示：

```
In [88]: train['p'] = np.where(model.predict(train_[cols]) > 0.5, 1, -1)

In [89]: train['p'].value_counts()
Out[89]: -1    11519
          1    10972
         Name: p, dtype: int64

In [90]: train['s'] = train['p'] * train['r']

In [91]: train[['r', 's']].sum().apply(np.exp)
Out[91]: r    1.0223
         s    1.6665
         dtype: float64
```

```
In [92]: train[['r', 's']].sum().apply(np.exp) - 1
Out[92]: r    0.0223
         s    0.6665
         dtype: float64

In [93]: train[['r', 's']].cumsum().apply(np.exp).plot(figsize=(10, 6));
```

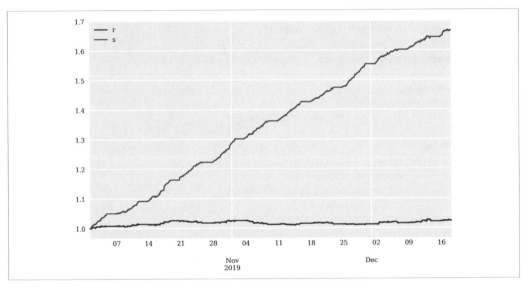

圖 10-8　被動式基準投資與盤中型 DNN 策略的毛績效（in-sample）

out-of-sample 的效能於納入交易成本之前，好像還有前途可言；此策略似乎有系統的優
於被動式基準投資（參閱圖 10-9）：

```
In [94]: test = data.iloc[split:].copy()

In [95]: test_ = (test - mu) / std

In [96]: model.evaluate(test_[cols], test['d'])
         3970/3970 [==============================] - 0s 19us/step

Out[96]: [0.5226116042706168, 0.668513834476471]

In [97]: test['p'] = np.where(model.predict(test_[cols]) > 0.5, 1, -1)

In [98]: test['p'].value_counts()
Out[98]: -1    2273
          1    1697
```

```
         Name: p, dtype: int64

In [99]: test['s'] = test['p'] * test['r']

In [100]: test[['r', 's']].sum().apply(np.exp)
Out[100]: r    1.0071
          s    1.0658
          dtype: float64

In [101]: test[['r', 's']].sum().apply(np.exp) - 1
Out[101]: r    0.0071
          s    0.0658
          dtype: float64

In [102]: test[['r', 's']].cumsum().apply(np.exp).plot(figsize=(10, 6));
```

就純粹經濟表現而言,其最終試金石是在交易成本納入之際。此策略於相對較短的時間內造成數百筆交易。如下列分析表明,依據標準散戶買賣價差,DNN 式策略不可行。

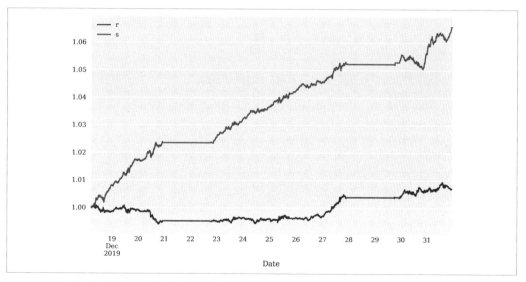

圖 10-9　被動式基準投資與盤中型 DNN 策略的毛績效(out-of-sample)

將買賣價差降為專業大額交易者所能達到的水準，此策略依然不會損益兩平，其中有很大比例的利潤用來支付交易成本（參閱圖 10-10）：

```
In [103]: sum(test['p'].diff() != 0)
Out[103]: 1303

In [104]: spread = 0.00012        ❶
          pc_1 = spread / test[symbol]    ❶

In [105]: spread = 0.00006        ❷
          pc_2 = spread / test[symbol]    ❷

In [106]: test['s_1'] = np.where(test['p'].diff() != 0,
                                 test['s'] - pc_1, test['s'])    ❶

In [107]: test['s_1'].iloc[0] -= pc_1.iloc[0]    ❶
          test['s_1'].iloc[-1] -= pc_1.iloc[0]    ❶

In [108]: test['s_2'] = np.where(test['p'].diff() != 0,
                                 test['s'] - pc_2, test['s'])    ❷

In [109]: test['s_2'].iloc[0] -= pc_2.iloc[0]    ❷
          test['s_2'].iloc[-1] -= pc_2.iloc[0]    ❷

In [110]: test[['r', 's', 's_1', 's_2']].sum().apply(np.exp)
Out[110]: r      1.0071
          s      1.0658
          s_1    0.9259
          s_2    0.9934
          dtype: float64

In [111]: test[['r', 's', 's_1', 's_2']].sum().apply(np.exp) - 1
Out[111]: r       0.0071
          s       0.0658
          s_1    -0.0741
          s_2    -0.0066
          dtype: float64

In [112]: test[['r', 's', 's_1', 's_2']].cumsum().apply(
              np.exp).plot(figsize=(10, 6), style=['-', '-', '--', '--']);
```

❶ 假定為散戶等級的買賣價差。

❷ 假定為專業等級的買賣價差。

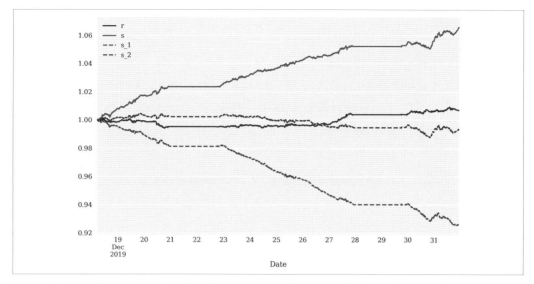

圖 10-10　納入高（低）交易成本前後的盤中型 DNN 策略的毛績效（out-of-sample）

盤中交易

就統計觀點而言，本章所討論的盤中演算法交易形式，似乎具有吸引力。針對預測市場方向而言，DNN 模型就 in-sample 與 out-of-sample 兩者，皆有高準確度的表現。若不計交易成本，則此 DNN 式策略就 in-sample 與 out-of-sample 兩者的表現也大幅優於被動式基準投資。然而，納入交易成本會明顯降低 DNN 式策略的績效，對於典型的散戶級買賣價差完全沒有勝算，至於較低的大額專業級買買價差的表現結果也毫無吸引力。

# 本章總結

針對 AI 能力的演算法交易策略績效回測，向量化回測被認為是有效率又有價值的作法。本章首先以兩個 SMA 衍生訊號的簡單範例，解釋作法背後的基本概念。如此造就策略與結果部位的簡單視覺化呈現。而進行的方式是結合 EOD 資料回測 DNN 式交易策略（如第七章所述）。納入交易成本前後，皆可將第七章發覺的**統計無效率**轉為**經濟無效率**，如此意味著有利可圖的交易策略。就盤中資料使用相同的向量化回測作法，DNN 策略也呈現大幅優於被動式基準投資的 in-sample 與 out-of-sample 表現——至少在交易成本納入之前是如此。將交易成本納入此回測則顯示，這些成本必須相當低（不過通常不用達到專業交易者等級即可），才能讓此交易策略經濟可行。

# 參考文獻

下列為本章所引用的書籍與論文：

Gibbs Samuel. 2016. "Elon Musk: Tesla Cars Will Be Able to Cross Us with No Driver in Two Years." *The Guardian.* January 11, 2016. *https://oreil.ly/C508Q.*

Hilpisch, Yves. 2018. *Python for Finance: Mastering Data-Driven Finance.* 2nd ed. Sebastopol: O'Reilly.

———. 2020. *Python for Algorithmic Trading: From Idea to Cloud Deployment.* Sebastopol: O'Reilly.

第十一章

# 風險管理

大規模部署自駕車（*AV*）的重大阻礙是安全性的確保。

——Majid Khonji et al. (2019)

有更好的預測可以提升判斷價值。畢竟，若不曉得自己有多喜愛保持乾燥或者有多討厭帶傘，則知道下雨的可能性就無濟於事。

——Ajay Agrawal et al. (2018)

向量化回測通常按現狀（as-is，即以其純粹形式）判斷預測式演算法交易策略的經濟潛力。實務上所用的多數 AI 代理人不只有預測模型，還包含許多元件。例如，自駕車（AV）的 AI 並非單獨運作，而是使用大量規則與啟發方法，這些內容限制 AI（能夠）採取的動作。在 AV 環境中，如此主要與風險管理有關，譬如遭致碰撞或損毀的風險。

在金融環境中，AI 代理人或交易機器人通常也不會以現狀部署，而是有許多常用的標準風險管理措施，譬如（追蹤）**停損單**或**停利單**。理由明確，將資金注入金融市場的定向（directional）交易時，應避免損失過大。同樣的，當達到一定的利潤水準時，藉由提前平倉（close out）以確保勝利。如何處理這種風險衡量，大多時候是人為判斷的問題，可能藉由相關資料與統計的正規分析協助。概念上，此為 Agrawal et al. (2018) 書中探討的重點：AI 改進預測，不過人為判斷於設定決策規則與動作範圍依然扮演重要角色。

本章有三項目的：第一、回測向量化（*vectorized*）與事件式（*event-based*）兩種演算法交易策略，這些策略源自已訓練的深度 Q-learning 代理人。爾後會將這種代理人稱為**交易機器人**。第二、用金融工具執行這些策略並評估相關的風險。第三、使用本章介紹的事件式作法，並對典型的風險管理措施（諸如停損單）進行回測。對照向量化回測，事件式回測的主要優點是針對決策規則與風險管理措施的建模與分析有較高度的彈性。換句話說，在運用向量化程式設計作法時，可以將推向背景的細節放大檢視。

第 312 頁〈交易機器人〉訓練以第九章金融 Q-learning 代理人為基礎的交易機器人。第 316 頁〈向量化回測〉使用第十章的向量化回測判斷交易機器人的（純粹）經濟效能。第 319 頁〈事件式回測〉介紹事件式回測相關內容，將討論基礎類別（base class），並且依據基礎類別實作交易機器人的回測。對此，也可參閱 Hilpisch (2020, ch. 6)。第 327 頁〈評估風險〉針對設定的風險管理規則，分析特定統計衡量指標，諸如**最大回檔**（*maximum drawdown*）與**平均真實波幅**（*average true range* 或 ATR）。第 331 頁〈回測風險管理措施〉就交易機器人的績效表現，對主要風險管理措施的影響進行回測。

# 交易機器人

這一節將呈現以第九章金融 Q-learning 代理人 FQLAgent 為基礎的交易機器人。此為本章所要分析的交易機器人。如往常先匯入所需項目：

```
In [1]: import os
        import numpy as np
        import pandas as pd
        from pylab import plt, mpl
        plt.style.use('seaborn')
        mpl.rcParams['savefig.dpi'] = 300
        mpl.rcParams['font.family'] = 'serif'
        pd.set_option('mode.chained_assignment', None)
        pd.set_option('display.float_format', '{:.4f}'.format)
        np.set_printoptions(suppress=True, precision=4)
        os.environ['PYTHONHASHSEED'] = '0'
```

第 341 頁〈金融環境〉為一個 Python 模組，稍後將用到其中的 Finance 類別。第 344 頁〈交易機器人〉提供另一個 Python 模組，其中包含 TradingBot 類別，以及用於描繪訓練與驗證結果的一些輔助函式。上述的兩個類別都非常接近第九章所用的類別，在此將直接使用而不須加以贅述。

下列程式碼就歷史 EOD 資料（內容包括驗證用的資料子集）訓練交易機器人。圖 11-1 顯示各個「訓練 episode」達到的平均總獎勵：

```
In [2]: import finance
        import tradingbot
        Using TensorFlow backend.

In [3]: symbol = 'EUR='
        features = [symbol, 'r', 's', 'm', 'v']

In [4]: a = 0
        b = 1750
        c = 250

In [5]: learn_env = finance.Finance(symbol, features, window=20, lags=3,
                        leverage=1, min_performance=0.9, min_accuracy=0.475,
                        start=a, end=a + b, mu=None, std=None)

In [6]: learn_env.data.info()
        <class 'pandas.core.frame.DataFrame'>
        DatetimeIndex: 1750 entries, 2010-02-02 to 2017-01-12
        Data columns (total 6 columns):
         #   Column  Non-Null Count   Dtype
        ---  ------  --------------   -----
         0   EUR=    1750 non-null    float64
         1   r       1750 non-null    float64
         2   s       1750 non-null    float64
         3   m       1750 non-null    float64
         4   v       1750 non-null    float64
         5   d       1750 non-null    int64
        dtypes: float64(5), int64(1)
        memory usage: 95.7 KB

In [7]: valid_env = finance.Finance(symbol, features=learn_env.features,
                           window=learn_env.window,
                           lags=learn_env.lags,
                           leverage=learn_env.leverage,
                           min_performance=0.0, min_accuracy=0.0,
                           start=a + b, end=a + b + c,
                           mu=learn_env.mu, std=learn_env.std)

In [8]: valid_env.data.info()
        <class 'pandas.core.frame.DataFrame'>
        DatetimeIndex: 250 entries, 2017-01-13 to 2018-01-10
        Data columns (total 6 columns):
         #   Column  Non-Null Count  Dtype
```

```
 ---  ------    --------------    -----
  0   EUR=      250 non-null      float64
  1   r         250 non-null      float64
  2   s         250 non-null      float64
  3   m         250 non-null      float64
  4   v         250 non-null      float64
  5   d         250 non-null      int64
dtypes: float64(5), int64(1)
memory usage: 13.7 KB
```

In [9]: tradingbot.set_seeds(100)
        agent = tradingbot.TradingBot(24, 0.001, learn_env, valid_env)

In [10]: episodes = 61

In [11]: %time agent.learn(episodes)
```
        =================================================================
        episode: 10/61 | VALIDATION | treward:   247 | perf: 0.936 | eps: 0.95
        =================================================================

        =================================================================
        episode: 20/61 | VALIDATION | treward:   247 | perf: 0.897 | eps: 0.86
        =================================================================

        =================================================================
        episode: 30/61 | VALIDATION | treward:   247 | perf: 1.035 | eps: 0.78
        =================================================================

        =================================================================
        episode: 40/61 | VALIDATION | treward:   247 | perf: 0.935 | eps: 0.70
        =================================================================

        =================================================================
        episode: 50/61 | VALIDATION | treward:   247 | perf: 0.890 | eps: 0.64
        =================================================================

        =================================================================
        episode: 60/61 | VALIDATION | treward:   247 | perf: 0.998 | eps: 0.58
        =================================================================
        episode: 61/61 | treward:    17 | perf: 0.979 | av: 475.1 | max: 1747
        CPU times: user 51.4 s, sys: 2.53 s, total: 53.9 s
        Wall time: 47 s
```

In [12]: tradingbot.plot_treward(agent)

圖 11-2 是交易機器人針對訓練資料集（因「探索」與「利用」交互運用而呈相當明顯的
變異數結果）以及驗證資料集（只有採取「利用」動作）的毛績效比較：

In [13]: tradingbot.plot_performance(agent)

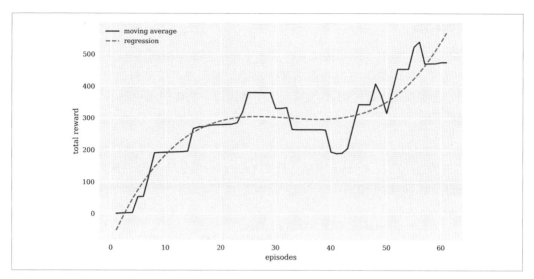

圖 11-1　每個 episode（訓練）的平均總獎勵

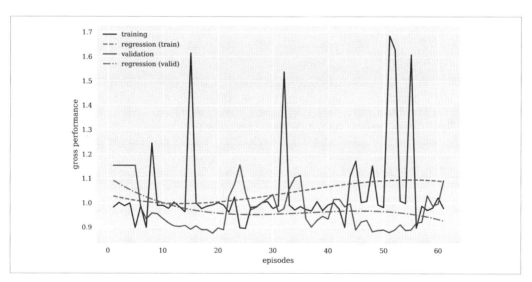

圖 11-2　訓練資料集與驗證資料集的毛績效

下一節用此訓練過的交易機器人進行回測。

# 向量化回測

向量化回測不能直接套用於交易機器人，第十章使用密集神經網路（DNN）說明相關作法。在此情況下，先準備含有特徵與標籤子集的資料，接著將資料送給 DNN 而同時產生所有預測。在增強式學習（RL）的情況下，藉由逐一動作與逐步跟環境互動而生成資料，並將資料集結。

為此，下列 Python 程式碼定義 backtest 函式，其中以 TradingBot 實體以及 Finance 實體作為函式的輸入項目。而在 Finance 環境的原始 DataFrame 產生含有交易機器人持有部位以及策略結果表現的 column 項目：

```
In [14]: def reshape(s):
             return np.reshape(s, [1, learn_env.lags,
                                learn_env.n_features])   ❶


In [15]: def backtest(agent, env):
             env.min_accuracy = 0.0
             env.min_performance = 0.0
             done = False
             env.data['p'] = 0   ❷
             state = env.reset()
             while not done:
                 action = np.argmax(
                     agent.model.predict(reshape(state))[0, 0])   ❸
                 position = 1 if action == 1 else -1   ❹
                 env.data.loc[:, 'p'].iloc[env.bar] = position   ❺
                 state, reward, done, info = env.step(action)
             env.data['s'] = env.data['p'] * env.data['r'] * learn_env.leverage   ❻
```

❶ 重塑單一的特徵—標籤組合。

❷ 產生部位值的 column。

❸ 以訓練過的 DNN 推得最佳動作（預測）。

❹ 得出結果部位（+1 表示多頭或向上，-1 表示空頭或向下），

❺ 並儲存於對應 column 的適當索引位置。

❻ 依部位值計算策略對數報酬率。

具備 backtest 函式之後，即可將向量化回測簡化成第十章所述的幾行 Python 程式碼。

圖 11-3 為被動式基準投資與此策略兩者的毛績效比較：

```
In [16]: env = agent.learn_env  ❶

In [17]: backtest(agent, env)  ❷

In [18]: env.data['p'].iloc[env.lags:].value_counts()  ❸
Out[18]:  1    961
         -1    786
         Name: p, dtype: int64

In [19]: env.data[['r', 's']].iloc[env.lags:].sum().apply(np.exp)  ❹
Out[19]: r    0.7725
         s    1.5155
         dtype: float64

In [20]: env.data[['r', 's']].iloc[env.lags:].sum().apply(np.exp) - 1  ❺
Out[20]: r    -0.2275
         s     0.5155
         dtype: float64

In [21]: env.data[['r', 's']].iloc[env.lags:].cumsum(
                 ).apply(np.exp).plot(figsize=(10, 6));
```

❶ 指定相關環境。

❷ 產生所需的其他資料。

❸ 累計多頭與空頭部位數。

❹ 計算被動式基準投資（r）與此策略（s）兩者的毛績效，

❺ 以及兩者的淨績效。

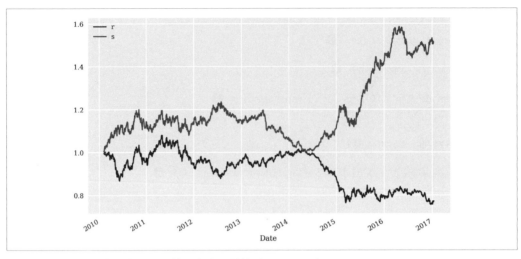

圖 11-3　被動式基準投資與交易機器人的毛績效（in-sample）

為了更實際得知交易機器人的績效，以下 Python 程式碼，使用交易機器人未曾接觸過的資料並建立測試環境。圖 11-4 顯示交易機器人與被動基準投資對比的情況：

```
In [22]: test_env = finance.Finance(symbol, features=learn_env.features,
                                    window=learn_env.window,
                                    lags=learn_env.lags,
                                    leverage=learn_env.leverage,
                                    min_performance=0.0, min_accuracy=0.0,
                                    start=a + b + c, end=None,
                                    mu=learn_env.mu, std=learn_env.std)

In [23]: env = test_env

In [24]: backtest(agent, env)

In [25]: env.data['p'].iloc[env.lags:].value_counts()
Out[25]: -1    437
          1     56
         Name: p, dtype: int64

In [26]: env.data[['r', 's']].iloc[env.lags:].sum().apply(np.exp)
Out[26]: r    0.9144
         s    1.0992
         dtype: float64

In [27]: env.data[['r', 's']].iloc[env.lags:].sum().apply(np.exp) - 1
```

```
Out[27]: r    -0.0856
         s     0.0992
         dtype: float64
```

```
In [28]: env.data[['r', 's']].iloc[env.lags:].cumsum(
                  ).apply(np.exp).plot(figsize=(10, 6));
```

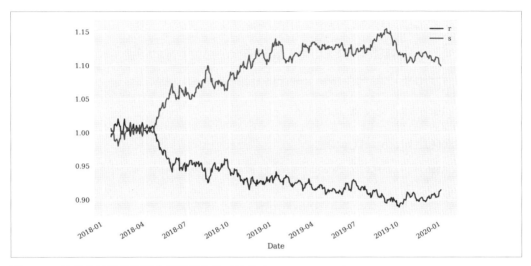

圖 11-4　被動式基準投資與交易機器人的毛績效（out-of-sample）

尚未執行任何風險管理措施的情況下，out-of-sample 效能似乎已經很有前途。然而，為了能夠正確判斷交易策略的實際表現，應該引入風險管理措施。這是事件式回測發揮作用之所在。

# 事件式回測

鑑於上一節的結果，無任何風險管理措施的 out-of-sample 效能似乎已經很有可為。然而，為了能夠正確分析風險管理措施，譬如追蹤停損單（trailing stop loss order），需要事件式回測。本節介紹判斷演算法交易策略績效的另一種作法。

第 348 頁〈回測基礎類別〉提供 BacktestingBase 類別，其中可彈性用於測試各種定向交易策略。程式碼的重要之處將附加詳細註解。此基礎類別含有下列方法：

get_date_price()

依給定的 bar（內含金融資料之 DataFrame 物件的索引值），傳回相關 date 與 price。

print_balance()

依給定的 bar，顯示交易機器人目前的（現金）餘額。

calculate_net_wealth()

依給定的 price，傳回由目前（現金）餘額與商品部位組成的淨值。

print_net_wealth()

依給定的 bar，顯示交易機器人的淨（資產）值。

place_buy_order()、place_sell_order()

依給定的 bar 以及 units 或 amount，可進行買賣下單以及相應調整相關數量（譬如詮釋交易成本）。

close_out()

給定 bar，將未平倉部位（open position）平倉，並計算與回報績效統計。

下列 Python 程式碼以一些簡單步驟說明 BacktestingBase 類別實體的運作方式：

```
In [29]: import backtesting as bt

In [30]: bb = bt.BacktestingBase(env=agent.learn_env, model=agent.model,
                                 amount=10000, ptc=0.0001, ftc=1.0,
                                 verbose=True)  ❶

In [31]: bb.initial_amount  ❷
Out[31]: 10000

In [32]: bar = 100  ❸

In [33]: bb.get_date_price(bar)  ❹
Out[33]: ('2010-06-25', 1.2374)

In [34]: bb.env.get_state(bar)  ❺
Out[34]:             EUR=        r        s        m       v
         Date
         2010-06-22 -0.0242 -0.5622 -0.0916 -0.2022 1.5316
         2010-06-23  0.0176  0.6940 -0.0939 -0.0915 1.5563
```

```
        2010-06-24  0.0354  0.3034 -0.0865  0.6391 1.0890

In [35]: bb.place_buy_order(bar, amount=5000)  ❻
        2010-06-25 | buy 4040 units for 1.2374
        2010-06-25 | current balance = 4999.40

In [36]: bb.print_net_wealth(2 * bar)  ❼
        2010-11-16 | net wealth = 10450.17

In [37]: bb.place_sell_order(2 * bar, units=1000)  ❽
        2010-11-16 | sell 1000 units for 1.3492
        2010-11-16 | current balance = 6347.47

In [38]: bb.close_out(3 * bar)  ❾
        =================================================
        2011-04-11 | *** CLOSING OUT ***
        2011-04-11 | sell 3040 units for 1.4434
        2011-04-11 | current balance = 10733.97
        2011-04-11 | net performance [%] = 7.3397
        2011-04-11 | number of trades [#] = 3
        =================================================
```

❶ BacktestingBase 物件實體化。

❷ 查看 initial_amount 屬性值。

❸ 固定 bar 值。

❹ 依特定 bar，擷取 date 與 price 值。

❺ 依特定 bar，擷取 Finance 環境的狀態。

❻ 使用 amount 參數，下單買進。

❼ 顯示後一期（2 * bar）的淨值。

❽ 後一期使用 units 參數，下單賣出。

❾ 於後二期（3 * bar）將剩下的多頭部位平倉。

TBBacktester 類別繼承 BacktestingBase 類別，內容實作交易機器人的事件式回測：

```
In [39]: class TBBacktester(bt.BacktestingBase):
            def _reshape(self, state):
                ''' 此輔助方法重塑狀態物件。
                '''
                return np.reshape(state, [1, self.env.lags, self.env.n_features])
```

```python
def backtest_strategy(self):
    ''' 交易機器人績效的事件式回測。
    '''
    self.units = 0
    self.position = 0
    self.trades = 0
    self.current_balance = self.initial_amount
    self.net_wealths = list()
    for bar in range(self.env.lags, len(self.env.data)):
        date, price = self.get_date_price(bar)
        if self.trades == 0:
            print(50 * '=')
            print(f'{date} | *** START BACKTEST ***')
            self.print_balance(bar)
            print(50 * '=')
        state = self.env.get_state(bar)  ❶
        action = np.argmax(self.model.predict(
                    self._reshape(state.values))[0, 0])  ❷
        position = 1 if action == 1 else -1  ❸
        if self.position in [0, -1] and position == 1:  ❹
            if self.verbose:
                print(50 * '-')
                print(f'{date} | *** GOING LONG ***')
            if self.position == -1:
                self.place_buy_order(bar - 1, units=-self.units)
            self.place_buy_order(bar - 1,
                                 amount=self.current_balance)
            if self.verbose:
                self.print_net_wealth(bar)
            self.position = 1
        elif self.position in [0, 1] and position == -1:  ❺
            if self.verbose:
                print(50 * '-')
                print(f'{date} | *** GOING SHORT ***')
            if self.position == 1:
                self.place_sell_order(bar - 1, units=self.units)
            self.place_sell_order(bar - 1,
                                  amount=self.current_balance)
            if self.verbose:
                self.print_net_wealth(bar)
            self.position = -1
        self.net_wealths.append((date,
                                 self.calculate_net_wealth(price)))  ❻
    self.net_wealths = pd.DataFrame(self.net_wealths,
                                    columns=['date', 'net_wealth'])  ❻
    self.net_wealths.set_index('date', inplace=True)  ❻
```

```
                self.net_wealths.index = pd.DatetimeIndex(
                                        self.net_wealths.index)  ❻
            self.close_out(bar)
```

❶ 擷取 Finance 環境的狀態。

❷ 依狀態與 model 物件產生最佳動作（預測）。

❸ 依最佳動作（預測）得出最佳部位（多頭或空頭）。

❹ 若條件符合，進場建立一個**多**頭部位。

❺ 若條件符合，進場建立一個**空**頭部位。

❻ 依時間集結淨值，並將這些內容轉入 DataFrame 物件中。

由於已經有 Finance 與 TradingBot 實體可供使用，所以 TBBacktester 類別的應用輕而易舉。下列程式碼先就**學習環境**資料對交易機器人進行回測——考量交易成本納入前後兩種情況。圖 11-5 隨著時間視覺呈現此兩種情況的比較結果：

```
In [40]: env = learn_env

In [41]: tb = TBBacktester(env, agent.model, 10000,
                           0.0, 0, verbose=False)  ❶

In [42]: tb.backtest_strategy()  ❶
         ==================================================
         2010-02-05 | *** START BACKTEST ***
         2010-02-05 | current balance = 10000.00
         ==================================================
         ==================================================
         2017-01-12 | *** CLOSING OUT ***
         2017-01-12 | current balance = 14601.85
         2017-01-12 | net performance [%] = 46.0185
         2017-01-12 | number of trades [#] = 828
         ==================================================

In [43]: tb_ = TBBacktester(env, agent.model, 10000,
                            0.00012, 0.0, verbose=False)

In [44]: tb_.backtest_strategy()  ❷
         ==================================================
         2010-02-05 | *** START BACKTEST ***
         2010-02-05 | current balance = 10000.00
         ==================================================
         ==================================================
```

```
2017-01-12 | *** CLOSING OUT ***
2017-01-12 | current balance = 13222.08
2017-01-12 | net performance [%] = 32.2208
2017-01-12 | number of trades [#] = 828
================================================
```

```
In [45]: ax = tb.net_wealths.plot(figsize=(10, 6))
         tb_.net_wealths.columns = ['net_wealth (after tc)']
         tb_.net_wealths.plot(ax=ax);
```

❶ in-sample 的事件式回測（納入交易成本前）。

❷ in-sample 的事件式回測（納入交易成本後）。

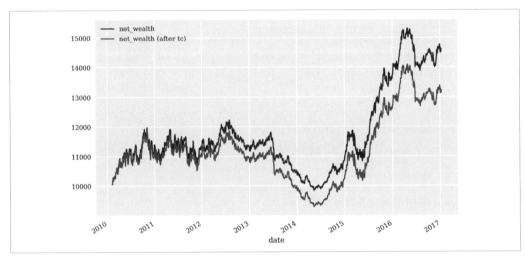

圖 11-5　納入交易成本前後的交易機器人毛績效（in-sample）

圖 11-6 為交易機器人對測試環境資料的毛績效比較結果（依時間排列）——再度為交易成本納入前後的兩種情況：

```
In [46]: env = test_env
```

```
In [47]: tb = TBBacktester(env, agent.model, 10000,
                           0.0, 0, verbose=False)  ❶
```

```
In [48]: tb.backtest_strategy()  ❶
         ================================================
         2018-01-17 | *** START BACKTEST ***
         2018-01-17 | current balance = 10000.00
```

```
============================================
============================================
2019-12-31 | *** CLOSING OUT ***
2019-12-31 | current balance = 10936.79
2019-12-31 | net performance [%] = 9.3679
2019-12-31 | number of trades [#] = 186
============================================
```

In [49]: tb_ = TBBacktester(env, agent.model, 10000,
                            0.00012, 0.0, verbose=False)

In [50]: tb_.backtest_strategy()  ❷
```
============================================
2018-01-17 | *** START BACKTEST ***
2018-01-17 | current balance = 10000.00
============================================
============================================
2019-12-31 | *** CLOSING OUT ***
2019-12-31 | current balance = 10695.72
2019-12-31 | net performance [%] = 6.9572
2019-12-31 | number of trades [#] = 186
============================================
```

In [51]: ax = tb.net_wealths.plot(figsize=(10, 6))
         tb_.net_wealths.columns = ['net_wealth (after tc)']
         tb_.net_wealths.plot(ax=ax);

❶ out-of-sample 的事件式回測（納入交易成本前）。

❷ out-of-sample 的事件式回測（納入交易成本後）。

事件式回測與向量化回測（納入交易成本前）的績效比較結果為何？圖 11-7 顯示正規化淨值與毛績效相比的情況（隨時間排列）。由於使用不同的技術作法，兩個時間序列並不完全相同，不過相當類似。績效差異可能的原由是：事件式回測假設所持有的每個部位有相同的成交金額（amount）。向量化回測考量複利效應，導致回報的績效略高：

In [52]: ax = (tb.net_wealths / tb.net_wealths.iloc[0]).plot(figsize=(10, 6))
         tp = env.data[['r', 's']].iloc[env.lags:].cumsum().apply(np.exp)
         (tp / tp.iloc[0]).plot(ax=ax);

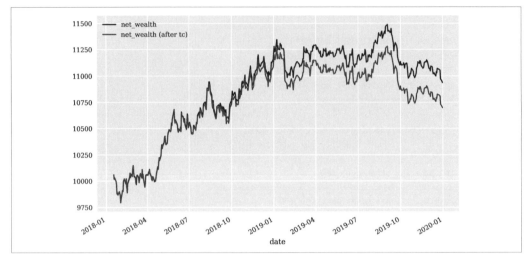

圖 11-6　納入交易成本前後的交易機器人毛績效（out-of-sample）

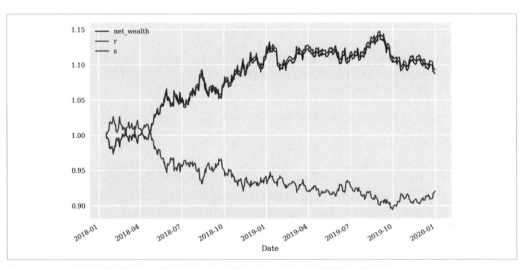

圖 11-7　被動式基準投資與交易機器人的毛績效（向量化回測與事件式回測）

績效差異

向量化回測與事件式回測的績效數值非常接近，但是不完全相同。前者假設金融工具是完全可分割。複利也持續存在。後者只接受金融工具的完整交易單位，如此較接近實際情況。淨值的計算是以價格差異為基礎。例如，使用事件式程式碼不會檢查目前餘額是否足以（現金）支付某筆交易。如此肯定為簡化的假設，例如，並非總是皆可以融資買進。在此，相關的程式碼調整可輕易加入 BacktestingBase 類別裡。

# 評估風險

風險管理措施的執行，需要了解交易所選的金融工具牽涉的風險。因此，為了正確設定風險管理措施的參數（如停損單設定），潛在金融工具的風險評估相當重要。有許多作法可用於衡量金融工具的風險。其中有**非針對型風險衡量指標**，譬如波動率或平均真實波幅（average true range 或 ATR）；也有**針對型風險衡量指標**，譬如最大回檔（maximum drawdown）或風險值（value-at-risk 或 VaR）。

針對停損單（SL）、追蹤停損單（TSL）或停利單（TP）設定目標水準時，慣例是將目標水準與 ATR 值相關聯[1]。下列 Python 程式碼計算金融工具（即訓練交易機器人與回測之用的 EUR/USD 匯率）絕對與相對的 ATR。其中使用學習環境的資料以及 window 長度（譯註：滾動計算之用）為 14 天（bar）。圖 11-8 顯示計算結果，這些值隨時間呈現顯著的差異：

```
In [53]: data = pd.DataFrame(learn_env.data[symbol])   ❶

In [54]: data.head()   ❶
Out[54]:              EUR=
         Date
         2010-02-02 1.3961
         2010-02-03 1.3898
         2010-02-04 1.3734
         2010-02-05 1.3662
         2010-02-08 1.3652

In [55]: window = 14   ❷

In [56]: data['min'] = data[symbol].rolling(window).min()   ❸
```

---

1  關於 ATR 衡量指標的更多細節，可參閱 ATR (1) Investopedia（*https://oreil.ly/2sUsg*）或 ATR (2) Investopedia（*https://oreil.ly/zwrnO*）。

```
In [57]: data['max'] = data[symbol].rolling(window).max()   ❹

In [58]: data['mami'] = data['max'] - data['min']   ❺

In [59]: data['mac'] = abs(data['max'] - data[symbol].shift(1))   ❻

In [60]: data['mic'] = abs(data['min'] - data[symbol].shift(1))   ❼

In [61]: data['atr'] = np.maximum(data['mami'], data['mac'])   ❽

In [62]: data['atr'] = np.maximum(data['atr'], data['mic'])   ❾

In [63]: data['atr%'] = data['atr'] / data[symbol]   ❿

In [64]: data[['atr', 'atr%']].plot(subplots=True, figsize=(10, 6));
```

❶ 原 DataFrame 物件的金融工具價格 column。

❷ 計算所用的 window 長度。

❸ 滾動最小值。

❹ 滾動最大值。

❺ 滾動最大值與滾動最小值之差。

❻ 滾動最大值與前一日價格的絕對差。

❼ 滾動最小值與前一日價格的絕對差。

❽ 「最大—最小差」與「最大—價格差」兩者取最大者。

❾ 「先前最大者」與「最小—價格差」兩者取最大者（即為 ATR）。

❿ 以百分比表示 ATR 值（由 ATR 絕對值與價格得出）。

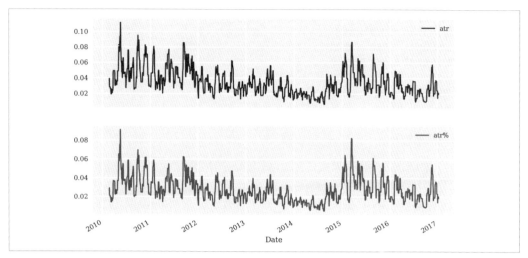

圖 11-8　絕對（價格）與相對（%）的平均真實波幅（ATR）

隨後的程式碼以絕對值與相對值顯示 ATR 的最終值。譬如，典型的規則是，以進場價減掉 $x$ 乘以 ATR 的結果設為 SL 水準。依據交易者或投資人的風險胃納（risk appetite），$x$ 可能小於 1（或是更大）。這就是人為判斷或正規風險政策的用武之地。若 $x = 1$，則 SL 水準設定為低於進場水準約 2% 左右：

```
In [65]: data[['atr', 'atr%']].tail()
Out[65]:            atr     atr%
         Date
         2017-01-06 0.0218 0.0207
         2017-01-09 0.0218 0.0206
         2017-01-10 0.0218 0.0207
         2017-01-11 0.0199 0.0188
         2017-01-12 0.0206 0.0194
```

然而，槓桿（leverage）在此扮演重要的角色。實際上，若使用槓桿，譬如 10，對於外匯交易來說不算高，則 ATR 數值需要乘上槓桿。因此，若假設 ATR 因子為 1，則此時相同的 SL 水準將設為 20% 左右，而非 2%。或者取整個資料集的 ATR 中位數時，此時會設為 25% 左右：

```
In [66]: leverage = 10

In [67]: data[['atr', 'atr%']].tail() * leverage
Out[67]:            atr     atr%
         Date
         2017-01-06 0.2180 0.2070
```

```
2017-01-09 0.2180 0.2062
2017-01-10 0.2180 0.2066
2017-01-11 0.1990 0.1881
2017-01-12 0.2060 0.1942

In [68]: data[['atr', 'atr%']].median() * leverage
Out[68]: atr     0.3180
         atr%    0.2481
         dtype: float64
```

將 SL 或 TP 水準與 ATR 關聯背後的基本概念是，應避免將其設得過低或過高。考量 ATR 為 20% 的 10 倍槓桿部位。將 SL 水準只設為 3% 或 5% 可能會降低部位的金融風險，不過會導致過早強制平倉的風險，而這是金融工具典型的變動。某些範圍內的如此「典型變動」往往稱為雜訊（noise）。通常，SL 單應避免受到不利的市場變動（即大於典型的價格變動──雜訊）所影響。

停利水準也是如此。若設定過高，譬如三倍的 ATR 水準，則可能無法獲得不錯的利潤，以及部位可能會持有過久直到捨棄之前的利潤為止。即便可在此時使用正規分析與數學公式處置，不過對於這種目標水準的設定，俗話說得好：「more art than science（藝術成分多於科學）」。金融環境中，設定此類目標水準有相當大的自由度，而人為判斷在此得以派上用場。其他環境中，諸如 AV，有所不同，因為不需要人為判斷指導 AI 避免與人類碰撞。

非常態性與非線性

當保證金或投資權益用盡時，因保證金不足而強制平倉會提前把交易部位平倉。假設具有因保證金不足而強制平倉的槓桿交易部位到位，對於 10 的槓桿而言，譬如保證金為權益的 10%，交易金融工具中 10% 或更大比率的不利變動會吞噬所有投資權益，並觸發部位平倉──100% 的投資權益損失。比方說，25% 的潛在有利變動會導致 150% 權益報酬率。即便交易金融工具的報酬率為常態分布，槓桿以及因保證金不足而強迫平倉也會導致非常態分布的報酬率，而且交易金融工具與交易部位之間有非對稱的非線性關係。

# 回測風險管理措施

知曉金融工具的 ATR 往往是執行風險管理措施好的開始。為了能夠正確回測典型風險管理下單的效果，對 BacktestingBase 類別作些調整有其助益。下列 Python 程式碼呈現一個新的基礎類別──BacktestBaseRM，繼承 BacktestingBase──協助追蹤前一筆交易的進場價，以及自此交易以來的最高價與最低價。這些內容值用於計算（關於 SL 單，TSL 單與 TP 單事件式回測期間）相關績效衡量結果：

```
#
# Event-Based Backtesting
# --Base Class (2)
#
# (c) Dr. Yves J. Hilpisch
#
from backtesting import *


class BacktestingBaseRM(BacktestingBase):

    def set_prices(self, price):
        ''' 為績效追蹤而設定價格。
            用以測試譬如追蹤停損是否達到。
        '''
        self.entry_price = price    ❶
        self.min_price = price      ❷
        self.max_price = price      ❸

    def place_buy_order(self, bar, amount=None, units=None, gprice=None):
        ''' 依特定的 bar 以及
            amount 或 units 下單買進。
        '''
        date, price = self.get_date_price(bar)
        if gprice is not None:
            price = gprice
        if units is None:
            units = int(amount / price)
        self.current_balance -= (1 + self.ptc) * units * price + self.ftc
        self.units += units
        self.trades += 1
        self.set_prices(price)      ❹
        if self.verbose:
            print(f'{date} | buy {units} units for {price:.4f}')
            self.print_balance(bar)
```

```
def place_sell_order(self, bar, amount=None, units=None, gprice=None):
    ''' 依给定的 bar 以及
        amount 或 units 下單賣出。
    '''
    date, price = self.get_date_price(bar)
    if gprice is not None:
        price = gprice
    if units is None:
        units = int(amount / price)
    self.current_balance += (1 - self.ptc) * units * price - self.ftc
    self.units -= units
    self.trades += 1
    self.set_prices(price)    ❹
    if self.verbose:
        print(f'{date} | sell {units} units for {price:.4f}')
        self.print_balance(bar)
```

❶ 設定最近交易的**進場價**。

❷ 設定自最近交易以來的**最低價**初始值。

❸ 設定自最近交易以來的**最高價**初始值。

❹ 執行一筆交易之後設定相關價。

基於此新的基礎類別，第 351 頁〈回測類別〉有個新回測類別 TBBacktesterRM，其中包含 SL 單、TSL 單與 TP 單。隨後的小節將探討相關程式碼的內容。此回測示例的參數化項目大致定在 2% 左右的 ATR 水準上，如上一節所述。

*EUT* 與風險衡量

EUT、MVP 與 CAPM（參閱第三章與第四章）假設金融代理人知曉金融工具報酬率的未來分布情況。MPT 與 CAPM 還假設報酬率是常態分布，以及市場投資組合的報酬率與交易金融工具的報酬率之間存在線性關係。SL 單、TSL 單與 TP 單的運用（類似因保證金不足而強制平倉或其與槓桿結合的情況）導致「明確非常態」分布，以及與交易金融工具相關交易部位高度非對稱非線性的 payoff。

# 停損

第一個風險管理措施是 SL 單。其設置特定價格水準，或者更常設為觸發部位平倉的固定百分比。例如，若無槓桿的部位進場價為 100，而 SL 水準設為 5%，則多頭部位會於 95 時平倉，而空頭部會則在 105 時平倉。

下列 Python 程式碼處理 SL 單的 `TBBacktesterRM` 類別相關內容。針對 SL 單，此類別可指定是否保證此交易單的價格水準[2]。使用有保證的 SL 價格水準可能會導致過度樂觀的結果：

```
# 停損單
if sl is not None and self.position != 0:      ❶
    rc = (price - self.entry_price) / self.entry_price    ❷
    if self.position == 1 and rc < -self.sl:     ❸
        print(50 * '-')
        if guarantee:
            price = self.entry_price * (1 - self.sl)
            print(f'*** STOP LOSS (LONG  | {-self.sl:.4f}) ***')
        else:
            print(f'*** STOP LOSS (LONG  | {rc:.4f}) ***')
        self.place_sell_order(bar, units=self.units, gprice=price)    ❹
        self.wait = wait     ❺
        self.position = 0      ❻
    elif self.position == -1 and rc > self.sl:      ❼
        print(50 * '-')
        if guarantee:
            price = self.entry_price * (1 + self.sl)
            print(f'*** STOP LOSS (SHORT | -{self.sl:.4f}) ***')
        else:
            print(f'*** STOP LOSS (SHORT | -{rc:.4f}) ***')
        self.place_buy_order(bar, units=-self.units, gprice=price)    ❽
        self.wait = wait     ❺
        self.position = 0      ❻
```

❶ 檢查是否有定義 SL 以及部位是否為非中性部位。

❷ 以上筆交易進場價計算績效。

❸ 檢查是否針對**多頭**部位設定 SL 事件。

❹ 以目前價格或保證價格水準將**多頭**部位平倉。

❺ 設定下一筆交易發生前要等待的 bar 數（設於 wait）。

---

2 **保證**停損單可能只在某些司法管轄區適用於某些經紀商的客戶群，諸如散戶投資人或交易員。

❻ 將部位設為中立（中性）。

❼ 檢查是否針對**空頭**部位設定 SL 事件。

❽ 以目前價格或保證價格水準將**空頭**部位平倉。

下列 Python 程式碼回測交易機器人的交易策略（分為有 SL 單與無 SL 單兩種）。針對給定的參數化內容，SL 單對策略績效有負面影響：

```
In [69]: import tbbacktesterrm as tbbrm

In [70]: env = test_env

In [71]: tb = tbbrm.TBBacktesterRM(env, agent.model, 10000,
                                   0.0, 0, verbose=False)  ❶

In [72]: tb.backtest_strategy(sl=None, tsl=None, tp=None, wait=5)  ❷
         =================================================
         2018-01-17 | *** START BACKTEST ***
         2018-01-17 | current balance = 10000.00
         =================================================

         =================================================
         2019-12-31 | *** CLOSING OUT ***
         2019-12-31 | current balance = 10936.79
         2019-12-31 | net performance [%] = 9.3679
         2019-12-31 | number of trades [#] = 186
         =================================================

In [73]: tb.backtest_strategy(sl=0.0175, tsl=None, tp=None,
                              wait=5, guarantee=False)  ❸
         =================================================
         2018-01-17 | *** START BACKTEST ***
         2018-01-17 | current balance = 10000.00
         =================================================
         -------------------------------------------------
         *** STOP LOSS (SHORT | -0.0203) ***
         =================================================
         2019-12-31 | *** CLOSING OUT ***
         2019-12-31 | current balance = 10717.32
         2019-12-31 | net performance [%] = 7.1732
         2019-12-31 | number of trades [#] = 188
         =================================================

In [74]: tb.backtest_strategy(sl=0.017, tsl=None, tp=None,
                              wait=5, guarantee=True)  ❹
         =================================================
```

```
2018-01-17 | *** START BACKTEST ***
2018-01-17 | current balance = 10000.00
================================================
------------------------------------------------
*** STOP LOSS (SHORT | -0.0170) ***
================================================
2019-12-31 | *** CLOSING OUT ***
2019-12-31 | current balance = 10753.52
2019-12-31 | net performance [%] = 7.5352
2019-12-31 | number of trades [#] = 188
================================================
```

❶ 風險管理的回測類別實體化。

❷ 無任何風險衡量指標而回測交易機器人的績效。

❸ 使用 SL 單回測交易機器人績效（無保證）。

❹ 使用 SL 單回測交易機器人績效（有保證）。

# 追蹤停損

與常規 SL 單相比，每當在基本下單後觀測到新高點時，都會調整 TSL 單。假設無槓桿的多頭部位基本單進場價為 95，而 TSL 設為 5%。若金融工具價格達到 100 後而跌回 95，則意味著發生 TSL 事件，而以進場價將多頭部位平倉。若價格達到 110 後而跌到 104.5，則意味著發生另一個 TSL 事件。

下列 Python 程式是處理 TSL 單的 TBBacktesterRM 類別相關內容。若要正確處理此種交易單，需要追蹤最高價（高點）與最低價（低點）。最高價與多頭部位相關，而最低價與空頭部位有關：

```python
# 追蹤停損單
if tsl is not None and self.position != 0:
    self.max_price = max(self.max_price, price)      ❶
    self.min_price = min(self.min_price, price)      ❷
    rc_1 = (price - self.max_price) / self.entry_price   ❸
    rc_2 = (self.min_price - price) / self.entry_price   ❹
    if self.position == 1 and rc_1 < -self.tsl:      ❺
        print(50 * '-')
        print(f'*** TRAILING SL (LONG  | {rc_1:.4f}) ***')
        self.place_sell_order(bar, units=self.units)
        self.wait = wait
        self.position = 0
    elif self.position == -1 and rc_2 < -self.tsl:   ❻
```

```
print(50 * '-')
print(f'*** TRAILING SL (SHORT | {rc_2:.4f}) ***')
self.place_buy_order(bar, units=-self.units)
self.wait = wait
self.position = 0
```

❶ 必要時更新最高價。

❷ 必要時更新最低價。

❸ 計算多頭部位的相關績效。

❹ 計算空頭部位的相關績效。

❺ 檢查是否針對多頭部位設定 TSL 事件。

❻ 檢查是否針對空頭部位設定 TSL 事件。

如下列回測結果所示，有參數化內容的 TSL 單與沒有 TSL 單到位的策略相比，使用前者的毛績效會下降：

```
In [75]: tb.backtest_strategy(sl=None, tsl=0.015,
                              tp=None, wait=5)  ❶
         ==================================================
         2018-01-17 | *** START BACKTEST ***
         2018-01-17 | current balance = 10000.00
         ==================================================
         --------------------------------------------------
         *** TRAILING SL (SHORT | -0.0152) ***
         --------------------------------------------------
         *** TRAILING SL (SHORT | -0.0169) ***
         --------------------------------------------------
         *** TRAILING SL (SHORT | -0.0164) ***
         --------------------------------------------------
         *** TRAILING SL (SHORT | -0.0191) ***
         --------------------------------------------------
         *** TRAILING SL (SHORT | -0.0166) ***
         --------------------------------------------------
         *** TRAILING SL (SHORT | -0.0194) ***
         --------------------------------------------------
         *** TRAILING SL (SHORT | -0.0172) ***
         --------------------------------------------------
         *** TRAILING SL (SHORT | -0.0181) ***
         --------------------------------------------------
         *** TRAILING SL (SHORT | -0.0153) ***
         --------------------------------------------------
         *** TRAILING SL (SHORT | -0.0160) ***
```

```
=================================================
2019-12-31 | *** CLOSING OUT ***
2019-12-31 | current balance = 10577.93
2019-12-31 | net performance [%] = 5.7793
2019-12-31 | number of trades [#] = 201
=================================================
```

❶ 回測有 TSL 單的交易機器人績效。

# 停利

尾聲要論述的是 TP 單。TP 單會將達到特定利潤水準的部位平倉。例如，無槓桿的多頭部位持有價格為 100，TP 單設為 5% 的水準。若價格達到 105，則平倉。

下列來自 TBBacktesterRM 類別的程式碼最終呈現處理 TP 單的內容。參考 SL 單與 TSL 單相關程式碼的內容，TP 的實作輕而易舉。針對 TP 單，對照相關高低價水準，還可選用保證價格水準的回測，如此很有可能導致績效過於樂觀[3]：

```
# 停利單
if tp is not None and self.position != 0:
    rc = (price - self.entry_price) / self.entry_price
    if self.position == 1 and rc > self.tp:
        print(50 * '-')
        if guarantee:
            price = self.entry_price * (1 + self.tp)
            print(f'*** TAKE PROFIT (LONG  | {self.tp:.4f}) ***')
        else:
            print(f'*** TAKE PROFIT (LONG  | {rc:.4f}) ***')
        self.place_sell_order(bar, units=self.units, gprice=price)
        self.wait = wait
        self.position = 0
    elif self.position == -1 and rc < -self.tp:
        print(50 * '-')
        if guarantee:
            price = self.entry_price * (1 - self.tp)
            print(f'*** TAKE PROFIT (SHORT | {self.tp:.4f}) ***')
        else:
            print(f'*** TAKE PROFIT (SHORT | {-rc:.4f}) ***')
        self.place_buy_order(bar, units=-self.units, gprice=price)
        self.wait = wait
        self.position = 0
```

---

3　停利單有固定的目標價格水準。因此，針對多頭部位使用某時間區間高價位，或針對空頭部位使用此區間的低價位，計算已實現利潤是不切實際的。

對照被動式基準投資，針對給定的參數化內容，加入 TP 單（無保證）可明顯提升交易機器人的績效。鑒於之前的考量，此結果可能過於樂觀。因此，在這種情況下，具保證的 TP 單會造就更為實際的績效：

```
In [76]: tb.backtest_strategy(sl=None, tsl=None, tp=0.015,
                              wait=5, guarantee=False)  ❶
        =================================================
        2018-01-17 | *** START BACKTEST ***
        2018-01-17 | current balance = 10000.00
        =================================================
        -------------------------------------------------
        *** TAKE PROFIT (SHORT | 0.0155) ***
        -------------------------------------------------
        *** TAKE PROFIT (SHORT | 0.0155) ***
        -------------------------------------------------
        *** TAKE PROFIT (SHORT | 0.0204) ***
        -------------------------------------------------
        *** TAKE PROFIT (SHORT | 0.0240) ***
        -------------------------------------------------
        *** TAKE PROFIT (SHORT | 0.0168) ***
        -------------------------------------------------
        *** TAKE PROFIT (SHORT | 0.0156) ***
        -------------------------------------------------
        *** TAKE PROFIT (SHORT | 0.0183) ***
        =================================================
        2019-12-31 | *** CLOSING OUT ***
        2019-12-31 | current balance = 11210.33
        2019-12-31 | net performance [%] = 12.1033
        2019-12-31 | number of trades [#] = 198
        =================================================

In [77]: tb.backtest_strategy(sl=None, tsl=None, tp=0.015,
                              wait=5, guarantee=True)  ❷
        =================================================
        2018-01-17 | *** START BACKTEST ***
        2018-01-17 | current balance = 10000.00
        =================================================
        -------------------------------------------------
        *** TAKE PROFIT (SHORT | 0.0150) ***
        -------------------------------------------------
        *** TAKE PROFIT (SHORT | 0.0150) ***
        -------------------------------------------------
        *** TAKE PROFIT (SHORT | 0.0150) ***
        -------------------------------------------------
        *** TAKE PROFIT (SHORT | 0.0150) ***
        -------------------------------------------------
```

```
*** TAKE PROFIT (SHORT | 0.0150) ***
-------------------------------------------------
*** TAKE PROFIT (SHORT | 0.0150) ***
-------------------------------------------------
*** TAKE PROFIT (SHORT | 0.0150) ***
=================================================
2019-12-31 | *** CLOSING OUT ***
2019-12-31 | current balance = 10980.86
2019-12-31 | net performance [%] = 9.8086
2019-12-31 | number of trades [#] = 198
=================================================
```

❶ 使用 TP 單回測交易機器人績效（無保證）。

❷ 使用 TP 單回測交易機器人績效（有保證）。

當然，SL 或 TSL 單也可以與 TP 單結合使用。下列 Python 程式碼，於兩種情況下的回測結果，皆比無風險管理措施到位的策略糟糕。就管理風險而言，幾乎沒有免費的午餐：

```
In [78]: tb.backtest_strategy(sl=0.015, tsl=None,
                              tp=0.0185, wait=5)  ❶
         =================================================
         2018-01-17 | *** START BACKTEST ***
         2018-01-17 | current balance = 10000.00
         =================================================
         -------------------------------------------------
         *** STOP LOSS (SHORT | -0.0203) ***
         -------------------------------------------------
         *** TAKE PROFIT (SHORT | 0.0202) ***
         -------------------------------------------------
         *** TAKE PROFIT (SHORT | 0.0213) ***
         -------------------------------------------------
         *** TAKE PROFIT (SHORT | 0.0240) ***
         -------------------------------------------------
         *** STOP LOSS (SHORT | -0.0171) ***
         -------------------------------------------------
         *** TAKE PROFIT (SHORT | 0.0188) ***
         -------------------------------------------------
         *** STOP LOSS (SHORT | -0.0153) ***
         -------------------------------------------------
         *** STOP LOSS (SHORT | -0.0154) ***
         =================================================
         2019-12-31 | *** CLOSING OUT ***
         2019-12-31 | current balance = 10552.00
         2019-12-31 | net performance [%] = 5.5200
```

```
2019-12-31 | number of trades [#] = 201
=================================================
```

In [79]: tb.backtest_strategy(sl=None, tsl=0.02,
                              tp=0.02, wait=5)  ❷

```
=================================================
2018-01-17 | *** START BACKTEST ***
2018-01-17 | current balance = 10000.00
=================================================
-------------------------------------------------
*** TRAILING SL (SHORT | -0.0235) ***
-------------------------------------------------
*** TRAILING SL (SHORT | -0.0202) ***
-------------------------------------------------
*** TAKE PROFIT (SHORT | 0.0250) ***
-------------------------------------------------
*** TAKE PROFIT (SHORT | 0.0227) ***
-------------------------------------------------
*** TAKE PROFIT (SHORT | 0.0240) ***
-------------------------------------------------
*** TRAILING SL (SHORT | -0.0216) ***
-------------------------------------------------
*** TAKE PROFIT (SHORT | 0.0241) ***
-------------------------------------------------
*** TRAILING SL (SHORT | -0.0206) ***
=================================================
2019-12-31 | *** CLOSING OUT ***
2019-12-31 | current balance = 10346.38
2019-12-31 | net performance [%] = 3.4638
2019-12-31 | number of trades [#] = 198
=================================================
```

❶ 使用 SL 暨 TP 單回測交易機器人績效。

❷ 使用 TSL 暨 TP 單回測交易機器人績效。

**績效影響**

風險管理措施有其道理與好處。然而，降低風險的代價可能是整體績效下降。另一方面，使用 TP 單的回測範例顯示績效的改進，可為此解釋的事實是：給定金融工具的 ATR，可以視為某個利潤水準足以實現利潤。遇見更高利潤的任何希望，通常會因市場再度翻轉而粉碎。

# 本章總結

本章有三大主題。以向量化與事件式兩種作法對交易機器人（即訓練過的深度 Q-learning 代理人）的 out-of-sample 效能進行回測。還有以平均真實波幅（ATR）指標評估風險，用此一指標衡量受關注的金融工具價格**典型**變化。本章尾聲以停損單（SL）、追蹤停損單（TSL）以及停利單（TP）的形式探討與回測典型事件式風險管理措施。

與自動駕車（AV）類似，交易機器人幾乎從未只以 AI 的預測來部署。若要避免較大的下行風險以及提高（風險調整後的）績效，通常可實施風險管理措施。標準風險管理措施，如本章所述，幾乎每個交易平台都適用，也適合散戶交易者。下一章會在 Oanda（*http://oanda.com*）交易平台環境中實際說明。事件式回測作法具有演算法彈性，可以正確回測此類風險管理措施的執行結果。雖然「降低風險」聽起來可能很有吸引力，不過回測結果顯示，風險降低往往要付出代價：與無任何風險管理措施的純粹策略相比，績效可能較低。然而，細調之後，結果顯示，譬如 TP 單也會對績效產生正面影響。

# 參考文獻

下列為本章所引用的書籍與論文：

Agrawal, Ajay, Joshua Gans, and Avi Goldfarb. 2018. *Prediction Machines: The Simple Economics of Artificial Intelligence.* Boston: Harvard Business Review Press.

Hilpisch, Yves. 2020. *Python for Algorithmic Trading: From Idea to Cloud Deployment.* Sebastopol: O'Reilly.

Khonji, Majid, Jorge Dias, and Lakmal Seneviratne. 2019. "Risk-Aware Reasoning for Autonomous Vehicles." arXiv. October 6, 2019. *https://oreil.ly/2Z6WR.*

# Python 程式碼

## 金融環境

下列 Python 模組內含 Finance 環境類別：

```python
#
# Finance Environment
#
# (c) Dr. Yves J. Hilpisch
# Artificial Intelligence in Finance
#
import math
import random
import numpy as np
import pandas as pd


class observation_space:
    def __init__(self, n):
        self.shape = (n,)


class action_space:
    def __init__(self, n):
        self.n = n

    def sample(self):
        return random.randint(0, self.n - 1)


class Finance:
    intraday = False
    if intraday:
        url = 'http://hilpisch.com/aiif_eikon_id_eur_usd.csv'
    else:
        url = 'http://hilpisch.com/aiif_eikon_eod_data.csv'

    def __init__(self, symbol, features, window, lags,
                 leverage=1, min_performance=0.85, min_accuracy=0.5,
                 start=0, end=None, mu=None, std=None):
        self.symbol = symbol
        self.features = features
        self.n_features = len(features)
        self.window = window
        self.lags = lags
        self.leverage = leverage
        self.min_performance = min_performance
        self.min_accuracy = min_accuracy
        self.start = start
        self.end = end
        self.mu = mu
```

```python
        self.std = std
        self.observation_space = observation_space(self.lags)
        self.action_space = action_space(2)
        self._get_data()
        self._prepare_data()

    def _get_data(self):
        self.raw = pd.read_csv(self.url, index_col=0,
                               parse_dates=True).dropna()
        if self.intraday:
            self.raw = self.raw.resample('30min', label='right').last()
            self.raw = pd.DataFrame(self.raw['CLOSE'])
            self.raw.columns = [self.symbol]

    def _prepare_data(self):
        self.data = pd.DataFrame(self.raw[self.symbol])
        self.data = self.data.iloc[self.start:]
        self.data['r'] = np.log(self.data / self.data.shift(1))
        self.data.dropna(inplace=True)
        self.data['s'] = self.data[self.symbol].rolling(self.window).mean()
        self.data['m'] = self.data['r'].rolling(self.window).mean()
        self.data['v'] = self.data['r'].rolling(self.window).std()
        self.data.dropna(inplace=True)
        if self.mu is None:
            self.mu = self.data.mean()
            self.std = self.data.std()
        self.data_ = (self.data - self.mu) / self.std
        self.data['d'] = np.where(self.data['r'] > 0, 1, 0)
        self.data['d'] = self.data['d'].astype(int)
        if self.end is not None:
            self.data = self.data.iloc[:self.end - self.start]
            self.data_ = self.data_.iloc[:self.end - self.start]

    def _get_state(self):
        return self.data_[self.features].iloc[self.bar -
                                               self.lags:self.bar]

    def get_state(self, bar):
        return self.data_[self.features].iloc[bar - self.lags:bar]

    def seed(self, seed):
        random.seed(seed)
        np.random.seed(seed)

    def reset(self):
        self.treward = 0
```

```
            self.accuracy = 0
            self.performance = 1
            self.bar = self.lags
            state = self.data_[self.features].iloc[self.bar -
                                            self.lags:self.bar]
            return state.values

    def step(self, action):
        correct = action == self.data['d'].iloc[self.bar]
        ret = self.data['r'].iloc[self.bar] * self.leverage
        reward_1 = 1 if correct else 0
        reward_2 = abs(ret) if correct else -abs(ret)
        self.treward += reward_1
        self.bar += 1
        self.accuracy = self.treward / (self.bar - self.lags)
        self.performance *= math.exp(reward_2)
        if self.bar >= len(self.data):
            done = True
        elif reward_1 == 1:
            done = False
        elif (self.performance < self.min_performance and
            self.bar > self.lags + 15):
            done = True
        elif (self.accuracy < self.min_accuracy and
            self.bar > self.lags + 15):
            done = True
        else:
            done = False
        state = self._get_state()
        info = {}
        return state.values, reward_1 + reward_2 * 5, done, info
```

# 交易機器人

下列 Python 模組內含以金融 Q-learning 代理人為基礎的 TradingBot 類別：

```
#
# Financial Q-Learning Agent
#
# (c) Dr. Yves J. Hilpisch
# Artificial Intelligence in Finance
#
import os
import random
import numpy as np
from pylab import plt, mpl
```

```python
from collections import deque
import tensorflow as tf
from keras.layers import Dense, Dropout
from keras.models import Sequential
from keras.optimizers import Adam, RMSprop

os.environ['PYTHONHASHSEED'] = '0'
plt.style.use('seaborn')
mpl.rcParams['savefig.dpi'] = 300
mpl.rcParams['font.family'] = 'serif'


def set_seeds(seed=100):
    ''' 用於設定所有亂數產生器種子的函式。
    '''
    random.seed(seed)
    np.random.seed(seed)
    tf.random.set_seed(seed)


class TradingBot:
    def __init__(self, hidden_units, learning_rate, learn_env,
                 valid_env=None, val=True, dropout=False):
        self.learn_env = learn_env
        self.valid_env = valid_env
        self.val = val
        self.epsilon = 1.0
        self.epsilon_min = 0.1
        self.epsilon_decay = 0.99
        self.learning_rate = learning_rate
        self.gamma = 0.5
        self.batch_size = 128
        self.max_treward = 0
        self.averages = list()
        self.trewards = []
        self.performances = list()
        self.aperformances = list()
        self.vperformances = list()
        self.memory = deque(maxlen=2000)
        self.model = self._build_model(hidden_units,
                         learning_rate, dropout)

    def _build_model(self, hu, lr, dropout):
        ''' 用於建立 DNN 模型的方法。
        '''
        model = Sequential()
```

```
            model.add(Dense(hu, input_shape=(
                self.learn_env.lags, self.learn_env.n_features),
                activation='relu'))
            if dropout:
                model.add(Dropout(0.3, seed=100))
            model.add(Dense(hu, activation='relu'))
            if dropout:
                model.add(Dropout(0.3, seed=100))
            model.add(Dense(2, activation='linear'))
            model.compile(
                loss='mse',
                optimizer=RMSprop(lr=lr)
            )
            return model

        def act(self, state):
            ''' 依
                a) 探索
                b) 利用
                而採取動作的方法。
            '''
            if random.random() <= self.epsilon:
                return self.learn_env.action_space.sample()
            action = self.model.predict(state)[0, 0]
            return np.argmax(action)

        def replay(self):
            ''' 以批量的記憶經驗重新訓練 DNN 模型的方法。
            '''
            batch = random.sample(self.memory, self.batch_size)
            for state, action, reward, next_state, done in batch:
                if not done:
                    reward += self.gamma * np.amax(
                        self.model.predict(next_state)[0, 0])
                target = self.model.predict(state)
                target[0, 0, action] = reward
                self.model.fit(state, target, epochs=1,
                               verbose=False)
            if self.epsilon > self.epsilon_min:
                self.epsilon *= self.epsilon_decay

        def learn(self, episodes):
            ''' 訓練 DQL 代理人的方法。
            '''
            for e in range(1, episodes + 1):
                state = self.learn_env.reset()
```

```python
            state = np.reshape(state, [1, self.learn_env.lags,
                                       self.learn_env.n_features])
        for _ in range(10000):
            action = self.act(state)
            next_state, reward, done, info = self.learn_env.step(action)
            next_state = np.reshape(next_state,
                                    [1, self.learn_env.lags,
                                     self.learn_env.n_features])
            self.memory.append([state, action, reward,
                                next_state, done])
            state = next_state
            if done:
                treward = _ + 1
                self.trewards.append(treward)
                av = sum(self.trewards[-25:]) / 25
                perf = self.learn_env.performance
                self.averages.append(av)
                self.performances.append(perf)
                self.aperformances.append(
                    sum(self.performances[-25:]) / 25)
                self.max_treward = max(self.max_treward, treward)
                templ = 'episode: {:2d}/{} | treward: {:4d} | '
                templ += 'perf: {:5.3f} | av: {:5.1f} | max: {:4d}'
                print(templ.format(e, episodes, treward, perf,
                                   av, self.max_treward), end='\r')
                break
        if self.val:
            self.validate(e, episodes)
        if len(self.memory) > self.batch_size:
            self.replay()
    print()

def validate(self, e, episodes):
    ''' 驗證 DQL 代理人績效的方法。
    '''
    state = self.valid_env.reset()
    state = np.reshape(state, [1, self.valid_env.lags,
                               self.valid_env.n_features])
    for _ in range(10000):
        action = np.argmax(self.model.predict(state)[0, 0])
        next_state, reward, done, info = self.valid_env.step(action)
        state = np.reshape(next_state, [1, self.valid_env.lags,
                                        self.valid_env.n_features])
        if done:
            treward = _ + 1
            perf = self.valid_env.performance
```

```
            self.vperformances.append(perf)
            if e % int(episodes / 6) == 0:
                templ = 71 * '='
                templ += '\nepisode: {:2d}/{} | VALIDATION | '
                templ += 'treward: {:4d} | perf: {:5.3f} | eps: {:.2f}\n'
                templ += 71 * '='
                print(templ.format(e, episodes, treward,
                                    perf, self.epsilon))
            break


def plot_treward(agent):
    ''' 描繪每個訓練 episode 總獎勵的函式。
    '''
    plt.figure(figsize=(10, 6))
    x = range(1, len(agent.averages) + 1)
    y = np.polyval(np.polyfit(x, agent.averages, deg=3), x)
    plt.plot(x, agent.averages, label='moving average')
    plt.plot(x, y, 'r--', label='regression')
    plt.xlabel('episodes')
    plt.ylabel('total reward')
    plt.legend()


def plot_performance(agent):
    ''' 描繪每個訓練 episode 金融毛績效的函式。
    '''
    plt.figure(figsize=(10, 6))
    x = range(1, len(agent.performances) + 1)
    y = np.polyval(np.polyfit(x, agent.performances, deg=3), x)
    plt.plot(x, agent.performances[:], label='training')
    plt.plot(x, y, 'r--', label='regression (train)')
    if agent.val:
        y_ = np.polyval(np.polyfit(x, agent.vperformances, deg=3), x)
        plt.plot(x, agent.vperformances[:], label='validation')
        plt.plot(x, y_, 'r-.', label='regression (valid)')
    plt.xlabel('episodes')
    plt.ylabel('gross performance')
    plt.legend()
```

# 回測基礎類別

下列 Python 模組含有事件式回測的　BacktestingBase 類別：

```
#
# Event-Based Backtesting
```

```
# --Base Class (1)
#
# (c) Dr. Yves J. Hilpisch
# Artificial Intelligence in Finance
#


class BacktestingBase:
    def __init__(self, env, model, amount, ptc, ftc, verbose=False):
        self.env = env  ❶
        self.model = model  ❷
        self.initial_amount = amount  ❸
        self.current_balance = amount  ❸
        self.ptc = ptc  ❹
        self.ftc = ftc  ❺
        self.verbose = verbose  ❻
        self.units = 0  ❼
        self.trades = 0  ❽

    def get_date_price(self, bar):
        ''' 依給定的 bar 傳回 date 與 price。
        '''
        date = str(self.env.data.index[bar])[:10]  ❾
        price = self.env.data[self.env.symbol].iloc[bar]  ❿
        return date, price

    def print_balance(self, bar):
        ''' 依給定的 bar 顯示目前現金餘額。
        '''
        date, price = self.get_date_price(bar)
        print(f'{date} | current balance = {self.current_balance:.2f}')  ⓫

    def calculate_net_wealth(self, price):
        return self.current_balance + self.units * price  ⓬

    def print_net_wealth(self, bar):
        ''' 依給定的 bar 顯示淨值（現金 + 持有部位）。
        '''
        date, price = self.get_date_price(bar)
        net_wealth = self.calculate_net_wealth(price)
        print(f'{date} | net wealth = {net_wealth:.2f}')  ⓭

    def place_buy_order(self, bar, amount=None, units=None):
        ''' 依給定的 bar 以及 amount 或 units 下單買進。
        '''
        date, price = self.get_date_price(bar)
```

```python
        if units is None:
            units = int(amount / price)  ⓮
            # units = amount / price  ⓮
        self.current_balance -= (1 + self.ptc) * \
            units * price + self.ftc  ⓯
        self.units += units  ⓰
        self.trades += 1  ⓱
        if self.verbose:
            print(f'{date} | buy {units} units for {price:.4f}')
            self.print_balance(bar)

    def place_sell_order(self, bar, amount=None, units=None):
        ''' 依給定的 bar 以及 amount 或 units 下單賣出。
        '''
        date, price = self.get_date_price(bar)
        if units is None:
            units = int(amount / price)  ⓮
            # units = amount / price  ⓮
        self.current_balance += (1 - self.ptc) * \
            units * price - self.ftc  ⓯
        self.units -= units  ⓰
        self.trades += 1  ⓱
        if self.verbose:
            print(f'{date} | sell {units} units for {price:.4f}')
            self.print_balance(bar)

    def close_out(self, bar):
        ''' 依給定的 bar 將未平倉部位平倉。
        '''
        date, price = self.get_date_price(bar)
        print(50 * '=')
        print(f'{date} | *** CLOSING OUT ***')
        if self.units < 0:
            self.place_buy_order(bar, units=-self.units)  ⓲
        else:
            self.place_sell_order(bar, units=self.units)  ⓳
        if not self.verbose:
            print(f'{date} | current balance = {self.current_balance:.2f}')
        perf = (self.current_balance / self.initial_amount - 1) * 100  ⓴
        print(f'{date} | net performance [%] = {perf:.4f}')
        print(f'{date} | number of trades [#] = {self.trades}')
        print(50 * '=')
```

❶ 相關 Finance 環境。

❷ 相關 DNN 模型（源自交易機器人）。

❸ 初始或目前餘額。

❹ 成比例的交易成本。

❺ 固定的交易成本。

❻ 是否詳細顯示訊息。

❼ 金融工具交易單位的初始值。

❽ 已執行交易筆數的初始值。

❾ 特定 bar 的相關日期。

❿ 特定 bar 的相關金融工具價格。

⓫ 顯示特定 bar 的日期與目前餘額。

⓬ 以目前餘額與金融工具部位計算的淨值。

⓭ 顯示特定 bar 的日期與淨值。

⓮ 依成交金額算出的交易單位數。

⓯ 交易與相關成本對目前餘額的影響。

⓰ 持有的單位數調整。

⓱ 已執行的交易筆數調整。

⓲ 空頭部位平倉，

⓳ 或將多頭部位平倉。

⓴ 依初始成交金額與最終餘額算出淨績效。

## 回測類別

下列 Python 模組內含事件式回測的 TBBacktesterRM 類別，其中包括風險管理措施（停損單、追蹤停損單、停利單）：

```
#
# Event-Based Backtesting
# --Trading Bot Backtester
# (incl. Risk Management)
#
# (c) Dr. Yves J. Hilpisch
```

```
#
import numpy as np
import pandas as pd
import backtestingrm as btr


class TBBacktesterRM(btr.BacktestingBaseRM):
    def _reshape(self, state):
        ''' 此輔助方法會重塑狀態物件。
        '''
        return np.reshape(state, [1, self.env.lags, self.env.n_features])

    def backtest_strategy(self, sl=None, tsl=None, tp=None,
                          wait=5, guarantee=False):
        ''' 交易機器人績效的事件式回測。
            其中包含停損、追蹤停損與停利。
        '''
        self.units = 0
        self.position = 0
        self.trades = 0
        self.sl = sl
        self.tsl = tsl
        self.tp = tp
        self.wait = 0
        self.current_balance = self.initial_amount
        self.net_wealths = list()
        for bar in range(self.env.lags, len(self.env.data)):
            self.wait = max(0, self.wait - 1)
            date, price = self.get_date_price(bar)
            if self.trades == 0:
                print(50 * '=')
                print(f'{date} | *** START BACKTEST ***')
                self.print_balance(bar)
                print(50 * '=')

            # 停損單
            if sl is not None and self.position != 0:
                rc = (price - self.entry_price) / self.entry_price
                if self.position == 1 and rc < -self.sl:
                    print(50 * '-')
                    if guarantee:
                        price = self.entry_price * (1 - self.sl)
                        print(f'*** STOP LOSS (LONG  | {-self.sl:.4f}) ***')
                    else:
                        print(f'*** STOP LOSS (LONG  | {rc:.4f}) ***')
                    self.place_sell_order(bar, units=self.units, gprice=price)
```

```python
                self.wait = wait
                self.position = 0
            elif self.position == -1 and rc > self.sl:
                print(50 * '-')
                if guarantee:
                    price = self.entry_price * (1 + self.sl)
                    print(f'*** STOP LOSS (SHORT | -{self.sl:.4f}) ***')
                else:
                    print(f'*** STOP LOSS (SHORT | -{rc:.4f}) ***')
                self.place_buy_order(bar, units=-self.units, gprice=price)
                self.wait = wait
                self.position = 0

        # 追蹤停損單
        if tsl is not None and self.position != 0:
            self.max_price = max(self.max_price, price)
            self.min_price = min(self.min_price, price)
            rc_1 = (price - self.max_price) / self.entry_price
            rc_2 = (self.min_price - price) / self.entry_price
            if self.position == 1 and rc_1 < -self.tsl:
                print(50 * '-')
                print(f'*** TRAILING SL (LONG  | {rc_1:.4f}) ***')
                self.place_sell_order(bar, units=self.units)
                self.wait = wait
                self.position = 0
            elif self.position == -1 and rc_2 < -self.tsl:
                print(50 * '-')
                print(f'*** TRAILING SL (SHORT | {rc_2:.4f}) ***')
                self.place_buy_order(bar, units=-self.units)
                self.wait = wait
                self.position = 0

        # 停利單
        if tp is not None and self.position != 0:
            rc = (price - self.entry_price) / self.entry_price
            if self.position == 1 and rc > self.tp:
                print(50 * '-')
                if guarantee:
                    price = self.entry_price * (1 + self.tp)
                    print(f'*** TAKE PROFIT (LONG  | {self.tp:.4f}) ***')
                else:
                    print(f'*** TAKE PROFIT (LONG  | {rc:.4f}) ***')
                self.place_sell_order(bar, units=self.units, gprice=price)
                self.wait = wait
                self.position = 0
            elif self.position == -1 and rc < -self.tp:
```

```python
            print(50 * '-')
            if guarantee:
                price = self.entry_price * (1 - self.tp)
                print(f'*** TAKE PROFIT (SHORT | {self.tp:.4f}) ***')
            else:
                print(f'*** TAKE PROFIT (SHORT | {-rc:.4f}) ***')
            self.place_buy_order(bar, units=-self.units, gprice=price)
            self.wait = wait
            self.position = 0

    state = self.env.get_state(bar)
    action = np.argmax(self.model.predict(
        self._reshape(state.values))[0, 0])
    position = 1 if action == 1 else -1
    if self.position in [0, -1] and position == 1 and self.wait == 0:
        if self.verbose:
            print(50 * '-')
            print(f'{date} | *** GOING LONG ***')
        if self.position == -1:
            self.place_buy_order(bar - 1, units=-self.units)
        self.place_buy_order(bar - 1, amount=self.current_balance)
        if self.verbose:
            self.print_net_wealth(bar)
        self.position = 1
    elif self.position in [0, 1] and position == -1 and self.wait == 0:
        if self.verbose:
            print(50 * '-')
            print(f'{date} | *** GOING SHORT ***')
        if self.position == 1:
            self.place_sell_order(bar - 1, units=self.units)
        self.place_sell_order(bar - 1, amount=self.current_balance)
        if self.verbose:
            self.print_net_wealth(bar)
        self.position = -1
    self.net_wealths.append((date, self.calculate_net_wealth(price)))
self.net_wealths = pd.DataFrame(self.net_wealths,
                                columns=['date', 'net_wealth'])
self.net_wealths.set_index('date', inplace=True)
self.net_wealths.index = pd.DatetimeIndex(self.net_wealths.index)
self.close_out(bar)
```

第十二章

# 執行與部署

於混亂的城市交通、大雪大雨的天候、蠻荒之地、無地標的道路以及無線存取不穩定的區域，還需有重大進展，方能讓自駕車可靠行駛其中。

——Todd Litman (2020)

從事演算法交易的投資公司，應有適合其業務運作的有效系統與風險控制到位，以確保其交易系統具有彈性與足夠的能力，並接受適當的交易門檻與限制，而避免發送錯誤委託單或系統其他功能造就與助長無秩序市場。

——MiFID II (Article 17)

第十一章用歷史資料以金融 Q-learning 代理人的方式訓練交易機器人，其中介紹事件式回測，以足夠彈性的作法說明典型的風險管理措施，諸如追蹤停損單或停利單。然而，所有一切都只在歷史資料為基礎的沙盒環境中非同步的進行。如同自駕車（AV），有實際部署 AI 的問題。針對 AV 而言，此意味著將 AI 與車子硬體相結合，並在測試街道與公用街道上部署 AV。對於交易機器人來說，這意味著將交易機器人與交易平台連接並部署，進而自動下單。換句話說，演算法內容明確——此時需要加入執行與部署來實現演算法交易。

本章介紹用於演算法交易的 Oanda（*http://oanda.com*）交易平台，因此，把焦點擺在此平台的 v20 API（*https://oreil.ly/TbGKN*），而非供使用者手動交易介面的應用程式。為了簡化程式碼，會使用包裹套件 tpqoa（https://oreil.ly/72pWe），其與 Oanda 的 v20（*https://oreil.ly/H_plj*）Python 套件相依，以及帶有一個 Python 形式的使用者介面。

第 356 頁〈Oanda 帳戶〉詳細介紹 Oanda 使用模擬帳戶的前提。第 357 頁〈資料擷取〉以 API 擷取歷史與即時（串流）資料。第 361 頁〈成交〉探討買賣成交，潛在包含其他委託單，諸如追蹤停損單。第 368 頁〈交易機器人〉以 Oanda 的歷史盤中資料訓練交易機器人，並以向量化形式回測其績效。第 374 頁〈部署〉將即時自動部署交易機器人。

# Oanda 帳戶

本章的程式碼會使用 Python 包裹套件 tpqoa（*https://oreil.ly/ 72pWe*）。可透過 pip 如下安裝此套件：

```
pip install --upgrade git+https://github.com/yhilpisch/tpqoa.git
```

只需 Oanda（*http://oanda.com*）的模擬帳戶即可使用此套件。帳戶開設完成，（登入後）帳戶頁面會產生**存取權杖**（*access token*）。而存取權杖與帳號（也位於帳戶頁面上）會儲存在組態檔案中，如下所示：

```
[oanda]
account_id = XYZ-ABC-...
access_token = ZYXCAB...
account_type = practice
```

若組態檔名為 *aiif.cfg*，而儲存於目前的工作目錄中，則可如下使用 tpqoa 套件：

```
import tpqoa
api = tpqoa.tpqoa('aiif.cfg')
```

風險揭露與免責聲明

Oanda 是外匯（FX）與差價合約（CFD）交易的平台。這些金融工具涉及相當大的風險，特別是在槓桿交易時。強烈建議在進行之前，請仔細閱讀 Oanda 網站（*http://oanda.com*）的所有相關風險揭露與免責聲明（確認相關司法管轄區）。

本章呈現的所有程式碼與範例僅供技術說明，並不構成任何投資建議或推薦內容。

# 資料擷取

如往常先將某些 Python 內容匯入與組態設置：

```
In [1]: import os
        import time
        import numpy as np
        import pandas as pd
        from pprint import pprint
        from pylab import plt, mpl
        plt.style.use('seaborn')
        mpl.rcParams['savefig.dpi'] = 300
        mpl.rcParams['font.family'] = 'serif'
        pd.set_option('mode.chained_assignment', None)
        pd.set_option('display.float_format', '{:.5f}'.format)
        np.set_printoptions(suppress=True, precision=4)
        os.environ['PYTHONHASHSEED'] = '0'
```

依照帳戶所屬的相關司法管轄區，Oanda 提供一些可交易的外匯與差價合約金融工具。
下列 Python 程式碼會依給定的帳戶擷取可用的金融工具：

```
In [2]: import tpqoa  ❶

In [3]: api = tpqoa.tpqoa('../aiif.cfg')  ❷

In [4]: ins = api.get_instruments()  ❸

In [5]: ins[:5]  ❹
Out[5]: [('AUD/CAD', 'AUD_CAD'),
         ('AUD/CHF', 'AUD_CHF'),
         ('AUD/HKD', 'AUD_HKD'),
         ('AUD/JPY', 'AUD_JPY'),
         ('AUD/NZD', 'AUD_NZD')]
```

❶ 匯入 tpqoa 套件。

❷ 依帳戶登入資訊將 API 物件實體化。

❸ 擷取可用的金融工具，格式為 (display_name,technical_name)。

❹ 顯示其中一些金融工具。

Oanda 可透過 v20 API 取得豐富的歷史資料。下列範例擷取 EUR/USD 貨幣對的歷史資料——細度設為 D（即每日）。

圖 12-1 描繪收盤（賣）價：

```
In [6]: raw = api.get_history(instrument='EUR_USD',  ❶
                              start='2018-01-01',  ❷
                              end='2020-07-31',  ❸
                              granularity='D',  ❹
                              price='A')  ❺

In [7]: raw.info()
        <class 'pandas.core.frame.DataFrame'>
        DatetimeIndex: 671 entries, 2018-01-01 22:00:00 to 2020-07-30 21:00:00
        Data columns (total 6 columns):
         #   Column    Non-Null Count  Dtype
        ---  ------    --------------  -----
         0   o         671 non-null    float64
         1   h         671 non-null    float64
         2   l         671 non-null    float64
         3   c         671 non-null    float64
         4   volume    671 non-null    int64
         5   complete  671 non-null    bool
        dtypes: bool(1), float64(4), int64(1)
        memory usage: 32.1 KB

In [8]: raw.head()
Out[8]:                           o        h        l        c  volume  complete
        time
        2018-01-01 22:00:00 1.20101  1.20819  1.20051  1.20610   35630      True
        2018-01-02 22:00:00 1.20620  1.20673  1.20018  1.20170   31354      True
        2018-01-03 22:00:00 1.20170  1.20897  1.20049  1.20710   35187      True
        2018-01-04 22:00:00 1.20692  1.20847  1.20215  1.20327   36478      True
        2018-01-07 22:00:00 1.20301  1.20530  1.19564  1.19717   27618      True

In [9]: raw['c'].plot(figsize=(10, 6));
```

❶ 指定金融工具、

❷ 起始日期、

❸ 結束日期、

❹ 細度（D = 每日）、

❺ 以及價格序列的類型（A = 賣價）。

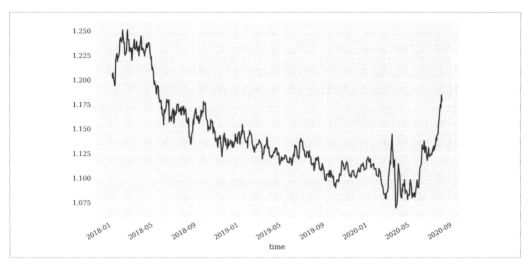

圖 12-1　EUR/USD 的每日收盤價（源自 Oanda 的歷史資料）

如同每日資料，可輕易取用盤中資料，如下列程式碼所示。圖 12-2 視覺化呈現 one-minute bar 的期間價格資料：

```
In [10]: raw = api.get_history(instrument='EUR_USD',
                               start='2020-07-01',
                               end='2020-07-31',
                               granularity='M1',     ❶
                               price='M')            ❷

In [11]: raw.info()
         <class 'pandas.core.frame.DataFrame'>
         DatetimeIndex: 30728 entries, 2020-07-01 00:00:00 to 2020-07-30 23:59:00
         Data columns (total 6 columns):
          #   Column    Non-Null Count   Dtype
         ---  ------    --------------   -----
          0   o         30728 non-null   float64
          1   h         30728 non-null   float64
          2   l         30728 non-null   float64
          3   c         30728 non-null   float64
          4   volume    30728 non-null   int64
          5   complete  30728 non-null   bool
         dtypes: bool(1), float64(4), int64(1)
         memory usage: 1.4 MB

In [12]: raw.tail()
Out[12]:                         o        h        l        c   volume   complete
```

```
time
2020-07-30 23:55:00  1.18724  1.18739  1.18718  1.18738      57      True
2020-07-30 23:56:00  1.18736  1.18758  1.18722  1.18757      57      True
2020-07-30 23:57:00  1.18756  1.18756  1.18734  1.18734      49      True
2020-07-30 23:58:00  1.18736  1.18737  1.18713  1.18717      36      True
2020-07-30 23:59:00  1.18718  1.18724  1.18714  1.18722      31      True

In [13]: raw['c'].plot(figsize=(10, 6));
```

❶ 指定細度（M1 = 一分鐘），

❷ 以及價格序列的類型（M = 中價）。

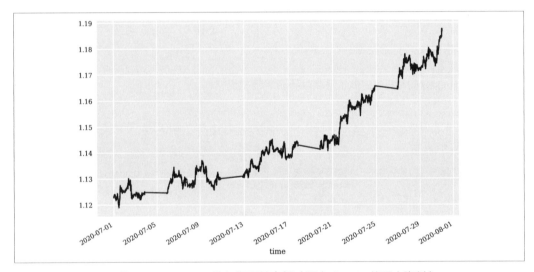

圖 12-2　EUR/USD 的 one-minute bar 的每期間結束價（源自 Oanda 的歷史資料）

其中歷史資料有其重要性，譬如用於訓練與測試交易機器人，而部署這類機器人進行演算法交易則需要即時（串流）資料。tpqoa 針對所有可用的金融工具，使用單一方法呼叫，執行即時資料的同步串流傳輸。此方法預設顯示時間戳記與買賣價。針對演算法交易，如第 374 頁〈部署〉所示，可以調整此預設動作：

```
In [14]: api.stream_data('EUR_USD', stop=10)
         2020-08-13T12:07:09.735715316Z  1.18328  1.18342
         2020-08-13T12:07:16.245253689Z  1.18329  1.18343
         2020-08-13T12:07:16.397803785Z  1.18328  1.18342
         2020-08-13T12:07:17.240232521Z  1.18331  1.18346
         2020-08-13T12:07:17.358476854Z  1.18334  1.18348
         2020-08-13T12:07:17.778061207Z  1.18331  1.18345
```

```
2020-08-13T12:07:18.016544856Z 1.18333 1.18346
2020-08-13T12:07:18.144762415Z 1.18334 1.18348
2020-08-13T12:07:18.689365678Z 1.18331 1.18345
2020-08-13T12:07:19.148039139Z 1.18331 1.18345
```

# 成交

AV 的 AI 需要能夠控制實體車。為此，向車輛發送不同類型的訊號，譬如加速、煞車、左轉或右轉；交易機器人需要能夠用交易平台下單。本節介紹不同類型的委託單，諸如市價單與停損單。

最基本款的委託單是**市價單**（*market order*）。此單以目前市價（也就是說，買入時則為目前**賣價**，而賣出時則為目前**買價**）買入或賣出金融工具。以下範例基於 20 的帳戶槓桿與相對較小的下單量。因此，並不會受流動性議題影響。以 Oanda v20 API 成交時，API 傳回交易單物件細節。第一、掛**市價單**（買進）：

```
In [15]: order = api.create_order('EUR_USD', units=25000,
                                  suppress=True, ret=True)  ❶
         pprint(order)  ❶
         {'accountBalance': '98553.3172',
          'accountID': '101-004-13834683-001',
          'batchID': '1625',
          'commission': '0.0',
          'financing': '0.0',
          'fullPrice': {'asks': [{'liquidity': '10000000', 'price': 1.18345}],
                        'bids': [{'liquidity': '10000000', 'price': 1.18331}],
                        'closeoutAsk': 1.18345,
                        'closeoutBid': 1.18331,
                        'type': 'PRICE'},
          'fullVWAP': 1.18345,
          'gainQuoteHomeConversionFactor': '0.840811914585',
          'guaranteedExecutionFee': '0.0',
          'halfSpreadCost': '1.4788',
          'id': '1626',
          'instrument': 'EUR_USD',
          'lossQuoteHomeConversionFactor': '0.849262285586',
          'orderID': '1625',
          'pl': '0.0',
          'price': 1.18345,
          'reason': 'MARKET_ORDER',
          'requestID': '78757241547812154',
          'time': '2020-08-13T12:07:19.434407966Z',
          'tradeOpened': {'guaranteedExecutionFee': '0.0',
```

```
                          'halfSpreadCost': '1.4788',
                          'initialMarginRequired': '832.5',
                          'price': 1.18345,
                          'tradeID': '1626',
                          'units': '25000.0'},
              'type': 'ORDER_FILL',
              'units': '25000.0',
              'userID': 13834683}

In [16]: def print_details(order):    ❷
              details = (order['time'][:-7], order['instrument'], order['units'],
                         order['price'], order['pl'])
              return details

In [17]: print_details(order)    ❷
Out[17]: ('2020-08-13T12:07:19.434', 'EUR_USD', '25000.0', 1.18345, '0.0')

In [18]: time.sleep(1)
```

❶ 掛市價單（買進）並顯示下單物件細節。

❷ 選擇顯示委託單細節項：time、instrument、units、price 以及 pl。

第二，透過同量的**市價單（賣出）**將部位平倉。首筆交易的損益（P&L）就其性質而言為零（納入交易成本前），而第二筆交易通常為非零的 P&L：

```
In [19]: order = api.create_order('EUR_USD', units=-25000,
                                   suppress=True, ret=True)    ❶
         pprint(order)    ❶
         {'accountBalance': '98549.283',
          'accountID': '101-004-13834683-001',
          'batchID': '1627',
          'commission': '0.0',
          'financing': '0.0',
          'fullPrice': {'asks': [{'liquidity': '9975000', 'price': 1.18339}],
                        'bids': [{'liquidity': '10000000', 'price': 1.18326}],
                        'closeoutAsk': 1.18339,
                        'closeoutBid': 1.18326,
                        'type': 'PRICE'},
          'fullVWAP': 1.18326,
          'gainQuoteHomeConversionFactor': '0.840850994445',
          'guaranteedExecutionFee': '0.0',
          'halfSpreadCost': '1.3732',
          'id': '1628',
          'instrument': 'EUR_USD',
          'lossQuoteHomeConversionFactor': '0.849301758209',
```

```
              'orderID': '1627',
              'pl': '-4.0342',
              'price': 1.18326,
              'reason': 'MARKET_ORDER',
              'requestID': '78757241552009237',
              'time': '2020-08-13T12:07:20.586564454Z',
              'tradesClosed': [{'financing': '0.0',
                                'guaranteedExecutionFee': '0.0',
                                'halfSpreadCost': '1.3732',
                                'price': 1.18326,
                                'realizedPL': '-4.0342',
                                'tradeID': '1626',
                                'units': '-25000.0'}],
              'type': 'ORDER_FILL',
              'units': '-25000.0',
              'userID': 13834683}

In [20]: print_details(order) ❷
Out[20]: ('2020-08-13T12:07:20.586', 'EUR_USD', '-25000.0', 1.18326, '-4.0342')

In [21]: time.sleep(1)
```

❶ 掛市價單（賣出）並顯示下單物件細節。

❷ 選擇顯示委託單細節項：`time`、`instrument`、`units`、`price` 以及 `pl`。

**限價單**

本章只論述市價單此一基本款委託單。使用市價單買進或賣出金融工具時，成交價格為目前市價。相比之下，另一基本款委託單――限價單，得以最低價或最高價下單。只有在達最低價或最高價時，才能成交。在此之前，交易並未發生。

接著考量相同交易組合的另一個範例，而這次為**停損（SL）單**。SL 單被視為個別（限價）單。下列 Python 程式碼將下單交易，並顯示 SL 單的物件詳細資訊：

```
In [22]: order = api.create_order('EUR_USD', units=25000,
                                  sl_distance=0.005,   ❶
                                  suppress=True, ret=True)

In [23]: print_details(order)
Out[23]: ('2020-08-13T12:07:21.740', 'EUR_USD', '25000.0', 1.18343, '0.0')

In [24]: sl_order = api.get_transaction(tid=int(order['id']) + 1)   ❷
```

```
In [25]: sl_order  ❷
Out[25]: {'id': '1631',
          'time': '2020-08-13T12:07:21.740825489Z',
          'userID': 13834683,
          'accountID': '101-004-13834683-001',
          'batchID': '1629',
          'requestID': '78757241556206373',
          'type': 'STOP_LOSS_ORDER',
          'tradeID': '1630',
          'price': 1.17843,
          'distance': '0.005',
          'timeInForce': 'GTC',
          'triggerCondition': 'DEFAULT',
          'reason': 'ON_FILL'}

In [26]: (sl_order['time'], sl_order['type'], order['price'],
          sl_order['price'], sl_order['distance'])  ❸
Out[26]: ('2020-08-13T12:07:21.740825489Z',
          'STOP_LOSS_ORDER',
          1.18343,
          1.17843,
          '0.005')

In [27]: time.sleep(1)

In [28]: order = api.create_order('EUR_USD', units=-25000, suppress=True, ret=True)

In [29]: print_details(order)
Out[29]: ('2020-08-13T12:07:23.059', 'EUR_USD', '-25000.0', 1.18329, '-2.9725')
```

❶ SL 價差（distance）以貨幣單位定義。

❷ 選擇顯示 SL 單的物件資料。

❸ 選擇顯示兩交易單物件的相關細節。

可以同樣的方式處理追蹤停損（TSL）單，唯一的差異是 TSL 單沒有附帶固定價格：

```
In [30]: order = api.create_order('EUR_USD', units=25000,
                                  tsl_distance=0.005,  ❶
                                  suppress=True, ret=True)

In [31]: print_details(order)
Out[31]: ('2020-08-13T12:07:23.204', 'EUR_USD', '25000.0', 1.18341, '0.0')

In [32]: tsl_order = api.get_transaction(tid=int(order['id']) + 1)  ❷
```

```
In [33]: tsl_order                                           ❷
Out[33]: {'id': '1637',
          'time': '2020-08-13T12:07:23.204457044Z',
          'userID': 13834683,
          'accountID': '101-004-13834683-001',
          'batchID': '1635',
          'requestID': '78757241564598562',
          'type': 'TRAILING_STOP_LOSS_ORDER',
          'tradeID': '1636',
          'distance': '0.005',
          'timeInForce': 'GTC',
          'triggerCondition': 'DEFAULT',
          'reason': 'ON_FILL'}

In [34]: (tsl_order['time'][:-7], tsl_order['type'],
          order['price'], tsl_order['distance'])            ❸
Out[34]: ('2020-08-13T12:07:23.204', 'TRAILING_STOP_LOSS_ORDER', 1.18341, '0.005')

In [35]: time.sleep(1)

In [36]: order = api.create_order('EUR_USD', units=-25000,
                                  suppress=True, ret=True)

In [37]: print_details(order)
Out[37]: ('2020-08-13T12:07:24.551', 'EUR_USD', '-25000.0', 1.1833, '-2.3355')

In [38]: time.sleep(1)
```

❶ TSL 價差（distance）以貨幣單位定義。

❷ 選擇顯示 TSL 單的物件資料。

❸ 選擇顯示兩交易單物件的相關細節。

最後則是停利（TP）單範例。此單需要固定的 TP 目標價。因此，下列程式碼用上一筆單的成交價相對作為此 TP 價格。除此小差異之外，作法如同以往：

```
In [39]: tp_price = round(order['price'] + 0.01, 4)
          tp_price
Out[39]: 1.1933

In [40]: order = api.create_order('EUR_USD', units=25000,
                                  tp_price=tp_price,          ❶
                                  suppress=True, ret=True)

In [41]: print_details(order)
```

```
Out[41]: ('2020-08-13T12:07:25.712', 'EUR_USD', '25000.0', 1.18344, '0.0')

In [42]: tp_order = api.get_transaction(tid=int(order['id']) + 1)  ❷

In [43]: tp_order  ❷
Out[43]: {'id': '1643',
          'time': '2020-08-13T12:07:25.712531725Z',
          'userID': 13834683,
          'accountID': '101-004-13834683-001',
          'batchID': '1641',
          'requestID': '78757241572993078',
          'type': 'TAKE_PROFIT_ORDER',
          'tradeID': '1642',
          'price': 1.1933,
          'timeInForce': 'GTC',
          'triggerCondition': 'DEFAULT',
          'reason': 'ON_FILL'}

In [44]: (tp_order['time'][:-7], tp_order['type'],
          order['price'], tp_order['price'])  ❸
Out[44]: ('2020-08-13T12:07:25.712', 'TAKE_PROFIT_ORDER', 1.18344, 1.1933)

In [45]: time.sleep(1)

In [46]: order = api.create_order('EUR_USD', units=-25000,
                                  suppress=True, ret=True)

In [47]: print_details(order)
Out[47]: ('2020-08-13T12:07:27.020', 'EUR_USD', '-25000.0', 1.18332, '-2.5478')
```

❶ 以上一筆的成交價作為 TP 目標價。

❷ 選擇顯示 TP 單的物件資料。

❸ 選擇顯示兩交易單物件的相關細節。

到目前為止,程式碼只處理單獨委託單的交易細節。然而,多個歷史交易的概觀也值得關注。為此,下列方法呼叫提供本節所掛的所有主要委託單的概觀資料,其中包括 P&L 資料:

```
In [48]: api.print_transactions(tid=int(order['id']) - 22)
         1626 | 2020-08-13T12:07:19.434407966Z |  EUR_USD |   25000.0 |     0.0
         1628 | 2020-08-13T12:07:20.586564454Z |  EUR_USD |  -25000.0 |  -4.0342
         1630 | 2020-08-13T12:07:21.740825489Z |  EUR_USD |   25000.0 |     0.0
         1633 | 2020-08-13T12:07:23.059178023Z |  EUR_USD |  -25000.0 |  -2.9725
         1636 | 2020-08-13T12:07:23.204457044Z |  EUR_USD |   25000.0 |     0.0
```

```
1639  |  2020-08-13T12:07:24.551026466Z  |  EUR_USD  |    -25000.0  |  -2.3355
1642  |  2020-08-13T12:07:25.712531725Z  |  EUR_USD  |     25000.0  |     0.0
1645  |  2020-08-13T12:07:27.020414342Z  |  EUR_USD  |    -25000.0  |  -2.5478
```

還有一個方法呼叫提供帳戶細節的快照。其中所示的細節源自 Oanda 模擬帳戶，針對技術測試目的，此帳戶已使用相當長的一段時間：

```
In [49]: api.get_account_summary()
Out[49]: {'id': '101-004-13834683-001',
          'alias': 'Primary',
          'currency': 'EUR',
          'balance': '98541.4272',
          'createdByUserID': 13834683,
          'createdTime': '2020-03-19T06:08:14.363139403Z',
          'guaranteedStopLossOrderMode': 'DISABLED',
          'pl': '-1248.5543',
          'resettablePL': '-1248.5543',
          'resettablePLTime': '0',
          'financing': '-210.0185',
          'commission': '0.0',
          'guaranteedExecutionFees': '0.0',
          'marginRate': '0.0333',
          'openTradeCount': 1,
          'openPositionCount': 1,
          'pendingOrderCount': 0,
          'hedgingEnabled': False,
          'unrealizedPL': '941.9536',
          'NAV': '99483.3808',
          'marginUsed': '380.83',
          'marginAvailable': '99107.2283',
          'positionValue': '3808.3',
          'marginCloseoutUnrealizedPL': '947.9546',
          'marginCloseoutNAV': '99489.3818',
          'marginCloseoutMarginUsed': '380.83',
          'marginCloseoutPercent': '0.00191',
          'marginCloseoutPositionValue': '3808.3',
          'withdrawalLimit': '98541.4272',
          'marginCallMarginUsed': '380.83',
          'marginCallPercent': '0.00383',
          'lastTransactionID': '1646'}
```

使用 Oanda 下單成交的基本論述在此告一個段落。此時可結合所有元素用於支援交易機器人的部署。本章稍後內容將以 Oanda 資料訓練交易機器人並將其自動部署。

# 交易機器人

第十一章詳細介紹 Q-learning 交易機器人的訓練方式,並以向量化與事件式作法對其作回測。本節依 Oanda 而來的歷史資料,在此重複進行特定核心步驟。第 380 頁〈Oanda 環境〉有個 Python 模組,其中包含運用 Oanda 資料的環境類別 OandaEnv。使用方式如同第十一章的 Finance 類別。

下列 Python 程式碼將此學習環境物件實體化。此階段,驅動學習、驗證與測試的資料相關主要參數皆為固定。OandaEnv 類別可接受槓桿,其為 FX 與 CFD 交易的典型作為。槓桿可將已實現報酬率放大,因而增加潛在利潤,當然還包含虧損風險:

```
In [50]: import oandaenv as oe

In [51]: symbol = 'EUR_USD'

In [52]: date = '2020-08-11'

In [53]: features = [symbol, 'r', 's', 'm', 'v']

In [54]: %%time
         learn_env = oe.OandaEnv(symbol=symbol,
                                 start=f'{date} 08:00:00',
                                 end=f'{date} 13:00:00',
                                 granularity='S30',      ❶
                                 price='M',              ❷
                                 features=features,      ❸
                                 window=20,              ❹
                                 lags=3,                 ❺
                                 leverage=20,            ❻
                                 min_accuracy=0.4,       ❼
                                 min_performance=0.85    ❽
                                 )
         CPU times: user 23.1 ms, sys: 2.86 ms, total: 25.9 ms
         Wall time: 26.8 ms

In [55]: np.bincount(learn_env.data['d'])
Out[55]: array([299, 281])

In [56]: learn_env.data.info()
         <class 'pandas.core.frame.DataFrame'>
         DatetimeIndex: 580 entries, 2020-08-11 08:10:00 to 2020-08-11 12:59:30
         Data columns (total 6 columns):
          #   Column   Non-Null Count  Dtype
         ---  ------   --------------  -----
```

```
0    EUR_USD   580 non-null    float64
1    r         580 non-null    float64
2    s         580 non-null    float64
3    m         580 non-null    float64
4    v         580 non-null    float64
5    d         580 non-null    int64
dtypes: float64(5), int64(1)
memory usage: 31.7 KB
```

❶ 將資料的細度設為 30 秒。

❷ 將價格類型設為期間價格。

❸ 定義要用的特徵集。

❹ 定義滾動統計的 window 長度。

❺ 設定 lag 數。

❻ 固定槓桿。

❼ 設定要求的最小準確度。

❽ 設定要求的最小績效。

下一階段,將驗證環境實體化,其中參考學習環境的參數──除了時間區間之外,相同內容顯而易見。

圖 12-3 顯示學習、驗證與測試環境中使用的 EUR/USD 盤中每期間結束價(從左到右):

```
In [57]: valid_env = oe.OandaEnv(symbol=learn_env.symbol,
                                 start=f'{date} 13:00:00',
                                 end=f'{date} 14:00:00',
                                 granularity=learn_env.granularity,
                                 price=learn_env.price,
                                 features=learn_env.features,
                                 window=learn_env.window,
                                 lags=learn_env.lags,
                                 leverage=learn_env.leverage,
                                 min_accuracy=0,
                                 min_performance=0,
                                 mu=learn_env.mu,
                                 std=learn_env.std
                                 )

In [58]: valid_env.data.info()
         <class 'pandas.core.frame.DataFrame'>
```

```
           DatetimeIndex: 100 entries, 2020-08-11 13:10:00 to 2020-08-11 13:59:30
           Data columns (total 6 columns):
            #   Column  Non-Null Count  Dtype
           ---  ------  --------------  -----
            0   EUR_USD  100 non-null    float64
            1   r        100 non-null    float64
            2   s        100 non-null    float64
            3   m        100 non-null    float64
            4   v        100 non-null    float64
            5   d        100 non-null    int64
           dtypes: float64(5), int64(1)
           memory usage: 5.5 KB


In [59]: test_env = oe.OandaEnv(symbol=learn_env.symbol,
                                start=f'{date} 14:00:00',
                                end=f'{date} 17:00:00',
                                granularity=learn_env.granularity,
                                price=learn_env.price,
                                features=learn_env.features,
                                window=learn_env.window,
                                lags=learn_env.lags,
                                leverage=learn_env.leverage,
                                min_accuracy=0,
                                min_performance=0,
                                mu=learn_env.mu,
                                std=learn_env.std
                               )


In [60]: test_env.data.info()
         <class 'pandas.core.frame.DataFrame'>
         DatetimeIndex: 340 entries, 2020-08-11 14:10:00 to 2020-08-11 16:59:30
         Data columns (total 6 columns):
          #   Column  Non-Null Count  Dtype
         ---  ------  --------------  -----
          0   EUR_USD  340 non-null    float64
          1   r        340 non-null    float64
          2   s        340 non-null    float64
          3   m        340 non-null    float64
          4   v        340 non-null    float64
          5   d        340 non-null    int64
         dtypes: float64(5), int64(1)
         memory usage: 18.6 KB


In [61]: ax = learn_env.data[learn_env.symbol].plot(figsize=(10, 6))
         plt.axvline(learn_env.data.index[-1], ls='--')
         valid_env.data[learn_env.symbol].plot(ax=ax, style='-.')
```

```
plt.axvline(valid_env.data.index[-1], ls='--')
test_env.data[learn_env.symbol].plot(ax=ax, style='-.');
```

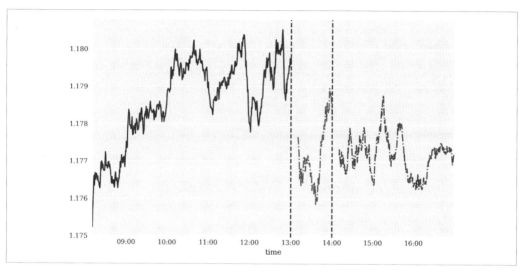

圖 12-3　源自 Oanda 的 EUR/USD 歷史（30-second bar）盤中每期間結束價（左：學習、中：驗證、右：測試）

以 Oanda 環境，能夠訓練與驗證第十一章的交易機器人。下列 Python 程式碼執行此任務，以及將績效結果視覺化呈現（參閱圖 12-4）：

```
In [62]: import sys
         sys.path.append('../ch11/')  ❶

In [63]: import tradingbot  ❶
         Using TensorFlow backend.

In [64]: tradingbot.set_seeds(100)
         agent = tradingbot.TradingBot(24, 0.001, learn_env=learn_env,
                                       valid_env=valid_env)  ❷

In [65]: episodes = 31

In [66]: %time agent.learn(episodes)  ❷
         =================================================================
         episode:  5/31 | VALIDATION | treward:    97 | perf: 1.004 | eps: 0.96
         =================================================================
         =================================================================
         episode: 10/31 | VALIDATION | treward:    97 | perf: 1.005 | eps: 0.91
```

```
===============================================================
===============================================================
episode: 15/31 | VALIDATION | treward:    97 | perf: 0.986 | eps: 0.87
===============================================================
===============================================================
episode: 20/31 | VALIDATION | treward:    97 | perf: 1.012 | eps: 0.83
===============================================================
===============================================================
episode: 25/31 | VALIDATION | treward:    97 | perf: 0.995 | eps: 0.79
===============================================================
===============================================================
episode: 30/31 | VALIDATION | treward:    97 | perf: 0.972 | eps: 0.75
===============================================================
episode: 31/31 | treward:    16 | perf: 0.981 | av: 376.0 | max:   577
CPU times: user 22.1 s, sys: 1.17 s, total: 23.3 s
Wall time: 20.1 s
```

In [67]: tradingbot.plot_performance(agent)  ❸

❶ 匯入第十一章的 tradingbot 模組。

❷ 以 Oanda 資料訓練與驗證交易機器人。

❸ 將績效結果視覺化呈現。

如前兩章所述,訓練與驗證兩者績效即是交易機器人的績效指標。

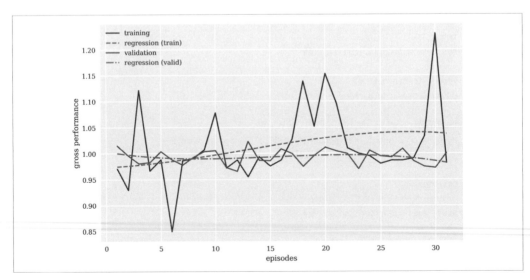

圖 12-4　交易機器人的訓練與驗證績效結果(針對 Oanda 資料)

下列程式碼針對測試環境實作交易機器人績效的向量化回測——除了時間區間之外，再次參考學習環境的相同參數。此程式碼使用第 383 頁〈向量化回測〉裡 Python 模組中的 backtest() 函式。此結果績效數值包含槓桿值 20。針對被動式基準投資與交易機器人兩者隨著時間的毛績效皆是如此（如圖 12-5 所示）：

```
In [68]: import backtest as bt

In [69]: env = test_env

In [70]: bt.backtest(agent, env)

In [71]: env.data['p'].iloc[env.lags:].value_counts()    ❶
Out[71]:  1    263
         -1     74
         Name: p, dtype: int64

In [72]: sum(env.data['p'].iloc[env.lags:].diff() != 0)    ❷
Out[72]: 25

In [73]: (env.data[['r', 's']].iloc[env.lags:] * env.leverage).sum(
             ).apply(np.exp)    ❸
Out[73]: r    0.99966
         s    1.05910
         dtype: float64

In [74]: (env.data[['r', 's']].iloc[env.lags:] * env.leverage).sum(
             ).apply(np.exp) - 1    ❹
Out[74]: r    -0.00034
         s     0.05910
         dtype: float64

In [75]: (env.data[['r', 's']].iloc[env.lags:] * env.leverage).cumsum(
             ).apply(np.exp).plot(figsize=(10, 6));    ❺
```

❶ 顯示多頭與空頭部位的總量。

❷ 顯示執行策略所需的交易筆數。

❸ 計算毛績效（包括槓桿）。

❹ 計算淨績效（包括槓桿）。

❺ 毛績效隨時間的視覺化呈現（包括槓桿）。

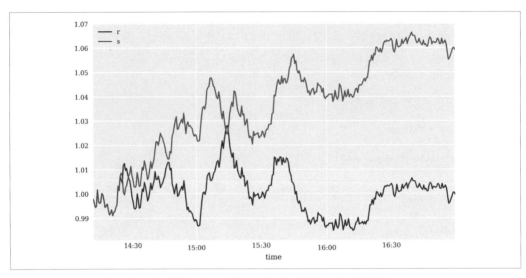

圖 12-5　被動式基準投資與交易機器人兩者隨著時間的毛績效（包括槓桿）

**簡化回測**

本節中交易機器人的訓練與回測是在不切實際的假設下進行。基於
30-second bar 的交易策略，可能會導致短時間內發生大量交易。若採用
典型的交易成本（買賣價差），經濟上這類策略往往不可行。較長的 bar
或交易筆數較少的策略較為實際。然而，為了下一節可進行「快速」部署
示範，而刻意以相對較短的 30-second bar 來實作訓練與回測。

# 部署

本節結合前幾節的主要元素，以自動部署訓練過的交易機器人。這與準備於街上部署
AV 所處階段雷同。下列程式碼呈現 OandaTradingBot 類別（繼承 tpqoa 類別），其中涵蓋
一些輔助函式與交易邏輯：

```
In [76]: import tpqoa

In [77]: class OandaTradingBot(tpqoa.tpqoa):
             def __init__(self, config_file, agent, granularity, units,
                          verbose=True):
                 super(OandaTradingBot, self).__init__(config_file)
                 self.agent = agent
                 self.symbol = self.agent.learn_env.symbol
```

```python
        self.env = agent.learn_env
        self.window = self.env.window
        if granularity is None:
            self.granularity = agent.learn_env.granularity
        else:
            self.granularity = granularity
        self.units = units
        self.trades = 0
        self.position = 0
        self.tick_data = pd.DataFrame()
        self.min_length = (self.agent.learn_env.window +
                           self.agent.learn_env.lags)
        self.pl = list()
        self.verbose = verbose
    def _prepare_data(self):
        self.data['r'] = np.log(self.data / self.data.shift(1))
        self.data.dropna(inplace=True)
        self.data['s'] = self.data[self.symbol].rolling(
                                        self.window).mean()
        self.data['m'] = self.data['r'].rolling(self.window).mean()
        self.data['v'] = self.data['r'].rolling(self.window).std()
        self.data.dropna(inplace=True)
        # self.data_ = (self.data - self.env.mu) / self.env.std   ❶
        self.data_ = (self.data - self.data.mean()) / self.data.std()   ❶
    def _resample_data(self):
        self.data = self.tick_data.resample(self.granularity,
                        label='right').last().ffill().iloc[:-1]   ❷
        self.data = pd.DataFrame(self.data['mid'])   ❷
        self.data.columns = [self.symbol,]   ❷
        self.data.index = self.data.index.tz_localize(None)   ❷
    def _get_state(self):
        state = self.data_[self.env.features].iloc[-self.env.lags:]   ❸
        return np.reshape(state.values, [1, self.env.lags,
                                    self.env.n_features])   ❸
    def report_trade(self, time, side, order):
        self.trades += 1
        pl = float(order['pl'])   ❹
        self.pl.append(pl)   ❹
        cpl = sum(self.pl)   ❺
        print('\n' + 75 * '=')
        print(f'{time} | *** GOING {side} ({self.trades}) ***')
        print(f'{time} | PROFIT/LOSS={pl:.2f} | CUMULATIVE={cpl:.2f}')
        print(75 * '=')
        if self.verbose:
            pprint(order)
            print(75 * '=')
```

```
def on_success(self, time, bid, ask):
    df = pd.DataFrame({'ask': ask, 'bid': bid,
                       'mid': (bid + ask) / 2},
                      index=[pd.Timestamp(time)])
    self.tick_data = self.tick_data.append(df)    ❷
    self._resample_data()    ❷
    if len(self.data) > self.min_length:
        self.min_length += 1
        self._prepare_data()
        state = self._get_state()    ❻
        prediction = np.argmax(
            self.agent.model.predict(state)[0, 0])    ❻
        position = 1 if prediction == 1 else -1    ❻
        if self.position in [0, -1] and position == 1:    ❼
            order = self.create_order(self.symbol,
                    units=(1 - self.position) * self.units,
                            suppress=True, ret=True)
            self.report_trade(time, 'LONG', order)
            self.position = 1
        elif self.position in [0, 1] and position == -1:    ❽
            order = self.create_order(self.symbol,
                    units=-(1 + self.position) * self.units,
                            suppress=True, ret=True)
            self.report_trade(time, 'SHORT', order)
            self.position = -1
```

❶ 針對展示內容，以即時資料統計內容進行正規化[1]。

❷ 集結 tick 資料，並以需求細度對其重新抽樣。

❸ 傳回目前的金融市場狀態。

❹ 集結每筆交易的 P&L 資料。

❺ 計算所有交易的累計 P&L。

❻ 預測市場方向並衍生訊號（部位）。

❼ 檢查是否符合**多頭部位**（買單）的條件。

❽ 檢查是否符合**空頭部位**（賣單）的條件。

---

1 鑒於所用的資料，於此特定環境中，此一小技巧能更快進行交易。針對實際部署來說，會以學習環境資料的統計內容進行正規化。

此類別的應用非常簡單。第一、物件實體化，將上一節訓練過的交易機器人 agent 作為主要輸入。第二、需要啟動交易金融工具的串流傳輸。每當有新的 tick 資料時，需呼叫 .on_success() 方法，其包含 tick 資料處理與下單交易的主要邏輯。為了加快速度，部署範例，如同之前的回測，仰賴 30-second bar。在實際環境中，管理現實貨幣時，較長的時間間隔可能會是較好的選擇──若僅減少交易筆數，就能降低交易成本：

```
In [78]: otb = OandaTradingBot('../aiif.cfg', agent, '30s',
                               25000, verbose=False)  ❶
```

```
In [79]: otb.tick_data.info()
         <class 'pandas.core.frame.DataFrame'>
         Index: 0 entries
         Empty DataFrame
In [80]: otb.stream_data(agent.learn_env.symbol, stop=1000)  ❷


         =========================================================================
         2020-08-13T12:19:32.320291893Z | *** GOING SHORT (1) ***
         2020-08-13T12:19:32.320291893Z | PROFIT/LOSS=0.00 | CUMULATIVE=0.00
         =========================================================================


         =========================================================================
         2020-08-13T12:20:00.083985447Z | *** GOING LONG (2) ***
         2020-08-13T12:20:00.083985447Z | PROFIT/LOSS=-6.80 | CUMULATIVE=-6.80
         =========================================================================


         =========================================================================
         2020-08-13T12:25:00.099901587Z | *** GOING SHORT (3) ***
         2020-08-13T12:25:00.099901587Z | PROFIT/LOSS=-7.86 | CUMULATIVE=-14.66
         =========================================================================
```

```
In [81]: print('\n' + 75 * '=')
         print('*** CLOSING OUT ***')
         order = otb.create_order(otb.symbol,
                     units=-otb.position * otb.units,
                     suppress=True, ret=True)  ❸
         otb.report_trade(otb.time, 'NEUTRAL', order)  ❸
         if otb.verbose:
             pprint(order)
         print(75 * '=')


         =========================================================================
         *** CLOSING OUT ***
```

```
=================================================================
2020-08-13T12:25:16.870357562Z | *** GOING NEUTRAL (4) ***
2020-08-13T12:25:16.870357562Z | PROFIT/LOSS=-3.19 | CUMULATIVE=-17.84

=================================================================
```

❶ OandaTradingBot 物件實體化。

❷ 啟動即時資料與交易的串流傳輸。

❸ 在擷取特定數量的 tick 之後將最後的部位平倉。

部署期間，P&L 數值集結於 pl 屬性中，此為 list 物件。停止交易之後即可分析這些 P&L 數值：

```
In [82]: pl = np.array(otb.pl)   ❶

In [83]: pl   ❶
Out[83]: array([ 0.     , -6.7959, -7.8594, -3.1862])

In [84]: pl.cumsum()   ❷
Out[84]: array([  0.     ,  -6.7959, -14.6553, -17.8415])
```

❶ 所有交易的 P&L 數值。

❷ 累計 P&L 數值。

簡單的部署示例說明：在不到 100 行的 Python 程式碼中，可以使用深度 Q-learning 交易機器人以演算法自動交易。其中主要前提是訓練過的交易機器人（即 tradingbot 類別的實體）。在此刻意撇開許多重點不談，例如，實際環境中，可能需要保留資料，也要保留下單物件，socket 連接依然有效的確保措施也很重要（例如，監測 heartbeat）。總之，安全、可靠、日誌與監控方面並無全然處理。Hilpisch (2020) 就這些面向提供更多細節內容。

第 384 頁〈Oanda 交易機器人〉的 Python script 呈現可獨立執行的 OandaTradingBot 類別版本。與諸如 Jupyter Notebook 或 Jupyter Lab 等互動式環境相比，如此朝更穩固部署選擇的重要階段邁進。這個 script 也包含 SL 單、TSL 單或 TP 單的交易功能。此 script 需要用到目前工作目錄中的 agent 物件（pickle 版本）。下列 Python 程式碼將此物件作 pickle（譯註：序列化），以便 script 可後續使用（其中會個別儲存此 Keras 模型物件）：

```
In [85]: import pickle

In [86]: agent.model.save('tradingbot')

In [87]: agent.model = None

In [88]: pickle.dump(agent, open('trading.bot', 'wb'))
```

# 本章總結

本章探討演算法交易策略執行與交易機器人部署的重要內容。Oanda 交易平台直接或間接使用其 v20 API 提供所需的一切功能，內容如下：

* 擷取歷史資料

* 訓練與回測交易機器人（深度 Q-learning 代理人）

* 即時資料的串流傳輸

* 進行市價（與限價）單的下單

* 使用 SL 單、TSL 單與 TP 單

* 自動部署交易機器人

實作所有步驟的前提是 Oanda 的模擬帳戶、標準硬體與軟體（僅用開源內容）以及穩定的網際網路連接。換句話說，以利用經濟無效率的目的而言，演算法交易的進入門檻相當低。此與於公用街道上部署的 AV 訓練、設計與建構方面形成強烈對比──AV 領域的公司預算高達數十億美元。換句話說，金融領域與其他行業（或領域）相比，就 AI 代理人（諸如本章與上一章聚焦的交易機器人）實際部署而言具有獨特的優勢。

# 參考文獻

下列為本章所引用的書籍與論文：

Hilpisch, Yves. 2020. *Python for Algorithmic Trading: From Idea to Cloud Deployment.* Sebastopol: O'Reilly.

Litman, Todd. 2020. "Autonomous Vehicle Implementation Predictions." *Victoria Transport Policy Institute. https://oreil.ly/ds7YM.*

# Python 程式碼

本節包含本章內容使用與參考的程式碼。

## Oanda 環境

下列 Python 模組含有（以源自 Oanda 的歷史資料）訓練交易機器人的 OandaEnv 類別：

```python
#
# Finance Environment
#
# (c) Dr. Yves J. Hilpisch
# Artificial Intelligence in Finance
#
#
import math
import tpqoa
import random
import numpy as np
import pandas as pd


class observation_space:
    def __init__(self, n):
        self.shape = (n,)


class action_space:
    def __init__(self, n):
        self.n = n

    def sample(self):
        return random.randint(0, self.n - 1)


class OandaEnv:
    def __init__(self, symbol, start, end, granularity, price,
                 features, window, lags, leverage=1,
                 min_accuracy=0.5, min_performance=0.85,
                 mu=None, std=None):
        self.symbol = symbol
        self.start = start
        self.end = end
        self.granularity = granularity
        self.price = price
        self.api = tpqoa.tpqoa('../aiif.cfg')
```

```python
        self.features = features
        self.n_features = len(features)
        self.window = window
        self.lags = lags
        self.leverage = leverage
        self.min_accuracy = min_accuracy
        self.min_performance = min_performance
        self.mu = mu
        self.std = std
        self.observation_space = observation_space(self.lags)
        self.action_space = action_space(2)
        self._get_data()
        self._prepare_data()

    def _get_data(self):
        ''' 擷取 Oanda 資料的方法。
        '''
        self.fn = f'../../source/oanda/'                                      ❶
        self.fn += f'oanda_{self.symbol}_{self.start}_{self.end}_'            ❷
        self.fn += f'{self.granularity}_{self.price}.csv'                     ❷
        self.fn = self.fn.replace(' ', '_').replace('-', '_').replace(':', '_')
        try:
            self.raw = pd.read_csv(self.fn, index_col=0, parse_dates=True)    ❸
        except:
            self.raw = self.api.get_history(self.symbol, self.start,
                                            self.end, self.granularity,
                                            self.price)                       ❹
            self.raw.to_csv(self.fn)                                          ❺
        self.data = pd.DataFrame(self.raw['c'])                               ❻
        self.data.columns = [self.symbol]                                     ❼

    def _prepare_data(self):
        ''' 準備其他時間序列資料（譬如特徵資料）的方法。
        '''
        self.data['r'] = np.log(self.data / self.data.shift(1))
        self.data.dropna(inplace=True)
        self.data['s'] = self.data[self.symbol].rolling(self.window).mean()
        self.data['m'] = self.data['r'].rolling(self.window).mean()
        self.data['v'] = self.data['r'].rolling(self.window).std()
        self.data.dropna(inplace=True)
        if self.mu is None:
            self.mu = self.data.mean()
            self.std = self.data.std()
        self.data_ = (self.data - self.mu) / self.std
        self.data['d'] = np.where(self.data['r'] > 0, 1, 0)
        self.data['d'] = self.data['d'].astype(int)
```

```python
def _get_state(self):
    ''' 傳回環境狀態的私有方法（private method）。
    '''
    return self.data_[self.features].iloc[self.bar -
                                self.lags:self.bar].values

def get_state(self, bar):
    ''' 傳回環境狀態的方法。
    '''
    return self.data_[self.features].iloc[bar - self.lags:bar].values

def reset(self):
    ''' 重設環境狀態的方法。
    '''
    self.treward = 0
    self.accuracy = 0
    self.performance = 1
    self.bar = self.lags
    state = self._get_state()
    return state

def step(self, action):
    ''' 環境步進的方法。
    '''
    correct = action == self.data['d'].iloc[self.bar]
    ret = self.data['r'].iloc[self.bar] * self.leverage
    reward_1 = 1 if correct else 0          ➑
    reward_2 = abs(ret) if correct else -abs(ret)     ➒
    reward = reward_1 + reward_2 * self.leverage      ➓
    self.treward += reward_1
    self.bar += 1
    self.accuracy = self.treward / (self.bar - self.lags)
    self.performance *= math.exp(reward_2)
    if self.bar >= len(self.data):
        done = True
    elif reward_1 == 1:
        done = False
    elif (self.accuracy < self.min_accuracy and
            self.bar > self.lags + 15):
        done = True
    elif (self.performance < self.min_performance and
            self.bar > self.lags + 15):
        done = True
    else:
        done = False
    state = self._get_state()
    info = {}
```

```
        return state, reward, done, info
```

❶ 定義資料檔案的路徑。

❷ 定義資料檔案的檔名。

❸ 若對應的檔案存在時，則讀取資料。

❹ 若不存在此種檔案，則以 API 擷取資料。

❺ 將資料寫入磁碟的某個 CSV 檔案中。

❻ 選擇含有收盤價的 column。

❼ 將此 column 重新命名為金融工具名稱（股票代號）。

❽ 針對正確預測給予獎勵。

❾ 針對已實現績效（報酬率）給予獎勵。

❿ 針對預測與績效所結合的獎勵。

## 向量化回測

下列 Python 模組內含輔助函式 backtest，其用於產生資料而為深度 Q-learning 交易機器人執行向量化回測。第十一章也有使用此程式碼：

```
#
# Vectorized Backtesting of
# Trading Bot (Financial Q-Learning Agent)
#
# (c) Dr. Yves J. Hilpisch
# Artificial Intelligence in Finance
#
import numpy as np
import pandas as pd
pd.set_option('mode.chained_assignment', None)

def reshape(s, env):
    return np.reshape(s, [1, env.lags, env.n_features])

def backtest(agent, env):
    done = False
    env.data['p'] = 0
    state = env.reset()
    while not done:
        action = np.argmax(
```

```
            agent.model.predict(reshape(state, env))[0, 0])
        position = 1 if action == 1 else -1
        env.data.loc[:, 'p'].iloc[env.bar] = position
        state, reward, done, info = env.step(action)
    env.data['s'] = env.data['p'] * env.data['r']
```

# Oanda 交易機器人

下列 Python script 含有 OandaTradingBot 類別以及部署此類別的程式碼：

```
#
# Oanda Trading Bot
# and Deployment Code
#
# (c) Dr. Yves J. Hilpisch
# Artificial Intelligence in Finance
#
import sys
import tpqoa
import keras
import pickle
import numpy as np
import pandas as pd

sys.path.append('../ch11/')


class OandaTradingBot(tpqoa.tpqoa):
    def __init__(self, config_file, agent, granularity, units,
                 sl_distance=None, tsl_distance=None, tp_price=None,
                 verbose=True):
        super(OandaTradingBot, self).__init__(config_file)
        self.agent = agent
        self.symbol = self.agent.learn_env.symbol
        self.env = agent.learn_env
        self.window = self.env.window
        if granularity is None:
            self.granularity = agent.learn_env.granularity
        else:
            self.granularity = granularity
        self.units = units
        self.sl_distance = sl_distance
        self.tsl_distance = tsl_distance
        self.tp_price = tp_price
        self.trades = 0
        self.position = 0
```

```python
        self.tick_data = pd.DataFrame()
        self.min_length = (self.agent.learn_env.window +
                           self.agent.learn_env.lags)
        self.pl = list()
        self.verbose = verbose
    def _prepare_data(self):
        ''' 準備（lag 後）特徵資料。
        '''
        self.data['r'] = np.log(self.data / self.data.shift(1))
        self.data.dropna(inplace=True)
        self.data['s'] = self.data[self.symbol].rolling(self.window).mean()
        self.data['m'] = self.data['r'].rolling(self.window).mean()
        self.data['v'] = self.data['r'].rolling(self.window).std()
        self.data.dropna(inplace=True)
        self.data_ = (self.data - self.env.mu) / self.env.std
    def _resample_data(self):
        ''' 將資料以交易 bar 長度進行重新抽樣。
        '''
        self.data = self.tick_data.resample(self.granularity,
                            label='right').last().ffill().iloc[:-1]
        self.data = pd.DataFrame(self.data['mid'])
        self.data.columns = [self.symbol,]
        self.data.index = self.data.index.tz_localize(None)
    def _get_state(self):
        ''' 傳回金融市場（目前）狀態。
        '''
        state = self.data_[self.env.features].iloc[-self.env.lags:]
        return np.reshape(state.values, [1, self.env.lags, self.env.n_features])
    def report_trade(self, time, side, order):
        ''' 回報下單交易細節。
        '''
        self.trades += 1
        pl = float(order['pl'])
        self.pl.append(pl)
        cpl = sum(self.pl)
        print('\n' + 71 * '=')
        print(f'{time} | *** GOING {side} ({self.trades}) ***')
        print(f'{time} | PROFIT/LOSS={pl:.2f} | CUMULATIVE={cpl:.2f}')
        print(71 * '=')
        if self.verbose:
            pprint(order)
            print(71 * '=')
    def on_success(self, time, bid, ask):
        ''' 包含主要交易邏輯。
        '''
        df = pd.DataFrame({'ask': ask, 'bid': bid, 'mid': (bid + ask) / 2},
                          index=[pd.Timestamp(time)])
```

```
            self.tick_data = self.tick_data.append(df)
            self._resample_data()
            if len(self.data) > self.min_length:
                self.min_length += 1
                self._prepare_data()
                state = self._get_state()
                prediction = np.argmax(self.agent.model.predict(state)[0, 0])
                position = 1 if prediction == 1 else -1
                if self.position in [0, -1] and position == 1:
                    order = self.create_order(self.symbol,
                            units=(1 - self.position) * self.units,
                            sl_distance=self.sl_distance,
                            tsl_distance=self.tsl_distance,
                            tp_price=self.tp_price,
                            suppress=True, ret=True)
                    self.report_trade(time, 'LONG', order)
                    self.position = 1
                elif self.position in [0, 1] and position == -1:
                    order = self.create_order(self.symbol,
                            units=-(1 + self.position) * self.units,
                            sl_distance=self.sl_distance,
                            tsl_distance=self.tsl_distance,
                            tp_price=self.tp_price,
                            suppress=True, ret=True)
                    self.report_trade(time, 'SHORT', order)
                    self.position = -1


if __name__ == '__main__':
    model = keras.models.load_model('tradingbot')
    agent = pickle.load(open('trading.bot', 'rb'))
    agent.model = model
    otb = OandaTradingBot('../aiif.cfg', agent, '5s',
                        25000, verbose=False)
    otb.stream_data(agent.learn_env.symbol, stop=1000)
    print('\n' + 71 * '=')
    print('*** CLOSING OUT ***')
    order = otb.create_order(otb.symbol,
                    units=-otb.position * otb.units,
                    suppress=True, ret=True)
    otb.report_trade(otb.time, 'NEUTRAL', order)
    if otb.verbose:
        pprint(order)
    print(71 * '=')
```

# 展望

第五部分為本書的尾聲。內容是金融 AI 的廣泛應用而可能呈現的結果展望。如同本書其餘內容，這部分主要關注的論述焦點依然是金融交易領域。本書結尾這一部分有兩個章節：

- 第十三章討論金融業 AI 驅動競爭的相關面向，諸如針對金融教育的新需求或可能引發的競爭情境。

- 第十四章探討金融奇點的展望與金融人工智慧的浮現——交易機器人藉由演算法交易不斷產生利潤，遠遠超越人類或機構具有的能力。

這部分大多為推測性內容，具有高度的爭議，且省略許多相關的重要細節。然而，這些內容可以視為深入探討與分析其中所涉及重要議題的起點。

# AI 式競爭

當今 *AI* 系統運作其中的高度風險與極度競爭環境之一乃是全球金融市場。

——Nick Bostrom (2014)

金融服務公司正為人工智慧著迷，用於自動處理苦差事、分析資料、提升客戶服務以及遵守法規。

——Nick Huber (2020)

本章以 AI 的系統與策略應用為基礎，論述關於金融業競爭的主題。第 390 頁〈AI 與金融〉是 AI 對金融的未來可能有重要影響的摘要與評論。第 392 頁的〈缺乏標準化〉認為，金融 AI 仍處於初期階段，而許多情況下，實作不易。另一方面，如此反而為金融參與者敞開競爭情景的大門，透過 AI 可獲得競爭優勢。金融 AI 的興起對於金融教育與訓練而言，需要重新思考與設計。傳統的金融課程已經不能滿足如今的需求。第 394 頁的〈資源爭奪〉探討金融機構如何爭取必要資源，進而在金融中大規模應用 AI。如同其他領域，AI 專家的需求往往是金融公司與科技公司、新創公司以及其他行業互相競爭的瓶頸。

第 396 頁的〈市場影響力〉說明 AI 是微觀 *alpha* 時代的主因與唯一解——alpha，如同時下黃金，依然可被發掘，不過都是小規模的開採，而且在許多情況下只能以產業力量挖掘。第 396 頁的〈競爭情境〉就壟斷、寡占或完全競爭的特性探討金融業未來情境的推論與背景。第 398 頁的〈風險、監理與監督〉簡述金融 AI 通常所引起的風險，以及監理人員或監督者所面臨的重大問題。

# AI 與金融

本書主要聚焦於金融 AI 的運用，如應用於金融時間序列的預測。目標是發掘**統計無效率**的情況，即 AI 演算法在預測未來市場變動時的表現優於基準演算法。如此統計無效率是**經濟無效率**的基礎。經濟無效率需有個交易策略，其中能夠利用統計無效率的情況，實現高於市場的報酬率。換句話說，有個策略（由預測演算法與執行演算法所構成）得以產生 *alpha*。

當然，AI 演算法還可以套用於金融的其他眾多範疇中。列舉如下：

### 信用評分

AI 演算法可用於獲得潛在借貸戶的信用評分，進而支援信用決策，甚至完全自動處理相關決策。例如，Golbayani et al. (2020) 針對企業信用評等採用類神經網路作法，而 Babaev et al. (2019) 則將 RNN 應用於個人信貸申請的情況中。

### 詐騙偵測

AI 演算法可以辨別不尋常的樣式（譬如，信用卡相關交易之中），進而找到未被發現的詐騙或避免詐騙的發生。Yousefi et al. (2019) 為此主題整理相關文獻的概括論述。

### 交易執行

AI 演算法可以學習妥善執行鉅額股票交易，進而將市場影響力與交易成本最小化。Ning et al. (2020) 論文使用雙深度 Q-learning 演算法學習最佳的交易執行政策。

### 衍生性金融商品避險

可以訓練 AI 演算法以最佳方式執行避險交易（針對單一衍生性金融工具或這類工具的投資組合）。這種作法通常稱為**深度避險**（*deep hedging*）。Buehler et al. (2019) 採用增強式學習做法實現深度避險。

### 投資組合管理

AI 演算法可用於金融工具投資組合的組成與再平衡，譬如針對長期退休儲蓄計畫的情況。López de Prado (2020)，此一近期著作詳細介紹這個主題。

### 顧客服務

AI 演算法可用於處理自然語言，諸如客戶諮詢的環境中。因此，與其他多數行業一樣，聊天機器人在金融業中變得相當流行。Yu et al. (2020) 論文中論述的聊天機器人，是以 Google 的 BERT（*bidirectional encoder representations from transformers*）熱門模型為基礎。

上述金融 AI 的應用範疇以及在此沒有列出的相關應用，都得益於大量相關資料的程式可用性。為何得以預期機器學習、深度學習與增強式學習的演算法優於金融計量經濟學的傳統方法（譬如 OLS 迴歸）？有下列諸多原因：

### 巨量資料

雖然傳統的統計方法往往可以處理大型資料集，不過並不會因此從邊增的資料量中獲得對應的效能利益。另一方面，以較大型資料集訓練時，對於相關效能而言，類神經網路作法往往受益良多。

### 不穩定性

與物理界相比，金融市場並無依循不變的定律。其中會隨著時間而變，有時還會迅速變化。以線上訓練漸進更新類神經網路，AI 演算法可輕易應付像是這樣的變化。

### 非線性

OLS 迴歸假設特徵資料與標籤資料之間具備固有的線性關係。AI 演算法，諸如類神經網路，往往可以更輕易處理非線性關係。

### 非常態性

在金融計量經濟學中，變數為常態分布的假設無所不在。AI 演算法通常不太仰賴這樣的限制假設。

### 高維度

金融計量經濟學的傳統方法對低維度特性的問題確實有用。許多金融問題都被轉入特徵（自變數）數量相當少的背景中，譬如一個特徵（CAPM）或可能少許特徵。較進階的 AI 演算法可以輕易處理高維度特性的問題，若有需求，甚至會考量數百種特徵。

### 分類問題

傳統計量經濟學的工具箱主要是以估計（迴歸）問題的作法為基礎，這些問題確實形成重要的金融範疇；然而，分類問題可能同等重要。機器學習與深度學習工具箱為攻克分類問題提供大量選項。

### 非結構化資料

基本上，金融計量經濟學的傳統方法只能處理結構化的數值資料。機器學習與深度學習演算法還能夠有效處理非結構化的文字式資料。其中也可以同時有效處理結構化資料與非結構化資料。

雖然在許多金融範疇的 AI 應用依然處於初期階段，不過某些範疇確實可從典範轉移到 AI 第一的金融中受益良多。因此，相當肯定的預言，機器學習、深度學習與增強式學習演算法將大幅重塑金融實務的處理與執行方式。此外，AI 已變成追求競爭優勢的頭號工具。

# 缺乏標準化

傳統的規範金融（參閱第三章）已趨於高度標準化。有許多教科書基本上以不同的規範形式教導與解釋相當雷同的理論與模型。此一背景的兩個例子是 Copeland et al. (2005) 與 Jones (2012)。而這些理論與模型通常仰賴過去幾十年發表的研究論文。

當 Black and Scholes (1973) 與 Merton (1973) 發表，以閉合解析公式對歐式選擇權合約定價的理論與模型之際，金融業立即採納此公式及其背後的概念作為一個基準。約50 年後，就選擇權定價而言，隨著期間許多改進的理論與模型被提出，Black-Scholes-Merton 模型與公式依然會被認為是一個基準（縱使不是特定基準）。

另一方面，AI 第一的金融缺乏顯著程度的標準化。基本上每日都有眾多研究論文被發表（譬如，*http://arxiv.org*）。別的原因不說，憑藉的事實是，採同儕評閱（peer review）的發表處所普遍處理太慢，跟不上 AI 領域的快節奏。研究人員想要盡快公開分享其研究結果，往往不希望讓競爭團隊超越。同儕評閱過程（就品質保證而言有其價值），可能需要數個月的時間，在此期間並不會公開這些研究。從這方面來看，研究人員越來越信任社群負責評閱，同時還能確保其探索成果的先期功勞。

而數十年前，新的金融研究論文在專家之間流傳多年後，才被同儕評閱並確定發表，這樣的過程稀鬆平常；但現今研究環境的特性是處理時間相當快，研究人員願意先行發表研究，其中可能沒有其他人對此進行徹底評閱與測試。所以對於處理金融問題的眾多 AI 演算法而言，幾乎沒有任何標準或基準實作。

這些快速研究發表週期，有很大程度是被 AI 演算法易於應用金融資料的特性所驅動的。學生、研究人員與從業人員，幾乎只需要一台典型的筆記型電腦，就可以將 AI 的最新突破成果應用於金融領域。與幾十年前的計量經濟學研究侷限相比（譬如，有限資料可用性與有限運算能力的情況），如此是個優勢。但在此堅持的期望中，往往也導致「盡可能都把義大利麵丟到牆上」的概念。

就某種程度而言，投資人所致的渴望與堅持，也促使投資經理們更快速提供新的投資方法。如此往往不考慮傳統的金融研究作法，轉而採用更務實的方法。如 Lopéz de Prado (2018) 所示：

> 問題：數學證明可能需要數年、數十年與數個世紀。沒有投資人願意等那麼久。

> 解法：使用實驗數學。解決棘手的困難問題，不用證明，而是透過實驗。

總之，因缺乏標準化，而讓單一金融參與者於競爭環境中能有充分機會利用 AI 第一的金融優勢。在 2020 年中撰寫本書之際，感覺利用 AI 徹底改變金融處置的競賽正全速展開。本章稍後會論述 AI 式競爭的重要內容。

# 教育與訓練

一般人往往會藉由接受金融領域的正規教育，而進入金融業。其中典型學位的名稱如下：

- 財務金融碩士
- 計量財務金融碩士
- 計算金融碩士
- 財務工程碩士（或金融工程碩士）
- （計量）企業風險管理碩士

本質上，如今此類學位都會要求學生至少精通一種程式語言，通常是 Python，進而因應資料驅動金融的資料處理需求。就此，大學滿足業界對這些技能的需求。Murray (2019) 指出：

當公司使用人工智慧完成更多任務，員工必須適應。

存在金融碩士（*MiF*）畢業生的機會。技術與金融知識的融合是個甜蜜點。

也許最大的需求來自使用 AI 的量化（或計量）投資人，其關注市場與抓取巨量資料集以確認潛在交易。

不只大學調整金融相關學位課程（其中納入程式設計、資料科學與 AI）。公司本身也投入重本，為新進人員與現有員工提供訓練課程，為資料驅動與 AI 第一的金融作準備。Noonan (2018) 對全球最大銀行之一的摩根大通（JPMorgan Chase）大規模訓練作業有如下的論述：

摩根大通（*JPMorgan Chase*）正讓數百名新的投行人員與資產經理人義務接受程式設計課程，此意味著華爾街對科技的技能需求日益高漲。

從人工智慧交易到線上貸款平台，藉由科技塑造銀行的未來，金融服務集團正在開發軟體，進而協助促進效率，建立創新商品，抵擋來自新創企業與科技巨頭的威脅。

今年大三學生的程式設計訓練是以 *Python* 程式語言為基礎，有助於學生分析非常大型的資料集以及解譯非結構化資料，諸如語言文字。近來年，資產管理部門將擴大義務技術訓練，其中包括資料科學概念、機器學習與雲端運算。

總之，金融業越來越多任務需求員工精通：程式設計、基礎與進階資料科學概念、機器學習以及其他技術（譬如雲端運算）。大學以及買賣雙方的金融機構對這一趨勢作出因應，分別為學生調整課程以及為員工訓練投入重本。學校與企業兩者於 AI 漸趨重要而生變的金融情景中，面臨有效競爭（甚至是維持關聯方能倖存）議題。

## 資源爭奪

為了在金融領域以有效的可擴增方式利用 AI，金融市場的參與者會爭奪最佳資源。至關重要的四大資源：人力資源、演算法、資料與硬體。

可能最重要，同時也最稀罕的資源是 AI 專家，特別是金融 AI 專家。就此，金融機構與科技公司、金融科技（fintech）新創公司與其他集團爭搶最佳人才。銀行通常準備將較高的薪資支付給這類專家，不過以科技公司的文化，譬如，新創公司的股票選擇權承諾，可能會使金融界難以吸引到頂尖人才。金融機構往往會訴諸於內部培養的人才。

可以將機器學習與深度學習的眾多演算法與模型視為是經過妥善研究、測試與證實的標準演算法。然而，在許多情況下，起初並不清楚妥善用於金融環境的方法，金融機構為此相關研究工作投入重本。對於許多大型買方機構，諸如系統避險基金而言，投資與交易策略研究是其商業模式的核心。然而，如第十二章所述，部署與產出同等重要。當然，策略研究與部署皆為此背景的高科技學科。

無資料的演算法往往毫無價值。同樣的，有「標準」資料（來自典型資料來源，譬如交易所或像 Refinitiv 與 Bloomberg 這類資料服務供應商）的演算法可能價值也是有限。原因是市場上眾多（即便非全部）相關參與者對此類資料作積極分析，進而很難（甚至不可能）得到 alpha 生成機會或類似的競爭優勢。因此，大型買方機構投入相當重本試圖存取**另類資料**（參閱第 104 頁〈資料可用性〉）。

如今，另類資料被認定的重要程度，反映在買方參與者與其他投資人，對此領域處於活躍狀態的企業投資中。例如，2018 年，投資公司群體以 9,500 萬美元投資 Enigma 此一資料集團。Fortado (2018) 將此交易案與其原由描述如下：

> 避險基金、銀行與創投公司皆對資料公司進行投資，希望從自身使用眾多內容的業務中獲利。

> 近幾年來，雨後春筍般出現的新創企業抓取大量資料，並將其出售給尋求優勢的投資集團。

> 最近吸引投資人關注的是新創公司 *Enigma*，其總部位於紐約，公司周二宣佈共募集 9,500 萬美元的資金，其中資本來源包括量化投資巨頭 *Two Sigma*、主動式避險基金 *Third Point* 以及創投公司 *NEA* 與 *Glynn Capital*。

金融機構爭奪的第四個資源是硬體：巨量金融資料處理，基於傳統資料集與另類資料集的演算法實作，以及將金融 AI 有效應用等等工作，所需的最佳硬體選擇。近年來，硬體有大幅的創新，其中讓機器學習與深度學習運作更快速、更節能、更省錢。傳統處理器（如 CPU）在此領域為配角，而特定硬體，諸如 Nvidia 的 GPU（*https://nvidia.com*）或較新的選擇，譬如 Google 的 TPU（*https://oreil.ly/3HHUy*）以及新創公司 Graphcore 的 IPU（*https://www.graphcore.ai*）已在 AI 中佔有一席之地。例如，金融機構對新特定硬體的關注反映在最大避險基金與造市者之一 Citadel 對 IPU 的致力研究中。其努力成果記錄於 Jia et al. (2019) 綜合研究報告中，其中表示，特定硬體相對於其他選項的潛在優勢。

在爭奪 AI 第一的金融主導地位競賽中，金融機構每年在人才、研發、資料與硬體方面投入數十億美元。大型機構似乎完全有能力跟上這一領域進展的腳步，而中小型機構將很難全面轉為 AI 第一的業務模式。

## 市場影響力

現今資料科學、機器學習與深度學習演算法在金融業日益普及，毫無疑問的對金融市場、投資與交易機會有所影響。如本書許多範例所示，ML 與 DL 方法能夠發覺統計無效率、甚至經濟無效率的情況，這是傳統計量經濟學方法（譬如多變量 OLS 迴歸）不能作到的。因此認為，又新又好的分析方法使得 alpha 生成的機會與策略更加難以出現。

將金融市場的現狀與黃金開採情況對照，Lopéz de Prado (2018) 如下描述相關情況：

> 倘若十年前，發覺宏觀 *alpha*（即：使用簡單的數學工具，譬如計量經濟學）是稀鬆平常的事，則目前發生的機會正迅速趨近於零。此刻尋找宏觀 *alpha*，無論依據自己的經驗或知識，皆已成為困難重重、勝算極低的爭奪。實際剩餘的 *alpha* 僅是微觀情況，需要資本密集的行業力量才能發覺。如同黃金，微觀 *alpha* 並不表示整體利潤較少。現今的微觀 *alpha* 比歷史上出現的宏觀 *alpha* 豐沛許多。有很多錢好賺，不過需要使用高強度的 *ML* 工具。

就此背景來看，金融機構幾乎都被要求採納 AI 第一的金融，不要將其拋在腦後否則最終甚至可能面臨倒閉。不僅投資與交易皆如此，也可套用於其他範疇。雖然銀行歷來會與商業借貸戶或個人借貸戶培養長期關係，並有組織的具備健全信用決策的能力，但是現今 AI 塑造公平競爭的環境，讓長期關係幾乎毫無價值可言。因此，此領域的新進者，譬如金融科技新創公司，仰賴 AI，往往能以可行的操控方式迅速從既存競爭者中搶得市占率。另一方面，這些發展可激勵既存企業併購有前瞻的金融科技新創公司，來維持競爭力。

## 競爭情境

展望未來，譬如，三到五年，AI 第一的金融所驅動的競爭情景為何？可以留意下列三個情境：

### 壟斷

某家金融機構將 AI 應用於像是演算法交易，取得無可比擬的重大突破，而佔有主導地位。以網際網路搜尋的例子而言，就好比 Google 的全球市占率約為 90%。

## 寡占

少數金融機構能夠利用 AI 第一的金融達到領先地位。例如，避險基金行業也存在寡占局面，此領域的少數大型企業就資產管理佔有主導地位。

## 完全競爭

金融市場的所有參與者都以相似的方式從 AI 第一的金融進展中受益。相較彼此，沒有任一參與者或是任何集團享有獨特的競爭優勢。技術上，如同現今電腦西洋棋的情況。許多西洋棋程式（執行於標準硬體上，如智慧手機），表現明顯優於目前的人類世界冠軍（本書撰寫之際，世界冠軍是 Magnus Carlsen）。

難以預料上述情況何者較有可能出現。其中可以找出論據來描述三種情境的可能途徑。例如，壟斷情境的論據也許是，演算法交易的重大突破可能導致快速而顯著的表現，進而再投資以及新募資來累積更多資本。因而又擴增可用技術與研究預算以維持競爭優勢，並且吸引原本難以取得的人才。整個過程是以自我增強的方式進行，Google 搜尋的例子（與線上廣告業務核心關聯）是此情況的貼切例證。

同樣的，也有好的理由可預料寡占的情境。時下可以大膽假設，任何大型參與者對於交易業務的研究與技術砸下重本，與 AI 相關的新猷佔了預算的很大比重。如同其他領域，譬如推薦引擎 —— 像針對書籍的 Amazon、針對影片的 Netflix 以及針對音樂的 Spotify —— 多家公司可能同時達到類似的突破情況。得以想見的是，目前領先的系統交易商能夠使用 AI 第一的金融鞏固其領導地位。

而許多技術經過多年後已隨手可得，強勁的西洋棋程式就是最好的例子；還有地圖與導航系統或個人語音助理也是如此。在完全競爭的情境中，相當多的金融參與者將爭奪微觀 alpha 建立的機會，甚至可能無法產生與純市場報酬率區別的績效。

與此同時，也有反駁此三種情境的論點。目前的情景是，許多參與者擁有相等的實力與動機可利用金融 AI。如此就不可能只有單一參與者能夠脫穎而出，爭奪像 Google 在搜尋領域相當的投資管理市占率。同時，從事此領域研究的中小型與大型參與者的數量，以及進入演算法交易的低門檻，使得少數者不太可能獲得可捍衛的競爭優勢。反駁完全競爭的論點是，在可預見的未來，大規模演算法交易需要巨量的資本與其他資源。就西洋棋而言，DeepMind 已經用 AlphaZero 表明，總是有創新與顯著改進的空間（即便在此領域似乎已萬無一失的處置之後）。

# 風險、監理與監督

簡單的 Google 搜尋揭露，關於 AI 風險、及其例行監理以及金融服務業風險相關的積極論述[1]。本節無法討論此範疇的所有相關內容，不過至少會選取一些重要項目探討。

下列是金融 AI 應用衍生的一些風險：

### 隱私

金融是以嚴格隱私權法謹慎處理的領域。大規模使用 AI 需要用到（至少某部分的）客戶私人資料。如此增加不當洩露或使用私人資料的風險。

### 偏差

當使用公開可得的資料來源（諸如金融時間序列資料）時，顯然不會出現這種風險。AI 演算法可輕易學習與資料（譬如散戶或企業客戶）相關的固有偏差。演算法可任憑資料容許而能妥善與客觀的判斷（比如說）潛在借貸戶的信用程度[2]。此外，譬如運用市場資料時，學習偏差的問題並非真的是個問題。

### 無法說明

許多領域的重點是能夠解釋決策，有時是鉅細靡遺以及後見之明。如此可能為法律所需，或想要了解採取特定投資決策原由的投資人要求。以投資與交易決策為例，若基於大型類神經網路的 AI 在**演算法**上決定交易時機與交易內容，則可能相當困難，而往往無法詳細解釋 AI 交易結果的原由。研究人員積極而深入研究「可解釋的 AI」（*https://oreil.ly/P3YFQ*），不過就此方面存在顯著的限制。

### 從眾效應

自 1987 年股災以來，金融交易的從眾效應意味何種風險，一目了然。1987 年，在大規模合成複製程式的環境下，進行正向回饋交易（賣權）──與停損單結合──引發急遽下跌。2008 年的避險基金崩盤，也有顯現類似的從眾效應，其中首次揭露不同避險基金執行類似策略的程度。關於 2010 年的閃崩，某些人歸咎於演算法交易，不過證據似乎未明。然而，越來越多機構套用已證實富有成效的相似作法時，更廣泛將 AI 用於交易可能會帶來類似的風險。其他範疇也容易產生這種效應。信用

---

1 針對這些主題的簡述，可參閱 McKinsey（麥肯錫）的文章：Confronting the risks of artificial intelligence（面對人工智慧的風險──*https://bit.ly/aiif_mck_01*）以及 Derisking machine learning and artificial intelligence（降低機器學習與人工智慧的風險──*https://bit.ly/aiif_mck_02*）。

2 關於 AI 偏差問題與解法的更多內容，可參閱 Klein (2020)。

---

決策代理人可能會根據不同的資料集，學到相同的偏差，並可能使某些群體或個人完全不能取得信用。

### 消失的 *alpha*

如之前的論述，於更大規模更廣泛使用金融 AI 可能會讓 alpha 在市場上消失。技術要更好，資料要「更另類」，以確保任何競爭優勢。第十四章會以潛在的**金融奇點**為背景徹底關注此一主題。

除了 AI 的典型風險之外，AI 也會導致金融領域特定的新風險。與此同時，立法人員與監理人員很難跟上此領域的發展腳步，也不易全面評估 AI 第一金融引起的個人風險與系統風險。其中有幾個原因：

### 實際知識

立法人員與監理人員，如同金融參與者自身，需要獲得金融 AI 相關的新實際知識。就此，會與大型金融機構與科技公司競爭，而這些機構與公司的支付的薪資可能遠遠高於立法人員與監理人員的薪水。

### 資料不足

許多應用範疇中，監督者可用於判斷 AI 真實影響力的資料，很少甚至根本沒有。在某些案例中，甚至可能不知道 AI 是否發揮作用。即便已知有作用而且可取得資料，也難以區別是受 AI 影響或是受其他相關因素影響。

### 透明度低

雖然幾乎所有金融機構都嘗試使用 AI 獲得或維持競爭優勢，不過單一機構就此的所作所為，以及針對 AI 具體實作與運用的程度，幾乎毫無透明可言。大多會把相關方面的努力視為智慧財產權以及自己擁有的「秘方」。

### 模型驗證

模型驗證是許多金融範疇的主要風險管理與監理工具。列舉以 Black-Scholes-Merton (1973) 選擇權定價模型為基礎的歐式選擇權簡單範例，譬如可以使用 Cox et al. (1979) 二項選擇權定價模型驗證模型特定實作所生的價格——反之亦然。如此往往與 AI 演算法大相逕庭。幾乎沒有一個模型，仰賴一組簡略的參數，得以驗證複雜 AI 演算法的輸出。然而，再現性（reproducibility）可能是個可達成的目標（即有個選項是讓第三方精準再現所有相關步驟來驗證輸出）。而因此又會要求第三方（比如說監理人員或稽核人員）能夠存取相同的資料、與金融機構採用的相同等級之基礎設施等等。針對大型的 AI 規模，如此似乎完全不切實際。

再以選擇權定價為例，針對歐式選擇權的定價，監理人員可以指明採納 Black-Scholes-Merton (1973) 與 Cox et al. (1979) 兩種選擇權定價模型。即使當立法人員與監理人員指定支持向量機（SVM）演算法與類神經網路都是「可採納的演算法」，如此可展開對這些演算法的訓練、運用等等。就此要更為具體呈現並不容易。例如，監理人員是否應該限制類神經網路的隱藏層或隱藏單元的數量？要使用的軟體套件又是如何？一堆棘手問題似乎沒完沒了。因此，只會制定通用規則。

科技公司以及金融機構通常都喜歡比較寬鬆的 AI 監理方式——原因往往顯而易見。Bradshaw (2019) 中，Google CEO Sundar Pichai 談論「智慧」監理，並要求不同行業應有差別對待的作法：

> *Google CEO 警告政治人物不該下意識的監理人工智慧，其表示現有的規則可能足以管理新科技。*

> *Sundar Pichai 認為 AI 需要「智慧監理」，對科技創新與公民保護取得平衡......。Pichai 先生說：「這是如此廣泛的跨領域技術，所以重點是在某些垂直情況，考量較多（監理）。」*

另一方面，也有對 AI 進行嚴格監理的熱門擁護者，諸如 Matyus (2020) 的 Elon Musk：

> *Musk 警告說：「記住我的話」。「A.I. 比核武危險許多。所以，為什麼沒有監理監督呢？」*

金融 AI 的風險各式各樣，立法人員與監理人員面臨的問題也是如此。不過仍然可以安然預期，許多司法管轄區必定會特別對金融 AI 提出較嚴格的監理與監督。

# 本章總結

本章提出以 AI 面對金融業競爭的論述。AI 於許多金融應用範疇的優勢，一目了然。然而，到目前為止，幾乎沒有樹立任何標準，此領域對於參與者力求競爭優勢的大門似乎依然敞開。由於資料科學、機器學習、深度學習以及通用 AI 裡的新技術與作法幾乎滲透到所有金融學科，因此金融教育與訓練必須就此考量。許多碩士學程已經調整其中的課程，而大型金融機構也砸重本訓練新入職員與現有員工取得需求技能。除人力資源之外，金融機構也在爭奪此領域的其他資源，譬如另類資料。金融市場中，AI 能力的投資與交易對於確認可長保 alpha 的機會更加困難。另一方面，此刻用傳統的計量經濟學方法，應該不能確認與探勘到微觀 alpha。

AI 接替之際，難以預期金融業競爭的最終情境。壟斷、寡占與完全競爭，各種情境似乎皆有其道理。第十四章會再論此一主題。AI 第一的金融於適當因應這些風險時使得研究人員、從業人員與監理人員面臨新風險與新挑戰。這種風險於許多討論中有顯著影響，其中一個風險是眾多 AI 演算法具有的黑盒子特性。這種風險通常只能以目前最先進的可解釋 AI 取得某個程度的緩解。

# 參考文獻

下列為本章所引用的書籍、論文與文章：

Babaev, Dmitrii et al. 2019. "E.T.-RNN: Applying Deep Learning to Credit Loan Applications." *https://oreil.ly/ZK5G8*.

Black, Fischer, and Myron Scholes. 1973. "The Pricing of Options and Corporate Liabilities." *Journal of Political Economy* 81 (3): 638–659.

Bradshaw, Tim. 2019. "Google chief Sundar Pichai warns against rushing into AI regulation." *Financial Times*, September 20, 2019.

Bostrom, Nick. 2014. *Superintelligence: Paths, Dangers, Strategies*. Oxford: Oxford University Press.

Buehler, Hans et al. 2019. "Deep Hedging: Hedging Derivatives Under Generic Market Frictions Using Reinforcement Learning." Finance Institute Research Paper No. 19-80. *https://oreil.ly/_oDaO*.

Copeland, Thomas, Fred Weston, and Kuldeep Shastri. 2005. *Financial Theory and Corporate Policy*. 4th ed. Boston: Pearson.

Cox, John, Stephen Ross, and Mark Rubinstein. 1979. "Option Pricing: A Simplified Approach." *Journal of Financial Economics* 7, (3): 229–263.

Fortado, Lindsay. 2018. "Data specialist Enigma reels in investment group cash." *Financial Times*, September 18, 2018.

Golbayani, Parisa, Dan Wang, and Ionut Florescu. 2020. "Application of Deep Neural Networks to Assess Corporate Credit Rating." *https://oreil.ly/U3eXF*.

Huber, Nick. 2020. "AI 'Only Scratching the Surface' of Potential in Financial Services." *Financial Times*, July 1, 2020.

Jia, Zhe et al. 2019. "Dissecting the Graphcore IPU Architecture via Microbenchmarking." *https://oreil.ly/3ZgTO*.

Jones, Charles P. 2012. *Investments: Analysis and Management.* 12th ed. Hoboken: John Wiley & Sons.

Klein, Aaron. 2020. "Reducing Bias in AI-based Financial Services." The Brookings Institution Report, July 10, 2020, *https://bit.ly/aiif_bias*.

López de Prado, Marcos. 2018. *Advances in Financial Machine Learning.* Hoboken: Wiley Finance.

———. 2020. *Machine Learning for Asset Managers.* Cambridge: Cambridge University Press.

Matyus, Allison. 2020. "Elon Musk Warns that All A.I. Must Be Regulated, Even at Tesla." *Digital Trends*, February 18, 2020. *https://oreil.ly/JmAKZ*.

Merton, Robert C. 1973. "Theory of Rational Option Pricing." *Bell Journal of Economics and Management Science* 4 (Spring): 141–183.

Murray, Seb. 2019. "Graduates with Tech and Finance Skills in High Demand." *Financial Times*, June 17, 2019.

Ning, Brian, Franco Ho Ting Lin, and Sebastian Jaimungal. 2020. "Double Deep QLearning for Optimal Execution." *https://oreil.ly/BSBNV*.

Noonan, Laura. 2018. "JPMorgan's requirement for new staff: coding lessons." *Financial Times*, October 8, 2018.

Yousefi, Niloofar, Marie Alaghband, and Ivan Garibay. 2019. "A Comprehensive Survey on Machine Learning Techniques and User Authentication Approaches for Credit Card Fraud Detection." *https://oreil.ly/fFjAJ*.

Yu, Shi, Yuxin Chen, and Hussain Zaidi. 2020. "AVA: A Financial Service Chatbot based on Deep Bidirectional Transformers." *https://oreil.ly/2NVNH*.

# 第十四章

# 金融奇點

發現自身處在複雜策略叢林中,周圍籠罩著濃密的不確定性迷霧。

——Nick Bostrom (2014)

*Skinner* 先生表示:「大多數交易與投資任務會消失,大部分由人類服務的任務,可能隨著時間而自動化。結局是銀行的營運主要由經理與機器負責。經理決定機器的作為,而機器執行工作。」

——Nick Huber (2020)

金融業的 AI 式競爭能夠造就金融奇點嗎?這是本章(本書最後一章)要探討的主要問題。以第 404 頁〈概念與定義〉作為開場,其中定義諸如**金融奇點**(*financial singularity*)與金融人工智慧(AFI)的表示內容。第 404 頁〈風險為何?〉就潛在財富累積方面,說明 AFI 競賽的風險。第 408 頁的〈金融奇點途徑〉以第二章為背景考量造就 AFI 的可能途徑。第 409 頁〈正交技能與資源〉認為,有許多資源有助正交於 AFI 建立的目的。AFI 競賽者將爭奪這些資源。第 410 頁的〈星際爭霸戰或星際大戰〉考量本章所述的 AFI 是否只對少數人或全人類有利。

# 概念與定義

金融奇點的論述至少可追溯到 2015 年 Shiller 的部落格文章。Shiller 在此文章中表示：

> 針對每個可想像得到的投資策略而言，最終會讓 *alpha* 歸零嗎？託眾多聰明人類與智慧電腦的福，使得金融市場著實成為完全競爭情況，因而可以安逸的坐享其成，認為所有資產定價正確，此成真之日將會到來嗎？

> 與電腦取代人類智慧之際就是科技奇點的未來假設類似，此一想像的事態可稱為金融奇點。金融奇點意味著，電腦程式妥善決定所有投資決策，因為專家以其演算法找出驅動市場結果的內容，而將其歸納成無縫系統。

更廣泛而言，可將**金融奇點**定義成電腦與演算法開始接收金融控制與接管整個金融業（包括銀行、資產管理公司、交易所等等）的時間點，若有區別的話，則人類會退居幕後擔任經理、主管與管控者。

另一方面，可以將金融奇點（以本書聚焦的精神）定義成**交易機器人（具備超人與超越機構等級）預測金融市場變動的一致能力**之時間點。意義上，如此的交易機器人具有特定人工智慧（ANI）特性，而非通用人工智慧（AGI）或超級智慧（參閱第二章）。

其中可以假設，以交易機器人的形式建置如此的 AFI，相對於 AGI 甚至超級智慧的情況要容易許多。對於 AlphaZero 而言，同樣也是如此，可輕易建置 AI 代理人，其圍棋競賽的表現優於任何人類或其他代理人。因此，即便尚未明白是否會有符合 AGI 或超級智慧資格的 AI 代理人，不過在任意情況下，更有可能出現符合 ANI 或 AFI 資格的交易機器人。

隨後會聚焦於符合 AFI 資格的交易機器人，盡可能讓論述內容更為具體，而符合本書的風格。

# 風險為何？

追求 AFI 本身可能存在著挑戰與刺激。然而，如同金融的往常，並無太多新猷是由利他目的所驅動：反而，多數是由金融動機（即鈔票）所驅使。但是，AFI 建置競賽中，究竟有哪些風險呢？其中並無肯定或通用的答案，不過某些簡單計算可以闡明此問題。

要了解 AFI 所具有的價值（相較於劣質交易策略），可考量下列基準：

多頭策略

僅對預期價格上漲的金融工具做多的交易策略。

隨機策略

對特定金融工具隨機選擇建立多頭或空頭部位的交易策略。

空頭策略

僅對預期價格下跌的金融工具做空的交易策略。

這些基準策略可與具有下列成功特性的 AFI 對比：

*X% top*

AFI 可得到前 X% 正確的上下變動，而其餘的市場變動則採隨機預測。

*X% AFI*

AFI 可得到 X% 正確隨機選則的市場變動，而其餘市場變動則採隨機預測。

下列 Python 程式碼匯入已知的時間序列資料集，內含若干金融工具的 EOD 資料。此範例依據單一金融工具的五年份 EOD 資料：

```
In [1]: import random
        import numpy as np
        import pandas as pd
        from pylab import plt, mpl
        plt.style.use('seaborn')
        mpl.rcParams['savefig.dpi'] = 300
        mpl.rcParams['font.family'] = 'serif'

In [2]: url = 'https://hilpisch.com/aiif_eikon_eod_data.csv'

In [3]: raw = pd.read_csv(url, index_col=0, parse_dates=True)

In [4]: symbol = 'EUR='

In [5]: raw['bull'] = np.log(raw[symbol] / raw[symbol].shift(1))    ❶

In [6]: data = pd.DataFrame(raw['bull']).loc['2015-01-01':]    ❶

In [7]: data.dropna(inplace=True)
```

```
In [8]: data.info()
        <class 'pandas.core.frame.DataFrame'>
        DatetimeIndex: 1305 entries, 2015-01-01 to 2020-01-01
        Data columns (total 1 columns):
         #   Column  Non-Null Count  Dtype
        ---  ------  --------------  -----
         0   bull    1305 non-null   float64
        dtypes: float64(1)
        memory usage: 20.4 KB
```

❶ 多頭基準報酬率（僅做多）。

因為多頭策略由基本金融工具的對數報酬率所定義，下列 Python 程式碼指定另外兩個
基準策略，並得出 AFI 策略的績效。就此考量若干的 AFI 策略，以說明 AFI 預測準確
度提升所造成的影響：

```
In [9]: np.random.seed(100)

In [10]: data['random'] = np.random.choice([-1, 1], len(data)) * data['bull']  ❶

In [11]: data['bear'] = -data['bull']  ❷

In [12]: def top(t):
             top = pd.DataFrame(data['bull'])
             top.columns = ['top']
             top = top.sort_values('top')
             n = int(len(data) * t)
             top['top'].iloc[:n] = abs(top['top'].iloc[:n])
             top['top'].iloc[n:] = abs(top['top'].iloc[n:])
             top['top'].iloc[n:-n] = np.random.choice([-1, 1],
                         len(top['top'].iloc[n:-n])) * top['top'].iloc[n:-n]
             data[f'{int(t * 100)}_top'] = top.sort_index()

In [13]: for t in [0.1, 0.15]:
             top(t)  ❸

In [14]: def afi(ratio):
             correct = np.random.binomial(1, ratio, len(data))
             random = np.random.choice([-1, 1], len(data))
             strat = np.where(correct, abs(data['bull']), random * data['bull'])
             data[f'{int(ratio * 100)}_afi'] = strat

In [15]: for ratio in [0.51, 0.6, 0.75, 0.9]:
             afi(ratio)  ❹
```

❶ 隨機基準報酬率。

❷ 空頭基準報酬率（僅做空）。

❸ *X% top* 策略報酬率。

❹ *X% AFI* 策略報酬率。

使用第十章介紹的標準向量化回測作法（交易成本忽略不計），可以明白預測準確度顯著提升就金融而言的意涵。以「90% AFI」為例，預測的部分並不完全，而只有 10% 的情況缺乏任何優勢。此假設的 90% 準確度造就逾五年的毛績效，其報酬率幾乎是投資資本的 100 倍（納入交易成本之前）。就 75% 的準確度而言，AFI 的報酬率仍將是投資資本的近 50 倍（參閱圖 14-1）。其中不包括槓桿，而在此種預測準確度的呈現中，槓桿得以近乎無風險的形式輕易納入其中：

```
In [16]: data.head()
Out[16]:               bull    random     bear    10_top    15_top    51_afi \
         Date
         2015-01-01  0.000413 -0.000413 -0.000413  0.000413 -0.000413  0.000413
         2015-01-02 -0.008464  0.008464  0.008464  0.008464  0.008464  0.008464
         2015-01-05 -0.005767 -0.005767  0.005767 -0.005767  0.005767 -0.005767
         2015-01-06 -0.003611 -0.003611  0.003611 -0.003611  0.003611  0.003611
         2015-01-07 -0.004299 -0.004299  0.004299  0.004299  0.004299  0.004299

                      60_afi    75_afi    90_afi
         Date
         2015-01-01  0.000413  0.000413  0.000413
         2015-01-02  0.008464  0.008464  0.008464
         2015-01-05  0.005767 -0.005767  0.005767
         2015-01-06  0.003611  0.003611  0.003611
         2015-01-07  0.004299  0.004299  0.004299

In [17]: data.sum().apply(np.exp)
Out[17]: bull       0.926676
         random     1.097137
         bear       1.079126
         10_top     9.815383
         15_top    21.275448
         51_afi    12.272497
         60_afi    22.103642
         75_afi    49.227314
         90_afi    98.176658
         dtype: float64

In [18]: data.cumsum().apply(np.exp).plot(figsize=(10, 6));
```

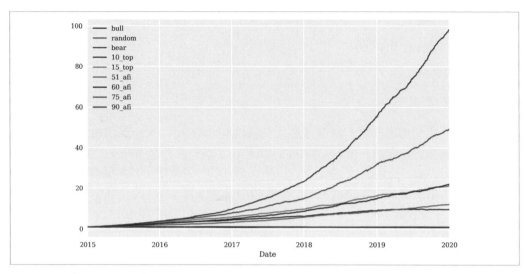

圖 14-1　基準與理論 AFI 策略兩者隨著時間的毛績效

分析顯示，儘管理所當然的作出一些簡化假設，不過風險相當多。就此，時間扮演重要的角色。以 10 年期重新執行相同的分析，使得這些數值更加引人注目——在交易環境中幾乎是無法想像。如下列輸出所示，「90% AFI」的毛報酬率將超過投資資本的 16,000 倍（交易成本納入前）。複利與再投資的效果巨大：

```
bull          0.782657
random        0.800253
bear          1.277698
10_top      165.066583
15_top     1026.275100
51_afi      206.639897
60_afi      691.751006
75_afi     2947.811043
90_afi    16581.526533
dtype: float64
```

# 金融奇點途徑

在相當特定的環境中，AFI 的出現會是相當特定的事件。例如，由於 AGI 或超級智慧並非主要目標，因此沒有必要模仿人腦。因為金融市場交易中，似乎沒有任何人始終能夠佔優勢，所以嘗試模仿人腦來達到 AFI，甚至可能會是條死胡同。也沒有必要擔心具身化（embodiment）。AFI 只能身為某適當基礎設施（連接需求資料與交易 API）的軟體。

另一方面，AI 似乎是一條通往 AFI 的希望途徑，因問題的本質：將大量金融與其他資料作為輸入，而產生價格未來動向的預測。此正是本書所呈現與應用的演算法——尤其是那些歸於監督式學習與增強式學習類型的演算法。

另一選項可能是人類與機器智慧的混合。幾十年來，機器一直支援人類交易者，而許多情況的角色已有所改變。人類藉由提供理想環境與最新資料、僅在極端情況才介入等等方式，而支援機器的交易。許多情況下，機器對於演算法交易決策已經完全自主。或者正如 Renaissance Technologies（最成功與神秘的系統交易避險基金之一）創辦人 Jim Simons 所言：「唯一的規則就是我們從不凌駕於電腦之上。」

雖然目前還不清楚哪些途徑可能導致超級智慧，不過就現今觀點而言，AI 似乎最有可能為金融奇點與 AFI 鋪路。

# 正交技能與資源

第十三章探討金融業 AI 式競爭背景下的資源爭奪。爭奪的四個主要資源是人力資源（專家）、演算法與軟體、金融與另類資料以及高效能硬體。其中以取得其他資源所需的資本視為第五個資源。

依據此正交性假說，取得這種正交技能與資源是明智之舉，甚至勢在必行，無論究竟如何達成 AFI，這些內容皆有幫助。參與 AFI 建置競賽的金融機構將試圖取得多數的優質資源，並盡可能有利的證明自身定位，對於通往 AFI 的**特定**（或者至少一個）途徑得以變得清晰可見。

在 AI 第一的金融所驅動的世界中，如此行為與定位可能會因市場的情況（繁榮、僅存、撤離）而有所差異。不能排除的是，進展可能遠比預期快許多。Nick Bostrom 於 2014 年預測，AI 得以擊敗圍棋競賽的世界冠軍可能還需要 10 年之際，基本上難以預料的是，竟然僅在預言當下的兩年後就達成。主要驅動因素是增強式學習應用在此類遊戲的突破，而其他應用至今依然從中受益。這種預料之外的突破也不能從金融領域中排除。

# 情境前後

可以安心假設，目前世界上每個主要金融機構與眾多非金融實體都在研究，並具有將 AI 用於金融的實務經驗。然而，並非所有金融業參與者都處於同等有利的地位，能夠優先達成交易的 AFI。某些單位，像銀行，特別受限於監理需求。其他單位僅是依循不同的商業模式，譬如交易所。另外的單位，像某些資產管理公司，則聚焦於提供低成本、商品化的投資產品，譬如 ETF，以模仿整體市場指數的表現。換句話說，alpha 的產生並非每個金融機構的主要目標。

因此從外部觀點來說，大型避險基金似乎最能夠充分利用 AI 第一的金融與 AI 能力的演算法交易。通常，這些組織已有此領域所需的許多重要資源：受過優良教育的人才、交易演算法的經驗、近乎無限存取的傳統與另類資料來源，以及可擴增的專業交易基礎設施。若缺少某些內容，大筆的技術預算可確保快速與針對性的投資。

是否會先出現某個 AFI，而隨後出現其他的 AFI，或者同時出現多個 AFI，結果尚未明朗。若出現多個 AFI，則可以認為是多極或寡占的情境。AFI 通常可能會互相競爭，「非 AFI」參與者會被排擠在外。單一專案的主導者將致力取得優勢，無論其規模多麼小，因為可能會讓某個 AFI 完全接管，而最終成為單例或壟斷。

還可以想到的是，「贏者全拿」情境可能一開始就佔優勢。在這種情境下，單一 AFI 應運而生，而能夠迅速達到金融交易中其他競爭者無法比得上的主導地位。可能有幾個原因。其中之一可能是，首個 AFI 產生的報酬率引人注目，管理的資產以驚人的速度膨脹，導致預算越來越高，進而使其能夠取得更多相關的資源。另一個原因可能是，首個 AFI 快速達到其動作能夠對市場產生影響力的規模（例如：能夠操控市場價格），使其成為金融市場的主要（或甚至是唯一）驅動力。

理論上，監理可以避免 AFI 變得過大或獲取過多的市場影響力。主要問題是，實務上這些法律是否可強制執行，以及究竟需要如何設計才能產生期望的效果。

# 星際爭霸戰或星際大戰

對許多人來說，金融業呈現資本主義最純粹的形式：以貪婪驅動一切的行業，一直是（肯定是）競爭激烈的行業，這點毫無爭議。尤其通常以億萬財富經理與業者為象徵的交易與投資管理，願意大賭一筆，與競爭對手正面交鋒，以達成下一筆巨額生意或交易。AI 的到來為野心勃勃的經理提供一套豐富的工具，將競爭推向新的水準，如第十三章所述。

然而，問題是，AI 第一的金融，可能最終達到 AFI，是否會導致金融烏托邦或反烏托邦。理論上，有系統而萬無一失的財富累積只供少數人，或者可能潛在供給人類。可惜（假設）只有造就 AFI 的專案主導者，才能直接從本章所設想的 AFI 類型中受益。這是因為如此的 AFI 只能藉由金融市場交易來產生利潤，而非透過創造新產品、解決重要問題或發展業務與行業為之。換句話說，僅僅在金融市場交易賺取利潤的 AFI 正在參與零和遊戲，並無直接增加可分配的財富。

有人可能會認為，像是退休基金投資 AFI 所管理的基金，也將從其非凡的報酬中受益。但如此再度只會嘉惠於某個族群，而非全人類。成功 AFI 專案的主導者是否願意向外部投資人開放也是個問題。就此的佳例為 Renaissance Technologies 管理的 Medallion 基金，也是史上表現最佳的投資工具之一。Renaissance 於 1993 年向外部投資人關閉 Medallion，其基本上是專由機器運作的基金。顯著的績效肯定會吸引大量額外資產。然而，特定的考量，諸如某些策略的能力，就此發揮作用，而類似的考量也可能適用於 AFI。

因此，可以期待超級智慧協助克服全人類面臨的根本問題（嚴重疾病、環境問題、外太空未知的威脅等等），而 AFI 更有可能導致更不平等與更激烈的市場競爭。無法排除的是 AFI 可能造就《星際大戰》（*Star Wars*）這樣的世界（其特點是密集的貿易戰與可用資源的爭奪），而非像《星際爭霸戰》（*Star Trek*）一樣的世界（其特點是平等且取之不盡的資源）。在撰寫本書之際，全球貿易戰，諸如中美之間的貿易戰，似乎比以往更加劇烈，科技與 AI 是主要的戰場。

## 本章總結

本章以高階的觀點探討金融奇點與金融人工（AFI）智慧的概念。AFI 屬於 ANI，其缺少超級智慧的諸多能力與特點。可以將 AFI 比作 AlphaZero（針對譬如西洋棋或圍棋的棋盤遊戲 ANI）。AFI 將擅長金融工具交易競賽。當然，金融交易與棋盤遊戲相比，前者的風險多更多。

與 AlphaZero 類似，跟替代途徑（諸如人腦的模擬）相比，AI 更有可能為 AFI 鋪路。即便途徑尚未明朗可見，而且尚無法確認單一專案已經有多大進展，不過無論哪條途徑佔優勢，還是有許多重要的工具資源：專家、演算法、資料、硬體與資本。大型的成功避險基金似乎最有能力贏得 AFI 的競爭。

即使證明不可能建立本章所勾勒的 AFI，不過有系統的將 AI 引進金融肯定會鼓舞創新，而在許多情況下刺激行業的競爭。AI 不是時尚，而是最終導致行業典範轉移的趨勢。

# 參考文獻

下列為本章所引用的書籍與論文：

Bostrom, Nick. 2014. *Superintelligence: Paths, Dangers, Strategies*. Oxford: Oxford University Press

Huber, Nick. 2020. "AI 'Only Scratching the Surface' of Potential in Financial Services." *Financial Times*, July 1, 2020.

Shiller, Robert. 2015. "The Mirage of the Financial Singularity." *Yale Insights* (blog). *https://oreil.ly/cnWBh*.

# 附錄

第六部分為附錄，以額外的內容、程式碼與範例等素材補充本書主要的部份。這個部分有三個附錄：

- 附錄 A 包含類神經網路相關的基本概念，諸如張量運算。

- 附錄 B 以 Python 類別從無到有實作簡單神經網路與淺層神經網路。

- 附錄 C 以 Keras 套件說明卷積神經網路的應用。

# 互動的類神經網路

此附錄用 Python 程式碼探索類神經網路的基本概念——以簡單神經網路與淺層神經網路兩者為基礎。其目標是為重要概念提供有效理解與直覺知識，因為在標準機器學習與深度學習套件運作之際，這些概念往往會在高階抽象 API 的背後煙消雲散。

本附錄有下列各節：

- 第 415 頁〈張量與相關運算〉探討張量的基礎及其相關運算。

- 第 417 頁〈簡單神經網路〉討論簡單神經網路（只有一個輸入層與一個輸出層的類神經網路）。

- 第 426 頁〈淺層神經網路〉聚焦於淺層神經網路（只有一個隱藏層的類神經網路）。

## 張量與相關運算

除了數個匯入內容與組態之外，下列 Python 程式碼還呈現與本附錄相關的四種張量：純量、向量、矩陣與三階張量（cube tensor 或立方張量）。在 Python 中，通常可能會以多維的 ndarray 物件來表示張量。更多細節與範例，可參閱 Chollet (2017, ch. 2)：

```
In [1]: import math
        import numpy as np
        import pandas as pd
        from pylab import plt, mpl
        np.random.seed(1)
        plt.style.use('seaborn')
        mpl.rcParams['savefig.dpi'] = 300
        mpl.rcParams['font.family'] = 'serif'
```

```
           np.set_printoptions(suppress=True)

In [2]: t0 = np.array(10)  ❶
        t0  ❶
Out[2]: array(10)

In [3]: t1 = np.array((2, 1))  ❷
        t1  ❷
Out[3]: array([2, 1])

In [4]: t2 = np.arange(10).reshape(5, 2)  ❸
        t2  ❸
Out[4]: array([[0, 1],
               [2, 3],
               [4, 5],
               [6, 7],
               [8, 9]])

In [5]: t3 = np.arange(16).reshape(2, 4, 2)  ❹
        t3  ❹
Out[5]: array([[[ 0,  1],
               [ 2,  3],
               [ 4,  5],
               [ 6,  7]],

               [[ 8,  9],
               [10, 11],
               [12, 13],
               [14, 15]]])
```

❶ 純量（張量）。

❷ 向量（張量）。

❸ 矩陣（張量）。

❹ 三階張量。

在類神經網路的情況下，有數個張量運算相當重要，例如逐元素的運算或點積：

```
In [6]: t2 + 1  ❶
Out[6]: array([[ 1,  2],
               [ 3,  4],
               [ 5,  6],
               [ 7,  8],
               [ 9, 10]])
```

```
In [7]: t2 + t2  ❷
Out[7]: array([[ 0,  2],
               [ 4,  6],
               [ 8, 10],
               [12, 14],
               [16, 18]])

In [8]: t1
Out[8]: array([2, 1])

In [9]: t2
Out[9]: array([[0, 1],
               [2, 3],
               [4, 5],
               [6, 7],
               [8, 9]])

In [10]: np.dot(t2, t1)  ❸
Out[10]: array([ 1,  7, 13, 19, 25])

In [11]: t2[:, 0] * 2 + t2[:, 1] * 1  ❹
Out[11]: array([ 1,  7, 13, 19, 25])

In [12]: np.dot(t1, t2.T)  ❸
Out[12]: array([ 1,  7, 13, 19, 25])
```

❶ broadcasting 運算。

❷ 逐元素運算。

❸ 點積（使用 NumPy 函式計算）。

❹ 點積（直接使用數學符號計算）。

# 簡單神經網路

具備張量的基礎知識之後，以簡單神經網路（只有一個輸入層與一個輸出層）為例。

# 估計

第一個問題是標籤為實數值的**估計**問題：

```
In [13]: features = 3  ❶

In [14]: samples = 5  ❷

In [15]: l0 = np.random.random((samples, features))  ❸
         l0  ❸
Out[15]: array([[0.417022  , 0.72032449, 0.00011437],
                [0.30233257, 0.14675589, 0.09233859],
                [0.18626021, 0.34556073, 0.39676747],
                [0.53881673, 0.41919451, 0.6852195 ],
                [0.20445225, 0.87811744, 0.02738759]])

In [16]: w = np.random.random((features, 1))  ❹
         w  ❹
Out[16]: array([[0.67046751],
                [0.4173048 ],
                [0.55868983]])

In [17]: l2 = np.dot(l0, w)  ❺
         l2  ❺
Out[17]: array([[0.58025848],
                [0.31553474],
                [0.49075552],
                [0.91901616],
                [0.51882238]])

In [18]: y = l0[:, 0] * 0.5 + l0[:, 1]  ❻
         y = y.reshape(-1, 1)  ❻
         y  ❻
Out[18]: array([[0.9288355 ],
                [0.29792218],
                [0.43869083],
                [0.68860288],
                [0.98034356]])
```

❶ 特徵數。

❷ 樣本數。

❸ 隨機輸入層。

❹ 隨機權重。

❺ 輸出層（點積計算）。

❻ 要學習的標籤。

下列 Python 程式碼將逐步完成一個學習程序，從誤差計算到加權更新後的均方誤差
（MSE）計算：

```
In [19]: e = l2 - y  ❶
         e  ❶
Out[19]: array([[-0.34857702],
                [ 0.01761256],
                [ 0.05206469],
                [ 0.23041328],
                [-0.46152118]])

In [20]: mse = (e ** 2).mean()  ❷
         mse  ❷
Out[20]: 0.07812379019517127

In [21]: d = e * 1  ❸
         d  ❸
Out[21]: array([[-0.34857702],
                [ 0.01761256],
                [ 0.05206469],
                [ 0.23041328],
                [-0.46152118]])

In [22]: a = 0.01  ❹

In [23]: u = a * np.dot(l0.T, d)  ❺
         u  ❺
Out[23]: array([[-0.0010055 ],
                [-0.00539194],
                [ 0.00167488]])

In [24]: w  ❻
Out[24]: array([[0.67046751],
                [0.4173048 ],
                [0.55868983]])

In [25]: w -= u  ❻

In [26]: w  ❻
Out[26]: array([[0.67147301],
                [0.42269674],
                [0.55701495]])

In [27]: l2 = np.dot(l0, w)  ❼

In [28]: e = l2 - y  ❽
```

```
In [29]: mse = (e ** 2).mean()  ❾
         mse  ❾
Out[29]: 0.07681782193617318
```

❶ 估計誤差。

❷ 此估計的 MSE 值。

❸ 倒傳遞（backward propagation，在此 d = e）[1]。

❹ 學習率（learning rate）。

❺ 更新值。

❻ 更新前後的權重。

❼ 更新後的新輸出層（估計）。

❽ 更新後的新誤差值。

❾ 更新後的新 MSE 值。

若要提升此估計，通常上述程序需要重複執行相當多次。下列程式碼中，增加學習率，而且程序執行數百次。MSE 最終值相當低，估計結果相當不錯：

```
In [30]: a = 0.025  ❶

In [31]: w = np.random.random((features, 1))  ❷
         w  ❷
Out[31]: array([[0.14038694],
                [0.19810149],
                [0.80074457]])

In [32]: steps = 800  ❸

In [33]: for s in range(1, steps + 1):
             l2 = np.dot(l0, w)
             e = l2 - y
             u = a * np.dot(l0.T, e)
             w -= u
             mse = (e ** 2).mean()
             if s % 50 == 0:
                 print(f'step={s:3d} | mse={mse:.5f}')
         step= 50 | mse=0.03064
         step=100 | mse=0.01002
```

---

1 因為無隱藏層，所以因子 1 作為導數值進行倒傳遞。輸出層與輸入層直接連接。

```
              step=150 | mse=0.00390
              step=200 | mse=0.00195
              step=250 | mse=0.00124
              step=300 | mse=0.00092
              step=350 | mse=0.00074
              step=400 | mse=0.00060
              step=450 | mse=0.00050
              step=500 | mse=0.00041
              step=550 | mse=0.00035
              step=600 | mse=0.00029
              step=650 | mse=0.00024
              step=700 | mse=0.00020
              step=750 | mse=0.00017
              step=800 | mse=0.00014

In [34]: l2 - y  ❹
Out[34]: array([[-0.01240168],
                [-0.01606065],
                [ 0.01274072],
                [-0.00087794],
                [ 0.01072845]])

In [35]: w  ❺
Out[35]: array([[0.41907514],
                [1.02965827],
                [0.04421136]])
```

❶ 調整學習率。

❷ 初始的隨機權重。

❸ 學習步數。

❹ 估計的殘餘誤差。

❺ 網路的最終權重。

# 分類

第二個問題是**分類問題**，其中標籤為二元值與整數值。若要提升學習演算法的效能，則以 *sigmoid* 函數作為活化函數（用於輸出層）。圖 A-1 呈現 sigmoid 函數及其一階導數，還有與其相較的簡單步階函數：

```
In [36]: def sigmoid(x, deriv=False):
             if deriv:
                 return sigmoid(x) * (1 - sigmoid(x))
```

```
              return 1 / (1 + np.exp(-x))

In [37]: x = np.linspace(-10, 10, 100)

In [38]: plt.figure(figsize=(10, 6))
         plt.plot(x, np.where(x > 0, 1, 0), 'y--', label='step function')
         plt.plot(x, sigmoid(x), 'r', label='sigmoid')
         plt.plot(x, sigmoid(x, True), '--', label='derivative')
         plt.legend();
```

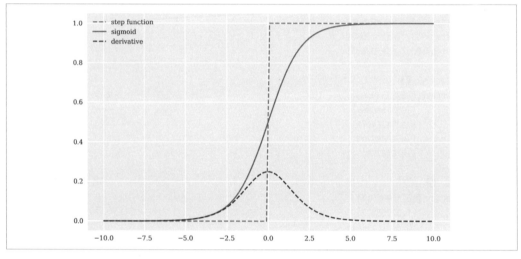

圖 A-1　步階函數、sigmoid 函數及其一階導數

為求簡單，分類問題以隨機二元特徵與二元標籤資料為基礎。除了不同的特徵與標籤資料之外，與估計問題不同的只有輸出層的活化函數。更新類神經網路權重的學習演算法基本上一模一樣：

```
In [39]: features = 4
         samples = 5

In [40]: l0 = np.random.randint(0, 2, (samples, features))  ❶
         l0  ❶
Out[40]: array([[1, 1, 1, 1],
                [0, 1, 1, 0],
                [0, 1, 0, 0],
                [1, 1, 1, 0],
                [1, 0, 0, 1]])
```

```
In [41]: w = np.random.random((features, 1))
         w
Out[41]: array([[0.42110763],
                [0.95788953],
                [0.53316528],
                [0.69187711]])

In [42]: l2 = sigmoid(np.dot(l0, w))  ❷
         l2
Out[42]: array([[0.93112111],
                [0.81623654],
                [0.72269905],
                [0.87126189],
                [0.75268514]])

In [43]: l2.round()
Out[43]: array([[1.],
                [1.],
                [1.],
                [1.],
                [1.]])

In [44]: y = np.random.randint(0, 2, samples)  ❸
         y = y.reshape(-1, 1)  ❸
         y  ❸
Out[44]: array([[1],
                [1],
                [0],
                [0],
                [0]])

In [45]: e = l2 - y
         e
Out[45]: array([[-0.06887889],
                [-0.18376346],
                [ 0.72269905],
                [ 0.87126189],
                [ 0.75268514]])

In [46]: mse = (e ** 2).mean()
         mse
Out[46]: 0.37728788783411127

In [47]: a = 0.02

In [48]: d = e * sigmoid(l2, True)  ❹
```

```
            d
Out[48]: array([[-0.01396723],
                [-0.03906484],
                [ 0.15899479],
                [ 0.18119776],
                [ 0.16384833]])

In [49]: u = a * np.dot(l0.T, d)
         u
Out[49]: array([[0.00662158],
                [0.00574321],
                [0.00256331],
                [0.00299762]])

In [50]: w
Out[50]: array([[0.42110763],
                [0.95788953],
                [0.53316528],
                [0.69187711]])

In [51]: w -= u

In [52]: w
Out[52]: array([[0.41448605],
                [0.95214632],
                [0.53060197],
                [0.68887949]])
```

❶ 輸入層（採用二元特徵）。

❷ 以 sigmoid 函數活化的輸出層。

❸ 二元標籤資料。

❹ 以對應的一階導數進行倒傳遞。

如同以往，需要一個大量迭代的迴圈重複進行學習步驟，才能獲得準確的分類結果。依據所抽取的亂數，可能會有 100% 的準確度，如下列所示：

```
In [53]: steps = 3001

In [54]: a = 0.025

In [55]: w = np.random.random((features, 1))
         w
Out[55]: array([[0.41253884],
```

```
                    [0.03417131],
                    [0.62402999],
                    [0.66063573]])

In [56]: for s in range(1, steps + 1):
             l2 = sigmoid(np.dot(l0, w))
             e = l2 - y
             d = e * sigmoid(l2, True)
             u = a * np.dot(l0.T, d)
             w -= u
             mse = (e ** 2).mean()
             if s % 200 == 0:
                 print(f'step={s:4d} | mse={mse:.4f}')
         step= 200 | mse=0.1899
         step= 400 | mse=0.1572
         step= 600 | mse=0.1349
         step= 800 | mse=0.1173
         step=1000 | mse=0.1029
         step=1200 | mse=0.0908
         step=1400 | mse=0.0806
         step=1600 | mse=0.0720
         step=1800 | mse=0.0646
         step=2000 | mse=0.0583
         step=2200 | mse=0.0529
         step=2400 | mse=0.0482
         step=2600 | mse=0.0441
         step=2800 | mse=0.0405
         step=3000 | mse=0.0373

In [57]: l2
Out[57]: array([[0.71220474],
                 [0.92308745],
                 [0.16614971],
                 [0.20193503],
                 [0.17094583]])

In [58]: l2.round() == y
Out[58]: array([[ True],
                 [ True],
                 [ True],
                 [ True],
                 [ True]])

In [59]: w
Out[59]: array([[-3.86002022],
                 [-1.61346536],
```

```
            [ 4.09895004],
            [ 2.28088807]])
```

# 淺層神經網路

上一節的類神經網路只用一個輸入層與一個輸出層構成。換句話說,輸入層與輸出層直接連接。淺層神經網路則是此輸入層與輸出層之間會有個隱藏層。基於此種結構,需要兩組權重才能連接類神經網路的這三層。本節以估計與分類任務分析淺層神經網路。

## 估計

如同上一節,先處理估計問題。下列 Python 程式碼建置的類神經網路,具有三層網路層與兩組權重。第一步通常是*正向傳遞*(*forward propagation*)。就此的輸入層矩陣一般為全秩,其意味著可能會是個完全估計結果:

```
In [60]: features = 5
         samples = 5

In [61]: l0 = np.random.random((samples, features))  ❶
         l0  ❶
Out[61]: array([[0.29849529, 0.44613451, 0.22212455, 0.07336417, 0.46923853],
                [0.09617226, 0.90337017, 0.11949047, 0.52479938, 0.083623  ],
                [0.91686133, 0.91044838, 0.29893011, 0.58438912, 0.56591203],
                [0.61393832, 0.95653566, 0.26097898, 0.23101542, 0.53344849],
                [0.94993814, 0.49305959, 0.54060051, 0.7654851 , 0.04534573]])

In [62]: np.linalg.matrix_rank(l0)  ❷
Out[62]: 5

In [63]: units = 3  ❸

In [64]: w0 = np.random.random((features, units))  ❹
         w0  ❹
Out[64]: array([[0.13996612, 0.79240359, 0.02980136],
                [0.88312548, 0.54078819, 0.44798018],
                [0.89213587, 0.37758434, 0.53842469],
                [0.65229888, 0.36126102, 0.57100856],
                [0.63783648, 0.12631489, 0.69020459]])

In [65]: l1 = np.dot(l0, w0)  ❺
         l1  ❺
Out[65]: array([[0.98109007, 0.64743919, 0.69411448],
```

```
                      [1.31351565, 0.81000928, 0.82927653],
                      [1.94121167, 1.61435539, 1.32042417],
                      [1.65444429, 1.25315104, 1.08742312],
                      [1.57892999, 1.50576525, 1.00865941]])

In [66]: w1 = np.random.random((units, 1))  ❻
         w1 ❻
Out[66]: array([[0.6477494 ],
                [0.35393909],
                [0.76323305]])

In [67]: l2 = np.dot(l1, w1)  ❼
         l2 ❼
Out[67]: array([[1.39442565],
                [1.77045418],
                [2.83659354],
                [2.3451617 ],
                [2.32554234]])

In [68]: y = np.random.random((samples, 1))  ❽
         y ❽
Out[68]: array([[0.35653172],
                [0.75278835],
                [0.88134183],
                [0.01166919],
                [0.49810907]])
```

❶ 隨機輸入層。

❷ 輸入層矩陣的秩。

❸ 隱藏單元數。

❹ 第一組隨機權重（依給定的 features 與 units 參數）。

❺ 隱藏層（基於輸入層與相關權重）。

❻ 第二組隨機權重。

❼ 輸出層（基於隱藏層與相關權重）。

❽ 隨機標籤資料。

第二步通常是**倒傳遞**（或反向傳遞）——就估計誤差而言。更新兩組權重，從輸出層開始，而在隱藏層與輸出層之間更新一組權重 w1。之後，依據更新的權重 w1，更新輸入層與隱藏層之間的這組權重 w0：

```
In [69]: e2 = l2 - y  ❶
         e2  ❶
Out[69]: array([[1.03789393],
                [1.01766583],
                [1.95525171],
                [2.33349251],
                [1.82743327]])

In [70]: mse = (e2 ** 2).mean()
         mse
Out[70]: 2.9441152813655007

In [71]: d2 = e2 * 1  ❶
         d2  ❶
Out[71]: array([[1.03789393],
                [1.01766583],
                [1.95525171],
                [2.33349251],
                [1.82743327]])

In [72]: a = 0.05

In [73]: u2 = a * np.dot(l1.T, d2)  ❶
         u2  ❶
Out[73]: array([[0.64482837],
                [0.51643336],
                [0.42634283]])

In [74]: w1  ❶
Out[74]: array([[0.6477494 ],
                [0.35393909],
                [0.76323305]])

In [75]: w1 -= u2  ❶

In [76]: w1  ❶
Out[76]: array([[ 0.00292103],
                [-0.16249427],
                [ 0.33689022]])

In [77]: e1 = np.dot(d2, w1.T)  ❷

In [78]: d1 = e1 * 1  ❷

In [79]: u1 = a * np.dot(l0.T, d1)  ❷
```

```
In [80]: w0 -= u1 ❷

In [81]: w0 ❷
Out[81]: array([[ 0.13918198,  0.8360247 , -0.06063583],
                [ 0.88220599,  0.59193836,  0.34193342],
                [ 0.89176585,  0.39816855,  0.49574861],
                [ 0.65175984,  0.39124762,  0.50883904],
                [ 0.63739741,  0.15074009,  0.63956519]])
```

❶ w1 此組權重的更新程序。

❷ w0 此組權重的更新程序。

下列 Python 程式碼以含有大量迭代動作的 for 迴圈實作學習（即網路權重的更新）。藉由增加迭代執行次數，可以得到武斷的精密估計結果：

```
In [82]: a = 0.015
         steps = 5000

In [83]: for s in range(1, steps + 1):
             l1 = np.dot(l0, w0)
             l2 = np.dot(l1, w1)
             e2 = l2 - y
             u2 = a * np.dot(l1.T, e2)
             w1 -= u2
             e1 = np.dot(e2, w1.T)
             u1 = a * np.dot(l0.T, e1)
             w0 -= u1
             mse = (e2 ** 2).mean()
             if s % 750 == 0:
                 print(f'step={s:5d} | mse={mse:.6f}')
         step=  750 | mse=0.039263
         step= 1500 | mse=0.009867
         step= 2250 | mse=0.000666
         step= 3000 | mse=0.000027
         step= 3750 | mse=0.000001
         step= 4500 | mse=0.000000

In [84]: l2
Out[84]: array([[0.35634333],
                [0.75275415],
                [0.88135507],
                [0.01179945],
                [0.49809208]])

In [85]: y
```

```
Out[85]: array([[0.35653172],
                [0.75278835],
                [0.88134183],
                [0.01166919],
                [0.49810907]])

In [86]: (l2 - y)
Out[86]: array([[-0.00018839],
                [-0.00003421],
                [ 0.00001324],
                [ 0.00013025],
                [-0.00001699]])
```

# 分類

在此處理分類問題。分類的實作與估計問題十分相近。無論如何，再次以 sigmoid 函數作為活化函數。下列 Python 程式碼會先產生隨機樣本資料：

```
In [87]: features = 5
         samples = 10
         units = 10

In [88]: np.random.seed(200)
         l0 = np.random.randint(0, 2, (samples, features))   ❶
         w0 = np.random.random((features, units))
         w1 = np.random.random((units, 1))
         y = np.random.randint(0, 2, (samples, 1))   ❷

In [89]: l0   ❶
Out[89]: array([[0, 1, 0, 0, 0],
                [1, 0, 1, 1, 0],
                [1, 1, 1, 1, 0],
                [0, 0, 1, 1, 1],
                [1, 1, 1, 1, 0],
                [1, 1, 0, 1, 0],
                [0, 1, 0, 1, 0],
                [0, 1, 0, 0, 1],
                [0, 1, 1, 1, 1],
                [0, 0, 1, 0, 0]])

In [90]: y   ❷
Out[90]: array([[1],
                [0],
                [1],
                [0],
```

```
             [1],
             [0],
             [0],
             [0],
             [1],
             [1]])
```

❶ 二元特徵資料（輸入層）。

❷ 二元標籤資料。

學習演算法的實作再度使用 for 迴圈，依所需的次數重複執行權重更新步驟。基於為特徵與標籤資料而生的亂數，在進行足夠的學習步驟後，可以達到 100% 的準確度：

```
In [91]: a = 0.1
         steps = 20000

In [92]: for s in range(1, steps + 1):
             l1 = sigmoid(np.dot(l0, w0))        ❶
             l2 = sigmoid(np.dot(l1, w1))        ❶
             e2 = l2 - y                         ❷
             d2 = e2 * sigmoid(l2, True)         ❷
             u2 = a * np.dot(l1.T, d2)           ❷
             w1 -= u2                            ❷
             e1 = np.dot(d2, w1.T)               ❷
             d1 = e1 * sigmoid(l1, True)         ❷
             u1 = a * np.dot(l0.T, d1)           ❷
             w0 -= u1                            ❷
             mse = (e2 ** 2).mean()
             if s % 2000 == 0:
                 print(f'step={s:5d} | mse={mse:.5f}')
         step= 2000 | mse=0.00933
         step= 4000 | mse=0.02399
         step= 6000 | mse=0.05134
         step= 8000 | mse=0.00064
         step=10000 | mse=0.00013
         step=12000 | mse=0.00009
         step=14000 | mse=0.00007
         step=16000 | mse=0.00007
         step=18000 | mse=0.00012
         step=20000 | mse=0.00015

In [93]: acc = l2.round() == y              ❸
         acc                                ❸
Out[93]: array([[ True],
                [ True],
```

```
            [ True],
            [ True],
            [ True],
            [ True],
            [ True],
            [ True],
            [ True],
            [ True]])

In [94]: sum(acc) / len(acc)    ❸
Out[94]: array([1.])
```

❶ 正向傳遞。

❷ 倒傳遞（反向傳遞）。

❸ 分類的準確度。

# 參考文獻

下列為本附錄所引用的書籍：

Chollet, François. 2017. *Deep Learning with Python*. Shelter Island: Manning.

# 類神經網路類別

附錄 B 以附錄 A 為基礎，提供類神經網路的簡單類別實作（仿造像 scikit-learn 這類套件的 API）。針對說明與指引的目的，實作內容以純粹簡單的 Python 程式碼為基礎。此附錄所呈現的類別無法取代諸如 scikit-learn 或 TensorFlow（與 Keras 結合）這類標準 Python 套件中的實作內容（穩固、有效率與可擴充的實作內容）。

本附錄包括下列各節：

- 第 433 頁〈活化函數〉介紹一個 Python 函式，其內可採用各種活化函數。
- 第 435 頁〈簡單神經網路〉以 Python 類別呈現簡單神經網路。
- 第 440 頁〈淺層神經網路〉以 Python 類別實作淺層神經網路。
- 第 445 頁〈預測市場方向〉將淺層神經網路類別套用於金融資料。

本附錄的實作與範例簡單明瞭。這些 Python 類別並不適合處理大型的估計或分類問題。其中的想法只是從無到有呈現易於了解的 Python 實作。

## 活化函數

附錄 A 直接與間接使用兩個活化函數：線性函數與 sigmoid 函數。Python 函式 activation 將 relu（修正線性單元）與 softplus 函數加入選項集合中。針對所有的活化函數，也有定義其一階導（函）數：

```
In [1]: import math
        import numpy as np
        import pandas as pd
```

```
        from pylab import plt, mpl
        plt.style.use('seaborn')
        mpl.rcParams['savefig.dpi'] = 300
        mpl.rcParams['font.family'] = 'serif'
        np.set_printoptions(suppress=True)

In [2]: def activation(x, act='linear', deriv=False):
            if act == 'sigmoid':
                if deriv:
                    out = activation(x, 'sigmoid', False)
                    return out * (1 - out)
                return 1 / (1 + np.exp(-x))
            elif act == 'relu':
                if deriv:
                    return np.where(x > 0, 1, 0)
                return np.maximum(x, 0)
            elif act == 'softplus':
                if deriv:
                    return activation(x, act='sigmoid')
                return np.log(1 + np.exp(x))
            elif act == 'linear':
                if deriv:
                    return 1
                return x
            else:
                raise ValueError('Activation function not known.')

In [3]: x = np.linspace(-1, 1, 20)

In [4]: activation(x, 'sigmoid')
Out[4]: array([0.26894142, 0.29013328, 0.31228169, 0.33532221, 0.35917484,
               0.38374461, 0.40892261, 0.43458759, 0.46060812, 0.48684514,
               0.51315486, 0.53939188, 0.56541241, 0.59107739, 0.61625539,
               0.64082516, 0.66467779, 0.68771831, 0.70986672, 0.73105858])

In [5]: activation(x, 'sigmoid', True)
Out[5]: array([0.19661193, 0.20595596, 0.21476184, 0.22288122, 0.23016827,
               0.23648468, 0.24170491, 0.24572122, 0.24844828, 0.24982695,
               0.24982695, 0.24844828, 0.24572122, 0.24170491, 0.23648468,
               0.23016827, 0.22288122, 0.21476184, 0.20595596, 0.19661193])
```

# 簡單神經網路

本節針對簡單神經網路實作一個類別，其內的 API 類似為機器學習或深度學習所實作的標準 Python 套件（尤其是 scikit-learn 與 Keras）中的模型內容。以下列 Python 程式碼呈現的 sinn 類別為例，實作簡單神經網路，以及定義 .fit() 與 .predict() 兩個主要方法。.metrics() 方法計算典型效能指標：估計問題的均方誤差（MSE）與分類問題的準確度。此類別還針對正向傳遞步驟與倒傳遞步驟實作兩個方法：

```
In [6]: class sinn:
            def __init__(self, act='linear', lr=0.01, steps=100,
                         verbose=False, psteps=200):
                self.act = act
                self.lr = lr
                self.steps = steps
                self.verbose = verbose
                self.psteps = psteps
            def forward(self):
                ''' 正向傳遞。
                '''
                self.l2 = activation(np.dot(self.l0, self.w), self.act)
            def backward(self):
                ''' 倒傳遞（反向傳遞）。
                '''
                self.e = self.l2 - self.y
                d = self.e * activation(self.l2, self.act, True)
                u = self.lr * np.dot(self.l0.T, d)
                self.w -= u
            def metrics(self, s):
                ''' 效能指標。
                '''
                mse = (self.e ** 2).mean()
                acc = float(sum(self.l2.round() == self.y) / len(self.y))
                self.res = self.res.append(
                    pd.DataFrame({'mse': mse, 'acc': acc}, index=[s,])
                )
                if s % self.psteps == 0 and self.verbose:
                        print(f'step={s:5d} | mse={mse:.6f}')
                        print(f'           | acc={acc:.6f}')
            def fit(self, l0, y, steps=None, seed=None):
                ''' 配適。
                '''
                self.l0 = l0
                self.y = y
                if steps is None:
```

```
                    steps = self.steps
                self.res = pd.DataFrame()
                samples, features = l0.shape
                if seed is not None:
                    np.random.seed(seed)
                self.w = np.random.random((features, 1))
                for s in range(1, steps + 1):
                    self.forward()
                    self.backward()
                    self.metrics(s)
            def predict(self, X):
                ''' 預測。
                '''
                return activation(np.dot(X, self.w), self.act)
```

# 估計

第一個是估計問題，可用迴歸技術解決：

```
In [7]: features = 5
        samples = 5

In [8]: np.random.seed(10)
        l0 = np.random.standard_normal((samples, features))
        l0
Out[8]: array([[ 1.3315865 ,  0.71527897, -1.54540029, -0.00838385,  0.62133597],
               [-0.72008556,  0.26551159,  0.10854853,  0.00429143, -0.17460021],
               [ 0.43302619,  1.20303737, -0.96506567,  1.02827408,  0.22863013],
               [ 0.44513761, -1.13660221,  0.13513688,  1.484537  , -1.07980489],
               [-1.97772828, -1.7433723 ,  0.26607016,  2.38496733,  1.12369125]])

In [9]: np.linalg.matrix_rank(l0)
Out[9]: 5

In [10]: y = np.random.random((samples, 1))
         y
Out[10]: array([[0.8052232 ],
                [0.52164715],
                [0.90864888],
                [0.31923609],
                [0.09045935]])

In [11]: reg = np.linalg.lstsq(l0, y, rcond=-1)[0]   ❶

In [12]: reg   ❶
Out[12]: array([[-0.74919308],
```

```
                     [ 0.00146473],
                     [-1.49864704],
                     [-0.02498757],
                     [-0.82793882]])

In [13]: np.allclose(np.dot(l0, reg), y)   ❶
Out[13]: True
```

❶ 以迴歸求精確解。

將 sinn 類別套用於估計問題，重複執行學習的形式需要大量的作業。然而藉由增加步數，使得此估計有武斷的精密結果：

```
In [14]: model = sinn(lr=0.015, act='linear', steps=6000,
                       verbose=True, psteps=1000)

In [15]: %time model.fit(l0, y, seed=100)
         step= 1000 | mse=0.008086
                    | acc=0.000000
         step= 2000 | mse=0.000545
                    | acc=0.000000
         step= 3000 | mse=0.000037
                    | acc=0.000000
         step= 4000 | mse=0.000002
                    | acc=0.000000
         step= 5000 | mse=0.000000
                    | acc=0.000000
         step= 6000 | mse=0.000000
                    | acc=0.000000
         CPU times: user 5.23 s, sys: 29.7 ms, total: 5.26 s
         Wall time: 5.26 s

In [16]: model.predict(l0)
Out[16]: array([[0.80512489],
                [0.52144986],
                [0.90872498],
                [0.31919803],
                [0.09045743]])

In [17]: model.predict(l0) - y   ❶
Out[17]: array([[-0.0000983 ],
                [-0.00019729],
                [ 0.0000761 ],
                [-0.00003806],
                [-0.00000191]])
```

❶ 類神經網路估計的殘餘誤差。

# 分類

第二個是分類問題，也可以使用 sinn 類別處理。在此，標準迴歸通常無用。對於特定的資料集（隨機的特徵與標籤），sinn 模型可達 100% 的準確度。再度，以重複執行學習的形式需要大量的運算。圖 B-1 呈現預測準確度隨學習步數變化的情況：

```
In [18]: features = 5
         samples = 10

In [19]: np.random.seed(3)
         l0 = np.random.randint(0, 2, (samples, features))
         l0
Out[19]: array([[0, 0, 1, 1, 0],
                [0, 0, 1, 1, 1],
                [0, 1, 1, 1, 0],
                [1, 1, 0, 0, 0],
                [0, 1, 1, 0, 0],
                [0, 1, 0, 0, 0],
                [0, 1, 0, 1, 1],
                [0, 1, 0, 0, 1],
                [1, 0, 0, 1, 0],
                [1, 0, 1, 1, 1]])

In [20]: np.linalg.matrix_rank(l0)
Out[20]: 5

In [21]: y = np.random.randint(0, 2, (samples, 1))
         y
Out[21]: array([[1],
                [0],
                [1],
                [0],
                [0],
                [1],
                [1],
                [1],
                [0],
                [0]])

In [22]: model = sinn(lr=0.01, act='sigmoid')    ❶

In [23]: %time model.fit(l0, y, 4000)
         CPU times: user 3.57 s, sys: 9.6 ms, total: 3.58 s
         Wall time: 3.59 s
```

```
In [24]: model.l2
Out[24]: array([[0.51118415],
               [0.34390898],
               [0.84733758],
               [0.07601979],
               [0.40505454],
               [0.84145926],
               [0.95592461],
               [0.72680243],
               [0.11219587],
               [0.00806003]])

In [25]: model.predict(l0).round() == y  ❷
Out[25]: array([[ True],
               [ True],
               [ True],
               [ True],
               [ True],
               [ True],
               [ True],
               [ True],
               [ True],
               [ True]])

In [26]: ax = model.res['acc'].plot(figsize=(10, 6),
                      title='Prediction Accuracy | Classification')
         ax.set(xlabel='steps', ylabel='accuracy');
```

❶ 以 sigmoid 函數作為活化函數。

❷ 此特定資料集有完全準確度。

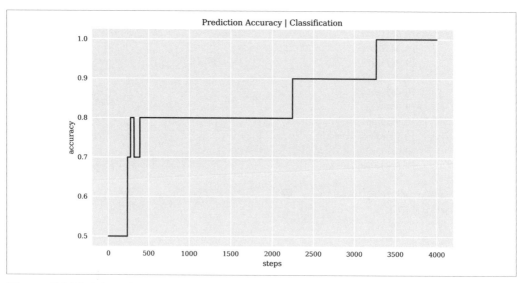

**圖 B-1　預測準確度 vs. 學習步數**

# 淺層神經網路

本節將 shnn 類別套用於估計與分類問題中，此類別實作內含一個隱藏層的淺層神經網路。類別結構與上一節的 sinn 類別雷同：

```
In [27]: class shnn:
             def __init__(self, units=12, act='linear', lr=0.01, steps=100,
                          verbose=False, psteps=200, seed=None):
                 self.units = units
                 self.act = act
                 self.lr = lr
                 self.steps = steps
                 self.verbose = verbose
                 self.psteps = psteps
                 self.seed = seed
             def initialize(self):
                 ''' 隨機權重的初始化。
                 '''
                 if self.seed is not None:
                     np.random.seed(self.seed)
                 samples, features = self.l0.shape
                 self.w0 = np.random.random((features, self.units))
                 self.w1 = np.random.random((self.units, 1))
             def forward(self):
```

```
        ''' 正向傳遞。
        '''
        self.l1 = activation(np.dot(self.l0, self.w0), self.act)
        self.l2 = activation(np.dot(self.l1, self.w1), self.act)
    def backward(self):
        ''' 倒傳遞。
        '''
        self.e = self.l2 - self.y
        d2 = self.e * activation(self.l2, self.act, True)
        u2 = self.lr * np.dot(self.l1.T, d2)
        self.w1 -= u2
        e1 = np.dot(d2, self.w1.T)
        d1 = e1 * activation(self.l1, self.act, True)
        u1 = self.lr * np.dot(self.l0.T, d1)
        self.w0 -= u1
    def metrics(self, s):
        ''' 效能指標。'''
        '''
        mse = (self.e ** 2).mean()
        acc = float(sum(self.l2.round() == self.y) / len(self.y))
        self.res = self.res.append(
            pd.DataFrame({'mse': mse, 'acc': acc}, index=[s,])
        )
        if s % self.psteps == 0 and self.verbose:
            print(f'step={s:5d} | mse={mse:.5f}')
            print(f'              | acc={acc:.5f}')
    def fit(self, l0, y, steps=None):
        ''' 配適。
        '''
        self.l0 = l0
        self.y = y
        if steps is None:
            steps = self.steps
        self.res = pd.DataFrame()
        self.initialize()
        self.forward()
        for s in range(1, steps + 1):
            self.backward()
            self.forward()
            self.metrics(s)
    def predict(self, X):
        ''' 預測。
        '''
        l1 = activation(np.dot(X, self.w0), self.act)
        l2 = activation(np.dot(l1, self.w1), self.act)
        return l2
```

# 估計

同樣的，以估計問題為首。針對 5 個特徵與 10 個樣本而言，不太可能會有完全迴歸的解。因此，迴歸的 MSE 值相對較高：

```
In [28]: features = 5
         samples = 10

In [29]: l0 = np.random.standard_normal((samples, features))

In [30]: np.linalg.matrix_rank(l0)
Out[30]: 5

In [31]: y = np.random.random((samples, 1))

In [32]: reg = np.linalg.lstsq(l0, y, rcond=-1)[0]

In [33]: (np.dot(l0, reg)  - y)
Out[33]: array([[-0.10226341],
                [-0.42357164],
                [-0.25150491],
                [-0.30984143],
                [-0.85213261],
                [-0.13791373],
                [-0.52336502],
                [-0.50304204],
                [-0.7728686 ],
                [-0.3716898 ]])

In [34]: ((np.dot(l0, reg)  - y) ** 2).mean()
Out[34]: 0.23567187607888118
```

然而，以 shnn 類別為基礎的淺層神經網路估計結果相當不錯，與迴歸值相比，呈現的 MSE 值相對較低：

```
In [35]: model = shnn(lr=0.01, units=16, act='softplus',
                      verbose=True, psteps=2000, seed=100)

In [36]: %time model.fit(l0, y, 8000)
         step= 2000 | mse=0.00205
                    | acc=0.00000
         step= 4000 | mse=0.00098
                    | acc=0.00000
         step= 6000 | mse=0.00043
                    | acc=0.00000
         step= 8000 | mse=0.00022
```

```
                        | acc=0.00000
        CPU times: user 8.15 s, sys: 69.2 ms, total: 8.22 s
        Wall time: 8.3 s

In [37]: model.l2 - y
Out[37]: array([[-0.00390976],
                [-0.00522077],
                [ 0.02053932],
                [-0.0042113 ],
                [-0.0006624 ],
                [-0.01001395],
                [ 0.01783203],
                [-0.01498316],
                [-0.0177866 ],
                [ 0.02782519]])
```

# 分類

分類範例採用這些估計值（四捨五入）。淺層神經網路迅速收斂，預測標籤有 100% 的準確率（參閱圖 B-2）：

```
In [38]: model = shnn(lr=0.025, act='sigmoid', steps=200,
                      verbose=True, psteps=50, seed=100)

In [39]: l0.round()
Out[39]: array([[ 0., -1., -2.,  1., -0.],
                [-1., -2., -0., -0., -2.],
                [ 0.,  1., -1., -1., -1.],
                [-0.,  0., -1., -0., -1.],
                [ 1., -1.,  1.,  1., -1.],
                [ 1., -1.,  1., -2.,  1.],
                [-1., -0.,  1., -1.,  1.],
                [ 1.,  2., -1., -0., -0.],
                [-1.,  0.,  0.,  0.,  2.],
                [ 0.,  0., -0.,  1.,  1.]])

In [40]: np.linalg.matrix_rank(l0)
Out[40]: 5

In [41]: y.round()
Out[41]: array([[0.],
                [1.],
                [1.],
                [1.],
                [1.],
```

```
                         [1.],
                         [0.],
                         [1.],
                         [0.],
                         [0.]])

In [42]: model.fit(l0.round(), y.round())
         step=    50 | mse=0.26774
                     | acc=0.60000
         step=   100 | mse=0.22556
                     | acc=0.60000
         step=   150 | mse=0.19939
                     | acc=0.70000
         step=   200 | mse=0.16924
                     | acc=1.00000

In [43]: ax = model.res.plot(figsize=(10, 6), secondary_y='mse')
         ax.get_legend().set_bbox_to_anchor((0.2, 0.5));
```

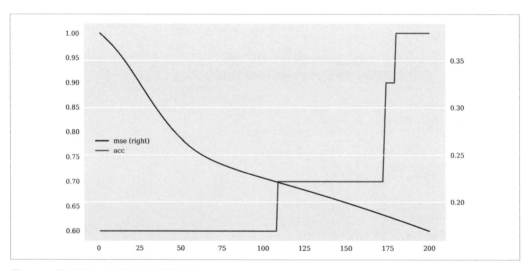

圖 B-2　淺層網路（分類）的效能指標

# 預測市場方向

本節採用 shnn 類別預測 EUR/USD 匯率的未來方向。分析 in-sample 是為了說明 shnn 針對實際資料的應用。針對這種預測式策略的向量化回測，可參閱第十章了解更為實際設定的實作。

下列 Python 程式碼匯入金融資料（10 年份的 EOD 資料）以及建立 lag 後的正規化對數報酬率作為特徵。標籤資料是價格方向的序列（二元資料集）：

```
In [44]: url = 'http://hilpisch.com/aiif_eikon_eod_data.csv'

In [45]: raw = pd.read_csv(url, index_col=0, parse_dates=True).dropna()

In [46]: sym = 'EUR='

In [47]: data = pd.DataFrame(raw[sym])

In [48]: lags = 5
         cols = []
         data['r'] = np.log(data / data.shift(1))
         data['d'] = np.where(data['r'] > 0, 1, 0)      ❶
         for lag in range(1, lags + 1):
             col = f'lag_{lag}'
             data[col] = data['r'].shift(lag)      ❷
             cols.append(col)
         data.dropna(inplace=True)
         data[cols] = (data[cols] - data[cols].mean()) / data[cols].std()      ❸

In [49]: data.head()
Out[49]:              EUR=        r  d      lag_1      lag_2      lag_3      lag_4  \
         Date
         2010-01-12  1.4494 -0.001310  0   1.256582   1.177935  -1.142025   0.560551
         2010-01-13  1.4510  0.001103  1  -0.214533   1.255944   1.178974  -1.142118
         2010-01-14  1.4502 -0.000551  0   0.213539  -0.214803   1.256989   1.178748
         2010-01-15  1.4382 -0.008309  0  -0.079986   0.213163  -0.213853   1.256758
         2010-01-19  1.4298 -0.005858  0  -1.456028  -0.080289   0.214140  -0.214000

                       lag_5
         Date
         2010-01-12 -0.511372
         2010-01-13  0.560740
         2010-01-14 -1.141841
         2010-01-15  1.178904
         2010-01-19  1.256910
```

**❶** 市場方向作為標籤資料。

**❷** lag 後的對數報酬率作為特徵資料。

**❸** 特徵資料的高斯正規化。

由於資料預先處理完畢，淺層神經網路類別 shnn ，針對監督式分類應用就輕而易舉。圖 B-3 顯示預測式策略的 in-sample 表現明顯優於被動式基準投資：

```
In [50]: model = shnn(lr=0.0001, act='sigmoid', steps=10000,
                      verbose=True, psteps=2000, seed=100)

In [51]: y = data['d'].values.reshape(-1, 1)

In [52]: %time model.fit(data[cols].values, y)
         step= 2000 | mse=0.24964
                    | acc=0.51594
         step= 4000 | mse=0.24951
                    | acc=0.52390
         step= 6000 | mse=0.24945
                    | acc=0.52231
         step= 8000 | mse=0.24940
                    | acc=0.52510
         step=10000 | mse=0.24936
                    | acc=0.52430
         CPU times: user 9min 1s, sys: 40.9 s, total: 9min 42s
         Wall time: 1min 21s

In [53]: data['p'] = np.where(model.predict(data[cols]) > 0.5, 1, -1)  ❶

In [54]: data['p'].value_counts()  ❶
Out[54]: 1    1257
         -1   1253
         Name: p, dtype: int64

In [55]: data['s'] = data['p'] * data['r']  ❷

In [56]: data[['r', 's']].sum().apply(np.exp)  ❸
Out[56]: r    0.772411
         s    1.885677
         dtype: float64

In [57]: data[['r', 's']].cumsum().apply(np.exp).plot(figsize=(10, 6));  ❹
```

❶ 由預測值推出部位值。

❷ 依部位值與對數報酬率計算策略報酬率。

❸ 計算策略與基準投資的毛績效。

❹ 顯示策略與基準投資的毛績效（隨時間排列）。

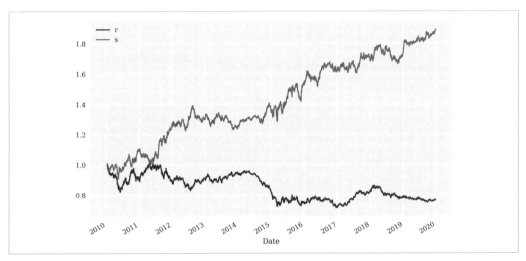

圖 B-3　預測式策略與被動式基準投資的毛績效比較（in-sample）

# 卷積神經網路

第三部分聚焦於兩種標準的類神經網路 —— 密集神經網路（DNN）與循環神經網路（RNN）。DNN 的魅力在於其堪稱為良好的通用 approximator。例如，本書的增強式學習範例使用 DNN 近似最佳動作政策。另一方面，RNN 專為處理循序資料（如時間序列資料）所設計。譬如，在嘗試預測金融時間序列的未來值時，頗有助益。

然而，**卷積神經網路**（CNN）是另一種（運用廣泛）標準的類神經網路。姑且不論別的領域，此類神經網路用於電腦視覺方面特別成功。CNN 能夠在眾多標準測試競賽（譬如 ImageNet Challenge）中突破成為新基準；更多相關內容，可參閱 *The Economist* (2016) 或 Gerrish (2018)。電腦視覺針對自駕車或安全監控這些領域因而變得重要。

此簡短附錄將說明 CNN 應用於金融時間序列資料的預測。關於 CNN 的細節，可參閱 Chollet (2017, ch. 5) 與 Goodfellow et al. (2016, ch. 9)。

## 特徵與標籤資料

下列 Python 程式碼先處理所需的組態與自訂內容（customization）。並匯入內含一些金融工具 EOD 資料的資料集。本書其他範例也有使用此資料集：

```
In [1]: import os
        import math
        import numpy as np
        import pandas as pd
        from pylab import plt, mpl
        plt.style.use('seaborn')
        mpl.rcParams['savefig.dpi'] = 300
```

```
        mpl.rcParams['font.family'] = 'serif'
        os.environ['PYTHONHASHSEED'] = '0'

In [2]: url = 'http://hilpisch.com/aiif_eikon_eod_data.csv'  ❶

In [3]: symbol = 'EUR='  ❶

In [4]: data = pd.DataFrame(pd.read_csv(url, index_col=0,
                                parse_dates=True).dropna()[symbol])  ❶

In [5]: data.info()  ❶
        <class 'pandas.core.frame.DataFrame'>
        DatetimeIndex: 2516 entries, 2010-01-04 to 2019-12-31
        Data columns (total 1 columns):
         #   Column  Non-Null Count  Dtype
        ---  ------  --------------  -----
         0   EUR=    2516 non-null   float64
        dtypes: float64(1)
        memory usage: 39.3 KB
```

❶ 擷取與選用金融時間序列資料。

下一步是產生特徵資料,將資料作 lag 處理,並切分為訓練資料集與測試資料集,以及基於訓練資料集的統計結果進行正規化:

```
In [6]: lags = 5

In [7]: features = [symbol, 'r', 'd', 'sma', 'min', 'max', 'mom', 'vol']

In [8]: def add_lags(data, symbol, lags, window=20, features=features):
            cols = []
            df = data.copy()
            df.dropna(inplace=True)
            df['r'] = np.log(df / df.shift(1))
            df['sma'] = df[symbol].rolling(window).mean()   ❶
            df['min'] = df[symbol].rolling(window).min()    ❷
            df['max'] = df[symbol].rolling(window).max()    ❸
            df['mom'] = df['r'].rolling(window).mean()      ❹
            df['vol'] = df['r'].rolling(window).std()       ❺
            df.dropna(inplace=True)
            df['d'] = np.where(df['r'] > 0, 1, 0)
            for f in features:
                for lag in range(1, lags + 1):
                    col = f'{f}_lag_{lag}'
                    df[col] = df[f].shift(lag)
                    cols.append(col)
            df.dropna(inplace=True)
```

```
         return df, cols

In [9]: data, cols = add_lags(data, symbol, lags, window=20, features=features)

In [10]: split = int(len(data) * 0.8)

In [11]: train = data.iloc[:split].copy()    ❻

In [12]: mu, std = train[cols].mean(), train[cols].std()    ❻

In [13]: train[cols] = (train[cols] - mu) / std    ❻

In [14]: test = data.iloc[split:].copy()    ❼

In [15]: test[cols] = (test[cols] - mu) / std    ❼
```

❶ 簡單移動平均線。

❷ 滾動最小值特徵。

❸ 滾動最大值特徵。

❹ 時間序列動能特徵。

❺ 滾動波動率特徵。

❻ 訓練資料集的高斯正規化。

❼ 資料集的高斯正規化。

# 訓練模型

CNN 與 DNN 兩者的實作雷同。下列 Python 程式碼先處理 Keras 的相關匯入，以及定義一個函式用於設定亂數產生器的所有相關種子值：

```
In [16]: import random
         import tensorflow as tf
         from keras.models import Sequential
         from keras.layers import Dense, Conv1D, Flatten
         Using TensorFlow backend.

In [17]: def set_seeds(seed=100):
             random.seed(seed)
             np.random.seed(seed)
             tf.random.set_seed(seed)
```

下列 Python 程式碼實作與訓練一個簡單的 CNN。其中模型核心為適用於時間序列資料的一維卷積層（詳情可參閱 Keras 的 convolutional layers 網頁——*https://oreil.ly/AXQ33*）：

```
In [18]: set_seeds()
         model = Sequential()
         model.add(Conv1D(filters=96, kernel_size=5, activation='relu',
                          input_shape=(len(cols), 1)))
         model.add(Flatten())
         model.add(Dense(10, activation='relu'))
         model.add(Dense(1, activation='sigmoid'))

         model.compile(optimizer='adam',
                       loss='binary_crossentropy',
                       metrics=['accuracy'])
```

```
In [19]: model.summary()
         Model: "sequential_1"
```

| Layer (type) | Output Shape | Param # |
|---|---|---|
| conv1d_1 (Conv1D) | (None, 36, 96) | 576 |
| flatten_1 (Flatten) | (None, 3456) | 0 |
| dense_1 (Dense) | (None, 10) | 34570 |
| dense_2 (Dense) | (None, 1) | 11 |

```
         Total params: 35,157
         Trainable params: 35,157
         Non-trainable params: 0
```

```
In [20]: %%time
         h = model.fit(np.atleast_3d(train[cols]), train['d'],
                 epochs=60, batch_size=48, verbose=False,
                 validation_split=0.15, shuffle=False)
         CPU times: user 10.1 s, sys: 1.87 s, total: 12 s
         Wall time: 4.78 s
```

```
Out[20]: <keras.callbacks.callbacks.History at 0x7ffe3f32b110>
```

圖 C-1 隨著不同訓練 epoch 呈現訓練資料集與驗證資料集的效能指標：

```
In [21]: res = pd.DataFrame(h.history)

In [22]: res.tail(3)
Out[22]:     val_loss  val_accuracy     loss  accuracy
         57  0.699932      0.508361  0.635633  0.597165
         58  0.719671      0.501672  0.634539  0.598937
         59  0.729954      0.505017  0.634403  0.601890

In [23]: res.plot(figsize=(10, 6));
```

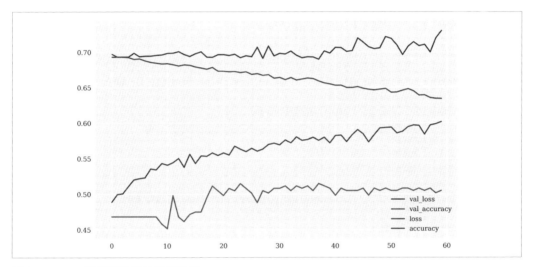

圖 C-1　CNN 訓練與驗證的效能指標

# 測試模型

下列 Python 程式碼將訓練過的模型應用於測試資料集。CNN 模型的表現明顯優於被動式基準投資。然而，考量典型（散戶）買賣價差形式的交易成本，結果會把大部分的效益吞噬掉。圖 C-2 視覺化呈現此績效結果（隨著時間排列）：

```
In [24]: model.evaluate(np.atleast_3d(test[cols]), test['d'])  ❶
         499/499 [==============================] - 0s 25us/step

Out[24]: [0.7364848222665653, 0.5210421085357666]
```

```
In [25]: test['p'] = np.where(model.predict(np.atleast_3d(test[cols])) > 0.5, 1, 0)

In [26]: test['p'] = np.where(test['p'] > 0, 1, -1)  ❷

In [27]: test['p'].value_counts()  ❷
Out[27]: -1    478
          1     21
         Name: p, dtype: int64

In [28]: (test['p'].diff() != 0).sum()  ❸
Out[28]: 41

In [29]: test['s'] = test['p'] * test['r']  ❹

In [30]: ptc = 0.00012 / test[symbol]  ❺

In [31]: test['s_'] = np.where(test['p'] != 0, test['s'] - ptc, test['s'])  ❻

In [32]: test[['r', 's', 's_']].sum().apply(np.exp)
Out[32]: r     0.931992
         s     1.086525
         s_    1.031307
         dtype: float64

In [33]: test[['r', 's', 's_']].cumsum().apply(np.exp).plot(figsize=(10, 6));
```

❶ out-of-sample 的準確率。

❷ 依預測而需求的部位（多頭或空頭）。

❸ 需求部位所造就的交易筆數。

❹ 依買賣價差設定成比例的交易成本。

❺ 策略績效（納入交易成本前）。

❻ 策略績效（納入交易成本後）。

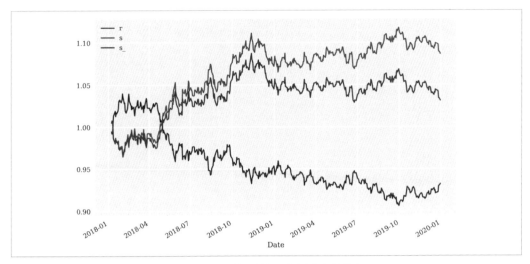

圖 C-2　被動式基準投資與 CNN 策略的毛績效（納入交易成本前後）

# 參考文獻

下列為本附錄所引用的書籍與論文：

Chollet, François. 2017. *Deep Learning with Python*. Shelter Island: Manning.

*Economist, The*. 2016. "From Not Working to Neural Networking." *The Economist* Special Report, June 23, 2016. *https://oreil.ly/6VvlS*.

Gerrish, Sean. 2018. *How Smart Machines Think*. Cambridge: MIT Press.

Goodfellow, Ian, Yoshua Bengio, and Aaron Courville. 2016. *Deep Learning*. Cambridge: MIT Press. *http://deeplearningbook.org*.

# 索引

※ 提醒您：由於翻譯書籍排版的關係，部份索引內容的對應頁碼會與實際頁碼有一頁之差。

# B

# E

# 關於作者

**Yves J. Hilpisch** 博士是 The Python Quants（*http://tpq.io)*）創辦人兼管理合夥人（The Python Quants 集團致力於金融資料科學、人工智慧、演算法交易與計算金融的開源技術應用）。他也是 The AI Machine（*http://aimachine.io*）創辦人兼 CEO（The AI Machine 公司主要透過專屬策略執行平台進行 AI 能力的演算法交易）。

除了本書，他還有下列著作：

- 《Python for Algorithmic Trading》（*http://books.tpq.io*）（O'Reilly, 2020）
- 《Python for Finance》（*http://py4fi.tpq.io*）（2nd ed., O'Reilly, 2018）
- 《Derivatives Analytics with Python》（*http://dawp.tpq.io*）（Wiley, 2015）
- 《Listed Volatility and Variance Derivatives》（*http://lvvd.tpq.io*）（Wiley, 2017）

Yves 是 CQF Program（*http://cqf.com*）的計算金融兼任教授，負責講授演算法交易，還擔任首間可取得大學證書的 Python for Algorithmic Trading（*http://certificate.tpq.io*）與 Python for Computational Finance（*http://compfinance.tpq.io*）線上訓練課程中心主任。

Yves 參與金融分析函式庫 DX Analytics（*http://dx-analytics.com*）實作，並於倫敦、法蘭克福、柏林、巴黎與紐約等地，籌畫跟計量財務金融與演算法交易相關的 Python 應用聚會、研討會與訓練營。他曾在美國、歐洲與亞洲的科技研討會上發表主題演講。

# 出版記事

本書封面的動物為堤岸田鼠（bank vole 學名 *myodes glareolus*）。堤岸田鼠遍布於歐洲與中亞的森林、堤岸與沼澤，其中以芬蘭與英國的族群分布最為顯著。

堤岸田鼠體型不大，平均僅 10 ～ 11 公分長、17 ～ 20 公克重，眼睛與耳朵很小。體毛厚實，通常為棕色或灰色，可覆蓋整個身體。與其身體尺寸相對而言，堤岸田鼠呈現尾短腦小之貌。剛出生的幼鼠有四到八天尚未開眼而無力照顧自己，在此之後的性成熟相當快，雌性兩到三週內達成熟狀態，雄性六到八週內會成熟。堤岸田鼠的平均壽命則反映此快速成熟期，大多數可存活一年半到兩年。

此小型齧齒動物主要活躍於黃昏時分，不過也可能會在白天或夜晚出沒。屬於雜食性動物，主要飲食為植物，內容隨季節而變。雌鼠的社會地位高於雄鼠，雄鼠成熟後就分散各地，而雌鼠通常會留在出生地附近生活。

鑑於其相對健全的族群數量與廣泛的分布，保育現況屬於「無危」狀態。O'Reilly 書籍封面的許多動物皆瀕臨絕種；這些動物對於世界而言都很重要。

封面插圖是由 Karen Montgomery 根據《*British Quadrupeds*》的黑白版畫描繪而成。

# 金融 AI｜人工智慧的金融應用

作　　者：Yves Hilpisch
譯　　者：陳仁和
企劃編輯：蔡彤孟
文字編輯：江雅鈴
設計裝幀：陶相騰
發 行 人：廖文良

發 行 所：碁峰資訊股份有限公司
地　　址：台北市南港區三重路 66 號 7 樓之 6
電　　話：(02)2788-2408
傳　　真：(02)8192-4433
網　　站：www.gotop.com.tw
書　　號：A654
版　　次：2021 年 06 月初版
建議售價：NT$880

商標聲明：本書所引用之國內外公司各商標、商品名稱、網站畫面，其權利分屬合法註冊公司所有，絕無侵權之意，特此聲明。

版權聲明：本著作物內容僅授權合法持有本書之讀者學習所用，非經本書作者或碁峰資訊股份有限公司正式授權，不得以任何形式複製、抄襲、轉載或透過網路散佈其內容。

版權所有 ● 翻印必究

國家圖書館出版品預行編目資料

金融 AI：人工智慧的金融應用 / Yves Hilpisch 原著；陳仁和譯.
　-- 初版. -- 臺北市：碁峰資訊, 2021.06
　　面；　公分
　譯自：Artificial Intelligence in Finance
　ISBN 978-986-502-838-1(平裝)
　1.人工智慧　2.金融業
312.83　　　　　　　　　　　　　　　　110007515

## 讀者服務

● 感謝您購買碁峰圖書，如果您對本書的內容或表達上有不清楚的地方或其他建議，請至碁峰網站：「聯絡我們」\「圖書問題」留下您所購買之書籍及問題。（請註明購買書籍之書號及書名，以及問題頁數，以便能儘快為您處理）

http://www.gotop.com.tw

● 售後服務僅限書籍本身內容，若是軟、硬體問題，請您直接與軟體廠商聯絡。

● 若於購買書籍後發現有破損、缺頁、裝訂錯誤之問題，請直接將書寄回更換，並註明您的姓名、連絡電話及地址，將有專人與您連絡補寄商品。